“十二五”普[illegible]划教材

教育部—微软精品课程建设立项项目

高等学校计算机课程规划教材

数据结构与算法（C++版）（第2版）

游洪跃　唐宁九　主　编

孙界平　朱　宏　张卫华　周　欣　杨秋辉　张芮菁　副主编

清华大学出版社

北京

内容简介

本书结合C++面向对象程序设计的特点，构建了数据结构与算法，对所有算法都在Visual C++ 6.0、Visual C++ 2017、Dev-C++ v5.11和CodeBlocks v16.01开发环境中进行了严格的测试，同时还提供了大量其他的教学支持资源。通过扫描二维码可观看全书所有例题、数据结构相关的类模板及算法相关函数模板的测试程序演示视频。

本书共分11章。第1章是基础知识，介绍基本概念及其术语；第2章介绍线性表；第3章介绍栈和队列，用栈实现了表达式求值；第4章介绍串，详细讨论了串的存储结构与模式匹配算法；第5章介绍数组和广义表，提出并实现了广义表的使用空间表存储结构；第6章介绍树，应用哈夫曼编码实现了文件的压缩；第7章介绍图，实现了图的常用存储结构，讨论了图的相关应用，并实现了相应算法；第8章介绍查找、静态查找表、动态查找表、哈希表及算法实现；第9章介绍排序，以简捷方式实现各种排序算法；第10章介绍文件，讨论了几种常用的文件结构；第11章介绍算法设计和分析技术。

通过本书的学习，不但能迅速提高应用数据结构与算法的能力，而且能提高C++程序设计的能力。本书可作为高等学校计算机类相关专业数据结构、数据结构与算法分析、数据结构与算法设计、数据结构与算法等课程的教材，也可供从事软件开发工作的读者学习或参考。

图书在版编目(CIP)数据

数据结构与算法：C++版/游洪跃，唐宁九主编．—2版．—北京：清华大学出版社，2020.9(2024.8重印)
高等学校计算机课程规划教材
ISBN 978-7-302-55774-6

Ⅰ.①数… Ⅱ.①游… ②唐… Ⅲ.①数据结构－高等学校－教材 ②算法分析－高等学校－教材 ③C语言－程序设计－高等学校－教材 Ⅳ.①TP311.12 ②TP312.8

中国版本图书馆CIP数据核字(2020)第105616号

责任编辑：汪汉友
封面设计：傅瑞学
责任校对：李建庄
责任印制：刘海龙

出版发行：清华大学出版社
网　　址：https://www.tup.com.cn，https://www.wqxuetang.com
地　　址：北京清华大学学研大厦A座　　邮　　编：100084
社 总 机：010-83470000　　邮　　购：010-62786544
投稿与读者服务：010-62776969，c-service@tup.tsinghua.edu.cn
质量反馈：010-62772015，zhiliang@tup.tsinghua.edu.cn
课件下载：https://www.tup.com.cn，010-83470236
印 装 者：三河市铭诚印务有限公司
经　　销：全国新华书店
开　　本：185mm×260mm　　**印　　张**：24.75　　**字　　数**：602千字
版　　次：2009年2月第1版　2020年11月第2版　　**印　　次**：2024年8月第5次印刷
定　　价：69.00元

产品编号：054687-01

出版说明

信息时代早已显现其诱人魅力,当前几乎每个人随身都携有多个媒体、信息和通信设备,享受其带来的快乐和便利。

我国高等教育早已进入大众化教育时代,计算机技术发展很快,知识更新速度也在增长,社会对计算机专业学生的专业能力要求也在不断提高,这就使得我国目前的计算机教育面临严峻挑战。我们必须更新教育观念——弱化知识培养目的,强化对学生兴趣的培养,加强培养学生理论学习、快速学习的能力,强调培养学生的实践能力、动手能力、研究能力和创新能力。

教育观念的更新,必然伴随教材的更新。一流的计算机人才需要一流的名师指导,一流的名师需要精品教材的辅助,而精品教材也将有助于催生更多一流名师。名师们在长期的一线教学改革实践中,总结出了一整套面向学生的独特的教法、经验、教学内容等。本套丛书的目的就是推广他们的经验,并促使广大教育工作者更新教育观念。

在教育部相关教学指导委员会专家的帮助和指导下,在各大学计算机院系领导的协助下,清华大学出版社规划并出版了本系列教材,以满足计算机课程群建设和课程教学的需要,并将各重点大学的优势专业学科的教育优势充分发挥出来。

本系列教材行文注重趣味性,立足课程改革和教材创新,广纳全国高校计算机优秀一线专业名师参与,从中精选出佳作予以出版。

本系列教材具有以下特点。

1. 有的放矢

针对计算机专业学生并站在计算机课程群建设、技术市场需求、创新人才培养的高度,规划相关课程群内各门课程的教学关系,以达到教学内容互相衔接、补充、相互贯穿和相互促进的目的。各门课程功能定位明确,并去掉课程中相互重复的部分,使学生既能够掌握这些课程的实质部分,又能节约一些课时,为开设社会需求的新技术课程准备条件。

2. 内容趣味性强

按照教学需求组织教学材料,注重教学内容的趣味性,在培养学习观念、学习兴趣的同时,注重创新教育,加强"创新思维""创新能力"的培养、训练;强调实践,案例选题注重实际和兴趣度,大部分课程各模块的内容分为基本、加深和拓宽内容3个层次。

3. 名师精品多

广罗名师参与,对于名师精品,予以重点扶持,教辅、教参、教案、PPT、实验大纲和实验指导等配套齐全,资源丰富。同一门课程,不同名师分出多个版本,方便选用。

4. 一线教师亲力

专家咨询指导,一线教师亲力;内容组织以教学需求为线索;注重理论知识学习,注重学习能力培养，强调案例分析，注重工程技术能力锻炼。

经济要发展，国力要增强，教育必须先行。教育要靠教师和教材，因此建立一支高水平的教材编写队伍是社会发展的关键，特希望有志于教材建设的教师能够加入到本团队。通过本系列教材的辐射，培养一批热心为读者奉献的编写教师团队。

清华大学出版社

前　言

本书内容丰富，包含了计算机科学与技术的许多重要方面，书中分析问题和解决问题的思路和方法新颖，技巧性强，对学生的计算机软件素质的培养作用明显。通过学习本书，读者可具备选用合适的数据结构与算法设计方法编写质量高、风格好的应用程序，评价算法优劣的能力。

本书采用 C++ 作为描述语言对数据结构与算法的知识进行介绍，由于使用了模板程序设计技术，与传统采用面向过程的观点相比优势较大，使所设计的程序更容易实现代码重用，在提供通用性和灵活性的同时，又保证了学习效率。本书融入了面向对象程序设计的思想，读者通过学习可进一步提高面向对象程序设计的能力。

全书共分为 11 章。第 1 章是基础知识，介绍了基本概念及其术语，抽象数据类型的实现，讨论了算法的概念和算法分析的简单方法。为了便于学习，读者应具有一定的 C++ 程序设计的基础。

第 2 章引入了线性表，详细讨论了线性表的顺序存储结构与链式存储结构。在讨论链式存储结构时，首先用传统方法实现线性表，然后在此基础之上，以链表结构保存当前位置和元素个数，这样可使学习者在难度增加不大的情况下体会改进算法效率的方法。

第 3 章介绍了栈和队列，讨论了栈和队列的顺序存储结构与链式存储结构，以及如何用栈实现表达式求值，通过学习能掌握各种栈和队列的实现与使用，为操作系统原理和编译原理等后续课程的学习打下良好的基础。此外，本章还讨论了优先队列，使队列应用更加广泛。

第 4 章介绍了串，详细讨论了串的存储结构与模式匹配算法，为开发串应用(如实现文本编辑)软件打下坚实的基础。

第 5 章介绍了数组和广义表，详细讨论了数组、特殊矩阵、稀疏矩阵和广义表的存储结构及实现方法，提出并实现了广义表的使用空间表存储结构。

第 6 章介绍了树，讨论了二叉树、线索二叉树、树、森林及其哈夫曼树的结构及其实现，并应用哈夫曼编码实现了压缩软件。

第 7 章介绍了图，实现了图的常用存储结构，并讨论了图的相关应用，实现了相应算法(如求最小生成树的 Prim 算法与 Kruskal 算法，求最短路径的 Dijkstra 算法与 Floyd 算法)。

第 8 章介绍了查找，讨论了静态表的查找、动态查找表与哈希表，还讨论了二叉排序树、平衡二叉树与 B 树，并实现了所有算法。

第 9 章介绍了排序，以简捷方式实现各种排序算法。

第 10 章介绍了文件，讨论了主存储器、辅助存储器以及各种常用文件结构，并对数据库中经常采用的 VSAM 文件进行了实例研究，对读者研究与学习数据库有一定的帮助。

第 11 章介绍了算法设计和分析技术，详细讨论了分治算法、贪婪算法、回溯法的使用方法和实现，对算法分析技术和可计算问题也进行了深入浅出的讨论。对读者的算法设计和分析的理论与实践都有极大的帮助。

对于初学者,数据结构与算法的代码实现是相当困难的,因此本书对所讨论的数据结构与算法都加以实现并进行了严格测试,提供了完整的测试程序,供读者学习参考。如果只会使用已有的数据结构编写简单的程序,不利于读者对数据结构与算法的深入理解与研究,也不利于面对新数据结构时算法处理能力的提高,因此本书配有习题,其中既包括了基本练习题,又包括了仿照书中数据结构构造新数据结构的题目以及改造已有算法的题目。

对于一部分学有余力的学习者,本书各章还提供了实例研究。这些实例包括对正文内容的补充(例如9.9节中的用堆实现优先队列)、离散数学中著名算法的实现(例如7.7节中的周游世界问题——哈密顿圈)以及应用所学知识解决实际问题(例如6.9节中的哈夫曼压缩算法)。读者通过对实例的研究学习,可提高实际应用数据结构与算法的能力,这当然会有一定的难度,但应比读者所想象的更易学习与掌握。

为了尽快提高读者的学习收获,本书各章还提供了深入学习导读,包含了本书作者实现相关数据结构与算法的最原始思想的资料来源以及进一步学习所需阅读的参考资料,可为教学提供极大的方便。

本书在内容组织上特别考虑了读者的可接受性;在算法实现时,重点考虑了程序的可读性,为实现更强的功能,一般采用启发的方式在习题、上机实验或课程设计中实现,这样容易激发读者的学习兴趣,使读者感到自己具有能发展或改进已有算法的能力,也会使读者感到自己已达到计算机高手的自信心。

下面,讨论一下在国外数据结构与算法教材中上机时喜欢采用的STL。实际上,STL是AT&T贝尔实验室和HP研究实验室的研究人员将模板程序设计和面向对象程序设计的原理结合起来,创造的一套研究数据结构与算法的一种统一的方法,现在已成为C++标准库的一部分。STL提供了实现数据结构的新途径。它将(数据)结构(即组织数据的存储结构)抽象为容器,将之分为3类:序列容器、关联容器和适配器容器。通过使用模板和迭代器,STL库使得程序员能够将广泛的通用算法应用到各种容器类上。据本书作者研究与了解,STL库只覆盖了数据结构中的线性结构和树结构,并没有覆盖图部分,因此,对数据结构来讲,STL库并不完备。同时,如果读者上机编程都只使用STL库解决数据结构的相关算法,可能使读者在数据结构编程方面,只会使用STL库,而不能独自设计新数据结构。本书采用模板方法实现了书中所有数据结构的算法,应比STL库更完备;同时STL库中包含的源代码可读性差,不适合作为教学使用,本书的算法源程序首要强调可读性,使读者易于接受与模仿,并且读者可进行改进或修改算法实现。因此在某种意义上讲,本书提供的关于数据结构与算法实现的类模板与函数模板是一种GTL(general template library)或OSGTL(open source general template library),读者也可用本书提供的软件包(具体内容请参看附录C)来进行实际数据结构与算法方面的软件开发。当然,通过本书的学习,再返回来学习STL库的应用,将会事半功倍,读者只要找一本介绍STL的书籍或从网上找一些介绍使用STL库的文档,并用SLT库试着编程即可完全掌握SLT库的使用。

本书所有算法都同时在Visual C++ 6.0、Visual C++ 2017、Dev-C++ v5.11和Code-Blocks v16.01中通过测试。读者可根据实际情况选择适当的编译器,建议选择Visual C++ 6.0。

在教学过程中,可采取多种方式来使用本书讲授数据结构、数据结构与算法分析、数据结构与算法设计、数据结构与算法等课程,根据学生的背景知识以及课程的学时数来进行内容的取舍。为满足不同层次的教学需求，本书使用了分层的思想，分层方法如下：没加星号“*”及“**”的部分是基本内容，适合所有读者学习；加星号“*”的部分是适合计算机专业的读者深入学习的选学内容；加两个星号“**”的部分适合于感兴趣的同学研究，尤其适合于那些有志于ACM竞赛的读者加以深入研究。

作者为本书提供了全面的教学支持，除了向专业教师提供教学资源外，普通读者也可在清华大学出版社官方网站下载如下教学参考内容：

(1) 教学用PowerPoint幻灯片课件。

(2) C++编译环境等相关资源。

(3) 本书作者开发的包含所有本书所讲数据结构与算法的类模板与函数模板的软件包(包括软件包说明文档、软件代码及软件包测试程序)。

(4) 全书所有例题、数据结构相关的类模板及算法相关函数模板在Visual C++ 6.0、Visual C++ 2017、Dev-C++ v5.11和CodeBlocks v16.01开发环境中的测试程序。

(5) 多套数据结构与算法模拟试题、参考答案和相关测试程序，以供学生期末及其考研复习，也可供教师出考题时参考。

通过扫描二维码可观看全书所有例题、数据结构相关的类模板及算法相关函数模板的测试程序演示视频，其中第1个二维码对应于Visual C++ 6.0开发环境的测试程序演示视频，第2个二维码对应于Visual C++ 2017开发环境的测试程序演示视频，第3个二维码对应于Dev-C++ v5.11开发环境的测试程序演示视频，第4个二维码对应于CodeBlocks v16.01开发环境的测试程序演示视频。

在附录D中介绍了Visual C++ 6.0、Visual C++ 2017、Dev-C++ v5.11和CodeBlocks v16.01开发环境建立工程的步骤，可通过扫描二维码观看具体操作视频。

程艳红、袁平、陈良银、游倩、张银、文芝明等人对本书做了大量的工作，包括提供资料，调试算法，参与了部分内容的编写，在此特向他们表示感谢；作者还要感谢为本书提供直接或间接帮助的每一个朋友，他们热情的帮助和鼓励激发了作者写好本书的信心以及写作热情。

本书的出版要感谢清华大学出版社的编校人员。他们为本书的出版倾注了大量热情，也由于他们具有前瞻性的眼光，才让本书得以顺利出版。

尽管作者有良好而负责任的写作态度，并做了最大努力，但书中难免有不妥之处，敬请各位读者不吝赐教，以便作者学习提高。

作　者

2020年8月

学习资源

目　录

第1章　绪　　论

有人认为,随着计算机性能越来越强,运算速度越来越快,程序的运行效率已变得不重要了。然而,随着计算机性能的不断提高,需要解决的问题也越来越复杂,更复杂的问题就意味着更大的计算量,就会对程序的运行效率有更高的要求。工作越复杂,就越偏离人们的日常经验,这使得软件开发者能够正确理解隐藏在程序设计后面的一般原理——数据结构和算法。

从本质上讲,数据结构与算法的原理和方法是独立于具体描述语言的,只有使用某种具体的计算机语言才能在计算机上实现。本书采用目前普遍使用的 C++ 程序设计语言来描述各种数据结构与算法。

1.1　数据结构的概念和学习数据结构的必要性

对于数值计算问题的解决方法,主要是用数学方程建立数学模型。例如天气预报的数学模型为二阶椭圆偏微分方程,预测人口增长的数学模型为常微分方程。求解这些数学模型的方法是计算数学研究的范畴,例如采用差分算法、有限元算法和无限元算法等。

对于非数值计算问题,可用数据结构的方法建立模型。下面通过实例加以说明。

例 1.1　在人事管理系统中,包含有"员工基本信息"表格,包括了许多员工基本信息记录(例如包含由编号、姓名、性别、籍贯、家庭住址和生日组成的记录,如表 1.1 所示),将这些记录按照一定的顺序存放在"员工基本信息"表格中,每个员工基本信息记录按顺序排列,形成员工基本信息记录的线性序列,这是一种最简单的线性表结构。

表 1.1　员工基本信息

学　号	姓　名	性　别	籍　贯	家庭住址	生　日
1001	刘　靖	女	北京	人民北路 26 号	1985.12.18
1002	朱洪顺	男	成都	一环路北 3 段 56 号	1986.6.28
1003	李世红	男	太原	二环路东 6 段 168 号	1983.10.16
1004	陈冠杰	男	杭州	解放路 18 号	1982.11.29
1005	游倩华	女	苏州	人民西路 98 号	1988.6.8
1006	林健忠	男	青岛	人民西路 69 号	1986.2.28
1007	李代靖	女	太原	一环路东 6 段 16 号	1985.3.19
1008	刘　茜	女	广州	一环路南 8 段 6 号	1981.8.18

例 1.2　典型的 UNIX 文件系统结构如图 1.1 所示,属于树结构,是一棵倒置的"树",此处"树根"代表整个系统,用根目录"/"表示;下一层表示子系统,如 bin、lib、user 等,"叶子"

就是文件,如 LinkList.h、SqList.h 等。

例 1.3 要在 n 个网站建立通信网络,要求网络中任一网站出现故障时,整个网络仍能正常通信,如图 1.2 所示,这些网站之间形成一种图状结构。

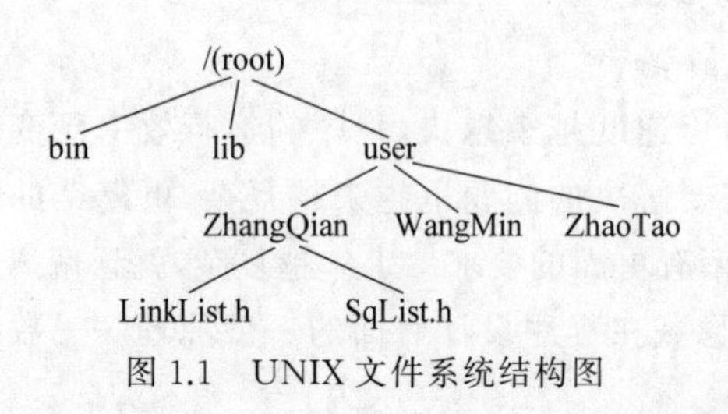

图 1.1 UNIX 文件系统结构图

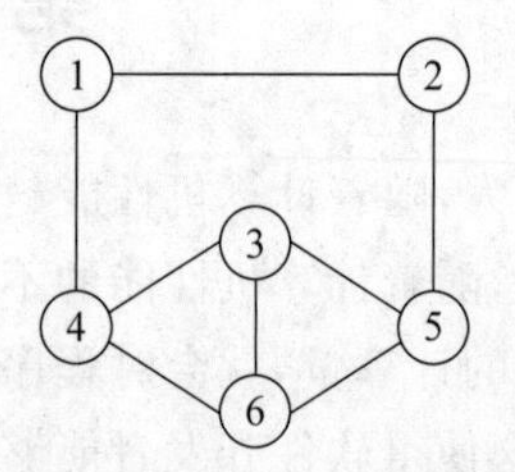

图 1.2 网站之间的图状结构

从上面的实例可以看出,非数值计算问题的模型已不是数学方程,而是线性表、树和图等数据结构。简单地说,数据结构的研究范畴主要是非数值计算问题的操作对象、它们之间的关系以及在计算机中的表示和实现。

如果有足够的存储空间存储一组操作对象,就可以进行以下操作:查找指定的操作对象,显示不同的操作对象,将这些操作对象排序成任何期望的顺序,修改任何特定的操作对象。这样就会对数据结构执行必需的操作。选择的数据结构不同,相应的操作就可能产生很大的差异。对于同样一个问题,选择恰当的数据结构,程序可能在几秒内就能运行完毕,而选择不恰当的数据结构可能需要运行几天时间才能完成。

在解决特定问题时,只有通过预先分析并确定必须达到的性能目标,才有可能挑选出恰当的数据结构。水平不高的程序设计人员往往忽视这一分析过程,而直接选用自己习惯使用但与问题不相称的数据结构,导致设计出效率很低的程序。相反,当使用简单的设计就能达到目的时,选择复杂的数据结构来改进程序也是画蛇添足。

1.2 数据结构的基本概念

本节介绍的数据结构基本概念会使初学者感到非常抽象,难于理解,但是随着不断地学习,一定会深刻理解、融会贯通。

1.2.1 数据

数据是客观事物的符号表示,是计算机中可以操作的对象,是一切能输入计算机并被处理的符号总称。

数据是一个广义的概念,可以指读者比较熟悉的整数、实数、复数等主要应用于工程计算的数值型数据,也可以是文字、图形、语音等非数值型数据。

1.2.2 数据元素和数据项

数据元素一般在计算机中作为整体进行处理,是数据的基本单位。数据元素也称为记录,有的数据元素由若干**数据项**所组成。例如,在员工基本信息表中,每个员工记录是一个数据元素,而员工的编号、姓名、性别、籍贯、家庭住址、生日等内容为数据项。数据项是不可分割的最小单位。

1.2.3 数据结构

在现实世界中，不同数据元素之间不是独立的。它们彼此之间存在着特定的关系，人们将这些关系称为**结构**。**数据结构**是指相互之间存在着一定关系的数据元素的集合。

为了方便起见，常用示意图表示数据结构，这种图称为**逻辑结构图**，图中用小圆圈表示数据元素，用小圆圈之间带有箭头的线段表示数据元素的有序对，例如，对于有序对＜u，v＞可表示为如图 1.3 所示的逻辑结构图。

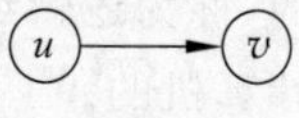

其中，u 称为 v 的直接前驱，简称前驱；v 称为 u 的直接后继，简称后继。数据元素之间的**关系**定义为有序对的集合。

图 1.3　有序对＜u，v＞的逻辑结构图

根据数据元素之间关系的特性，有如下 4 类基本结构。

(1) 集合结构。在数据结构中，如果不考虑数据元素之间的关系，这种结构称为**集合结构**。在集合结构中，各个数据元素是“平等”的，它们的共同属性是“同属于一个集合”，如图 1.4 所示。

(2) 线性结构。**线性结构**中的数据元素之间存在一个对应一个的关系，也就是除了第一个数据元素没有直接前驱，最后一个数据元素无直接后继以外，其他数据元素都有唯一的直接前驱和直接后继，如图 1.5 所示。

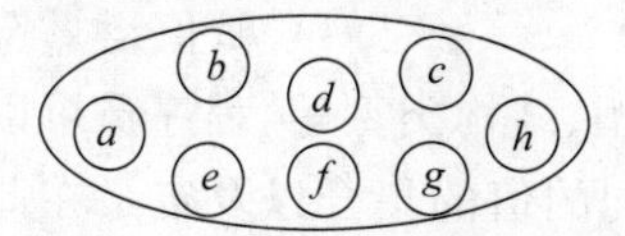

图 1.4　集合结构示意图

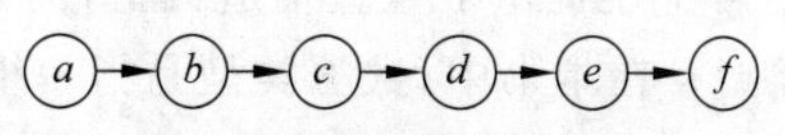

图 1.5　线性结构示意图

(3) 树状结构。**树状结构**中的数据元素之间存在着一个对应多个的关系，数据元素之间存在着层次关系，也就是除了一个特殊的称为树根的数据元素无直接前驱外，其他数据元素都有唯一的直接前驱，如图 1.6 所示。

(4) 图状结构。**图状结构**中的数据元素之间存在多个对应多个的关系，也就是任意一个数据元素可能有多个直接前驱和多个直接后继，如图 1.7 所示。

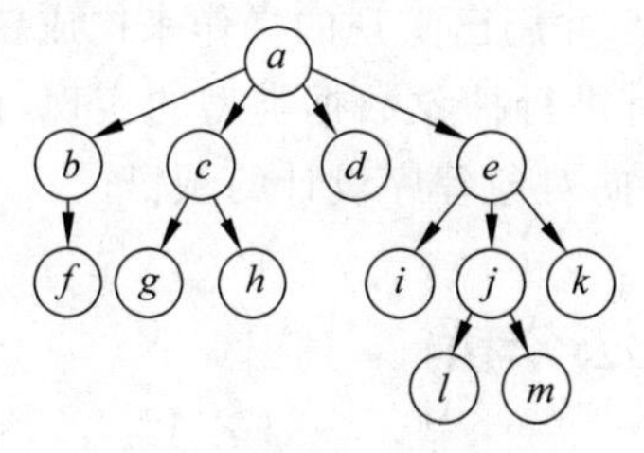

图 1.6　树状结构示意图

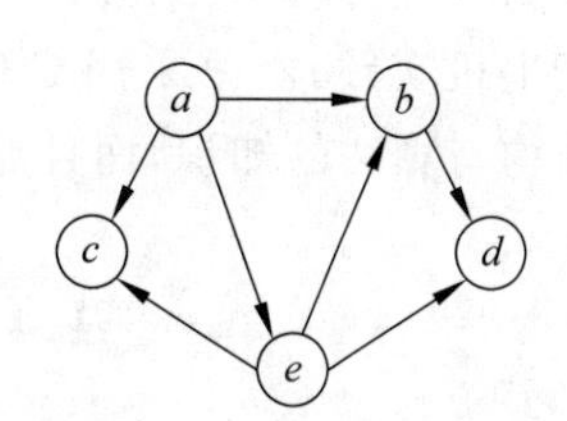

图 1.7　图状结构示意图

数据结构可以定义为如下的二元组：

$$\text{DataStructure}=(D,S)$$

其中，D 是一个数据元素的有限集合，S 是定义在 D 中的数据元素之间的关系的有限集合。下面通过实例加以说明。

例 1.4 线性表可定义成如下形式的数据结构：

$$\text{List}=(D,S)$$

其中，$D=\{a_i \mid a_i \in \text{ElemSet}, 1 \leqslant i \leqslant n\}$，ElemSet 为某个数据元素的集合，$n$ 为正整数，$S=\{R\}$，$R=\{<a_i, a_{i+1}> \mid 1 \leqslant i \leqslant n-1\}$。

上面数据结构的形式定义实际上是一种数学化描述，也就是从解决问题的实际出发，为实现必要的功能建立模型，其结构定义中的关系用于描述数据元素之间的逻辑关系，是面向问题的，称为**逻辑结构**；数据结构在计算机中的表示称为**物理结构**或**存储结构**，物理结构是面向计算机的。

本书后面讨论数据结构时，不但要讨论典型的逻辑结构，而且要讨论与逻辑结构相应的物理结构以及数据结构的相关操作和实现。

1.3 抽象数据类型及其实现

1.3.1 数据类型

在程序设计语言中已学过各种数据类型，比如 C 语言的基本数据类型整型和浮点型，这些数据类型规定了使用这些类型时数据的取值范围，同时还规定类型可以使用的不同操作。比如 32 位长的整型类型数据的取值范围是 $-2^{31} \sim 2^{31}-1$，能进行双目运算符（＋ － * / %）、单目运算符（＋ －）、关系运算符（＜ ＞ ＜＝ ＞＝ ＝＝ ！＝）、赋值运算符（＝）等操作。在 C 语言中还提供了一些构造类型，例如数组类型、结构类型等，程序员可以根据需要声明构造类型。在本书中，**数据类型**是指一组性质相同的值的集合以及定义在此集合上的一些操作的总称。

1.3.2 抽象数据类型

抽象是指抽取出事物具有普遍性的本质特征。例如，在远古时代没有 3 以上的概念，人们在数数时，3 以上的数都称为 many，也就是说当时的人类还没有抽象出 3 以上的自然数，可以看出只有抽象才具有普遍性。**抽象数据类型**（abstract data type，ADT）是指定义用于表示应用问题的模型以及定义在此模型上的一组操作（也可称为服务或方法）的总称。

抽象数据类型可利用已有的数据类型进行实现，并用已实现的操作来构成新的操作，为使读者易于上机实践，本书采用 C++ 程序设计语言进行抽象数据类型的实现，读者不但能学到数据结构与算法的知识，而且能加深对 C++ 面向对象程序设计的领悟。

1.4 算法和算法分析

1.4.1 算法

算法是对解决特定问题求解步骤的描述，在计算机中就是指令的有限序列，每条指令可表示为一个或多个操作。对于给定的问题可以采用多种算法来解决，例如本书的有些问题就给出了多种算法。一个算法应具有如下几条性质。

1. 正确性

正确性是指必须完成所期望的所有功能,也就是应当满足以特定的“规格说明”方式给出的需求。对算法是否“正确”的理解可以有如下 4 个层次。

(1) 程序中不含任何语法错误。这一层很容易达到,只要源程序能编译成功,就没有语法错误。

(2) 程序对于几组输入数据能够得出满足要求的结果。这一层也容易达到。一般程序员编写完程序后都要进行测试。在输入几组数据后,只有输出正确的结果才算编写完算法。

(3) 程序对于精心选择的、典型的、苛刻的、带有刁难性的几组输入数据能够得出满足要求的结果。这层一般都能达到。一般软件公司都有专门的测试小组对边界数据、非法数据、有效数据进行测试,经过测试后输出结果正确的算法才能达到要求。

(4) 程序对于一切输入的数据都能得出满足要求的结果。这层只有简单的算法才能达到,对于大型算法一般都无法达到。

软件公司通常以第(3)层意义的正确性作为衡量一个算法是否合格的标准。

2. 具体性

一个算法必须由一系列具体的操作组成,这里的“具体”是指所有操作都必须是可实现的,即经过有限次基本操作即可完成,其中所有操作都必须是可读、可执行、可在有限的时间内完成的。

3. 确定性

算法中的所有操作都必须有明确的含义,不能产生歧义,使算法的阅读者和执行者都能明确其含义及如何执行。

4. 有限性

算法必须在执行有限步后结束且每一步操作都在有限时间内完成。如果一个算法由无限步操作才能结束(比如无限循环),那么该算法就无法在计算机上通过有限时间来完成,也就失去了实际意义。

5. 可读性

算法应具备良好的可读性,以便查错及理解。一般来说,算法必须逻辑清楚、结构简单,所有标识符必须具有实际含义,能见名知义。在算法中必须加入说明算法功能的注释、输入输出参数的使用规则以及各程序段的功能说明等内容。

6. 健壮性

健壮性是指当输入无效数据时,算法能做适当的处理并及时反馈,而不应死机或输出异常结果。在测试程序时通常都会有意输入无效数据,例如在应该输入数值时故意输入字符,观察程序是否进行了适当的处理。

1.4.2 算法分析

在评价算法时,首先应考虑正确性,其次是运算量(即运行效率的高低),有时还要考虑所占的存储空间的大小。为了定性分析,人们引入了时间复杂度与空间复杂度的概念。本书重点考虑时间复杂度。

1. 时间复杂度

从组成来讲,算法由控制结构(一般高级程序设计语言都具有的顺序结构、分支结构与循环结构)和操作组成,算法的时间性能由这两部分共同影响。为了便于比较不同的算法,通常选择某类特定问题的最基本操作作为原操作,在不引起混淆的情况下,有时也称原操作为基本操作,以原操作执行次数作为算法的时间度量。

一个特定算法运行工作量的大小,一般依赖于问题的规模(通常用整数量 n 表示),算法中原操作执行次数通常为与问题规模 n 有关的某个函数 $f(n)$,这时算法的时间度量为

$$T(n)=O(f(n))$$ [①]

其中,$O(f(n))$称为算法的渐近时间复杂度,或简称为时间复杂度。

例 1.5 在交换两个数据元素时,可采用循环赋值法,具体 C++ 程序如下:

```
//文件路径名:s1_5\alg.h
template <class ElemType>
void  Swap(ElemType &a, ElemType &b)
//操作结果:使用循环赋值交换 a 和 b 之值
{
    ElemType tem =a; a =b; b =tem;                    //循环赋值交换 a 和 b 之值
}
```

原操作为赋值"=",运算次数为 3,即 $f(n)=3$,所以 $T(n)=O(3)=O(1)$。

例 1.6 在具有 n 个元素的一维数组中查找最大元素值时,可采用依次遍历数组中的元素并记下最大元素值的方法,具体 C++ 程序如下:

```
//文件路径名:s1_6\alg.h
template <class ElemType>
ElemType Max(ElemType a[], int n)
//操作结果:返回数组 a[0..n-1]中的最大元素值
{
    ElemType curMax =a[0];                           //暂存当前已找到的最大元素值
    for (int pos =1; pos <n; pos++)
        if (a[pos] >curMax)                          //如果 a[pos]更大
            curMax =a[pos];                          //那么用 curMax 暂存它
    return curMax;                                   //返回最大元素值
}
```

问题的规模为 n,原操作为比较两个元素值,比较次数为 $f(n)=n-1$,所以时间复杂度 $T(n)=O(f(n))=O(n-1)=O(n)$。

例 1.7 在求矩阵中所有元素之和时,可采用依次遍历矩阵中的所有元素并求和的方法,具体 C++ 程序如下:

```
//文件路径名:s1_7\alg.h
template <class ElemType>
```

---

① O 为大写英文字母,对于非负函数 $T(n)$,若存在两个正常数 c 和 n_0,对任意 $n>n_0$,有 $T(n)\leqslant cf(n)$,则称 $T(n)$在集合 $O(f(n))$中,一般简写为 $T(n)=O(f(n))$。

```
ElemType Sum( ElemType a[][MAX_SIZE], int n)
//操作结果:返回矩阵 a 中元素之和
{
    ElemType s =0;                              //暂存和
    for (int row =0; row <n; row++)
        for (int col =0; col <n; col++)
            s =s +a[row][col];                  //遍历求和
    return s;                                   //返回元素之和
}
```

问题的规模为 n,原操作为加法"+",操作次数为 $f(n)=n^2$,所以 $T(n)=O(f(n))=O(n^2)$。

常见的时间复杂度如下。

(1) $O(1)$:常数阶时间复杂度,此种时间复杂度的算法运行时间效率最高。

(2) $O(n)$、$O(n^2)$、$O(n^3)$:多项式阶时间复杂度,大部分算法的时间复杂度为多项式阶复杂度,$O(n)$称为1阶时间复杂度,$O(n^2)$称为2阶时间复杂度,$O(n^3)$ 称为3阶时间复杂度等。

(3) $O(2^n)$:数阶时间复杂度,它的运行效率最低,这种复杂度的算法根本不实用。

(4) $O(n\mathrm{lb}n)$和 $O(\mathrm{lb}n)$:对数阶时间复杂度,此种时间复杂度除常数阶时间复杂度以外,它的效率最高。

2. 空间复杂度

与时间复杂度类似,算法中所需存储空间通常为问题规模 n 的某个函数 $f(n)$,算法空间度量为 $S(n)=O(f(n))$。

$O(f(n))$ 称为算法的渐近空间复杂度,或简称为空间复杂度。

随着计算机的存储空间越来越大,常用算法所需的空间已不是主要问题,因此本书主要考虑算法的时间复杂度。

**1.5 实例研究:生命游戏

本节介绍的是一个简单但却有趣的程序——《生命游戏》。若在棋盘的网格中可能有生命体。每个生命体在 t 时刻,会依照环绕它的8个相邻网格的特性来决定在 $t+1$ 时刻是否能生存下去。在 t 时刻的游戏规则如下。

(1) 相邻网格有一个生命体且它相邻网格的生命体个数少于1、等于1或者大于3,那么就会因为不够稠密或太过稠密,这个生命体在 $t+1$ 时刻就会死亡;换言之,在 $t+1$ 时刻,那个格中不会存在生命体,如图1.8所示。

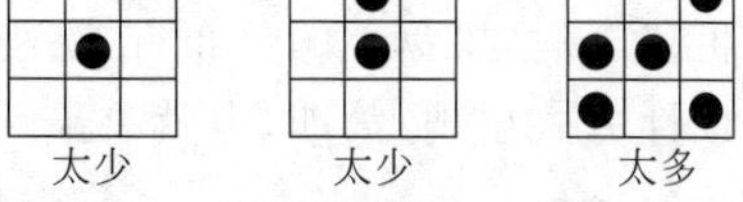

太少　太少　太多

图1.8　生命体在 $t+1$ 时刻会死亡的示意图

(2) 相邻网格有一个生命体且相邻网格的生命体个数为2或3时,就可以继续生存,如图1.9所示。

(3) 相邻网格没有生命体且该网格相邻网格的生命体个数恰为3时,在 $t+1$ 时刻,该网格就会生出一个生命体,如图1.10所示。

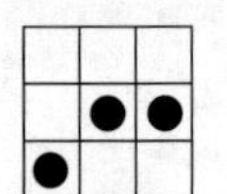
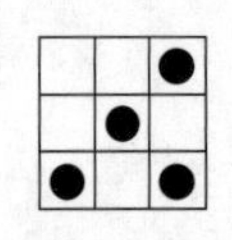
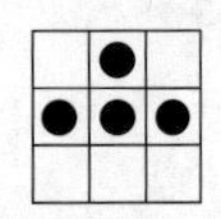

图 1.9　生命体在 $t+1$ 时刻会继续生存的示意图

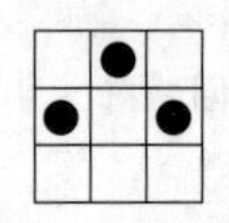
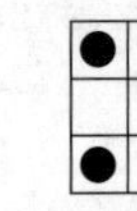
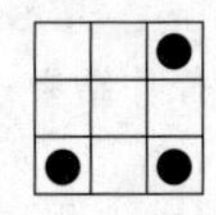

图 1.10　在 $t+1$ 时刻会出生一个新生命体的示意图

(4) 其他情形不会造成新的生命体出生。

生命游戏类声明如下：

```
//文件路径名:game_of_life\game_of_life.h

#define OCCUPIED     1                          //网格被生命体占据
#define UNOCCUPIED  0                           //网格未被生命体占据

//生命游戏类 GameOfLife
class GameOfLife
{
private:
//数据成员
    char **cell;                                //棋盘网格矩阵
    int numOfRow;                               //棋盘网格矩阵行数
    int numOfCol;                               //棋盘网格矩阵列数
    int generations;                            //最大代数

public:
//方法声明
    GameOfLife();                               //构造函数
    virtual ~GameOfLife();                      //析构函数
    void Input();                               //输入数据
    void Show(int genNo) const;                 //显示生命状态
    void Game();                                //运行游戏
};
```

程序要输入棋盘的大小，并且输入最大的生命世代数 generations，然后输入一个在开始时生命体的分布情况。一般而言，最终的结果不外乎 4 种。第一种是在到达生命世代 generations 之前或到达生命世代 generations 时，所有生命体全部死光；第二种是到了某个生命世代，棋盘就不再发生变化，生者生存，称为稳定(stable)状态；第三种则是到了某个生命世代之后，棋盘上的分布方式就产生循环，也就是说，棋盘上有某几种状况周而复始地以周期性方式出现；第四，也就是最后一种，它不是上述 3 种情况之一。程序应该可以查出在到达生命世代 generations 之前或到达生命世代 generations 时棋盘进入稳定状态，或者是有机体全都死掉。

输入中应输入棋盘的行数 NumOfRow、列数 NumOfCol 和最大代数 generations，接着输入一个开始状态，也就是时间为 0 时的状态。为方便起见，并不期望使用者输入棋盘中每一网格的内容。其做法是使用者在输入棋盘的行上用空格表示无生命体，用任何非空白的符号代表有生命体，当那一行上最后一个生命体输入完后，就可以结束那一行，一直输入，读了多少行，就视为有多少行。当然，使用者要留神，行数与列数不能超过棋盘的大小。图 1.11 就是一个输入示例。

这个输入指出，棋盘有 5 行、8 列，要产生 10 个世代，将使用者的输入永远为左上角放可不是什么好主意，所以将输入移到棋盘的中央，如图 1.12 所示。

```
5 8 10
   ***
****
  ****
```

图 1.11　输入示例

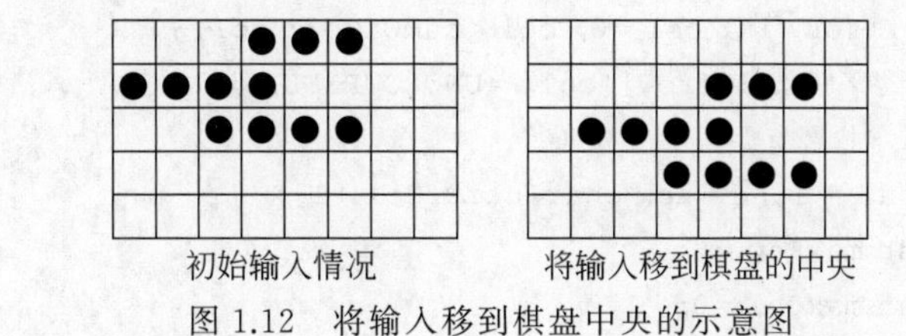

图 1.12　将输入移到棋盘中央的示意图

具体实现如下：

```
void GameOfLife::Input()
//操作结果:输入数据
{
    cout <<"请输入棋盘行数,列数,生命世代数:";
    cin >>numOfRow >>numOfCol >>generations;
    while (cin.get() !='\n');                                   //跳过当前行
    if (numOfRow <=0)
    {   //处理异常
        cout <<"numOfRow 只能为正!" <<endl;                      //输出异常信息
        exit(1);                                                //退出
    }
    if (numOfCol <=0)
    {   //处理异常
        cout <<"numOfCol 只能为正!" <<endl;                      //输出异常信息
        exit(2);                                                //退出
    }
    if (generations <=0)
    {   //处理异常
        cout <<"generations 只能为正!" <<endl;                   //输出异常信息
        exit(3);                                                //退出
    }

    if (cell !=NULL)
    {   //释放棋盘网格占用空间
        for (int row =0; row <numOfRow; row++)
            delete []cell[row];                                 //释放第 row 行
        delete []cell;                                          //释放整个棋盘 cell
        cell =NULL;
    }
```

```
cell =new char * [numOfRow];                                   //分配棋盘空间
int row, col;                                                  //临时变量
for (row =0; row <numOfRow; row++)
    cell[row] =new char[numOfCol];                             //分配棋盘的行

for (row =0; row <numOfRow; row++)
    for (int col =0; col <numOfCol; col++)
        cell[row][col] =UNOCCUPIED;                            //初始化棋盘为无生命

char * line =new char[numOfCol +1];                            //存储一行数据
int maxRow =0;                                                 //输入的最大行号
int maxCol =0;                                                 //输入的最大列号

for (row =0; row <numOfRow; row++)
{   //依次输入各行
    cin.getline(line, numOfCol +1);                            //输入一行
    if (strlen(line) ==0) break;                               //长度为 0 的行表示结束

    for (col =0; col <strlen(line); col++)
    {   //处理第 row 行
        if (line[col] !=' ')
            cell[row][col] =OCCUPIED;                          //非空格表示有生命体
        if (maxRow <row) maxRow =row;                          //修改最大行号
        if (maxCol <col) maxCol =col;                          //修改最大列号
    }

}

int rowGap =(numOfRow -maxRow) / 2;                            //移动列数
int colGap =(numOfCol -maxCol) / 2;                            //移动行数

for (row =maxRow; row >=0; row--)
{   //移动行
    for (col =maxCol; col >=0; col--)
    {   //移动列
        cell[row +rowGap][col +colGap] =cell[row][col];//移动棋盘网格
    }
    for (col =colGap -1; col >=0; col--)
        cell[row +rowGap][col] =UNOCCUPIED;                    //前 colGap 列置空
}

for (row =rowGap -1; row >=0; row--)
    for ( int col =0; col <numOfCol; col++)
        cell[row][col] =UNOCCUPIED;                            //前 rowGap 行置空
```

```
    delete []line;                                         //释放 line
}
```

对于仿真生命游戏的函数 Game(),在原来的 cell[][]矩阵中产生下一个世代会毁掉这一个世代的状态,所以弄一个大小一样的工作用矩阵 workCopy[][]。在一开始时把 cell[][]的内容复制给 workCopy[][],用 cell[][]存放下一个世代的内容。因为想掌握下一个世代生命体是否都死光,或者是进入稳定状态,所以另外准备了两个变量,existLife 表示是否有生命体,isStable 表示下一个世代的内容是否与这个世代的完全一样。

程序中最外面的 for 循环让程序反复做 generations 次,除非因为下一个世代生命体都死光,或者是进入稳定状态。内层的第一个第二层与第三层的 for 循环用于复制棋盘,第二个第二层与第三层的 for 循环用于检查在这个世代中的每一个网格 workCopy[i][j],算出它有多少个相邻网格的生命体个数,存入 neighbors。如何算出第 row 行第 col 列相邻网格有多少个生命体呢?可参看图 1.12。第 row 行第 col 列的网格,连自己在内,一共有 9 个网格,左侧的列号为 col-1,右侧的列号为 col+1,上侧的行号 row-1,下侧的行号 row+1,当然有可能会越出边界,如果越出上方或左方,就定成 0,但若越出右方或下方,就定成 numOfCol-1 或 numOfRow-1,它们正是最右边一列与最下方一行。将这些值存放在 left、right、top 与 bottom 中,请读者思考,为什么这样修改 left、right、top 与 bottom 的值后,不影响正确的计算。最内层的两个 for 循环用于计算 workCopy[row][col]相邻网格的生命体个数 neighbors。具体实现如下:

```
void GameOfLife::Game()
//操作结果:运行游戏
{
    if (cell ==NULL)
    {   //游戏对象为空
        cout <<"游戏对象为空" <<endl;
        return;
    }

    Show(0);                                               //显示初始化

    char **workCopy;                                       //临时棋盘网格
    bool existLife =true;                                  //是否存在生命体
    bool isStable =false;                                  //系统是否稳定

    workCopy =new char * [numOfRow];                       //分配棋盘 workCopy 空间
    int row, col;                                          //临时变量
    for (row =0; row <numOfRow; row++)
        workCopy[row] =new char[numOfCol];                 //分配棋盘 workCopy 的行

    for (int gen =1; gen <=generations && existLife && !isStable; gen++)
    {
        for (row =0; row <numOfRow; row++)
            for (col =0; col <numOfCol; col++)
```

```
            workCopy[row][col] =cell[row][col];        //复制棋盘

    existLife =false;                                           //初始化 existLife
    isStable =true;                                             //初始化 isStable

    for (row =0; row <numOfRow; row++)
    {
        for (col =0; col <numOfCol; col++)
        {
            //(row, col)邻近网格形成矩形的左上角为(top, left),右下角为(bottom,
            //right)
            int top =(row ==0) ? 0 : row -1;
            int bottom =(row ==numOfRow -1) ? numOfRow -1 : row +1;
            int left =(col ==0) ? 0 : col -1;
            int right =(col ==numOfCol -1) ? numOfCol -1 : col +1;

            //计算相邻网格的生命数
            int neighbores =0;                                  //相邻网格的生命数
            for (int curRow =top; curRow <=bottom; curRow++)
                for (int curCol =left; curCol <=right; curCol++)
                    if ((curRow !=row || curCol !=col )        //不是网格(row, col)
                        && workCopy[curRow][curCol] ==OCCUPIED)
                                                                //被生命体占用
                        neighbores++;                           //生命数自加 1

            //确定网格(row, col)是否被生命体占用
            if (workCopy[row][col] ==OCCUPIED)
            {   //原网格(row, col)被生命体占用
                if (neighbores ==2 || neighbores ==3)
                    cell[row][col] =OCCUPIED;                      //生命体继续生存
                else
                    cell[row][col] =UNOCCUPIED;                    //生命体死亡
            }
            else
            {   //原网格(row, col)未被生命体占用
                if (neighbores ==3) cell[row][col] =OCCUPIED; //产生新生命体
                else cell[row][col] =UNOCCUPIED;                //继续无生命体
            }

            if (cell[row][col] ==OCCUPIED) existLife =true;    //存在生命体
            if (cell[row][col] !=workCopy[row][col]) isStable =false;
                                                                   //系统还不稳定
        }
    }
```

```
    if (!existLife) cout <<"所有生命体都死亡了!" <<endl;
    else if (isStable) cout <<"系统已稳定!" <<endl;
    else Show(gen);                                          //显示第 gen 代生命状态
  }

  for (row =0; row <numOfRow; row++)
    delete []workCopy[row];                                  //释放第 row 行
  delete []workCopy;                                         //释放整个棋盘 cell
}
```

1.6 深入学习导读

本章涉及的大部分问题都是数据结构与算法的相关概念,Cliford A. Shaffer 所著的《A Practical Introduction to Data Structures and Algorithm Analysis》[2]对于算法分析有较深刻的描述,严蔚敏、吴伟民编著的《数据结构(C 语言版)》[12]对数据结构与算法的概念进行了准确的描述与定义,有关 C++ 部分可参考李涛、游洪跃、陈良银与李琳编写的《C++:面向对象程序设计》[19]与林瑶、蒋晓红与彭卫宁等译的《C++ 大学自学教程(第 7 版)》[18]。

《生命游戏》参考了冼镜光编著的《C 语言名题精选百则技巧篇》[21]与 Robert L. Kruse、Alexander J. Ryba 所著的《Data Structures and Program Design in C++》[1]。

1.7 习　题

1. 设数据逻辑结构如下:

$$DS=(D,\ S)$$
$$D=\{1,\ 2,\ 3,\ 4\}$$
$$S=\{R\}$$
$$R=\{<1,\ 2>,\ <2,\ 3>,\ <3,\ 4>,\ <4,\ 1>\}$$

试画出 DS 所对应的逻辑结构图。

2. 设有如图 1.13 所示的逻辑结构图,试给出数据结构形式。

3. 简述数据的逻辑结构与存储结构的含义及它们之间的关系。

4. 试求下面程序段中语句"x=x-1"的执行次数。

```
for(i =1; i <=n -1; i++)
  for(j =i +1; j <=n; j++)
    x =x -1;
```

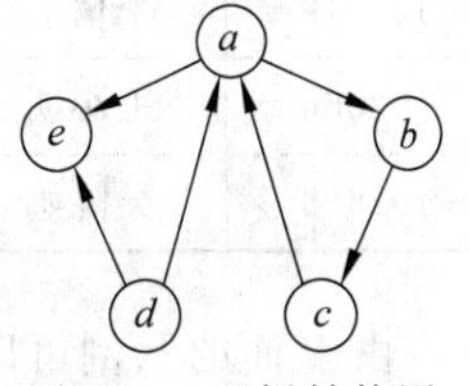

图 1.13　逻辑结构图

5. 试编写一个算法,实现将输入的 3 个整数 x、y、z 按从小到大的顺序排列。

**6. 试修改《生命游戏》中的成员 Game(),在游戏功能不变的情况下,尽量将内层循环循环体内的语句移到外层循环体中,以加快程序的运行速度。

第2章　线　性　表

线性表是基本的数据结构,有着广泛的应用,可用于存储数值、字符、姓名等信息,最直接、最简单的方法是将它们存储在一个线性表中,线性表本质就是序列。本章将讨论线性表的逻辑结构和存储结构以及线性表的应用。

2.1　线性表的逻辑结构

线性表是由类型相同的数据元素组成的有限序列。不同线性表中数据元素的类型可以相同,也可以不同;可以是最简单的数值和字符,也可以是比较复杂的信息。

例如,由26个大写英语字母组成的字母表:

('A','B','C',…,'Z')

是一个线性表,其中的数据元素是大写英语字母。

又如,一年中每个月的收入可以由线性表的形式给出:

(9988,10089,11108,8988,9618,8908,9158,8898,8866,9988,8888,9168)

其中,线性表中的数据元素是整数。

在较复杂的线性表中,数据元素一般由数据项组成,这些数据元素通常被称为记录。例如,在表2.1所示的职工基本信息表中,每个职工记录由编号、姓名、性别、籍贯、生日和基本工资组成。

表2.1　职工基本信息表

编　号	姓　名	性　别	籍　贯	生　日	基本工资
100006	张靖	女	成都	1982-08-18	6988
100018	李杰	男	北京	1988-06-08	5918
102019	李倩	女	上海	1979-11-16	6158
102066	王小明	男	天津	1981-12-19	6988
102689	吴晓娟	女	重庆	1976-06-08	5899

由上面的示例可以知道,线性表中的数据元素都属于同一个数据集合,相邻数据元素之间存在着有序对关系,线性表可简单表示为

$$(a_1, a_2, \cdots, a_i, a_{i+1}, \cdots, a_n)$$

线性表中 a_i 领先于 a_{i+1},a_i 称为 a_{i+1} 的直接前驱,简称为前驱;a_{i+1} 称为 a_i 的直接后继,简称为后继。

为更精确地定义线性表,下面给出线性表的形式定义:

$$\text{LinearList} = (D, R)$$

其中,参数说明如下。

(1) $D=\{a_i|a_i\in \text{ElemSet}, i=1,2,\cdots,n,n\geqslant 0\}$,ElemSet 为某个数据元素的集合。

(2) $R=\{N\}, N=\{<a_i,a_{i+1}>|i=1,2,\cdots,n-1\}$。

其中参数说明如下。

① N 为一个有序对的集合,用于表示线性表中数据元素之间的相邻关系。

② 线性表中数据元素的个数 n 称为线性表的长度,当 $n=0$ 时称为空表。

③ a_1 为第一个数据元素,a_n 为最后一个数据元素;$i=1,2,\cdots,n-1$ 时,a_i 有且仅有一个直接后继 a_{i+1};当 $i=2,3,\cdots,n$ 时,a_i 有且仅有一个直接前驱 a_{i-1}。

在实际应用中,线性表还包括了如下基本操作。

1) int Length() const

初始条件:线性表已存在。

操作结果:返回线性表元素个数。

2) bool Empty() const

初始条件:线性表已存在。

操作结果:如线性表为空,则返回 true,否则返回 false。

3) void Clear()

初始条件:线性表已存在。

操作结果:清空线性表。

4) void Traverse(void (*visit)(const ElemType &)) const

初始条件:线性表已存在。

操作结果:依次对线性表的每个元素调用函数(*visit)。

5) bool GetElem(int position, ElemType &*e*) const

初始条件:线性表已存在,1≤position≤Length()。

操作结果:用 *e* 返回第 position 个元素的值。

6) bool SetElem(int position, const ElemType &*e*)

初始条件:线性表已存在,1≤position≤Length()。

操作结果:将线性表的第 position 个元素的值赋为 *e*。

7) bool Delete(int position, ElemType &*e*)

初始条件:线性表已存在,1≤position≤Length()。

操作结果:删除线性表的第 position 个元素,并用 *e* 返回其值,长度减 1。

8) bool Delete(int position)

初始条件:线性表已存在,1≤position≤Length()。

操作结果:删除线性表的第 position 个元素,长度减 1。

9) bool Insert(int position, const ElemType &*e*)

初始条件:线性表已存在,1≤position≤Length()+1。

操作结果:当 1≤position≤Length()时,在线性表的第 position 个元素前插入元素 *e*,当 position=Length()+1 时,在线性表最后追加元素 *e*,操作成功后,长度加 1。

在具体实现时,还可能包括其他操作,本书开发的软件包中不但都包含上述基本操作,还根据 C++ 语言的特点加入了一些其他操作,如赋值操作(由赋值运算符重载实现)、由已知线性表构造新线性表(由复制构造函数模板实现)等;C++ 实现中上面的操作通常也称为方法。

2.2 线性表的顺序存储结构

线性表的实现有两种方法：顺序表和链表。本节讨论顺序表的实现，2.3 节讨论链表的实现。

在下面的顺序表实现中，数据存储在一个长度为 maxSize，数据类型为 ElemType 的数组中，并用 count 存储数组中所存储线性表的实际元素个数。具体声明如下：

```
//顺序表类模板
template <class ElemType>
class SqList
{
protected:
//数据成员
    ElemType * elems;                                              //元素存储空间
    int maxSize;                                                   //顺序表最大元素个数
    int count;                                                     //元素个数

public:
//抽象数据类型方法声明及重载编译系统默认方法声明
    SqList(int size =DEFAULT_SIZE);                                //构造函数模板
    virtual ~SqList();                                             //析构函数模板
    int Length() const;                                            //求线性表长度
    bool Empty() const;                                            //判断线性表是否为空
    void Clear();                                                  //将线性表清空
    void Traverse(void (*visit)(const ElemType &)) const;          //遍历线性表
    bool GetElem(int position, ElemType &e) const;                 //求指定位置的元素
    bool SetElem(int position, const ElemType &e);                 //设置指定位置的元素值
    bool Delete(int position, ElemType &e);                        //删除元素
    bool Delete(int position);                                     //删除元素
    bool Insert(int position, const ElemType &e);                  //插入元素
    SqList(const SqList<ElemType> &source);                        //复制构造函数模板
    SqList<ElemType> &operator =(const SqList<ElemType> &source);
                                                                   //重载赋值运算符
};
```

大部分函数模板（SqList，～SqList，Length，Empty，Clear，Traverse，GetElem 和 SetElem）实现都比较简单，本书几乎所有数据结构的实现中都引入了模板，读者可能对此感到比较困难。实际上，模板的使用并不复杂，只要多用几次就可熟练掌握，下面是具体实现。

```
template <class ElemType>
SqList<ElemType>::SqList(int size)
//操作结果:构造一个最大元素个数为 size 的空顺序表
{
```

```
    maxSize =size;                                    //最大元素个数
    elems =new ElemType[maxSize];                     //分配存储空间
    count =0;                                         //空线性表元素个数为 0
}

template <class ElemType>
SqList<ElemType>::~SqList()
//操作结果:销毁线性表
{
    delete []elems;                                   //释放存储空间
}

template <class ElemType>
int SqList<ElemType>::Length() const
//操作结果:返回线性表元素个数
{
    return count;                                     //返回元素个数
}

template <class ElemType>
bool SqList<ElemType>::Empty() const
//操作结果:如线性表为空,则返回 true,否则返回 false
{
    return count ==0;                                 //count ==0 表示线性表为空
}

template <class ElemType>
void SqList<ElemType>::Clear()
//操作结果:清空线性表
{
    count =0;                                         //空线性表元素个数为 0
}

template <class ElemType>
void SqList<ElemType>::Traverse(void (*visit)(const ElemType &)) const
//操作结果:依次对线性表的每个元素调用函数(*visit)
{
    for (int temPos =1; temPos <=Length(); temPos++)
    {   //对线性表的每个元素调用函数(*visit)
        (*visit)(elems[temPos -1]);
    }
}

template <class ElemType>
bool SqList<ElemType>::GetElem(int position, ElemType &e) const
```

```
//操作结果:当线性表存在第 position 个元素时,用 e 返回其值,返回 true, 否则返回 false
{
    if(position <1 || position >Length())
    {   //position 范围错
        return false;                                   //元素不存在
    }
    else
    {   //position 合法
        e =elems[position -1];
        return true;                                    //元素存在
    }
}

template <class ElemType>
bool SqList<ElemType>::SetElem(int position, const ElemType &e)
//操作结果:将线性表的第 position 个元素赋值为 e,position 的取值范围为 1≤position≤
//Length(),position 合法时返回 true,否则返回 false
{
    if (position <1 || position >Length())
    {   //position 范围错
        return false;                                   //范围错
    }
    else
    {   //position 合法
        elems[position -1] =e;
        return true;                                    //成功
    }
}
```

下面讨论比较复杂的操作。对于线性表的插入操作,是在线性表的第 $i-1$ 个元素与第 i 个元素之间插入元素 e,如下所示。

插入前:

$$(a_1,a_2,\cdots,a_{i-1},a_i,\cdots,a_n)$$

插入后:

$$(a_1,a_2,\cdots,a_{i-1},e,a_i,\cdots,a_n)$$

插入前长度为 n,插入后长度为 $n+1$,数据元素 a_{i-1} 和 a_i 之间的有序对 $<a_{i-1}, a_i>$ 插入后将变为 $<a_{i-1}, e>$ 和 $<e, a_i>$。在线性表的顺序实现中,逻辑上相邻的数据元素的物理位置也是相邻的,因此从插入位置开始的元素 $a_i,\cdots,a_n$ 将依次后移,如图 2.1 所示。

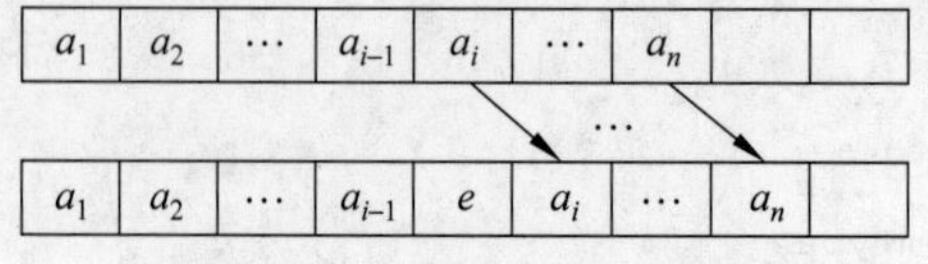

图 2.1 顺序表插入元素示意图

算法实现如下：

```
template <class ElemType>
bool SqList<ElemType>::Insert(int position, const ElemType &e)
//操作结果:在线性表的第 position 个元素前插入元素 e,position 的取值范围为
//  1≤position≤Length()+1,如线性表已满,则返回 false,如 position 合法, 则返回
//  true, 否则返回 false
{
    if (count == maxSize)
    {   //线性表已满返回 false
        return false;
    }
    else if (position < 1 || position > Length() + 1)
    {   //position 范围错
        return false;                               //范围错
    }
    else
    {   //成功
        int length = Length();                      //暂存线性表长度
        ElemType temElem;                           //临时元素
        count++;                                    //插入后元素个数将自增 1
        for (int temPos= Length(); temPos>= position; temPos--)
        {   //插入位置之后的元素右移
            GetElem(temPos, temElem); SetElem(temPos+ 1, temElem);
        }
        SetElem(position, e);                       //将 e 赋值到 position 位置处
        return true;                                //插入成功
    }
}
```

设 p_i 为第 i 个元素前插入一个元素的概率,由于在第 i 个元素前插入一个元素所需移动的元素次数为 $n-i+1$,所以在长度为 n 的线性表中插入元素时移动元素的平均次数为

$$\sum_{i=1}^{n+1} p_i(n-i+1)$$

不失一般性可假设在线性表的任意位置上插入一个元素的概率都相等,即

$$p_i = \frac{1}{n+1}$$

这时平均移动次数为

$$\sum_{i=1}^{n+1} p_i(n-i+1) = \sum_{i=1}^{n+1} \frac{n-i+1}{n+1} = \frac{n}{2}$$

由上面公式可知插入算法 Insert 的时间复杂度为 $O(n)$。

对于线性表的删除操作,是删除线性表的第 i 个元素,如下所示。

删除前：

$$(a_1, a_2, \cdots, a_{i-1}, a_i, a_{i+1}, \cdots, a_n)$$

删除后：

$$(a_1, a_2, \cdots, a_{i-1}, a_i, \cdots, a_n)$$

删除前长度为 n，删除后长度为 $n-1$，数据元素 a_{i-1}、a_i 和 a_{i+1} 之间的逻辑关系将发生变化，删除前为 $< a_{i-1}, a_i >$，$< a_i, a_{i+1} >$，删除后为 $< a_{i-1}, a_{i-1} >$，如图 2.2 所示，从图中可知，删除后从删除位置后面的元素 $a_{i+1}, \cdots, a_n$ 将依次前移。

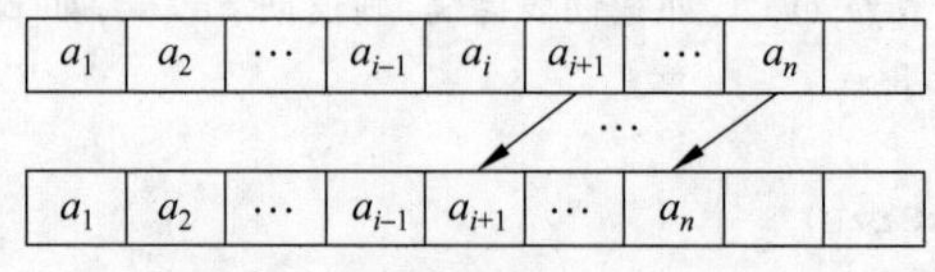

图 2.2　顺序表删除元素示意图

算法实现如下：

```
template <class ElemType>
bool SqList<ElemType>::Delete(int position, ElemType &e)
//操作结果:删除线性表的第 position 个元素, 并用 e 返回其值,position 的取值范围为
//1≤position≤Length(),position 合法时返回 true,否则返回 false
{
    if (position <1 || position >Length())
    {   //position 范围错
        return false;                                  //范围错
    }
    else
    {   //position 合法
        GetElem(position, e);                          //用 e 返回被删除元素的值
        ElemType temElem;                              //临时元素
        for (int temPos=position +1; temPos<=Length(); temPos++)
        {   //被删除元素之后的元素依次左移
            GetElem(temPos, temElem); SetElem(temPos-1, temElem);
        }
        count--;                                       //删除后元素个数将自减 1
        return true;                                   //删除成功
    }
}
```

设 q_i 为删除第 i 个元素的概率，删除第 i 个元素需移动元素的次数为 $n-i$，所以在长度为 n 的线性表中删除元素时移动元素的平均次数为

$$\sum_{i=1}^{n} q_i (n-i)$$

为不失一般性，可假设在线性表的任意位置上插入一个元素的概率都相等，即

$$q_i = \frac{1}{n}$$

这时平均移动次数为

$$\sum_{i=1}^{n} q_i (n-i) = \sum_{i=1}^{n} \frac{n-i}{n} = \frac{n-1}{2}$$

由上面公式可知，删除算法 Delete 的时间复杂度为 $O(n)$。

在类中增加复制构造函数模板和赋值运算符重载在有的算法中能增加程序的可读性，虽然类的赋值运算符的效率较低，但对于当前的大部分算法，可读性比效率更重要。下面是复制构造函数模板和赋值运算符重载的具体实现：

```
template <class ElemType>
SqList<ElemType>::SqList(const SqList<ElemType> &source)
//操作结果:由线性表 source 构造新线性表——复制构造函数模板
{
    maxSize = source.maxSize;                               //最大元素个数
    count = source.count;                                   //线性表元素个数
    elems = new ElemType[maxSize];                          //分配存储空间
    for (int temPos=1; temPos<=source.Length(); temPos++)
    {   //复制数据元素
        elems[temPos-1] = source.elems[temPos-1];           //复制元素值
    }
}

template <class ElemType>
SqList<ElemType> &SqList<ElemType>::operator =(const SqList<ElemType> &source)
//操作结果:将线性表 source 赋值给当前线性表——重载赋值运算符
{
    if (&source != this)
    {
        maxSize = source.maxSize;                           //最大元素个数
        count = source.count;                               //线性表元素个数
        delete []elems;                                     //释放存储空间
        elems = new ElemType[maxSize];                      //分配存储空间
        for (int temPos=1; temPos<=source.Length(); temPos++)
        {   //复制数据元素
            elems[temPos-1] = source.elems[temPos-1];       //复制元素值
        }
    }
    return *this;
}
```

线性表的顺序存储结构有如下特点。

(1) 该结构用一组地址连续的存储单元依次存储线性表的元素。

(2) 该结构用元素在存储器中的“物理位置相邻”表示线性表中数据元素之间的逻辑关系，设 $\mathrm{Loc}(a_i)$ 表示数据元素 a_i 的存储位置，size 为每个元素占用的存储单元个数，则有如下关系：

$$\mathrm{Loc}(a_{i+1}) = \mathrm{Loc}(a_i) + \mathrm{size}$$

$$\mathrm{Loc}(a_i) = \mathrm{Loc}(a_1) + (i-1) \cdot \mathrm{size}$$

(3) 该结构可直接随机存取任意一个数据元素，所以线性表的顺序存储结构是一种随机存取的存储结构。

(4) 该结构在进行插入或删除操作时需要移动大量的数据元素。

下面实例将应用顺序表进行更复杂的操作。

例 2.1 设计求两个顺序表存储的集合差集的算法。

设 la,lb 是两个顺序表,分别表示两个给定的集合 A 和 B,求 A 与 B 的差集 $C=A-B$。用顺序表 lc 表示集合 C。分别将 la 中元素取出,再在 lb 中进行查找,如没有在 lb 中出现,则将其插入到 lc 中。

具体算法如下:

```
//文件路径名:s2_1\alg.h
template <class ElemType>
void Difference(const SqList<ElemType>&la, const SqList<ElemType>&lb, SqList<
ElemType>&lc)
//操作结果:用 lc 返回 la 和 lb 表示的集合的差集
//方法:在 la 中取出元素,在 lb 中进行查找,如果未在 lb 中出现,将其插入 lc
{
    ElemType aElem, bElem;

    lc.Clear();                         //清空 lc
    for (int aPos =1; aPos <=la.Length(); aPos++)
    {
        la.GetElem(aPos, aElem);        //取出 la 的一个元素 aElem
        bool isExist =false;            //表示 aElem 是否在 lb 中出现
        for (int bPos =1; bPos <=lb.Length(); bPos++)
        {
            lb.GetElem(bPos, bElem);//取出 lb 的一个元素 bElem
            if (aElem ==bElem)
            {
                isExist =true;          //aElem 同时在 la 和 lb 中出现,置 isExist 为 true
                break;                  //退出内层循环
            }
        }
        if (!isExist)
        {   //aItem 在 la 中出现,而未在 lb 中出现,将其插入到 lc 中
            lc.Insert(lc.Length() +1, aElem);
        }
    }
}
```

例 2.2 已知顺序表 la 的元素类型为 int。设计算法将其调整为左右两部分,左边所有元素为奇数,右边所有元素为偶数,并要求算法的时间复杂度为 $O(n)$。

本题算法的主要思路是设置 leftPos=1 和 rightPos=la.Length(),la 的第 leftPos 个数据元素为 aElem,第 rightPos 个数据元素为 bElem;当 aElem 为奇数时,则 leftPos++;当 bElem 为偶数时,则 rightPos--;当 aElem 为偶数,bElem 为奇数时,将 aElem 置换 la 的

第 rightPos 个元素，bElem 置换 la 的第 leftPos 个元素，并且 leftPos++和 rightPos--；直到 leftPos==rightPos 时为止，算法复杂度为 $O(n)$。

具体算法如下：

```
//文件路径名:s2_2\alg.h
void Adjust(SqList<int>&la)
//操作结果:将 la 调整为左右两部分,左边所有元素为奇数,右边所有元素为偶数,并要求算法的时
//间复杂度为 O(n)
{
    int leftPos =1, rightPos =la.Length();
    int aElem, bElem;
    while (leftPos <rightPos)
    {
        la.GetElem(leftPos, aElem);
        la.GetElem(rightPos, bElem);
        if (aElem %2 ==1)
        {   //aElem 为奇数
            leftPos++;
        }
        else if (bElem %2 ==0)
        {   //bElem 为偶数
            rightPos--;
        }
        else
        {   //aElem 为偶数, bElem 为奇数
            la.SetElem(leftPos++, bElem);
                                    //bElem 置换 la 的第 leftPos 个元素,并且 leftPos++
            la.SetElem(rightPos--, aElem);
                                    //aElem 置换 la 的第 rightPos 个元素,并且 rightPos--
        }
    }
}
```

2.3 线性表的链式存储结构

采用 2.2 节介绍的线性表的顺序存储结构可随机存取线性表中的任意一个元素，但做插入删除操作时需要移动大量的元素，本节介绍的线性表链式存储结构不要求逻辑上相邻的数据元素在物理位置上也相邻，因此在进行插入、删除操作时不需要移动元素。

2.3.1 单链表

在链式存储结构的线性表中，单链表是最简单的一种。单链表也称线性链表，当用它来存储线性表时，每个数据元素用一个节点(node)来存储。一个节点由两个成分组成：一个是存放数据元素的 data，称为数据成分；另一个是存储指向此链表下一个节点的指针 next，称为指针成分，如图 2.3 所示。如 p 指向节点，则节点的数据成分为 p－＞data，指针成分为 p－＞next，用于指向节点的后继。

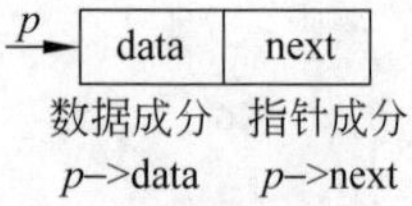

p　data　next

数据成分　指针成分

p->data　p->next

图 2.3　单链表节点示意图

一个线性表($a_1, a_2, \cdots, a_n$)的单链表结构通常如图 2.4 所示。在 a_1 节点的前面增加了一个新节点，这个节点称为头节点，其中没有存储任何数据元素。虽然在单链表中增加头节点会增加存储空间，但是可使算法实现更加简单、高效。单链表头节点的地址可从指针 head 得到，指针 head 称为头指针，其他节点的地址由前驱的 next 成分得到。

注意：线性链表也可以没有头节点，读者可作为实验加以实现。

当单链表中没有数据元素时，就只有一个头节点，这时 head－＞next＝＝NULL，如图 2.5 所示。

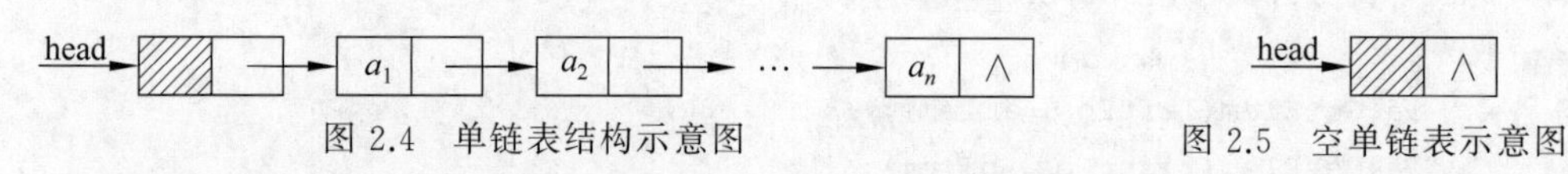

图 2.4　单链表结构示意图　　　　图 2.5　空单链表示意图

线性表的链式存储结构有如下特点：

(1) 数据元素之间的逻辑关系由节点中的指针成分表示。

(2) 每个元素的存储位置由其直接前驱的指针成分指示。

(3) 线性表的链式存储结构是非随机存取的。

(4) 在线性表的链式存储结构中，尾节点的直接后继为空，即此节点的指针成分的值为空。

线性链表用节点中的指针成分表示数据元素之间的逻辑关系，这就使逻辑上相邻的两个元素对应的物理存储位置相邻或不相邻均可。下面是节点和线性链表的类模板的声明及实现，其中节点用 struct 类实现，所有成员都是公共的，也就是节点结构没有封装。在使用时，一般将它作为已封装的其他数据结构的 private 或 protected 成员，因此实现无封装的节点既安全又方便。

节点类模板比较简单，具体定义如下：

```
//节点类模板
template <class ElemType>
struct Node
{
//数据成员
    ElemType data;                                          //数据成分
    Node<ElemType> * next;                                  //指针成分

//构造函数模板
    Node();                                                 //无参数的构造函数模板
    Node(const ElemType &e, Node<ElemType> * link =NULL);
                                                            //已知数据元素值和指针建立节点
};

//节点类模板的实现部分
```

```
template<class ElemType>
Node<ElemType>::Node()
//操作结果:构造指针成分为空的节点
{
   next =NULL;
}

template<class ElemType>
Node<ElemType>::Node(const ElemType &e, Node<ElemType> * link)
//操作结果:构造一个数据成分为 e 和指针成分为 link 的节点
{
   data =e;
   next =link;
}
```

线性链表简单实现方式为数据成员只有头指针,成员函数模板与顺序表类似,具体声明如下:

```
//简单线性链表类模板
template <class ElemType>
class SimpleLinkList
{
protected:
//数据成员
   Node<ElemType> * head;                               //头节点指针

//辅助函数模板
   Node<ElemType> * GetElemPtr(int position) const;     //返回指向第 position
                                                        //个节点的指针

public:
//抽象数据类型方法声明及重载编译系统默认方法声明
   SimpleLinkList();                                    //无参数的构造函数模板
   virtual ~SimpleLinkList();                           //析构函数模板
   int Length() const;                                  //求线性表长度
   bool Empty() const;                                  //判断线性表是否为空
   void Clear();                                        //将线性表清空
   void Traverse(void (* visit)(const ElemType &)) const; //遍历线性表
   bool GetElem(int position, ElemType &e) const;       //求指定位置的元素
   bool SetElem(int position, const ElemType &e);       //设置指定位置的元素值
   bool Delete(int position, ElemType &e);              //删除元素
   bool Delete(int position);                           //删除元素
   bool Insert(int position, const ElemType &e);        //插入元素
   SimpleLinkList(const SimpleLinkList<ElemType> &source); //复制构造函数模板
   SimpleLinkList<ElemType> &operator =(const SimpleLinkList<ElemType> &source);
                                                        //重载赋值运算符
```

```
};
```

在单链表中，如果 p 指向线性链表的第 i 个数据元素(a_i)，则 p－＞next 指向第 $i+1$ 个数据元素(a_{i+1})，也就是如果 p－＞data＝＝a_i，则 p－＞next－＞data＝＝a_{i+1}，在线性链表中存取第 i 个数据元素必须从头指针出发进行查找，用辅助函数模板 GetElemPtr 返回指向线性链表中第 position 个节点的指针，具体实现如下：

```
template<class ElemType>
Node<ElemType> * SimpleLinkList<ElemType>::GetElemPtr(int position) const
//操作结果:返回指向第 position 个节点的指针
{
    Node<ElemType> * temPtr =head;      //用 temPtr 遍历线性表以查找第 position 个节点
    int temPos=0;                       //temPtr 所指节点的位置

    while (temPtr !=NULL && temPos <position)
    {   //顺指针向后查找,直到 temPtr 指向第 position 个节点
        temPtr =temPtr->next;
        temPos++;
    }

    if (temPtr !=NULL && temPos ==position)
    {   //查找成功
        return temPtr;
    }
    else
    {   //查找失败
        return NULL;
    }
}
```

上面算法的基本操作是比较 temPos 和 position 并后移指针 temPtr，执行次数与节点在线性表中的位置有关，如 $0\leqslant i\leqslant n$，则执行次数为 i，可知时间复杂度为 $O(n)$。

线性链表的方法 LinkList、～LinkList、Length、Empty、Clear、Traverse、GetElem 和 SetElem 都比较简单。具体实现如下：

```
template <class ElemType>
SimpleLinkList<ElemType>::SimpleLinkList()
//操作结果:构造一个空链表
{
    head =new Node<ElemType>;           //构造头节点,空链表只有头节点
}

template <class ElemType>
SimpleLinkList<ElemType>::~SimpleLinkList()
//操作结果:销毁线性表
{
```

```
    Clear();                                //清空线性表
    delete head;                            //释放头节点所点空间
}

template <class ElemType>
int SimpleLinkList<ElemType>::Length() const
//操作结果:返回线性表元素个数
{
    int count =0;                           //计数器
    for (Node<ElemType> * temPtr =head->next; temPtr !=NULL;
        temPtr =temPtr->next)
    {   //用 temPtr 依次指向每个元素
        count++;                            //对线性表的每个元素进行计数
    }
    return count;                           //返回元素个数
}

template <class ElemType>
bool SimpleLinkList<ElemType>::Empty() const
//操作结果:如线性表为空,则返回 true,否则返回 false
{
    return head->next ==NULL;
}

template <class ElemType>
void SimpleLinkList<ElemType>::Clear()
//操作结果:清空线性表
{
    while (!Empty())
    {   //线性表非空,则删除第 1 个元素
        Delete(1);                          //删除第 1 个元素
    }
}

template <class ElemType>
void SimpleLinkList<ElemType>::Traverse(void ( * visit)(const ElemType &)) const
//操作结果:依次对线性表的每个元素调用函数( * visit)
{
    for (Node<ElemType> * temPtr =head->next; temPtr !=NULL;
        temPtr =temPtr->next)
    {   //用 temPtr 依次指向每个元素
        ( * visit)(temPtr->data);           //对线性表的每个元素调用函数( * visit)
    }
}
```

```
template <class ElemType>
bool SimpleLinkList<ElemType>::GetElem(int position, ElemType &e) const
//操作结果:当线性表存在第 position 个元素时,用 e 返回其值,返回 true,否则返回 false
{
    if (position <1 || position >Length())
    {   //position 范围错
        return false;                                       //元素不存在
    }
    else
    {   //position 合法
        Node<ElemType> * temPtr =GetElemPtr(position);
                                                            //取出指向第 position 个节点的指针
        e =temPtr->data;                                    //用 e 返回第 position 个元素的值
        return true;                                        //元素存在
    }
}

template <class ElemType>
bool SimpleLinkList<ElemType>::SetElem(int position, const ElemType &e)
//操作结果:将线性表的第 position 个元素赋值为 e,position 的取值范围为 1≤position≤
//Length(),position 合法时返回 true,否则返回 false
{
    if (position <1 || position >Length())
    {   //position 范围错
        return false;                                       //范围错
    }
    else
    {   //position 合法
        Node<ElemType> * temPtr =GetElemPtr(position);
                                                            //取出指向第 position 个节点的指针
        temPtr->data =e;                                    //设置第 position 个元素的值
        return true;                                        //设置元素成功
    }
}
```

下面讨论插入和删除操作。对于插入操作,设在线性链表的数据元素 a 和 b 之间插入 e,已知 temPtr 为指向数据元素 a 的指针,如图 2.6(a)所示。

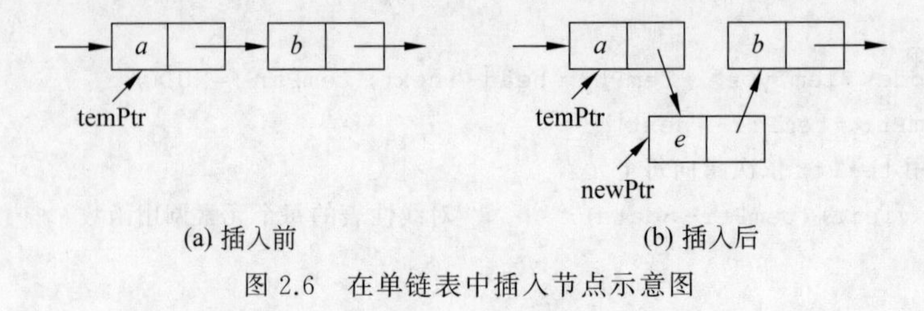

(a) 插入前　　(b) 插入后

图 2.6　在单链表中插入节点示意图

为插入数据元素 e,应生成一个数据成分为 e,指针成分为 temPtr－＞next(指向 b)的新节点,设 newPtr 指向新节点,可用如下语句实现：

```
newPtr =new Node<ElemType>(e, temPtr->next);
```

然后由于插入后 a 的后继为 e,如图 2.6(b)所示,可用如下语句实现：

```
temPtr->next =newPtr;
```

插入方法的算法实现如下：

```
template <class ElemType>
bool SimpleLinkList<ElemType>::Insert(int position, const ElemType &e)
//操作结果:在线性表的第 position 个元素前插入元素 e,position 的取值范围为
//1≤position≤Length()+1,position 合法时返回 true, 否则返回 false
{
    if (position <1 || position >Length() +1)
    {   //position 范围错
        return false;                               //位置不合法
    }
    else
    {   //position 合法
        Node<ElemType> * temPtr =GetElemPtr(position -1);
                                                    //取出指向第 position-1 个节点的指针
        Node<ElemType> * newPtr =new Node<ElemType>(e, temPtr->next);
                                                    //生成新节点
        temPtr->next =newPtr;                       //将 temPtr 插入到链表中
        return true;                                //插入成功
    }
}
```

删除操作如图 2.7 所示,设要删除数据元素 b,temPtr 指向 b 的前驱,nextPtr 指向 b,删除节点后只需修改 a 的指针成分即可,可用如下语句实现：

```
temPtr->next =nextPtr->next;
```

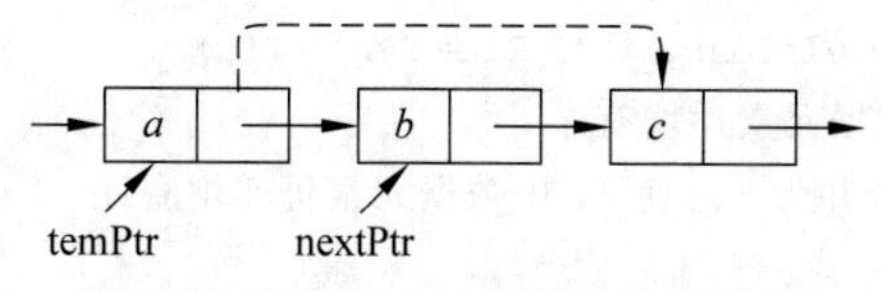

图 2.7　在单链表中删除节点示意图

插入方法的算法实现如下：

```
template <class ElemType>
bool SimpleLinkList<ElemType>::Delete(int position, ElemType &e)
//操作结果:删除线性表的第 position 个元素, 并用 e 返回其值,position 的取值范围为
//1≤position≤Length(),position 合法时返回 true,否则返回 false
{
```

```
        if (position <1 || position >Length())
        {   //position 范围错
            return false;                                   //范围错
        }
        else
        {   //position 合法
            Node<ElemType> * temPtr =GetElemPtr(position -1);
                                                            //取出指向第 position-1 个节点的指针
            Node<ElemType> * nextPtr =temPtr->next;
                                                            //nextPtr 为 temPtr 的后继
            temPtr->next =nextPtr->next;                    //删除节点
            e =nextPtr->data;                               //用 e 返回被删节点元素值
            delete nextPtr;                                 //释放被删节点
            return true;                                    //删除成功
        }
    }
```

线性链表的复制构造函数模板和赋值运算符重载的算法与顺序表的相应算法类似，此处从略。

下面的实例应用线性链表进行更复杂的操作。

例 2.3 已知线性链表 la 和 lb 中的数据元素按值递增，现在要将 la 和 lb 合并为新的线性表 lc，使 lc 中的数据元素仍递增有序。

lc 中的数据元素不是 la 中的数据元素就是 lb 中的数据元素，先将 lc 清空，然后将 la 和 lb 中的数据元素依次插入到 lc 中即可。为使 lc 中数据元素仍有序，设 la 的当前数据元素为 aElem，lb 的当前数据元素为 bElem，应插入到 lc 中的数据元素是 cElem，则有如下关系：

$$\text{cElem}=\begin{cases}\text{aElem}, & \text{aElem}<\text{bElem}\\ \text{bElem}, & \text{aElem}\geqslant\text{bElem}\end{cases}$$

显然只需将 aElem 和 bElem 顺次取 la 和 lb 的数据元素即可，具体算法如下：

```
//文件路径名:s2_3\alg.h
template <class ElemType>
void MergeList(const SimpleLinkList<ElemType>&la, const SimpleLinkList
    <ElemType>&lb, SimpleLinkList<ElemType>&lc)
//初始条件:la 和 lb 中数据元素递增有序
//操作结果:将 la 和 lb 合并为 lc,使 lc 中数据元素仍递增有序
{
    ElemType aElem, bElem;                              //la 和 lb 中当前数据元素
    int aLength =la.Length(), bLength =lb.Length();     //la 和 lb 的长度
    int aPos =1, bPos =1;                               //la 和 lb 的当前元素序号

    lc.Clear();                                         //清空 lc
    while (aPos <=aLength && bPos <=bLength )
    {   //取出 la 和 lb 中数据元素进行归并
        la.GetElem(aPos, aElem);                        //取出 la 中数据元素
```

```
        lb.GetElem(bPos, bElem);                         //取出 lb 中数据元素
        if (aElem <bElem)
        {  //归并 aElem
            lc.Insert(lc.Length() +1, aElem);            //插入 aElem 到 lc
            aPos++;                                      //指向 la 下一数据元素
        }
        else
        {  //归并 bElem
            lc.Insert(lc.Length() +1, bElem);            //插入 bElem 到 lc
            bPos++;                                      //指向 lb 下一数据元素
        }
    }

    while (aPos <=aLength )
    {  //归并 la 中剩余数据元素
        la.GetElem(aPos, aElem);                         //取出 la 中数据元素
        lc.Insert(lc.Length() +1, aElem);                //插入 aElem 到 lc
        aPos++;                                          //指向 la 下一数据元素
    }

    while (bPos <=bLength )
    {  //归并 lb 中剩余数据元素
        lb.GetElem(bPos, bElem);                         //取出 lb 中数据元素
        lc.Insert(lc.Length() +1, bElem);                //插入 bElem 到 lc
        bPos++;                                          //指向 lb 下一数据元素
    }
}
```

例 2.4 用线性链表将线性表的元素逆置,也就是将线性表($a_1,a_2,\cdots,a_n$)转换为($a_n,a_{n-1},\cdots,a_1$)。

本题只要对 pos 在 $1\sim n/2$ 范围内交换 a_{pos} 与 $a_{n-pos+1}$ 即可达到本题要求。下面是具体算法:

```
//文件路径名:s2_4\alg.h
template <class ElemType>
void Reverse(SimpleLinkList<ElemType>&la)
//操作结果:将 la 中元按逆置
{
    ElemType aElem, bElem;
    for (int pos =1; pos <=la.Length()/2; pos++)
    {
        //取出 la 中的元素
        la.GetElem(pos, aElem);                      //取出 la 的第 pos 个元素 aElem
        la.GetElem(la.Length() -pos +1, bElem);     //取出 la 的第 n -pos +1 个元素
                                                     //bElem
```

```
        //互换位置存入 la 中
        la.SetElem(pos, bElem);                        //bElem 存入 pos 处
        la.SetElem(la.Length() -pos +1, aElem);  //aElem 存入 n -pos +1 处
    }
}
```

2.3.2 循环链表

循环链表是另一种形式的线性表链式存储结构,它的节点结构与单链表相同。与单链表不同的是,循环链表中表尾节点的 next 指针成分值不空(NULL),而是指向头节点,如图 2.8(a)所示。循环链表为空的条件为 head－>next＝＝head,如图 2.8(b)所示。

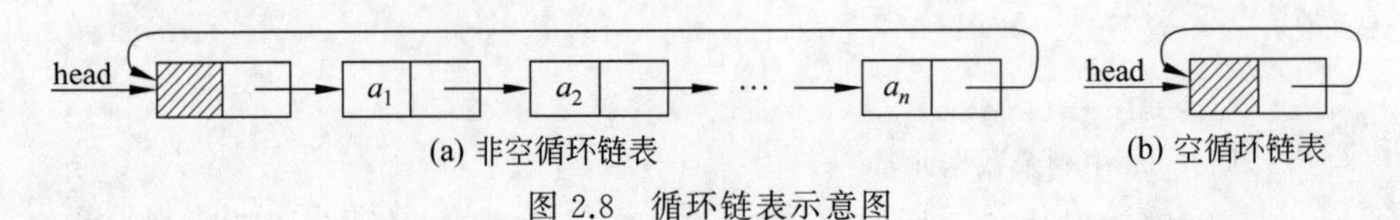

(a) 非空循环链表　　(b) 空循环链表

图 2.8　循环链表示意图

循环链表的操作与线性表的操作基本相同,只是将算法中的循环条件改为 temPtr 是否等于头指针,下面是循环链表类模板的声明及实现:

```
//简单循环链表类模板
template <class ElemType>
class SimpleCircLinkList
{
protected:
//数据成员
    Node<ElemType> * head;                                   //头节点指针

//辅助函数模板
    Node<ElemType> * GetElemPtr(int position) const;         //返回指向第 position 个
                                                             //节点的指针

public:
//抽象数据类型方法声明及重载编译系统默认方法声明
    SimpleCircLinkList();                                    //无参数的构造函数模板
    virtual ~SimpleCircLinkList();                           //析构函数模板
    int Length() const;                                      //求线性表长度
    bool Empty() const;                                      //判断线性表是否为空
    void Clear();                                            //将线性表清空
    void Traverse(void (* visit)(const ElemType &)) const;  //遍历线性表
    bool GetElem(int position, ElemType &e) const;           //求指定位置的元素
    bool SetElem(int position, const ElemType &e);           //设置指定位置的元素值
    bool Delete(int position, ElemType &e);                  //删除元素
    bool Delete(int position);                               //删除元素
    bool Insert(int position, const ElemType &e);            //插入元素
```

```
    SimpleCircLinkList(const SimpleCircLinkList<ElemType> &source);
                                                        //复制构造函数模板
    SimpleCircLinkList<ElemType> &operator =
        (const SimpleCircLinkList<ElemType> &source);     //重载赋值运算符
};
```

下面只列出循环链表中与线性链表算法实现具有不同地方的算法,不同之处的语句用阴影部分加以表示,供读者参考。

```
template<class ElemType>
Node<ElemType> * SimpleCircLinkList<ElemType>::GetElemPtr(int position) const
//操作结果:返回指向第 position 个节点的指针
{
    if (position ==0)
    {   //头节点的序号为 0
        return head;
    }

    Node<ElemType> * temPtr =head->next;       //用 temPtr 遍历线性表以查找第 position
                                               //个节点
    int temPos =1;                             //temPtr 所指节点的位置

    while (temPtr !=head && temPos <position)
    {   //顺指针向后查找,直到 temPtr 指向第 position 个节点
        temPtr =temPtr->next;
        temPos++;
    }

    if (temPtr !=head && temPos ==position)
    {   //查找成功
        return temPtr;
    }
    else
    {   //查找失败
        return NULL;
    }
}

template <class ElemType>
int SimpleCircLinkList<ElemType>::Length() const
//操作结果:返回线性表元素个数
{
    int count =0;                              //计数器
    for (Node<ElemType> * temPtr =head->next; temPtr !=head; temPtr =temPtr->next)
    {   //用 temPtr 依次指向每个元素
        count++;                               //对线性表的每个元素进行计数
```

```
    }
    return count;
}

template <class ElemType>
bool SimpleCircLinkList<ElemType>::Empty() const
//操作结果:如线性表为空,则返回 true,否则返回 false
{
    return head->next ==head;
}

template <class ElemType>
void SimpleCircLinkList<ElemType>::Traverse(
      void (* visit)(const ElemType &)) const
//操作结果:依次对线性表的每个元素调用函数(* visit)
{
    for (Node<ElemType> * temPtr =head->next; temPtr !=head; temPtr =temPtr->next)
    {   //用 temPtr 依次指向每个元素
        (* visit)(temPtr->data);                    //对线性表的每个元素调用函数(* visit)
    }
}
```

例 2.5 用循环链表求解约瑟夫问题:一个旅行社要从 n 个游客中选出一名旅客,为他提供免费旅行服务,选择方法是让 n 个游客围成一个圆圈,然后从信封中取出一张纸条,用上面写着的正整数 $m(m<n)$ 作为报数值,第一个人从 1 开始,一个人接着一个人按顺时针方向报数,报到第 m 个游客时,令其出列。然后再从下一个人开始,从 1 开始按顺时针方向报数,报到第 m 个游客时,再令其出列……直到圆圈中只剩一个人为止。此人即为优胜者,将获免费旅行服务,例如 $n=8,m=3$,出列的顺序将为 3、6、1、5、2、8、4,最初编号为 7 的游客获得免费旅行服务。

用 pos 表示指向当前报数到的游客在循环链表 la 中的序号,则每报一次数时,pos++,当 pos>la.Length()时,令 pos=1,报数到 m 时,pos 所表示游客出列,也就是删除循环链表的第 pos 个节点。下一轮报数时,应从循环链表的第 pos 个节点所表示的人开始报数,所以出列后应作 pos--操作。这样出列 $n-1$ 个人时,圆圈中就只剩一个人。具体算法如下:

```
//文件路径名:s2_5\alg.h
void Josephus(int n, int m)
//操作结果:n 个人围成一个圆圈,首先第 1 个人从 1 开始,一个人接着一个人按顺时针方向报数,
//报到第 m 个人,令其出列。然后再从下一个人开始,从 1 开始按顺时针方向报数报到第 m 个人,
//再令其出列……直到圆圈中只剩一个人为止。此人即为优胜者
{
    SimpleCircLinkList<int>la;                  //定义空循环链表
    int pos =0;                                 //报数到的人在链表中序号
```

```
    int out, winner;
    for (int k =1; k <=n; k++)
        la.Insert(k, k);                            //建立数据成分为 1,2,…,n 的循环链表

    cout <<"出列者:";
    for (int i =1; i <n; i++)                       //循环 n-1 次,让 n-1 个人出列
    {
        for (int j =1; j <=m; j++)                  //从 1 到 m 报数
        {
            pos++;
            if (pos >la.Length())
                pos =1;
        }
        la.Delete(pos--, out);                      //报数到 m 的人出列
        cout <<out <<" ";
    }

    la.GetElem(1, winner);                          //剩下的一个人为优胜者
    cout <<endl <<"优胜者:" <<winner <<endl;
}
```

2.3.3 双向链表

在前面讨论的链表中的节点结构只有一个指向后继的指针成分,这样便只能从左向右查找其他节点。如要查找前驱,则只有从表头出发进行查找,效率较低。本节将研究用双向链表来解决这个问题。

back	data	next
左指针成分	数据成分	右指针成分
p->back	*p*->data	*p*->next

图 2.9 双向链表节点结构示意图

双向链表的节点中有两个指针成分,分别指向前驱和后继,back 是指向前驱的指针,next 是指向后继的指针,如图 2.9 所示。双向链表的节点类模板声明及实现如下:

```
//双向链表节点类模板
template <class ElemType>
struct DblNode
{
//数据成员
    ElemType data;                                  //数据成分
    DblNode<ElemType> * back;                       //指向前驱的指针成分
    DblNode<ElemType> * next;                       //指向后继的指针成分

//构造函数模板
    DblNode();                                      //无参数的构造函数模板
    DblNode(const ElemType &e, DblNode<ElemType> * linkBack =NULL,
        DblNode<ElemType> * linkNext =NULL);//已知数据成分和指针成分建立结构
};
```

```
//双向链表节点类模板的实现部分
template<class ElemType>
DblNode<ElemType>::DblNode()
//操作结果:构造指针成分为空的节点
{
    back =next =NULL;
}

template<class ElemType>
DblNode<ElemType>::DblNode(const ElemType &e, DblNode<ElemType> * linkBack,
    DblNode<ElemType> * linkNext)
//操作结果:构造一个数据成分为 e 和指针成分为 linkBack 和 linkNext 的节点
{
    data =e;
    back =linkBack;
    next =linkNext;
}
```

双向链表通常采用带头节点的循环链表形式,双向链表和空双向链表如图 2.10 所示。

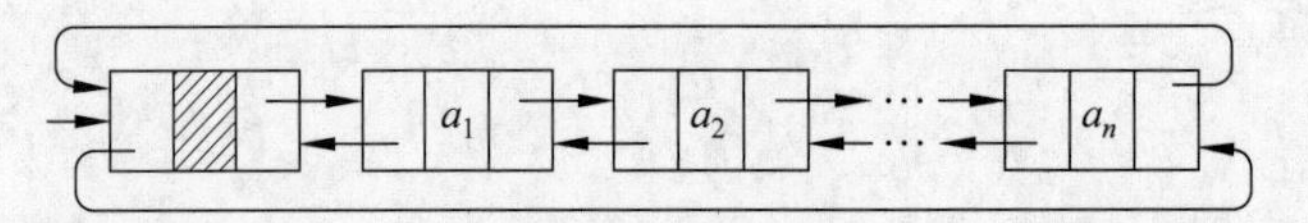

(a) 非空双向链表示意图

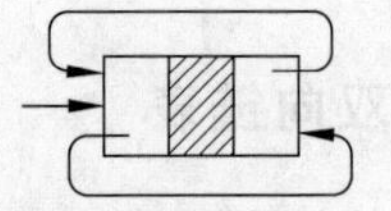

(b) 空双向链表示意图

图 2.10　双向链表示意图

双向链表的类模板声明如下:

```
//简单双向链表类模板
template <class ElemType>
class SimpleDblLinkList
{
protected:
//数据成员
    DblNode<ElemType> * head;                          //头节点指针

//辅助函数模板
    DblNode<ElemType> * GetElemPtr(int position) const; //返回指向第 position 个
                                                        //节点的指针

public:
//抽象数据类型方法声明及重载编译系统默认方法声明
    SimpleDblLinkList();                               //无参数的构造函数模板
    virtual ~SimpleDblLinkList();                      //析构函数模板
    int Length() const;                                //求线性表长度
```

```
    bool Empty() const;                                    //判断线性表是否为空
    void Clear();                                          //将线性表清空
    void Traverse(void (*visit)(const ElemType &)) const;  //遍历线性表
    bool GetElem(int position, ElemType &e) const;         //求指定位置的元素
    bool SetElem(int position, const ElemType &e);         //设置指定位置的元素值
    bool Delete(int position, ElemType &e);                //删除元素
    bool Delete(int position);                             //删除元素
    bool Insert(int position, const ElemType &e);          //插入元素
    SimpleDblLinkList(const SimpleDblLinkList<ElemType> &source);
                                                           //复制构造函数模板
    SimpleDblLinkList<ElemType> &operator =(
        const SimpleDblLinkList<ElemType> &source);        //重载赋值运算符
};
```

双向链表的实现与循环链表的实现除了插入和删除操作之外完全相同，图 2.11 是插入操作示意图，设 temPtr 指向 a，nextPtr 指向 b，元素 e 插在 a 和 b 之间，newPtr 指向被插入节点，则显示 newPtr－＞back＝temPtr 和 newPtr－＞next＝nextPtr，可用如下的语句实现：

```
newPtr =new DblNode<ElemType>(e, temPtr, nextPtr);         //生成新节点
```

这时只需要再将 a 的右指针成分和 b 的左指针成分都指向 e 即可实现插入操作，即

```
temPtr->next =newPtr;                                      //修改向右的指针
nextPtr->back =newPtr;                                     //修改向左的指针
```

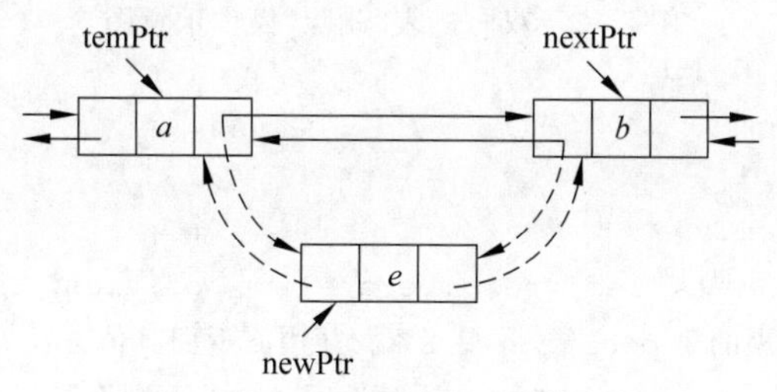

图 2.11　双向链表插入节点示意图

具体“插入”算法如下：

```
template <class ElemType>
bool SimpleDblLinkList<ElemType>::Insert(int position, const ElemType &e)
//操作结果:在线性表的第 position 个元素前插入元素 e,position 的取值范围为
//1≤position≤Length()+1,position 合法时返回 true, 否则返回 false
{
    if (position <1 || position >Length() +1)
    {   //position 范围错
        return false;                                      //位置不合法
    }
    else
```

```
	{	//position 合法
		DblNode<ElemType> * temPtr =GetElemPtr(position -1);
										//指向第 position-1 个节点的
										//指针
		DblNode<ElemType> * nextPtr =temPtr->next;	//nextPtr 指向第 position 个
										//节点
		DblNode<ElemType> * newPtr =new DblNode<ElemType>(e, temPtr, nextPtr);
										//生成新节点
		temPtr->next =newPtr;					//修改向右的指针
		nextPtr->back =newPtr;					//修改向左的指针
		return true;						//操作成功
	}
}
```

图 2.12 是双向链表删除操作示意图,设 temPtr 指向被删除的节点,删除后的节点之间的关系由虚线表示,指针成分将发生如下的变化:

```
temPtr->back->next =temPtr->next;			//修改向右的指针
temPtr->next->back =temPtr->back;			//修改向左的指针
```

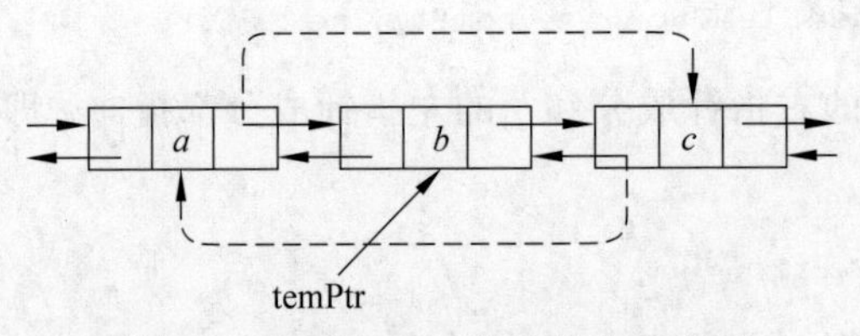

图 2.12　双向链表“删除”操作示意图

具体“删除”算法如下:

```
template <class ElemType>
bool SimpleDblLinkList<ElemType>::Delete(int position, ElemType &e)
//操作结果:删除线性表的第 position 个元素, 并用 e 返回其值,position 的取值范围为
//1≤position≤Length(),position 合法时返回 true,否则返回 false
{
	if (position <1 || position >Length())
	{	//position 范围错
		return false;					//位置不合法
	}
	else
	{	//position 合法
		DblNode<ElemType> * temPtr =GetElemPtr(position);
									//取出指向第 position 个节点的指针
		temPtr->back->next =temPtr->next;	//修改向右的指针
		temPtr->next->back =temPtr->back;	//修改向左的指针
		e =temPtr->data;				//用 e 返回被删节点元素值
		delete temPtr;					//释放被删节点
```

```
        return true;                                          //操作成功
    }
}
```

*2.3.4 在链表结构中保存当前位置和元素个数

前面讲解了线性表的3种链式存储结构，这3种结构实现比较一致，处理简单，特别适合于初学者。但许多应用程序是按顺序处理线性表中的数据元素的，也就是处理完一个数据元素后再处理下一个数据元素，也可能要几次引用同一个数据元素，比如在访问下一个数据元素之前做GetElem和SetElem操作。GetElem和SetElem操作都需要调用辅助函数模板GetElemPtr从线性表的起始处开始查找元素的地址，直到找到为止，也就是会反复从线性表的起始处开始查找元素的地址，这样的实现效率低下。如果能够记住线性表中上一次使用的位置，并且下一个操作引用同一个或后一个位置，这样显然从上次用过的位置开始查找将会更有效率，这样就像更换一个性能更高的CPU就能加速程序的执行速度一样，既简单又方便。

当然并不是所有操作都从记住上次访问位置得到加速，例如对单链表，某程序要从表尾部开始，以逆序访问单链表中的元素，则每次访问都需要从单链表的起始处开始查找。这是由于单链表是单向的，记住上次的位置无助于查找它的前驱节点。

方法GetElem会产生一个问题，此方法已被定义成常方法（也就是常成员函数模板），但在使用时需改变上次用过的位置，当然并没有改变线性表对象的数据元素的值及顺序，在C++中可用关键字mutale定义表示位置的数据成员，这样虽然GetElem是常方法，仍然可以修改表示位置的数据员。

还有大量操作都需要求表长，求表长的方法Length是通过遍历线性表来对元素进行计数的，时间复杂度为$O(n)$，如能在结构中记住元素个数，这样方法Length的时间复杂度就变成$O(1)$了，这样能提高操作效率。

下面是单链表、循环链表和双向链表加上了当前位置和元素个数的类模板声明。

1. 单链表的类模板声明

```
//线性链表类模板
template <class ElemType>
class LinkList
{
protected:
//数据成员
  Node<ElemType> * head;                                  //头节点指针
  mutable int curPosition;                                //当前位置的序号
  mutable Node<ElemType> * curPtr;                        //指向当前位置的指针
  int count;                                              //元素个数

//辅助函数模板
    Node<ElemType> * GetElemPtr(int position) const;
                                                //返回指向第position个节点的指针
```

```
public:
//抽象数据类型方法声明及重载编译系统默认方法声明
    LinkList();                                          //无参数的构造函数模板
    virtual ~LinkList();                                 //析构函数模板
    int Length() const;                                  //求线性表长度
    bool Empty() const;                                  //判断线性表是否为空
    void Clear();                                        //将线性表清空
    void Traverse(void (* visit)(const ElemType &)) const;  //遍历线性表
    bool GetElem(int position, ElemType &e) const;       //求指定位置的元素
    bool SetElem(int position, const ElemType &e);       //设置指定位置的元素值
    bool Delete(int position, ElemType &e);              //删除元素
    bool Delete(int position);                           //删除元素
    bool Insert(int position, const ElemType &e);        //插入元素
    LinkList(const LinkList<ElemType> &source);          //复制构造函数模板
    LinkList<ElemType> &operator =(const LinkList<ElemType> &source);
                                                         //重载赋值运算符
};
```

2. 循环链表的类模板声明

```
//循环链表类模板
template <class ElemType>
class CircLinkList
{
protected:
//数据成员
    Node<ElemType> * head;                               //头节点指针
    mutable int curPosition;                             //当前位置的序号
    mutable Node<ElemType> * curPtr;                     //指向当前位置的指针
    int count;                                           //元素个数

//辅助函数模板
    Node<ElemType> * GetElemPtr(int position) const;     //返回指向第 position 个
                                                         //节点的指针

public:
//抽象数据类型方法声明及重载编译系统默认方法声明
    CircLinkList();                                      //无参数的构造函数模板
    virtual ~CircLinkList();                             //析构函数模板
    int Length() const;                                  //求线性表长度
    bool Empty() const;                                  //判断线性表是否为空
    void Clear();                                        //将线性表清空
    void Traverse(void (* visit)(const ElemType &)) const; //遍历线性表
    bool GetElem(int position, ElemType &e) const;       //求指定位置的元素
    bool SetElem(int position, const ElemType &e);       //设置指定位置的元素值
    bool Delete(int position, ElemType &e);              //删除元素
```

```
    bool Delete(int position);                                  //删除元素
    bool Insert(int position, const ElemType &e);               //插入元素
    CircLinkList(const CircLinkList<ElemType> &source);         //复制构造函数模板
    CircLinkList<ElemType> &operator =(const CircLinkList<ElemType> &source);
                                                                //重载赋值运算符
};
```

3. 双向链表的类模板声明

```
//双向链表类模板
template <class ElemType>
class DblLinkList
{
protected:
//数据成员
   DblNode<ElemType> * head;                                    //头节点指针
   mutable int curPosition;                                     //当前位置的序号
   mutable DblNode<ElemType> * curPtr;                          //指向当前位置的指针
   int count;                                                   //元素个数

//辅助函数模板
    DblNode<ElemType> * GetElemPtr(int position) const;         //返回指向第 position 个
                                                                //节点的指针

public:
//抽象数据类型方法声明及重载编译系统默认方法声明
    DblLinkList();                                              //无参数的构造函数模板
    virtual ~DblLinkList();                                     //析构函数模板
    int Length() const;                                         //求线性表长度
    bool Empty() const;                                         //判断线性表是否为空
    void Clear();                                               //将线性表清空
    void Traverse(void ( * visit)(const ElemType &)) const;     //遍历线性表
    bool GetElem(int position, ElemType &e) const;              //求指定位置的元素
    bool SetElem(int position, const ElemType &e);              //设置指定位置的元素值
    bool Delete(int position, ElemType &e);                     //删除元素
    bool Delete(int position);                                  //删除元素
    bool Insert(int position, const ElemType &e);               //插入元素
    DblLinkList(const DblLinkList<ElemType> &source);           //复制构造函数模板
    DblLinkList<ElemType> &operator =(const DblLinkList<ElemType> &source);
                                                                //重载赋值运算符
};
```

**2.4 实例研究：计算任意大整数的阶乘

一般计算阶乘的算法比较简单，可根据阶乘的定义实现如下：

```
//文件路径名:e2_1\factorial.h
long Factorial(long n)
//操作结果:返回 n 的阶乘
{
    long product =1;
    for (long i =1; i <=n; i++)
    {   //连乘求阶乘
        product =product * i;
    }
    return product;                                                  //返回结果
}
```

当参数 n 较大，例如 $n=17$ 时，计算结果为负数，表明 17!已超过长整型数的表示范围，对于求一个大正数的阶乘问题，可定义一个非负大数类，并且重载 * 运算符和<<运算符，类声明如下：

```
//文件路径名: large_int\large_int.h
//非负大整数类
class LargeInt
{
protected:
//数据成员
    DblLinkList<unsigned int>num;                                    //存储非负整数的值

public:
//方法声明及重载编译系统默认方法声明
    LargeInt(unsigned int n =0);                                      //构造函数
    LargeInt(const DblLinkList<unsigned int>&la): num(la) {}  //构造函数
    LargeInt &operator =(const LargeInt &source);                     //赋值运算符重载
    const DblLinkList<unsigned int>ToLink() const { return (const DblLinkList<
unsigned int>)num; }                                          //将多项式对象转换为链表
    LargeInt Multi10Power(unsigned int exponent) const; //乘 10 的阶幂 10^exponent
    LargeInt operator * (unsigned int digit) const;    //乘法运算符重载(乘以 1 位数)
};

//重载运算符
LargeInt operator +(const LargeInt &a, const LargeInt &b);      //重载加法运算符+
LargeInt operator * (const LargeInt &a, const LargeInt &b);     //重载乘法运算符 *
```

```
ostream &operator <<(ostream &outStream, const LargeInt &outLargeInt);
                                                        //重载输出运算符<<
```

两个非负大整数的加法操作比较简单,只要从个位开始依次取出被加数与加数的各位 digit1 与 digit2,设低位的进位为 carry,则和的相应位为(digit1+digit2+carry)%10,新的向高位的进位为(digit1+digit2+carry)/10,具体实现如下:

```
LargeInt operator +(const LargeInt &a, const LargeInt &b)
//操作结果:重载加法运算符+
{
    DblLinkList<unsigned int>la =a.ToLink(), lb =b.ToLink(), lc;
                                                //用链表表示非负大整数
    unsigned int carry =0;                      //进位
    unsigned int digit1, digit2;                //表示非负大整数的各位
    unsigned int pos1, pos2;                    //表示非负大整数的各位的位置

    pos1 =la.Length();                          //被加数 a 的个位位置
    pos2 =lb.Length();                          //加数 b 的个位位置
    while (pos1 >0 && pos2 >0)
    {   //从个位开始求和
        la.GetElem(pos1--, digit1);             //被加数的一位
        lb.GetElem(pos2--, digit2);             //加数的一位
        lc.Insert(1, (digit1 +digit2 +carry) %10);  //插入和的新的一位
        carry =(digit1 +digit2 +carry) / 10;    //新的进位
    }

    while (pos1 >0)
    {   //被加数还有位没有求和
        la.GetElem(pos1--, digit1);             //a 的一位
        lc.Insert(1, (digit1 +carry) %10);      //插入和的新的一位
        carry =(digit1 +carry) / 10;            //新的进位
    }

    while (pos2 >0)
    {   //加数还有位没有求和
        lb.GetElem(pos2--, digit2);             //加数的一位
        lc.Insert(1, (digit2 +carry) %10);      //插入和的新的一位
        carry =(digit2 +carry) / 10;            //新的进位
    }

    if (carry >0)
    {   //存在进位
        lc.Insert(1, carry);                    //向高位进位
    }
```

```
	return LargeInt(lc);                              //返回结果
}
```

对于两个非负大整数的乘法,为简便起见,定义两个辅助函数实现求非负大整数乘 10 的阶幂与乘以一位数,这样只要取出一个非负大整数的各位 digit,先将另一个非负大整数乘以 10 的阶幂,再将乘积乘以 digit,具体实现如下:

```
LargeInt operator * (const LargeInt &a, const LargeInt &b)
//操作结果:重载乘法运算符 *
{
	LargeInt temLargInt(0);
	DblLinkList<unsigned int> lb = b.ToLink();        //用链表表示非负大整数
	unsigned int digit;                               //表示一位数字
	unsigned int len = lb.Length();                   //乘数位数

	for (int pos = len; pos > 0; pos--)
	{	//用乘数 b 的每一位与被乘数 a 相乘
		lb.GetElem(pos, digit);                       //取出乘数的一位
		temLargInt = temLargInt + a.Multi10Power(len-pos) * digit;
			//累加乘数 b 的每一位与被乘数 a 的乘积
	}

	return temLargInt;                                //返回结果

}
```

有了非负大整数类后,求任意大整数的阶乘就比较简单了,具体实现如下:

```
//文件路径名: large_int\factorial.h
LargeInt Factorial(unsigned int iNum)
//操作结果:计算正大数的阶乘
{
	LargeInt temLargInt(1);

	for (unsigned int i = 1; i <= iNum; i++)
	{	//连乘求阶乘
		temLargInt = temLargInt * LargeInt (i);
	}

	return temLargInt;                                //返回结果
}
```

2.5 深入学习导读

线性链表实现分为简单形式实现及在链表结构中保存当前位置元素个数进行实现，前者主要参考了严蔚敏、吴伟民编著的《数据结构(C 语言版)》[12]，后者主要参考了 Robert L. Kruse 和Alexander J. Ryba 所著的《Data Structures and Program Design in C++》[1]。

Cliford A. Shaffer 所著的《A Practical Introduction to Data Structures and Algorithm Analysis》[2] 提出了一种用抽象类来表示抽象数据类型，用抽象类的派生类来实现数据结构的方法，如果不受理解能力的限制，则使用该方法是十分完美的。

计算任意大整数的阶乘来源于学生提问。

2.6 习　题

1. 简述头指针、头节点、首元节点(第一个元素节点)的区别。

2. 简述线性表所用顺序存储结构的缺点。

3. 试给出不带头节点的双向链表、带头节点的双向循环链表为空的条件及示意图。

4. 在双向循环链表的 p 所指节点之后插入 s 所指节点，试给出语句序列。

5. 简述单循环链表的特点，求已知节点的直接前驱的时间复杂度。

6. 长度为 n 的线性表采用顺序存储结构，若在任何位置插入元素都为等概率的，试求在表中插入一个数据元素时，移动元素的平均个数。

7. 若线性表采用顺序存储结构，设起始地址为 100，每个元素占 6 个存储单元，求第 18 个元素的内容存储在哪几个存储单元素中。

8. 已知两个带头节点的单链表 la 和 lb 分别表示两个集合 A 和 B，元素值递增有序，设计算法求出 A、B 的差集 C，用单链表 lc 表示集合 C，并同样以递增的形式存储。

*9. SimpleLinkList 类模板添加一个成员函数模板，实现利用原节点空间逆置单链表中元素的顺序。

第3章 栈和队列

栈和队列是两种特殊的线性表,从结构上讲,虽然它们都是线性表,但基本操作却是线性表操作的子集,是受限制的操作,在各种软件系统中有着广泛应用。本章讨论栈和队列的定义、表示方法、实现和一些典型的应用。

3.1 栈

3.1.1 栈的基本概念

栈(stack)是限定只在表头进行插入(入栈)与删除(出栈)操作的线性表,表头端称为栈顶,表尾端称为栈底。

设有栈 $S=(a_1,a_2,\cdots,a_n)$,则一般称 a_1 为栈底元素,a_n 为栈顶元素,按 $a_1,a_2,\cdots,a_n$ 的顺序依次进栈,出栈的第一个元素为栈顶元素,也就是说栈是按后进先出的原则进行进栈和出栈操作,如图 3.1 所示,所以栈可称为后进先出(last in first out,LIFO)的线性表,简称 LIFO 结构。

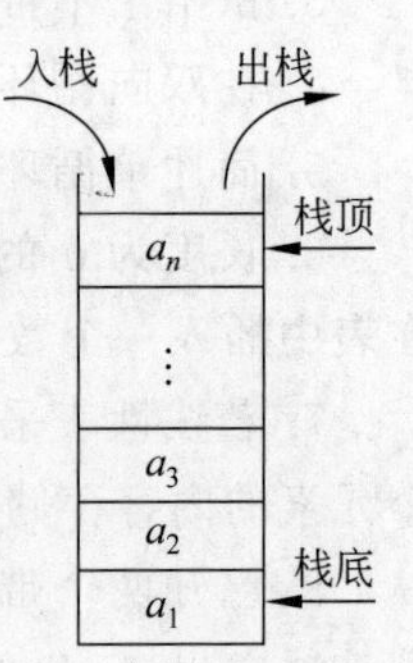

图 3.1 栈示意图

在实际应用中,栈包含了如下基本操作。

1) int Length() const

初始条件:栈已存在。

操作结果:返回栈元素个数。

2) bool Empty() const

初始条件:栈已存在。

操作结果:如栈为空,则返回 true,否则返回 false。

3) void Clear()

初始条件:栈已存在。

操作结果:清空栈。

4) void Traverse(void (* visit)(const ElemType &)) const

初始条件:栈已存在。

操作结果:从栈底到栈顶依次对栈的每个元素调用函数(* visit)。

5) bool Push(const ElemType &*e*)

初始条件:栈已存在。

操作结果:插入元素 *e* 为新的栈顶元素。

6) bool Top(ElemType &*e*) const

初始条件:栈已存在且非空。

操作结果:用 *e* 返回栈顶元素。

7) bool Pop(ElemType &*e*)

初始条件:栈已存在且非空。

操作结果：删除栈顶元素，并用 e 返回栈顶元素。

8) bool Pop()

初始条件：栈已存在且非空。

操作结果：删除栈顶元素。

3.1.2 顺序栈

与线性表类似，栈的实现也有两种方法：顺序栈和链栈。本节讨论顺序栈的实现，下一节讨论链栈的实现。

在顺序栈实现时，可利用一组地址连续的存储单元依次存放从栈底到栈顶的数据元素，将数据类型为 ElemType 的数据元素存储在数组中，并用 count 存储数组中存储的栈的实际元素个数。当 count=0 时表示栈为空，每当插入新的栈顶元素时，若栈未满，则操作成功，count 的值加 1；当删除栈顶元素时，若栈不空，则操作成功，count 的值减 1。具体类模板声明及实现如下：

```
//顺序栈类模板
template<class ElemType>
class SqStack
{
protected:
//数据成员
    ElemType * elems;                                     //元素存储空间
    int maxSize;                                          //栈最大元素个数
    int count;                                            //元素个数

public:
//抽象数据类型方法声明及重载编译系统默认方法声明
    SqStack(int size =DEFAULT_SIZE);                      //构造函数模板
    virtual ~SqStack();                                   //析构函数模板
    int Length() const;                                   //求栈长度
    bool Empty() const;                                   //判断栈是否为空
    void Clear();                                         //将栈清空
    void Traverse(void ( * visit)(const ElemType &)) const; //遍历栈
    bool Push(const ElemType &e);                         //入栈
    bool Top(ElemType &e) const;                          //返回栈顶元素
    bool Pop(ElemType &e);                                //出栈
    bool Pop();                                           //出栈
    SqStack(const SqStack<ElemType> &source);             //复制构造函数模板
    SqStack<ElemType> &operator =(const SqStack<ElemType> &source);
                                                          //重载赋值运算符

};


//顺序栈类模板的实现部分
```

```
template<class ElemType>
SqStack<ElemType>::SqStack(int size)
//操作结果:构造一个最大元素个数为 size 的空栈
{
    maxSize =size;                                          //最大元素个数
    elems =new ElemType[maxSize];                           //分配存储空间
    count =0;                                               //空栈元素个数为 0
}

template<class ElemType>
SqStack<ElemType>::~SqStack()
//操作结果:销毁栈
{
    delete []elems;                                         //释放存储空间
}

template <class ElemType>
int SqStack<ElemType>::Length() const
//操作结果:返回栈元素个数
{
    return count;                                           //count 表示栈元素个数
}

template<class ElemType>
bool SqStack<ElemType>::Empty() const
//操作结果:如栈为空,则返回 true,否则返回 false
{
    return count ==0;                                       //count ==0 表示栈为空
}

template<class ElemType>
void SqStack<ElemType>::Clear()
//操作结果:清空栈
{
    count =0;                                               //清空栈后元素个数为 0
}

template <class ElemType>
void SqStack<ElemType>::Traverse(void (* visit)(const ElemType &)) const
//操作结果:从栈底到栈顶依次对栈的每个元素调用函数(* visit)
{
    for (int temPos =1; temPos <=Length(); temPos++)
    {   //从栈底到栈顶对栈的每个元素调用函数(* visit)
        (* visit)(elems[temPos -1]);
    }
```

```
}

template<class ElemType>
bool SqStack<ElemType>::Push(const ElemType &e)
//操作结果:将元素 e 追加到栈顶,如成功则返加 true,如栈已满将返回 false
{
    if (count ==maxSize)
    {   //栈已满
        return false;                                       //入栈失败
    }
    else
    {   //操作成功
        elems[count] =e;                                    //将元素 e 追加到栈顶
        count++;                                            //入栈成功后元素个数自加 1
        return true;                                        //入栈成功
    }
}

template<class ElemType>
bool SqStack<ElemType>::Top(ElemType &e) const
//操作结果:如栈非空,用 e 返回栈顶元素,返回 true,否则返回 false
{
    if(Empty())
    {   //栈空
        return false;                                       //失败
    }
    else
    {   //栈非空,操作成功
        e =elems[count -1];                                 //用 e 返回栈顶元素
        return true;                                        //成功
    }
}

template<class ElemType>
bool SqStack<ElemType>::Pop(ElemType &e)
//操作结果:如栈非空,删除栈顶元素,并用 e 返回栈顶元素,返回 true,否则返回 false
{
    if (Empty())
    {   //栈空
        return false;                                       //失败
    }
    else
    {   //操作成功
        e =elems[count -1];                                 //用 e 返回栈顶元素
        count--;                                            //出栈成功后元素个数自减 1
```

```
        return true;                                        //成功
    }
}

template<class ElemType>
bool SqStack<ElemType>::Pop()
//操作结果:如栈非空,删除栈顶元素,返回 true,否则返回 false
{
    if (Empty())
    {   //栈空
        return false;                                       //失败
    }
    else
    {   //操作成功
        count--;                                            //出栈成功后元素个数自减 1
        return true;                                        //成功
    }
}

template<class ElemType>
SqStack<ElemType>::SqStack(const SqStack<ElemType>&source)
//操作结果:由栈 source 构造新栈——复制构造函数模板
{
    maxSize =source.maxSize;                                //最大元素个数
    elems =new ElemType[maxSize];                           //分配存储空间
    count =source.count;                                    //栈元素个数
    for (int temPos =1; temPos <=Length(); temPos++)
    {   //从栈底到栈顶对栈 source 的每个元素进行复制
        elems[temPos -1] =source.elems[temPos -1];
    }
}

template<class ElemType>
SqStack<ElemType>&SqStack<ElemType>::operator =
    (const SqStack<ElemType>&source)
//操作结果:将栈 source 赋值给当前栈——重载赋值运算符
{
    if (&source !=this)
    {
        maxSize =source.maxSize;                            //最大元素个数
        delete []elems;                                     //释放存储空间
        elems =new ElemType[maxSize];                       //分配存储空间
        count =source.count;                                //复制栈元素个数
        for (int temPos =1; temPos <=Length(); temPos++)
        {   //从栈底到栈顶对栈 source 的每个元素进行复制
```

```
            elems[temPos -1] =source.elems[temPos -1];
        }
    }
    return * this;
}
```

例 3.1 读入一个整数 n 和 n 个整数,然后按相反的顺序输出这 n 个数。

本题可利用栈的后进先出的特性,在读取每个数据时将其入栈,然后再将数据出栈即可实现反序输出。

具体算法如下:

```
//文件路径名:s3_1\alg.h
void Reverse()
//初始条件:读入一个整数 n 和 n 个整数
//操作结果:按相反的顺序输出这 n 个整数
{
    int n, e;
    SqStack<int>temS;                                  //临时栈

    cout <<"输入一个整数:";
    cin >>n;

    while(n <=0 )
    {   //保证 n 为正整数
        cout <<"不能为负或 0,请重新输入 n:";
        cin >>n;
    }

    cout <<"请输入" <<n <<"个整数:" <<endl;
    for (int i =0; i <n; i++)
    {   //输入 n 个整数,并入栈
        cin >>e;
        temS.Push(e);
    }

    cout <<"按输入的相反顺序输出:" <<endl;
    while (!temS.Empty())
    {   //出栈,并输出
        temS.Pop(e);
        cout <<e <<" ";
    }
}
```

当栈满时将发生溢出,为避免这种情况的发生,需为栈设立一个足够大的存储空间,但如果空间过大,而栈中实际元素个数不多,则会浪费存储空间。当在程序中存在几个栈时,在实际运行中,可能有的栈膨胀过快,很快产生溢出,而有的栈可能还有许多空余空间。为避免这种情况,比如只有两个栈时,可以定义一个足够大的栈空间,此存储空间的两端分别设为两个栈的栈底,两个栈的栈顶都向中间伸展,直到两个栈顶相遇才发生溢出,如图 3.2 所示。

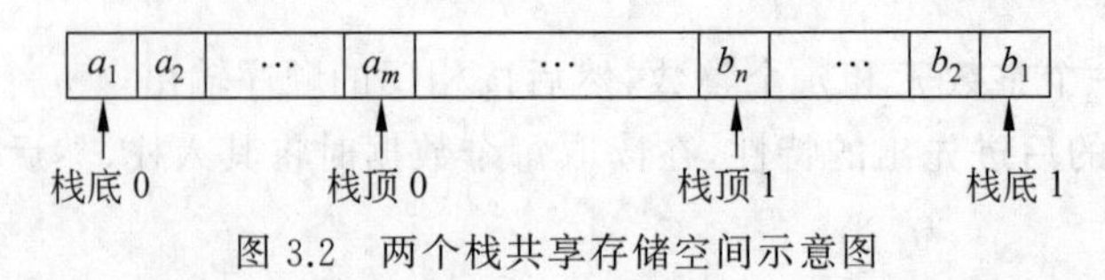

图 3.2 两个栈共享存储空间示意图

说明:对于 $n(n>2)$个栈的共享存储空间的情形,处理十分复杂,并且在插入和删除时可能会出现移动大量元素的情况,时间代价较高,解决的办法就是采用链式存储方式。

3.1.3 链式栈

在程序中同时使用多个栈的情形下,使用链式栈不但可以提高存储效率,同时还可达到共享存储空间的目的。

链式栈的结构如图 3.3 所示,入栈和出栈操作都非常简单,一般都不使用头节点直接实现,下面是链式栈的类模板声明和实现。

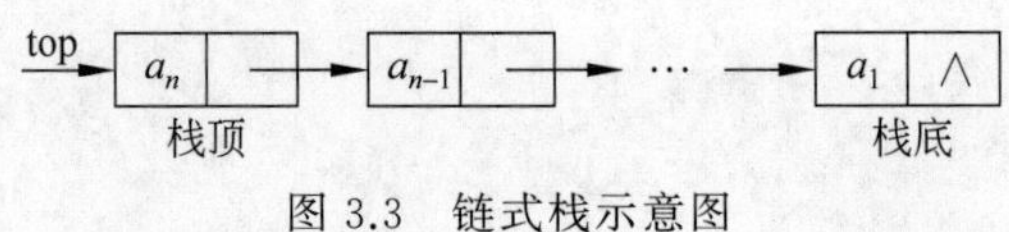

图 3.3 链式栈示意图

```
//链栈类模板
template<class ElemType>
class LinkStack
{
protected:
//数据成员
    Node<ElemType> * top;                                    //栈顶指针
    int count;                                               //元素个数

public:
//抽象数据类型方法声明及重载编译系统默认方法声明
    LinkStack();                                             //无参数的构造函数模板
    virtual ~LinkStack();                                    //析构函数模板
    int Length() const;                                      //求栈长度
    bool Empty() const;                                      //判断栈是否为空
    void Clear();                                            //将栈清空
    void Traverse(void (* visit)(const ElemType &)) const ; //遍历栈
    bool Push(const ElemType &e);                            //入栈
    bool Top(ElemType &e) const;                             //返回栈顶元素
    bool Pop(ElemType &e);                                   //出栈
    bool Pop();                                              //出栈
```

```
    LinkStack(const LinkStack<ElemType> &source);          //复制构造函数模板
    LinkStack<ElemType> &operator = (const LinkStack<ElemType> &source);
                                                           //重载赋值运算符
};

//链栈类模板的实现部分

template<class ElemType>
LinkStack<ElemType>::LinkStack()
//操作结果:构造一个空栈表
{
    top = NULL;                                            //构造栈顶指针
    count = 0;                                             //初始化元素个数
}

template<class ElemType>
LinkStack<ElemType>::~LinkStack()
//操作结果:销毁栈
{
    Clear();                                               //清空栈
}

template <class ElemType>
int LinkStack<ElemType>::Length() const
//操作结果:返回栈元素个数
{
    return count;                                          //count 表示栈元素个数
}

template<class ElemType>
bool LinkStack<ElemType>::Empty() const
//操作结果:如栈为空,则返回 true,否则返回 false
{
    return count == 0;                                     //count == 0 表示栈为空
}

template<class ElemType>
void LinkStack<ElemType>::Clear()
//操作结果:清空栈
{
    while (!Empty())
    {   //表栈非空,则出栈
        Pop();                                             //出栈
    }
```

```
}

template <class ElemType>
void LinkStack<ElemType>::Traverse(void (* visit)(const ElemType &)) const
//操作结果:从栈底到栈顶依次对栈的每个元素调用函数(* visit)
{
    Node<ElemType> * temPtr;              //临时指针变量
    LinkStack<ElemType>temS;              //临时栈,temS 中元素顺序与当前栈元素顺序相反
    for (temPtr =top; temPtr !=NULL; temPtr =temPtr->next)
    {   //用 temPtr 依次指向当前栈的每个元素
        temS.Push(temPtr->data);          //对当前栈的每个元素入栈到 temS 中
    }

    for (temPtr =temS.top; temPtr !=NULL; temPtr =temPtr->next)
    {   //用 temPtr 从栈顶到栈底依次指向栈 temS 的每个元素
        (* visit)(temPtr->data);          //对栈 temS 的每个元素调用函数(* visit)
    }
}

template<class ElemType>
bool LinkStack<ElemType>::Push(const ElemType &e)
//操作结果:将元素 e 追加到栈顶,如成功则返加 true,否则如动态内存已耗尽将返回 false
{
    Node<ElemType> * newTop =new Node<ElemType>(e, top);
    if (newTop ==NULL)
    {   //动态内存耗尽
        return false;                     //失败
    }
    else
    {   //操作成功
        top =newTop;
        count++;                          //入栈成功后元素个数加 1
        return true;                      //成功
    }
}

template<class ElemType>
bool LinkStack<ElemType>::Top(ElemType &e) const
//操作结果:如栈非空,用 e 返回栈顶元素,返回 true,否则返回 false
{
    if(Empty())
    {   //栈空
        return false;                     //失败
    }
    else
```

```
    {   //栈非空,操作成功
        e =top->data;                       //用 e 返回栈顶元素
        return true;                        //成功
    }
}

template<class ElemType>
bool LinkStack<ElemType>::Pop(ElemType &e)
//操作结果:如栈非空,删除栈顶元素,并用 e 返回栈顶元素,返回 true,否则返回 false
{
    if (Empty())
    {   //栈空
        return false;                       //失败
    }
    else
    {   //操作成功
        Node<ElemType> * oldTop =top; //旧栈顶
        e =oldTop->data;                    //用 e 返回栈顶元素
        top =oldTop->next;                  //top 指向新栈顶
        delete oldTop;                      //删除旧栈顶
        count--;                            //出栈成功后元素个数自减 1
        return true;                        //功能
    }
}

template<class ElemType>
bool LinkStack<ElemType>::Pop()
//操作结果:如栈非空,删除栈顶元素,返回 true,否则返回 false
{
    if (Empty())
    {   //栈空
        return false;                       //失败
    }
    else
    {   //操作成功
        Node<ElemType> * oldTop =top; //旧栈顶
        top =oldTop->next;                  //top 指向新栈顶
        delete oldTop;                      //删除旧栈顶
        count--;                            //出栈成功后元素个数自减 1
        return true;                        //功能
    }
}

template<class ElemType>
LinkStack<ElemType>::LinkStack(const LinkStack<ElemType> &source)
```

```
//操作结果:由栈 source 构造新栈——复制构造函数模板
{
    if (source.Empty())
    {   //source 为空
        top =NULL;                                              //构造栈顶指针
        count =0;                                               //初始化元素个数
    }
    else
    {   //source 非空,复制栈
        top =new Node<ElemType>(source.top->data);             //生成当前栈项
        count =source.count;                                    //栈元素个数
        Node<ElemType> * buttomPtr =top;                        //当前栈底指针
        for (Node<ElemType> * temPtr =source.top->next; temPtr !=NULL;
            temPtr =temPtr->next)
        {   //用 temPtr 依次指向其余元素
            buttomPtr->next =new Node<ElemType>(temPtr->data);
                                                                //向栈底追加元素
            buttomPtr =buttomPtr->next;                         //buttomPtr 指向新栈底
        }
    }
}


template<class ElemType>
LinkStack<ElemType> &LinkStack<ElemType>::operator =
    (const LinkStack<ElemType> &source)
//操作结果:将栈 source 赋值给当前栈——重载赋值运算符
{
    if (&source !=this)
    {
        if (source.Empty())
        {   //source 为空
            top =NULL;                                          //构造栈顶指针
            count =0;                                           //初始化元素个数
        }
        else
        {   //source 非空,复制栈
            Clear();                                            //清空当前栈
            top =new Node<ElemType>(source.top->data);         //生成当前栈项
            count =source.count;                                //栈元素个数
            Node<ElemType> * buttomPtr =top;                    //当前栈底指针
            for (Node<ElemType> * temPtr =source.top->next; temPtr !=NULL;
                temPtr =temPtr->next)
            {   //用 temPtr 依次指向其余元素
                buttomPtr->next =new Node<ElemType>(temPtr->data);
```

```
                                                    //向栈底追加元素
                buttomPtr =buttomPtr->next;         //buttomPtr 指向新栈底
            }
        }
    }
    return *this;
}
```

例 3.2 设计一个算法判别用字符串表示的表达式中括号“()”“[]”“{}”是否配对出现。

例如字符串

$$\{a*[c+d*(e+f)]$$

漏掉了大括号“}”。

字符串

$$\{a*[b+c*(e-f])\}$$

虽然有同等数量的左右大中小括号，但仍是不匹配的括号，第 1 个右中括号“]”和最近的左小括号“(”不匹配。

下面通过一个算法来实现检查一个输入的字符串中括号是否正确匹配，算法思路如下：

用一个字符串表示一个表达式，从左向右依次扫描各字符；

如果读入的字符为“(”“[”或“{”，则进栈；

若读入的字符为“)”，如栈空则左右括号不匹配，否则如栈顶的括号是“(”，则出栈，否则不匹配（这时栈顶为“[”或“{”）；

若读入的字符为“]”，如栈空则左右括号不匹配，否则如栈顶的括号是“[”，则出栈，否则不匹配（这时栈顶为“(”或“{”）；

若读入的字符为“}”，如栈空则左右括号不匹配，否则如栈顶的括号是“{”，则出栈，否则不匹配（这时栈顶为“(”或“[”）；

若当前读入的字符是其他字符，则继续读入；

扫描完各字符后，如栈为空，则左右括号匹配，否则左右括号不匹配。

具体算法如下：

```
//文件路径名:s3_2\alg.h
bool Match(char * s)
//操作结果:判别用字符串 s 表示的表达式中大、中和小括号是否配对出现
{
    LinkStack<char>temS;                            //临时栈
    char temCh;                                     //临时字符

    for (int i =0; i <strlen(s); i++)
    {   //从左向右依次扫描各字符
        if (s[i] =='(' || s[i] =='[' || s[i] =='{')
        {   //如读入的字符为"("、"["或"{",则进栈
            temS.Push(s[i]);
        }
        else if (s[i] ==')')
```

```
{   //读入的字符为')'
    if (temS.Empty())
    {   //如栈空则左右括号不匹配
        return false;
    }
    else if (temS.Top(temCh), temCh =='(')
    {   //如栈顶的括号是'(',则出栈
        temS.Pop();
    }
    else
    {   //否则不匹配(这时栈顶为'['或'{')
        return false;
    }
}
else if (s[i] ==']')
{   //读入的字符为']'
    if (temS.Empty())
    {   //如栈空则左右括号不匹配
        return false;
    }
    else if (temS.Top(temCh), temCh  =='[')
    {   //如栈顶的括号是'[',则出栈
        temS.Pop();
    }
    else
    {   //否则不匹配(这时栈顶为'('或'{')
        return false;
    }
}
else if (s[i] =='}')
{   //读入的字符为'}'
    if (temS.Empty())
    {   //如栈空则左右括号不匹配
        return false;
    }
    else if (temS.Top(temCh), temCh  =='{')
    {   //如栈顶的括号是'{',则出栈
        temS.Pop();
    }
    else
    {   //否则不匹配(这时栈顶为'('或'[')
        return false;
    }
}
}
```

```
    if (temS.Empty())
    {   //栈空则左右括号匹配
        return true;
    }
    else
    {   //栈不空则左右括号不匹配
        return false;
    }
}
```

3.2 队　　列

3.2.1 队列的基本概念

队列(queue)是一种先进先出(first in first out,FIFO)的线性表,只允许在一端进行插入(入队)操作,在另一端进行删除(出队)操作。

在队列中,允许入队操作的一端称为队尾,允许出队操作的一端称为队头,如图 3.4 所示。

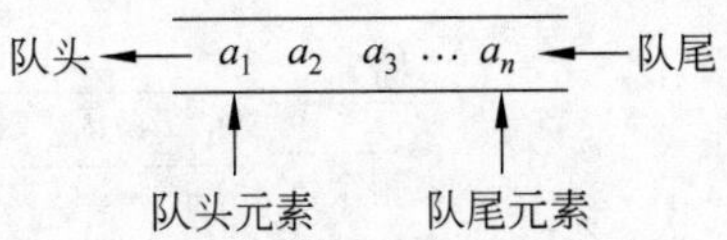

队头 ← a_1 a_2 a_3 … a_n ← 队尾

队头元素　队尾元素

图 3.4　队列示意图

设有队列 $q=(a_1,a_2,\cdots,a_n)$,则一般 a_1 称为队头元素,a_n 称为队尾元素,队列中元素按 $a_1,a_2,\cdots,a_n$ 的顺序入队,同时也按相同的顺序出队,队列的典型应用是操作系统中的作业排队,在实际应用中,队列包含了如下基本操作。

1) int Length() const

初始条件:队列已存在。

操作结果:返回队列长度。

2) bool Empty() const

初始条件:队列已存在。

操作结果:如队列为空,则返回 true,否则返回 false。

3) void Clear()

初始条件:队列已存在。

操作结果:清空队列。

4) void Traverse(void (* visit)(const ElemType &)) const

初始条件:队列已存在。

操作结果:依次对队列的每个元素调用函数(* visit)。

5) bool OutQueue(ElemType &*e*)

初始条件:队列非空。

操作结果:删除队头元素,并用 *e* 返回其值。

6) bool OutQueue()

初始条件:队列非空。

操作结果:删除队头元素。

7) bool GetHead(ElemType &e) const

初始条件:队列非空。

操作结果:用 e 返回队头元素。

8) bool InQueue(const ElemType &e)

初始条件:队列已存在。

操作结果:插入元素 e 为新的队尾。

除了上面定义的队列而外,还有一种限定性数据结构——双端队列(deque),双端队列是插入和删除限定在线性表的两端进行的线性表,如图 3.5 所示。

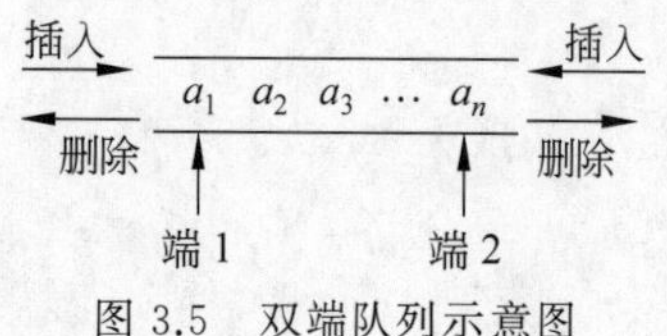

图 3.5 双端队列示意图

在实际应用中,可以有输入受限的双端队列,也就是允许在一端进行插入和删除操作,在另一端只允许进行删除操作,如图 3.6(a)所示。还有输出受限的双端队列,也就是允许在一端进行插入和删除操作,在另一端只允许进行插入操作,如图 3.6(b)所示。

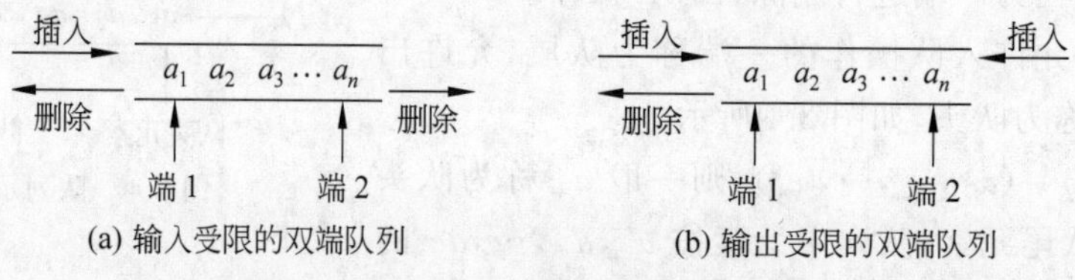

图 3.6 输入输出受限双端队列示意图

说明:虽然双端队列看起来具有更大的优越性,但在实际应用中主要还是使用栈和队列。所以对双端队列不进行详细讨论。

3.2.2 链队列

队列分为顺序存储结构和链式存储结构两种。

本节先讨论队列的链式存储结构,用链表表示的队列称为链队列,一个链队列应有两个分别指示队头与队尾的指针(分别称为头指针与尾指针),如图 3.7 所示。

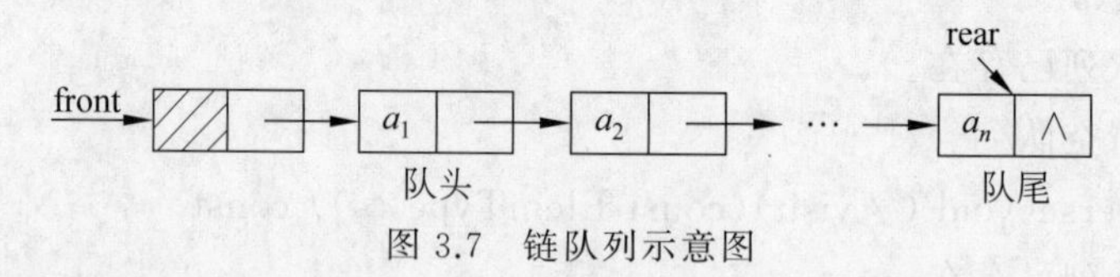

图 3.7 链队列示意图

如果要从队列中退出一个元素,必须从单链表的首元素节点中取出队头元素并删除此节点,而入队的新元素存放在队尾处,也就是单链表最后一个元素的后面,此节点将成为新的队尾。

说明:链队列适合于数据元素变动比较大的情形,一般不存在溢出的问题。如果程序中要使用多个队列,最好使用链队列,以避免出现存储分配的问题和数据元素的移动。

下面是链队列的类模板声明及相应成员函数模板的实现。

```
//链队列类模板

template<class ElemType>
class LinkQueue
{
protected:
//数据成员:
    Node<ElemType> * front, * rear;                       //队头队尾指针
    int count;                                            //元素个数

public:
//抽象数据类型方法声明及重载编译系统默认方法声明:
    LinkQueue();                                          //无参数的构造函数模板
    virtual ~LinkQueue();                                 //析构函数模板
    int Length() const;                                   //求队列长度
    bool Empty() const;                                   //判断队列是否为空
    void Clear();                                         //将队列清空
    void Traverse(void ( * visit)(const ElemType &)) const ; //遍历队列
    bool OutQueue(ElemType &e);                           //出队操作
    bool OutQueue();                                      //出队操作
    bool GetHead(ElemType &e) const;                      //取队头操作
    bool InQueue(const ElemType &e);                      //入队操作
    LinkQueue(const LinkQueue<ElemType> &source);         //复制构造函数模板
    LinkQueue<ElemType> &operator =(const LinkQueue<ElemType> &source);
                                                          //重载赋值运算符

};

//链队列类模板的实现部分

template<class ElemType>
LinkQueue<ElemType>::LinkQueue()
//操作结果:构造一个空队列
{
    rear =front =new Node<ElemType>;                      //生成头节点
    count =0;                                             //初始化元素个数
}

template<class ElemType>
LinkQueue<ElemType>::~LinkQueue()
//操作结果:销毁队列
{
    Clear();                                              //清空队列
    delete front;                                         //释放头节点所占空间
}
```

```
template<class ElemType>
int LinkQueue<ElemType>::Length() const
//操作结果:返回队列长度
{
    return count;                                          //count 表示队列元素个数
}

template<class ElemType>
bool LinkQueue<ElemType>::Empty() const
//操作结果:如队列为空,则返回 true,否则返回 false
{
    return count ==0;                                      //count ==0 表示队列为空
}

template<class ElemType>
void LinkQueue<ElemType>::Clear()
//操作结果:清空队列
{
    while (!Empty())
    {   //队列非空,则出列
        OutQueue();                                        //出列
    }
}

template <class ElemType>
void LinkQueue<ElemType>::Traverse(void ( * visit) (const ElemType &)) const
//操作结果:依次对队列的每个元素调用函数( * visit)
{
    for (Node<ElemType> * temPtr =front->next; temPtr !=NULL;
        temPtr =temPtr->next)
    {   //对队列的每个元素调用函数( * visit)
        ( * visit) (temPtr->data);
    }
}

template<class ElemType>
bool LinkQueue<ElemType>::OutQueue(ElemType &e)
//操作结果:如果队列非空,那么删除队头元素,并用 e 返回其值,返回 true,否则返回 false
{
    if (!Empty())
    {   //队列非空
        Node<ElemType> * temPtr =front->next;              //指向队列头素
        e =temPtr->data;                                   //用 e 返回队头元素
        front->next =temPtr->next;                         //front->next 指向下一元素
```

```
        if (rear ==temPtr)
        {   //表示出队前队列中只有一个元素,出队后为空队列
            rear =front;
        }
        delete temPtr;                                   //释放出队的节点
        count--;                                         //出队成功后元素个数自减 1
        return true;                                     //成功
    }
    else
    {   //队列为空
        return false;                                    //失败
    }
}

template<class ElemType>
bool LinkQueue<ElemType>::OutQueue()
//操作结果:如果队列非空,那么删除队头元素,返回 true,否则返回 false
{
    if (!Empty())
    {   //队列非空
        Node<ElemType> * temPtr =front->next;            //指向队列头素
        front->next =temPtr->next;                       //front->next 指向下一元素
        if (rear ==temPtr)
        {   //表示出队前队列中只有一个元素,出队后为空队列
            rear =front;
        }
        delete temPtr;                                   //释放出队的节点
        count--;                                         //出队成功后元素个数自减 1
        return true;                                     //成功
    }
    else
    {   //队列为空
        return false;                                    //失败
    }
}

template<class ElemType>
bool LinkQueue<ElemType>::GetHead(ElemType &e) const
//操作结果:如果队列非空,那么用 e 返回队头元素,返回 true,
//否则返回 false
{
    if (!Empty())
    {   //队列非空
        Node<ElemType> * temPtr =front->next;            //指向队列头素
        e =temPtr->data;                                 //用 e 返回队头元素
```

```
        return true;                                          //成功
    }
    else
    {   //队列为空
        return false;                                         //失败
    }
}

template<class ElemType>
bool LinkQueue<ElemType>::InQueue(const ElemType &e)
//操作结果:插入元素 e 为新的队尾,插入成功 true,否则返回 false
{
    Node<ElemType> * temPtr =new Node<ElemType>(e);   //生成新节点
    if (temPtr ==NULL)
    {   //动态内存耗尽
        return false;                                         //失败
    }
    else
    {   //操作成功
        rear->next =temPtr;                                   //新节点追加在队尾
        rear =temPtr;                                         //rear 指向新队尾
        count++;                                              //入队成功后元素个数加 1
        return true;                                          //成功
    }
}

template<class ElemType>
LinkQueue<ElemType>::LinkQueue(const LinkQueue<ElemType> &source)
//操作结果:由队列 source 构造新队列——复制构造函数模板
{
    rear =front =new Node<ElemType>;                          //生成头节点
    count =0;                                                 //初始化元素个数
    for (Node<ElemType> * temPtr =source.front->next; temPtr !=NULL;
        temPtr =temPtr->next)
    {   //对 source 队列的每个元素对当前队列作入队列操作
        InQueue(temPtr->data);
    }
}

template<class ElemType>
LinkQueue<ElemType> &LinkQueue<ElemType>::operator =(
    const LinkQueue<ElemType> &source)
//操作结果:将队列 source 赋值给当前队列——重载赋值运算符
{
    if (&source !=this)
```

```
    {
        Clear();                                          //清空当前队列
        for (Node<ElemType> * temPtr = source.front->next; temPtr != NULL;
            temPtr = temPtr->next)
        {   //对 source 队列的每个元素对当前队列作入队列操作
            InQueue(temPtr->data);
        }
    }
    return * this;
}
```

3.2.3 循环队列——队列的顺序存储结构

用 C++ 描述队列的顺序存储结构，就是利用一个容量是 maxSize 的一维数组 elems 作为队列元素的存储结构，其中 front 和 rear 分别表示队头和队尾，maxSize 是队列的最大元素个数，如图 3.8 所示。

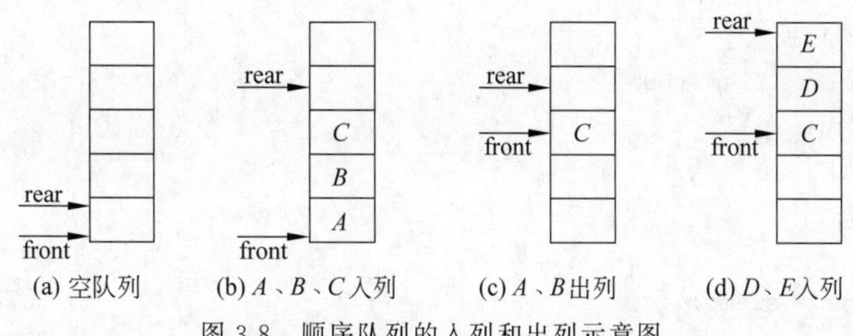

图 3.8 顺序队列的入列和出列示意图

设队列分配的最大空间为 5，当队列处于图 3.8(d) 所示状态时不可再继续插入新元素，否则会因为数组越界而出错。当队列实际可用的空间还没有使用完的情况下，插入一个新元素而产生溢出的现象称为假溢出。解决假溢出的一个技巧是将顺序队列从逻辑上看成一个环，形成循环队列。循环队列的首尾相接，当队头 front 和队尾 rear 进入 maxSize－1 时，再进一个位置就自动移动到 0。此操作可用取余运算（%）简单地实现。

队头进 1：front＝(front＋1)％maxSize。

队尾进 1：rear＝(rear＋1)％maxSize。

循环队列如图 3.9 所示，在图 3.9(a) 中，元素 A、B、C 相继入列，在图 3.9(b) 中，元素 D、E、F 相继入列，这时队满了。从图中可知，队满时

```
front==rear
```

如果图 3.9(a) 中元素 A、B、C 相继出列，则可得到如图 3.9(c) 所示的空队列，这时也有

```
front=rear
```

由此可知，仅从 front＝＝rear 是无法判断是队空还是队满的。可通过以下 3 种方法进行处理。

(1) 另设一个标志符来区别队列是空还是满。

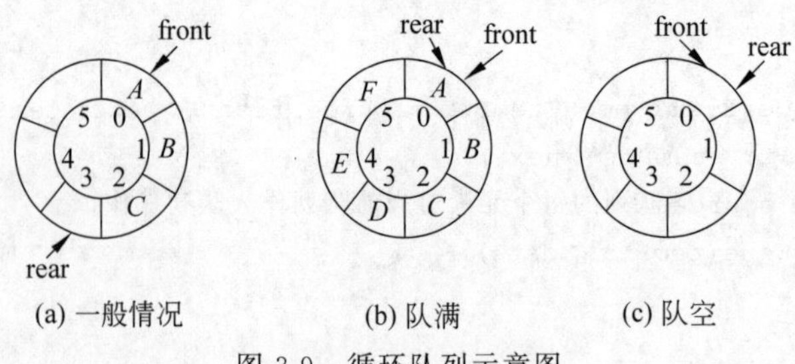

(a) 一般情况　　(b) 队满　　(c) 队空

图 3.9　循环队列示意图

(2) 少用一个元素空间,约定队头在队尾指针的下一位置(指环状的下一位置)时作为队满的标志。

(3) 增加一个表示元素个数 count 的成员,队空条件就变成 count==0,队满条件为 count==maxSize。

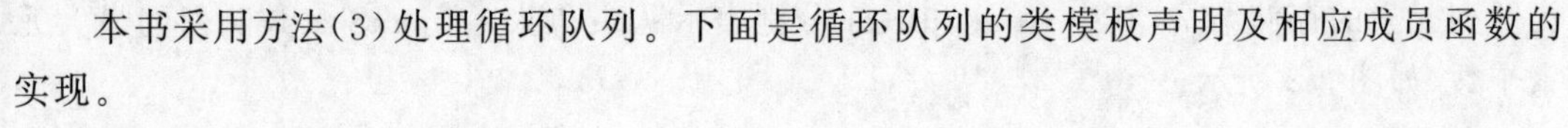

本书采用方法(3)处理循环队列。下面是循环队列的类模板声明及相应成员函数的实现。

```
//循环队列类模板
template<class ElemType>
class SqQueue
{
protected:
//数据成员
    ElemType * elems;                                    //元素存储空间
    int maxSize;                                         //队列最大元素个数
    int front, rear;                                     //队头队尾
    int count;                                           //元素个数

public:
//抽象数据类型方法声明及重载编译系统默认方法声明
    SqQueue(int size =DEFAULT_SIZE);                     //构造函数模板
    virtual ~SqQueue();                                  //析构函数模板
    int Length() const;                                  //求队列长度
    bool Empty() const;                                  //判断队列是否为空
    void Clear();                                        //将队列清空
    void Traverse(void ( * visit) (const ElemType &)) const;  //遍历队列
    bool OutQueue(ElemType &e);                          //出列操作
    bool OutQueue();                                     //出列操作
    bool GetHead(ElemType &e) const;                     //取队头操作
    bool InQueue(const ElemType &e);                     //入队操作
    SqQueue(const SqQueue<ElemType> &source);            //复制构造函数模板
    SqQueue<ElemType> &operator =(const SqQueue<ElemType> &source);
                                                         //重载赋值运算符
};
```

```
//循环队列类模板的实现部分

template<class ElemType>
SqQueue<ElemType>::SqQueue(int size)
//操作结果:构造一个最大元素个数为 size 的空循环队列
{
    maxSize = size;                                     //最大元素个数
    elems = new ElemType[maxSize];                      //分配存储空间
    rear = front = 0;                                   //初始化队头与队尾
    count = 0;                                          //初始化元素个数
}

template <class ElemType>
SqQueue<ElemType>::~SqQueue()
//操作结果:销毁队列
{
    delete []elems;                                     //释放存储空间
}

template<class ElemType>
int SqQueue<ElemType>::Length() const
//操作结果:返回队列长度
{
    return count;                                       //返回元素个数
}

template<class ElemType>
bool SqQueue<ElemType>::Empty() const
//操作结果:如队列为空,则返回 true,否则返回 false
{
    return count == 0;                                  //count == 0 表示队列为空
}

template<class ElemType>
void SqQueue<ElemType>::Clear()
//操作结果:清空队列
{
    rear = front = 0;                                   //空队列 rear 与 front 相等
    count = 0;                                          //空队列元素个数为 0
}

template <class ElemType>
void SqQueue<ElemType>::Traverse(void (*visit)(const ElemType &)) const
//操作结果:依次对队列的每个元素调用函数(*visit)
{
```

```
    for (int temPos =front; temPos !=rear; temPos = (temPos +1) %maxSize)
    {   //对队列的每个元素调用函数(*visit)
        (*visit)(elems[temPos]);
    }
}

template<class ElemType>
bool SqQueue<ElemType>::OutQueue(ElemType &e)
//操作结果:如果队列非空,那么删除队头元素,并用 e 返回其值,返回 true,否则返回 false
{
    if (!Empty())
    {   //队列非空
        e =elems[front];                                    //用 e 返回队头元素
        front = (front +1) %maxSize;                        //front 指向下一元素
        count--;                                            //出队成功后元素个数自减 1
        return true;                                        //成功
    }
    else
    {   //队列为空
        return false;                                       //失败
    }
}

template<class ElemType>
bool SqQueue<ElemType>::OutQueue()
//操作结果:如果队列非空,那么删除队头元素,返回 true,否则返回 false
{
    if (!Empty())
    {   //队列非空
        front = (front +1) %maxSize;                        //front 指向下一元素
        count--;                                            //出队成功后元素个数自减 1
        return true;                                        //成功
    }
    else
    {   //队列为空
        return false;                                       //失败
    }
}

template<class ElemType>
bool SqQueue<ElemType>::GetHead(ElemType &e) const
//操作结果:如果队列非空,那么用 e 返回队头元素,返回 true,否则返回 false
{
    if (!Empty())
    {   //队列非空
```

```
        e =elems[front];                                //用 e 返回队头元素
        return true;                                    //成功
    }
    else
    {   //队列为空
        return false;                                   //失败
    }
}

template<class ElemType>
bool SqQueue<ElemType>::InQueue(const ElemType &e)
//操作结果:如果队列已满,返回 false,否则插入元素 e 为新的队尾,返回 true
{
    if (count ==maxSize)
    {   //队列已满
        return false;                                   //失败
    }
    else
    {   //队列未满,入队成功
        elems[rear] =e;                                 //插入 e 为新队尾
        rear =(rear +1) %maxSize;                       //rear 指向新队尾
        count++;                                        //入队成功后元素个数加 1
        return true;                                    //成功
    }
}

template<class ElemType>
SqQueue<ElemType>::SqQueue(const SqQueue<ElemType> &source)
//操作结果:由队列 source 构造新队列——复制构造函数模板
{
    maxSize =source.maxSize;                            //最大元素个数
    elems =new ElemType[maxSize];                       //分配存储空间
    front =source.front;                                //复制队头位置
    rear =source.rear;                                  //复制队尾位置
    count =source.count;                                //复制元素个数
    for (int temPos =front; temPos !=rear; temPos =(temPos +1) %maxSize)
    {   //复制循环队列的元素
        elems[temPos] =source.elems[temPos];
    }
}

template<class ElemType>
SqQueue<ElemType> &SqQueue<ElemType>::operator =
    (const SqQueue<ElemType> &source)
```

```
//操作结果:将队列 source 赋值给当前队列——重载赋值运算符
{
    if (&source !=this)
    {
        maxSize =source.maxSize;                          //最大元素个数
        delete []elems;                                   //释放存储空间
        elems =new ElemType[maxSize];                     //分配存储空间
        front =source.front;                              //复制队头位置
        rear =source.rear;                                //复制队尾位置
        count =source.count;                              //复制元素个数
        for (int temPos =front; temPos !=rear; temPos =(temPos +1) %maxSize)
        {   //复制循环队列的元素
            elems[temPos] =source.elems[temPos];
        }
    }
    return *this;
}
```

*3.2.4 队列应用——显示二项式$(a+b)^i$ 的系数

二项式$(a+b)^i$ 展开后的系数构成杨辉三角形(国外称为 Pascal 三角形)。本节的问题是按行显示展开后系数的前若干行,如图 3.10 所示。

从图 3.10 可知,除第 1 行外,在显示第 i 行时,用到了第 $i-1$ 行的数据,在显示第 $i+1$ 行时,用到了第 i 行的数据,每一行的第一个元素与最后一个元素的值都等于1。

图 3.11 中在数组 q 中已存储有第 2 行的元素的值,显然第 3 行的第 1 个元素的值为 1,将 1 存储在数组 q 的后面,从数组 q 中取出第 1 个元素的值 $s=1$,第 2 个元素的值 $t=2$,计算 $s+t=3$,得到第 3 行第 2 个元素的值为 3,将 3 存储在数组 q 的后面,再计 $s=t$,从数组 q 中取出 s 的下一个元素值 $t=1$,计算 $s+t=3$,得到第 3 行第 3 个元素的值为 3,将 3 存储在数组 q 的后面,第 3 行的最后一个元素的值为 1,将 1 存储在数组 q 的后面,按同样的方法可求得其他行的各元素的值。图 3.11 中的数组 q 实际上是一个队列,利用队列 q 可实现逐行显示杨辉三角形中的各行。

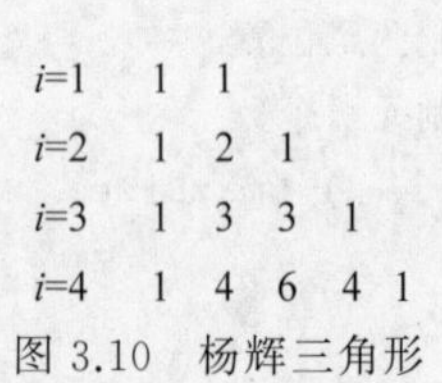

图 3.10 杨辉三角形

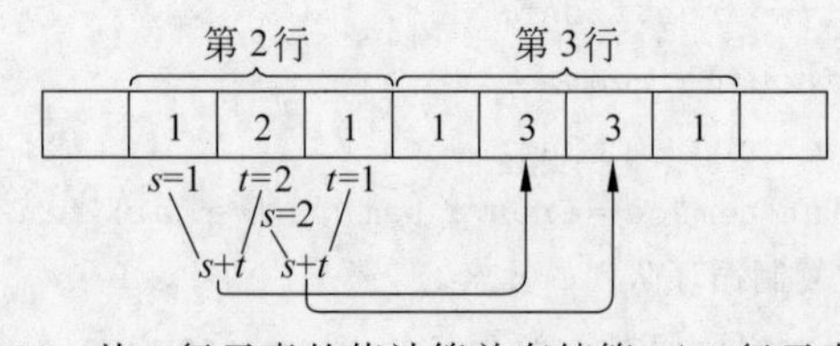

图 3.11 从 i 行元素的值计算并存储第 $i+1$ 行元素的值

下面是利用队列显示杨辉三角形的算法。

```
//文件路径名:e3_1\yanghui.h
void yanghuiTriangle(int n)
//操作结果: 显示三角形的第 1~n 行
```

```
{
    LinkQueue<int>q;                              //辅助队列
    int s, t;                                     //相邻两元素之值

    q.InQueue(1);  q.InQueue(1);                  //存储杨辉三角形第 1 行两个元素的值
    cout <<1 <<"\t" <<1;                          //显示杨辉三角形的第 1 行
    for (int i =2; i <=n; i++)
    {   //依次显示杨辉三角形的第 2~n 行
        cout <<endl;
        q.InQueue(1);                             //第 i 行第 1 个元素的值为 1
        cout <<1 <<"\t";                          //显示第 i 行第 1 个元素的值
        q.OutQueue(s);                            //取第 i-1 行第 1 个元素的值
        for (int j =2; j <=i; j++)
        {
            q.OutQueue(t);                        //取第 i-1 行第 j 个元素的值
            q.InQueue(s +t);                      //s +t 为第 i 行第 j 个元素的值
            cout <<s +t <<"\t";                   //显示第 i 行第 j 个元素的值
            s =t;
        }
        q.InQueue(1);                             //第 i 行第 i +1 个元素的值为 1
        cout <<1;                                 //显示第 i 行第 i +1 个元素的值
    }
    cout <<endl;
}
```

*3.3 优先队列

在许多情况下,前面介绍的队列是不够的,先进先出的机制有时需要某些优先规则来完善。例如在医院中,病危病人应具有更高的优先权,也就是当医生有空时,应立刻医治病危病人,而不是排在最前面的病人。

优先队列(priority queue)是一种数据结构,其中元素的固有顺序决定了对基本操作的执行结果,优先队列有两种类型:最小优先队列和最大优先队列。最小优先队列的出队操作 OutQueue()将删除最小的数据元素值。最大优先队列的出队操作 OutQueue()将删除最大的数据元素值。

优先队列有多种实现方法,一种比较简单的实现方法是在做入队操作 InQueue()时,元素不是排在队列的队尾,而是将其插入在队列的适当位置,使队列的元素有序,优先队列类模板可作为队列类的派生来实现。只需要重载入队操作 InQueue()即可。下面将具体列出各种优先队列的类模板声明及其实现。

1. 最小优先链队列

```
//最小优先链队列类模板
template<class ElemType>
class MinPriorityLinkQueue: public LinkQueue<ElemType>
```

```
{
public:
//重载入队操作声明
    bool InQueue(const ElemType &e);            //重载入队操作
};


//最小优先链队列类模板的实现部分
template<class ElemType>
bool MinPriorityLinkQueue<ElemType>::InQueue(const ElemType &e)
//操作结果:插入元素 e,插入成功返回 true,否则返回 false
{
    Node<ElemType> * curPtr =LinkQueue<ElemType>::front->next;
                                                //指向当前节点
    Node<ElemType> * prePtr =LinkQueue<ElemType>::front;
                                                //指向当前节点的前驱节点

    while (curPtr !=NULL && curPtr->data <=e)
    {   //curPtr 与 prePtr 都指向下一元素
        prePtr =curPtr;
        curPtr =curPtr->next;
    }

    Node<ElemType> * temPtr =new Node<ElemType>(e, curPtr);     //生成新节点
    if (temPtr ==NULL)
    {   //动态内存耗尽
        return false;                           //失败
    }
    else
    {   //操作成功
        prePtr->next =temPtr;                   //将 temPtr 插入在 prePtr 与 curPtr 之间
        if (prePtr ==LinkQueue<ElemType>::rear)
        {   //新节点插在 rear 的后面
            LinkQueue<ElemType>::rear =temPtr;  //rear 指向新队尾
        }
        LinkQueue<ElemType>::count++;           //入队成功后元素个数加 1
        return true;                            //成功
    }
}
```

2. 最大优先链队列

```
//最大优先链队列节点
template<class ElemType>
class MaxPriorityLinkQueue: public LinkQueue<ElemType>
{
```

```
public:
//重载入队操作声明
    bool InQueue(const ElemType &e);                                    //重载入队操作
};


//最大优先链队列类模板的实现部分
template<class ElemType>
bool MaxPriorityLinkQueue<ElemType>::InQueue(const ElemType &e)
//操作结果:插入元素 e,插入成功返回 true,否则返回 false
{
    Node<ElemType> * curPtr =LinkQueue<ElemType>::front->next;     //指向当前节点
    Node<ElemType> * prePtr =LinkQueue<ElemType>::front;           //指向当前节点
                                                                     的前驱节点

    while (curPtr !=NULL && curPtr->data >=e)
    {   //curPtr 与 prePtr 都指向下一元素
        prePtr =curPtr;
        curPtr =curPtr->next;
    }

    Node<ElemType> * temPtr =new Node<ElemType>(e, curPtr);            //生成新节点
    if (temPtr ==NULL)
    {   //动态内存耗尽
        return false;                                                   //失败
    }
    else
    {   //操作成功
        prePtr->next =temPtr;                    //将 temPtr 插入在 prePtr 与 curPtr 之间
        if (prePtr ==LinkQueue<ElemType>::rear)
        {   //新节点插在 rear 的后面
            LinkQueue<ElemType>::rear =temPtr;   //rear 指向新队尾
        }
        LinkQueue<ElemType>::count++;            //入队成功后元素个数加 1
        return true;                             //成功
    }
}
```

3. 最小优先循环队列

```
//最小优先循环队列类模板
template<class ElemType>
class MinPrioritySqQueue: public SqQueue<ElemType>
{
public:
//重载入队操作声明
```

```
    bool InQueue(const ElemType &e);                              //重载入队操作
};

//最小优先循环队列类模板的实现部分
template<class ElemType>
bool MinPrioritySqQueue<ElemType>::InQueue(const ElemType &e)
//操作结果:如果队列已满,返回 false,否则插入元素 e,返回 true
{
    if (SqQueue<ElemType>::count ==SqQueue<ElemType>::maxSize)
    {   //队列已满
        return false;                                             //失败
    }
    else
    {   //队列未满,入队成功
        int temPos =SqQueue<ElemType>::front;
        while (temPos !=SqQueue<ElemType>::rear &&
          SqQueue<ElemType>::elems[temPos] <=e)
        {  //将所有不大于 e 的元素向前移一个位置
          SqQueue<ElemType>::elems[(temPos -1 +SqQueue<ElemType>::maxSize)
              %SqQueue<ElemType>::maxSize] =
              SqQueue<ElemType>::elems[temPos];     //elems[temPos]前移一个位置
          temPos =(temPos +1) %SqQueue<ElemType>::maxSize;
                                                            //temPos 指向下一元素
        }

        SqQueue<ElemType>::elems[(temPos -1 +SqQueue<ElemType>::maxSize) %
          SqQueue<ElemType>::maxSize] =e;       //temPos 的前一位置为 e 的插入位置
          SqQueue<ElemType>::front =(SqQueue<ElemType>::front -1 +
          SqQueue<ElemType>::maxSize) %SqQueue<ElemType>::maxSize;
                                                            //front 移向前一位置

        SqQueue<ElemType>::count++;                         //入队成功后元素个数加 1

        return true;                                        //成功
    }
}
```

4. 最大优先循环队列

```
//最大优先循环队列类模板
template<class ElemType>
class MaxPrioritySqQueue: public SqQueue<ElemType>
{
public:
//重载入队操作声明
    bool InQueue(const ElemType &e);                              //重载入队操作
```

```
};

//最大优先循环队列类模板的实现部分
template<class ElemType>
bool MaxPrioritySqQueue<ElemType>::InQueue(const ElemType &e)
//操作结果:如果队列已满,返回 false,否则插入元素 e,返回 true
{
    if (SqQueue<ElemType>::count ==SqQueue<ElemType>::maxSize)
    {   //队列已满
        return false;                                   //失败
    }
    else
    {   //队列未满,入队成功
        int temPos =SqQueue<ElemType>::front;
        while (temPos !=SqQueue<ElemType>::rear &&
            SqQueue<ElemType>::elems[temPos] >=e)
        {   //将所有不小于 e 的元素向前移一个位置
            SqQueue<ElemType>::elems[(temPos -1 +SqQueue<ElemType>::maxSize)
                %SqQueue<ElemType>::maxSize] =SqQueue<ElemType>::elems[temPos];
                //elems[temPos]前移一个位置
            temPos =(temPos +1) %SqQueue<ElemType>::maxSize;
                                                        //temPos 指向下一元素
        }

        SqQueue<ElemType>::elems[(temPos -1 +SqQueue<ElemType>::maxSize) %
            SqQueue<ElemType>::maxSize] =e;        //temPos 的前一位置为 e 的插入位置
            SqQueue<ElemType>::front =(SqQueue<ElemType>::front -1 +
            SqQueue<ElemType>::maxSize) %SqQueue<ElemType>::maxSize;
                                                  //front 移向前一位置

        SqQueue<ElemType>::count++;               //入队成功后元素个数加 1

        return true;                              //成功
    }
}
```

*3.4 实例研究：表达式求值

表达式求值是编译系统中要解决的基本问题,是栈的典型应用,下面介绍一种广为使用的中缀表达式求值的算法——算符优先法。

为简单起见,此处只讨论算术四则运算,算术四则运算的规则如下:

(1) 先乘除,后加减;

(2) 同级运算从左算到右;

(3) 先括号内,再括号外。

按照上面的规则,算术表达式

$$6-3*2+8/4$$

的运算顺序如下:

$$6-3*2+8/4=6-6+8/4=0+8/4=0+2=2$$

算符优先法就是根据上面的运算符优先关系来实现对表达式进行编译执行。任何表达式都可看成由操作数(operand)、操作符(operator)和界限符(delimiter)组成。操作数可为常量或变量标识符,也可以是常数;操作符可以为算术操作符、关系操作符和逻辑操作符;界限符主要为左右括号和表达式结束符。为简单起见,只讨论算术四则运算符(+、-、*、/),操作数为常数,界限符为一对小括号和等号;对于任意两个操作符 theta1 和 theta2 的优先关系如下:

(1) theta1＜theta2: theta1 优先级低于 theta2。

(2) theta1＝theta2: theta1 优先级等于 theta2。

(3) theta1＞theta2: theta1 优先级高于 theta2。

(4) theta1 e theta2: theta1 与 theta2 不允许相继出现。

为编程实现方便起见,将界限符也看成特殊的操作符,操作符之间的优先级关系如表 3.1 所示。

表 3.1 操作符优先关系

theta1 / theta2	'+'	'-'	'*'	'/'	'('	')'	'='
'+'	＞	＞	＜	＜	＜	＞	＞
'-'	＞	＞	＜	＜	＜	＞	＞
'*'	＞	＞	＞	＞	＜	＞	＞
'/'	＞	＞	＞	＞	＜	＞	＞
'('	＜	＜	＜	＜	＜	＝	e
')'	＞	＞	＞	＞	e	＞	＞
'='	＜	＜	＜	＜	＜	e	＝

根据规则(3),当 theta1 为'+'、'-'、'*'、'/'时的优先级低于'('但高于')'。根据规则(2),可知:

'+'＞'+';'-'＞'-';'*'＞'*';'/'＞'/'

其中,'='为表达式结束符,为程序实现简单,在表达式的最左边也虚设一个'='构成一个表达式的起始符,在表达式中'('=')'表示左右括号相遇,括号内的运算已结束,同样地,'='='='表示表达式求值已完毕。')'与'('、'='与')'及'('与'='不允许相继出现,一旦出现这种情况可认为是语法错误。

具体实现算法时,可设置两个工作栈,一个为操作符栈 optrS(operator stack),另一个为操作数栈 opndS(operand stack),算法基本思路如下。

(1) 将 optrS 栈和 opndS 栈清空,在 optrS 栈中加入一个'='。

(2) 从输入流获取一字符 ch,循环执行(3)～(5)直到求出表达式的值为止。

(3) 取出 optrS 的栈顶 optrTop,当 optrTop='=' 且 ch='=' 时,整个表达式求值完毕,这时 opndS 栈的栈顶元素为表达式的值。

(4) 若 ch 不是操作符,则将字符放回输入流(cin.putback),读操作数 operand;加入 opndS 栈,读入下一字符 ch。

(5) 若 ch 是操作符,将比较 ch 的优先级和 optrTop 的优先级。

若 optrTop<ch,则 ch 入 optrS 栈,从输入流中取下一字符 ch。

若 optrTop>ch,则从 opndS 栈退出 right 和 left,从 optrS 栈退出 theta,形成运算指令 (left) theta (right),结果入 opndS 栈。

若 optrTop=ch(此处特指 optrTop 与 ch 的优先级相等)且 ch==')',此时 optrTop 为 '(',则从 optrS 栈退出栈顶的'(',去括号,然后从输入流中读入字符并送入 ch。

若 optrTop e ch,则出现语法错误,终止执行。

(6) 转(3)循环执行(3)～(5)。

下面模拟一个简单的计算器,计算器接受浮点数,计算表达式之值,计算操作包含在类 Calculator 中,通过一个主函数调用类的成员函数来进行计算。类 Calculator 的声明如下:

```
//文件路径名:calculator/alg.h
//计算器类
class Calculator
{
private:
//辅助函数
    static bool IsOperator(char ch);                    //判断字符 ch 是否为操作符
    static char Precede(char theta1, char theta2);      //判断相继出现的操作符 theta1
                                                        //和 theta2 的优先级
    static double Operate(double left, char theta, double right);
                                                        //执行运算 left theta right
     static void Get2Operands (LinkStack < double > &opndS, double &left, double
&right);                                                //从栈 opndS 中退出两个操作数

public:
//接口方法声明
    Calculator(){};                                     //无参数的构造函数
    virtual ~Calculator(){};                            //析构函数
    static void Run();                                  //执行表达式求值计算
};
```

类中的辅助函数都比较简单,在这里就不写出具体的实现了,方法 Run()按上面提到的算法实现如下:

```
void Calculator::Run()
//操作结果:按算符优先法进行表达式求值计算
{
    LinkStack<double>opndS;                                //操作数栈
```

```
    LinkStack<char>optrS;                                   //操作符栈
    optrS.Push('=');                                        //在 optrS 栈中加入一个'='
    char ch;                                                //临时字符
    char optrTop;                                           //optrS 栈的栈顶字符
    double operand;                                         //操作数
    char theta;                                             //操作符

    cin >>ch;                                               //从输入流获取一字符 ch
    while ((optrS.Top(optrTop), optrTop !='=') || ch !='=' )
    {
        if (!IsOperator(ch))
        {   //ch 不是操作符
            cin.putback(ch);                                //将字符 ch 放回输入流
            cin >>operand;                                  //读操作数 operand
            opndS.Push(operand);                            //进入 opndS 栈
            cin >>ch;                                       //读入下一字符 ch
        }
        else
        {   //ch 是操作符
            switch (Precede(optrTop, ch))
            {
            case '<':                                       //栈顶操作符优先级低
                optrS.Push(ch);                             //ch 入 optrS 栈
                cin >>ch;                                   //从输入流中取下一字符 ch
                break;
            case '=':                                       //栈顶操作符与 ch 优先级相等
                if (ch ==')')
                {   //此时 optrTop =='('
                    optrS.Pop(optrTop);                     //去括号
                    cin >>ch;                               //从输入流中取下一字符 ch
                }
                break;
            case '>':                                       //栈顶操作符优先级高
                double left, right;                         //操作数
                Get2Operands(opndS, left, right);           //取出两个操作数
                optrS.Pop(theta);                           //从 optrS 栈退出 theta
                opndS.Push(Operate(left, theta, right));    //运算结果进入 opndS 栈
                break;
            case 'e':                                       //操作符匹配错
                cout <<"表达式有错!" <<endl;                //提示信息
                exit(5);                                    //退出程序
                break;
            }
        }
    }
```

```
    opndS.Top(operand);                                  //opndS 栈的栈顶元素为表达式的值
    cout <<"表达式值为:" <<operand <<endl;
}
```

3.5 深入学习导读

显示二项式$(a+b)^i$的系数的队列应用主要参考了殷人昆、陶永雷、谢若阳、盛绚华编著的《数据结构(用面向对象方法与C++描述)》[13]，本书主要从程序的可读性方面做了一些工作。

Adam Drozdek著，郑岩、战晓苏译的《数据结构与算法——C++版(第3版)》(Data Structures and Algorithms In C++ Third Edition)[3]，D. S. Malik著，王海涛、丁炎炎译的《数据结构——C++版》(Data Structures Using C++)[4]和Sartaj Sahni著，汪诗林、孙晓东译的《数据结构、算法与应用：C++语言描述》(ADTs, Data Structures, Algorithms, and Application in C++)[6]都介绍了优先队列，但都没加以实现，只是综述形式加以讨论。只有殷人昆、陶永雷、谢若阳、盛绚华编著的《数据结构(用面向对象方法与C++描述)》[13]不但对优先队列进行了较多的介绍，而且讨论了优先队列的存储表示与实现[13]。本书对优先队列的存储表示与实现最完整。

本书表达式求值算法主要参考了严蔚敏、吴伟民编著的《数据结构(C语言版)》[12]和殷人昆、陶永雷、谢若阳、盛绚华编著的《数据结构(用面向对象方法与C++描述)》[13]，讨论了应用后缀表示计算表达式的值与将中缀表达式转换为后缀表达式的方法。

3.6 习　　题

1. 试述栈与队列的异同。

2. 栈的特点是什么？试举出栈的两个应用实例。

3. 何谓顺序队列的上溢？有哪些解决方法？

4. 设输入序列ABCD中的元素经过一个栈到达输出序列，并且元素一旦离开输入序列就不再返回，试写出经过这个栈后可以得到各种输出序列。

5. 回文(palindrome)是指一个字符串从前向后读与从后向前读都一样，仅使用栈和队列编写一个算法来判断一个字符串是否为回文。

6. 只利用栈与队列的成员函数模板，将一个队列中的元素倒置。

*7. 试实现一个带头节点的链式栈。

*8. 试实现一个由两个栈共享存储空间的类模板。

第 4 章　串

描述各种信息的文字符号序列称为字符串,简称串。存储在计算机中的非数值数据很多都是字符串数据。例如,网页可由字符串来描述,现实世界中的各种名称都可用字符串来描述,语言编译程序中的源程序是字符串数据。在早期程序设计语言中,字符串一般作为输入和输出常量出现。随着计算机应用技术的不断发展,需要对大量的字符串进行处理,因此字符串也作为一种变量类型出现在越来越多的程序设计语言中,产生了一系列的字符串操作。

4.1 串类型的定义

串(string)也称为字符串(char string),是由零个或多个字符构成的有限序列,通常记为

$$s="a_0a_1\cdots a_{n-1}",\quad n\geqslant 0$$

其中,s 是称为名,用双引号括起来的部分(不含该双引号本身)称为串值,每个 $a_i(0\leqslant i<n)$ 都为字符。串值中字符的个数(也就是 n)称为串长。长度为 0 的串称为空串。各个字符全是空格字符的串($n\neq 0$)称为空格串。

串的示例如下:

```
a ="This is a string.";
b ="is";
c ="ass";
d ="";
e =" ";
```

在上面的示例中,a、b 和 c 是一般的串,长度分别为 17、2 和 3,d 的长度为 0,是空串,e 由空格组成,是长度为 1 的空格串。

串中任意连续个字符组成的子序列称为该串的子串,包含子串的串相应地称为主串。串中某个字符在串中出现的地方称为该字符在串中的位置,子串中第 0 个字符在主串中出现的位置称为此子串在该主串中的位置。例如,b 是 a 的子串,a 是 b 的主串,子串 b 在主串 a 的位置为 2。

在计算机应用中,一般会遇到串的关系运算,也就是比较串的大小,串的关系运算以单个字符之间的大小关系为基础。在计算机中每个字符都有一个唯一的数值表示——ASCII 码。字符间的大小关系由它们的 ASCII 码之间码值的大小关系决定。比如,字符'B'和'b'对应的 ASCII 码分别为 66 和 98,所以 'B' < 'b'。下面定义串之间的大小关系,设有两个串

str1="$a_0a_1\cdots a_{m-1}$",
str2="$b_0b_1\cdots b_{n-1}$"

则 str1 和 str2 之间的大小关系定义如下。

(1) 如果 $m=n$ 且 $a_i=b_i, i=0,1,\cdots,m-1$,则称 str1=str2。

(2) 如果下面两个条件中有一个满足,则称 str1<str2。

① $m<n$,且 $a_i=b_i, i=0,1,\cdots,m-1$;

② 存在某个 $0 \leqslant k < \min(m,n)$,使得 $a_i=b_i, i=0,1,\cdots,k-1, a_k<b_k$。

(3) 不满足条件(1)和(2)时,则称 str1>str2。

在实际应用中,有很多串操作,如求一个子串在主串中的位置,在一个串中取子串等操作,但一般应包含如下基本操作。

1) void Copy(CharString &target, const CharString &source)

初始条件:串 source 已存在。

操作结果:将串 source 复制得到一个串 target。

2) bool Empty() const

初始条件:串已存在。

操作结果:如串为空,则返回 true,否则返回 false。

3) int Length() const

初始条件:串已存在。

操作结果:返回串的长度,即串中的字符个数。

4) void Concat(CharString & target, const CharString & source)

初始条件:串 target 和 source 已存在。

操作结果:将串 source 连接到串 target 的后面。

5) CharString SubString(const CharString &*s*, int pos, int len)

初始条件:串 *s* 存在,且 0≤pos<*s*.Length(),0≤len≤*s*.Length()−pos。

操作结果:返回从第 pos 个字符开始长度为 len 的子串。

6) int Index(const CharString &target, const CharString &pattern, int pos=0)

初始条件:目标串 target 和模式串 pattern 都存在,模式串 pattern 非空,且 0≤pos<target.Length()。

操作结果:返回目标串 target 中第 pos 个字符后第一次出现的模式串 pattern 的位置。

4.2 字符串的实现

在 C++ 语言中提供了两种字符串的实现,其中一种是比较原始的 C 语言风格的串,这种串的类型为 char *,字符串以字符'\0'结束,这种形式的串在应用时容易出现问题,例如 C 语言风格的串存储了 NULL 值时,对于许多字符串库函数在遇到 NULL 字符串时将会在运行时崩溃,例如如下的语句:

```
char * str =NULL;
cout <<strlen(str) <<endl;
```

上面两条语句能够被编译器接受,但在运行时将产生致命的错误。

在 C++ 语言中很容易使用封装实现将 C 语言风格的串嵌入更加安全的基于类的字符串,实际上 STL(standard template library)在头文件 string 中已含了一种安全的字符串实现,但由于 STL 没有包含在一些较老的 C++ 编译器中，因此本节将设计自己的安全的 CharString 类，使用面向对象技术来克服 C 语言风格的串中存在的问题。

为创建更加安全的字符串，需要将 C 语言风格的串嵌成 CharString 类的一个成员，将字符串的长度作为另一个成员也非常方便，通过重载赋值运算符、复制构造函数和构造函数能有效避免未初始化对象等问题，当然还应增加一些串的常用操作，具体 CharString 类及相关操作声明如下：

```
//串类
class CharString
{
protected:
//数据成员
    mutable char * strVal;                              //串值
    int length;                                         //串长

public:
//抽象数据类型方法和相关方法声明及重载编译系统默认方法声明
    CharString();                                       //构造函数
    virtual ~CharString();                              //析构函数
    CharString(const CharString &source);               //复制构造函数
    CharString(const char * source);                //从 C 语言风格的串转换的构造函数
    CharString(LinkList<char>&source);                  //从线性表转换的构造函数
    int Length() const;                                 //求串长度
    bool Empty() const;                                 //判断串是否为空
    CharString &operator =(const CharString &source);   //重载赋值运算符
    const char * ToCStr() const { return (const char * )strVal; }
                                                        //将串转换成 C 语言风格的串
    char &operator [](int pos) const;                   //重载下标运算符
};

//串相关操作
CharString Read(istream &input);                  //从输入流读入串
CharString Read(istream &input, char &terminalChar);
                                                  //从输入流读入串，并用 terminalChar 返回
                                                  //串结束字符
void Write(const CharString &s);                  //输出串
char * CStrConcat(char * target, const char * source);
                                                  //C 风格将串 source 连接到串 target 的后面
void Concat(CharString &target, const CharString &source);
                                                  //将串 source 连接到串 target 的后面
char * CStrCopy(char * target, const char * source);
                                                  //C 风格将串 source 复制到串 target
void Copy(CharString &target, const CharString &source);
                                                  //将串 source 复制到串 target
```

```
void Copy(CharString &target, const CharString &source);
                                        //将串 source 复制到串 target
char * CStrCopy(char * target, const char * source, int n);
                                        //C 风格将串 source 复制 n 个字符到串 target
void Copy(CharString &target, const CharString &source, int n);
                                        //将串 source 复制 n 个字符到串 target
int Index(const CharString &target, const CharString &pattern, int pos =0);
                                        //查找模式串 pattern 第一次在目标串
                                        //target 中从第 pos 个字符开始出现的位置
CharString SubString(const CharString &s, int pos, int len);
                                        //求串 s 的第 pos 个字符开始的长度为 len 的子串
bool operator ==(const CharString &first, const CharString &second);
                                        //重载关系运算符==
bool operator <(const CharString &first, const CharString &second);
                                        //重载关系运算符<
bool operator >(const CharString &first, const CharString &second);
                                        //重载关系运算符>
bool operator <=(const CharString &first, const CharString &second);
                                        //重载关系运算符<=
bool operator >=(const CharString &first, const CharString &second);
                                        //重载关系运算符>=
bool operator !=(const CharString &first, const CharString &second);
                                        //重载关系运算符!=
```

在 Visual C++ 6.0、Dev-C++ v5.11 和 CodeBlocks v16.01 中，C 中关于字符串的函数 strcpy()、strncpy()和 strcat()都能正常编译，但在版本比较新的 Visual C++，比如 Visual C++ 2022 中，在有上述几个函数调用时会出现如下的编译时错误。

错误　C4996 'strcpy': This function or variable may be unsafe. Consider using strcpy_s instead. To disable deprecation, use _CRT_SECURE_NO_WARNINGS. See online help for details.

为什么会报这个错？因为微软认为函数 strcpy()、strncpy()和 strcat()不够安全，解决这类问题的最简洁方式是在文件开头添加编译预处理命令 # pragma warning(disable: 4996)禁止对代号为 4996 的警告，此处 pragma 的含义是编译指示，warning(disable:4996)的含义是禁止对代号为 4996 的警告，一劳永逸的方法是自定义函数代替函数 strcpy()、strncpy()和 strcat()，本书采用自定义函数 CStrCopy()及 CStrConcat()代替 strcpy()、strncpy()及 strcat()。

方法 ToCStr()用于将 CharString 串转换成 C 语言风格的串，方法 ToCStr()的思路来源于 STL 中串 string 的操作。

通过 CharString 类的转换构造函数实现了将 C 语言风格的串转换为 CharString 对象，该构造函数的具体实现如下：

```
CharString::CharString(const char * source)
//操作结果:从 C 风格串转换构造新串——转换构造函数
{
```

```
    length =strlen(source);                                      //串长
    strVal =new char[length +1];                                 //分配存储空间
    CStrCopy(strVal, source);                                    //复制串值
}
```

由于C语言风格的串需要预先分配存储空间,而有的操作中预先无法确定串长,这样建立串时将会遇到困难,因此还提供了将线性链表转换为CharString串的构造函数。比如要求用户输入一个CharString串,最方便的方法是将字符输入到一个链表中,然后调用转换构造函数将此链表转换为CharString对象,具体实现如下:

```
CharString::CharString(LinkList<char> &source)
//操作结果:从线性表转换构造新串——转换构造函数
{
    length = source.Length();                                    //串长
    strVal = new char[length + 1];                               //分配存储空间
    for (int pos = 0; pos < length; pos++)
    {   //复制串值
        source.GetElem(pos + 1, strVal[pos]);
    }
    strVal[length] = '\0';                                       //串值以'\0'结束
}
```

复制构造函数的实现较简单。先根据串source的大小为当前串分配存储空间,再将源串source的长度、串值复制到当前串中即可,具体实现如下:

```
CharString::CharString(const CharString &source)
//操作结果:由串source构造新串——复制构造函数
{
    length =strlen(source.ToCStr());                             //串长
    strVal =new char[length +1];                                 //分配存储空间
    CStrCopy(strVal, source.ToCStr());                           //复制串值
}
```

赋值运算符重载的实现与复制构造函数的实现思想基本相同,不同之处是要先释放当前串的存储空间,具体实现如下:

```
CharString &CharString::operator =(const CharString &source)
//操作结果:赋值运算符重载
{
    if (&source != this)
    {
        delete []strVal;                                         //释放原串存储空间
        length = strlen(source.ToCStr());                        //串长
        strVal = new char[length + 1];                           //分配存储空间
        CStrCopy (strVal, source.ToCStr());                      //复制串值
    }
```

```
    return * this;
}
```

对于串的连接操作,需为新串 cTarget 分配大小等于串 target 和串 source 长度之和再加 1 的存储空间,再复制第一个串与连接第二个串,最后将 cTarget 赋值给 target 即可,具体实现如下:

```
void Concat(CharString &target, const CharString &source)
//操作结果:将串 source 连接到 target 串的后面
{
    const char * cFirst =target.ToCStr();                              //指向第一个串
    const char * cSecond =source.ToCStr();                             //指向第二个串
    char * cTarget =new char[strlen(cFirst) +strlen(cSecond) +1];   //分配存储空间
    CStrCopy(cTarget, cFirst);                                         //复制第一个串
    strcat(cTarget, cSecond);                                          //连接第二个串
    target =cTarget;                                                   //串赋值
    delete []cTarget;                                                  //释放 cTarget
}
```

求子串在主串中位置的函数 Index(),实现的基本思想是,先利用库函数 strstr()求出子串在主串中出现的指针值,然后减去主串的开始地址就得到子串位置,具体实现如下:

```
int Index(const CharString &target, const CharString &pattern, int pos)
//操作结果:如果匹配成功,返回模式串 pattern 第一次在目标串 target 中从第 pos 个字符开始
//出现的位置, 否则返回-1
{
    const char * cTarget =target.ToCStr();                       //目标串
    const char * cPattern =pattern.ToCStr();                     //模式串
    const char * ptr=strstr(cTarget +pos, cPattern);             //模式匹配
    if (ptr ==NULL)
    {   //匹配失败
        return -1;
    }
    else
    {   //匹配成功
        return ptr -cTarget;
    }
}
```

当需要输入(此处也称为读入)一个 CharString 对象时,一种方法是重载流输入运算符<<,以接受 CharString 对象,这种方法保持了与 C++ 操作的相似性,读者可作为练习加以实现。此处采用了另一种可选方法,通过创建 Read()函数来实现同样的功能。

字符串输入(读入)函数 Read()使用了临时字符线性链表来收集指定为参数的流的输入,然后调用构造函数将此线性链表转换为 CharString 对象,假设输入由换行符或者文件结束符终止,具体实现如下:

```
CharString Read(istream &input)
//操作结果:从输入流读入串
{
    LinkList<char>tempList;                //临时线性表
    char ch;                               //临时字符
    while ((ch =input.peek()) !=EOF &&     //peek()从输入流中取一个字符,输入流指针不变
        (ch =input.get()) !='\n')          //get()从输入流中取一个字符,输入流指针指向
                                           //下一字符
    { //将输入的字符追加线性表中
        tempList.Insert(tempList.Length() +1, ch);
    }
    return tempList;                       //返回由 tempList 生成的串
}
```

Read()方法的另一个版本是引入参数来记录所输入的终止符,这个被重载的函数实现如下:

```
CharString Read(istream &input,char &terminalChar)
//操作结果:从输入流读入串,并用 terminalChar 返回串结束字符
{
    LinkList<char>tempList;                //临时线性表
    char ch;                               //临时字符
    while ((ch =input.peek()) !=EOF &&     //peek()从输入流中取一个字符,输入流指针不变
        (ch =input.get()) !='\n')          //get()从输入流中取一个字符,输入流指针指向
                                           //下一字符
    { //将输入的字符追加到线性表中
        tempList.Insert(tempList.Length() +1, ch);
    }
    terminalChar =ch;                      //用 terminalChar 返回串结束字符
    return tempList;                       //返回由 tempList 生成的串
}
```

4.3 字符串模式匹配算法

本节假定指定两个串 targetStr 和 patternStr:

targetStr="$t_0 t_1 \cdots t_{n-1}$",
patternStr="$p_0 p_1 \cdots p_{m-1}$"

其中,$0<m\leqslant n$。如要在字符串 targetStr 中查找是否有与字符串 patternStr 相同的子串,则称字符串 targetStr 为目标串或主串,称字符串 patternStr 为模式串或子串。在 targetStr 中从位置 pos 开始查找与 patternStr 相同的子串第一次出现的位置的过程,称为字符串模式匹配(pattern matching)。字符串模式匹配的应用范围越来越广泛,比如在文本编辑中经常在文本中搜索某个子文本(模式),又如字符串匹配在分子生物学中越来越受到重视,人们

通常用字符串模式匹配算法从 DNA 序列中提取信息，获得其中的某种模式串。字符串模式匹配的效率十分重要。前面对于该操作的实现直接利用了 C 语言中的库函数 strstr()。本节将介绍模式匹配操作的几种实现思想。

4.3.1　简单字符串模式匹配算法

对于字符串模式匹配算法的最简单实现是用字符串 patternStr 的字符依次与字符串 targetStr 中的字符进行比较。实现思想是：首先将子串 patternStr 从第 0 个字符起与主串 targetStr 的第 pos 个字符起依次比较对应字符，如全部对应相等，则表明已找到匹配，成功终止；否则，将子串 patternStr 从第 0 个字符起与主串 targetStr 的第 pos + 1 个字符起依次比较对应字符，过程与前面相似；如此进行，直到某次成功匹配，或者某次 targetStr 中无足够的剩余字符与 patternStr 中各字符对应比较(匹配失败)为止。

不失一般性，设 pos=0，具体匹配过程如图 4.1 所示。

如果 $t_0=p_0, t_1=p_1, \cdots, t_{m-1}=p_{m-1}$，则模式匹配成功，返回模式串 patternStr 第 0 个字符 p_0 在目标串 targetStr 中出现的位置；如果在其中某个位置 i：$t_i \neq p_i$，则此趟模式匹配失败，这时将模式串 patternStr 向右滑动一个位置，用 patternStr 中字符从头开始与 targetStr 中下一个字符依次比较，如图 4.2 所示。

目标串 targetStr　$t_0 \quad t_1 \cdots \quad t_{m-1} \cdots \quad t_{n-1}$

$\qquad\qquad\qquad\quad \| \quad \| \qquad \|$

模式串 patternStr　$p_0 \quad p_1 \cdots \quad p_{m-1}$

图 4.1　简单字符串模式匹配图示之一

目标串 targetStr　$t_0 \quad t_1 \quad t_2 \cdots \quad t_{m-1} \quad t_m \quad \cdots \quad t_{n-1}$

$\qquad\qquad\qquad\qquad \| \quad \| \qquad \| \quad \|$

模式串 patternStr　$\quad p_0 \quad p_1 \cdots \quad p_{m-2} \quad p_{m-1}$

图 4.2　简单字符串模式匹配图示之二

这样反复进行，直到出现以下两种情况之一，则算法结束。

(1) 在某一趟匹配中，模式串 patternStr 的所有字符都与目标串 targetStr 中的对应字符相等，这时匹配成功，返回本趟匹配在目标串 targetStr 中的开始位置，也就是模式串 patternStr 的第 0 个字符在目标串 targetStr 中的位置。

(2) patternStr 已经移到最后可能与 targetStr 比较的位置，但对应字符不是完全相同，则表示目标串 targetStr 中没有出现与模式串 patternStr 相同的子串，匹配失败，返回−1。

例如，目标串 targetStr="abaabab"，模式串 patternStr="abab"，匹配过程如图 4.3 所示。

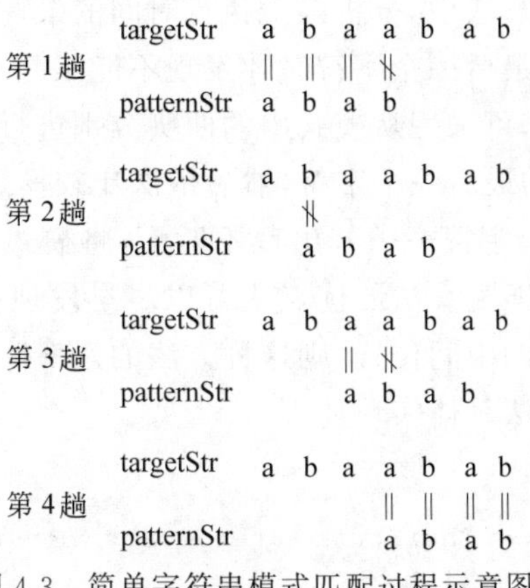

图 4.3　简单字符串模式匹配过程示意图

简单字符串模式匹配算法具体实现如下：

```
//文件路径名:e4_1\alg.h
int SimpleIndex(const CharString &targetStr, const CharString &patternStr, int
pos =0)
//操作结果:查找模式串 patternStr 第一次在目标串 targetStr 中从第 pos 个字符开始出现的位置
{
    int startPos =pos, curTargetStrPos =pos, curPatternStrPos =0;
    while (curTargetStrPos <targetStr.Length() &&
        curPatternStrPos <patternStr.Length())
        {
        if (targetStr[curTargetStrPos] ==patternStr[curPatternStrPos])
        {   //继续比较后续字符
            curTargetStrPos++; curPatternStrPos++;
        }
        else
        {   //指针回退,重新开始新的匹配
            curTargetStrPos =++startPos; curPatternStrPos =0;
        }
    }

    if (curPatternStrPos >=patternStr.Length()) return startPos;      //匹配成功
    else return -1;                                                   //匹配失败
}
```

算法中 while 循环的循环次数与目标串和模式串有关。最理想的情况是第一趟就得到匹配，此时的循环次数为模式串 patternStr 的长度；最坏情况不存在匹配，每趟匹配过程都是在比较到模式串的最后一个字符时才不能匹配，此时的循环次数是$(n-m+1)*m+(m-1)$，此处 n 为主串 targetStr 的长度，m 为模式串 patternStr 的长度。显然，m 越大，当 $m<<n$ 时，此式约等于 $n*m$。

* 4.3.2 首尾字符串模式匹配算法

在简单字符串模式匹配算法中，分析匹配执行时间的最坏情况是不存在匹配，每趟匹配过程都是在比较到模式串的最后一个字符时才发现不能匹配。为避免在每趟匹配直到最后一个字符时才发现不能匹配，可采用从模式串的两头分别进行比较的方法，先比较模式串的第 0 个字符，再比较模式串的最后一个字符，然后依次比较模式串中第 1 个字符、第 $n-2$ 个字符、第 2 个字符、第 $n-3$ 个字符……若出现不匹配，将模式串 patternStr 右移一个位置，重复前面的比较过程。首尾匹配算法的优点是可以尽早发现在模式串末尾位置的不匹配，但如果不匹配出现在模式串的中间位置，则这种方法的效率反而会降低。

首尾字符串模式匹配算法具体实现如下：

```
//文件路径名:e4_2\alg.h
int FrontRearIndex(const CharString &targetStr, const CharString &patternStr,
    int pos =0)
```

```
//操作结果：查找模式串 patternStr 第一次在目标串 targetStr 中从第 pos 个字符开始出现的位置
{
    int startPos =pos;
    while (startPos <=targetStr.Length() -patternStr.Length())
    {
        int curFrontPos =0, curRearPos =patternStr.Length() -1;
                                                        //模式串的首尾部字符位置
        while (curFrontPos <=curRearPos)
        {
            if (targetStr[startPos +curFrontPos] !=patternStr[curFrontPos] ||
                targetStr[startPos +curRearPos] !=patternStr[curRearPos]) break;
                //模式串的首部或尾部字符不匹配,退出内循环
            else {curFrontPos++; curRearPos--;}         //首尾部字符匹配, 重新定
                                                        //位新的首尾部字符
        }

        if (curFrontPos >curRearPos) return startPos;   //匹配成功
        else ++startPos;                                //首部或尾部字符不匹配,
                                                        //重新查找匹配起始点
    }

    return -1;                                          //匹配失败
}
```

**4.3.3 KMP 字符串模式匹配算法

在上面介绍的简单字符串模式匹配算法和首尾字符串模式匹配算法中,当某趟匹配失败时,下一趟匹配都将模式串 patternStr 后移一个位置,再从头开始与主串中的对应字符进行比较。造成算法效率低的主要原因是在算法的执行过程中有回溯,而这些回溯都可以避免。为了不失一般性,假设 pos=0,以图 4.3 为例进行说明,根据第 1 趟匹配可知,$t_0=p_0$,$t_1=p_1$,$t_2=p_2$,$t_3\neq p_3$,然而在模式串 patternStr 中,由于 $p_0\neq p_1$,所以可以推知,$t_1(=p_1)\neq p_0$,所以在第 2 趟的匹配中,将 patternStr 右移一位,用 t_1 与 p_0 比较一定不等。又由于 $p_0=p_2$,所以 $t_2=(p_2=)p_0$,因此在第 3 趟匹配中,patternStr 再右移一位后,t_2 与 p_0 的比较肯定是相等的。所以应将 patternStr 直接右移 2 位,跳过第 2 趟,并且跳过 t_2 与 p_0 的比较,直接从 t_3 和 p_1 开始进行比较。这样匹配过程就消除了回溯。

上面这种改进的字符串模式匹配算法由 D.E.Knuth、J.H.Morris 和 V.R.Pratt 三人几乎同时发现,因此称之为 KMP 算法。

现在讨论一般情况,用简单字符串模式匹配算法执行第 $i+1$ 趟匹配时,直至比较到 patternStr 中的第 j 个字符时不匹配,也就是有

$$"t_i t_{i+1} t_{i+2} \cdots t_{i+j-1}" = "p_0 p_1 \cdots p_{j-1}", \quad t_{i+j} \neq p_j \tag{4.1}$$

分两种情况进行讨论。

情况 1: $j=0$,这时 $t_i\neq p_0$,这时第 $i+1$ 趟匹配失败,patternStr 中任何字符都不再与 targetStr 的第 i 个字符 p_i 进行比较,此时直接进行第 $i+2$ 趟匹配,也就是直接从 t_{i+1} 和 p_0 开始进行比较。

情况 2: $j>0$,按照简单字符串模式匹配算法的思想,下一趟(也就是第 $i+2$ 趟)应从目

标串 targetStr 的第 $i+1$ 位置起用 t_{i+1} 与模式串 patternStr 中的 p_0，重新开始比较。如果匹配成功，则有

$$"t_{i+1}t_{i+2}\cdots t_{i+j}\cdots t_{i+m}"="p_0p_1\cdots p_{j-1}\cdots p_{m-1}" \tag{4.2}$$

如果模式串 patternStr 有如下特征

$$"p_0p_1\cdots p_{j-2}" \neq "p_1p_2\cdots p_{j-1}" \tag{4.3}$$

这时由式(4.1)可知

$$"t_{i+1}t_{i+2}\cdots t_{i+j-1}"="p_1p_2\cdots p_{j-1}" \tag{4.4}$$

由式(4.3)与式(4.4)可知

$$"t_{i+1}t_{i+2}\cdots t_{i+j-1}" \neq "p_0p_1\cdots p_{j-1}" \tag{4.5}$$

因而有如下的关系

$$"t_{i+1}t_{i+2}\cdots t_{i+j}\cdots t_{i+m}" \neq "p_0p_1\cdots p_{j-1}\cdots p_{m-1}" \tag{4.6}$$

所以这时第 $i+2$ 趟匹配可以不需要进行，就能断定必然不匹配。因而第 $i+2$ 趟匹配可以跳过不做。那么，第 $i+3$ 趟匹配是否应该进行呢？如果模式串 patternStr 中有

$$"p_0p_1\cdots p_{j-3}" \neq "p_2p_3\cdots p_{j-1}" \tag{4.7}$$

则类似地可推得"$t_{i+2}t_{i+3}\cdots t_{i+m+1}$" $\neq$ "$p_0p_1\cdots p_{m-1}$"，第 $i+3$ 趟仍然不匹配，可以跳过不做。以此类推，分两种情况讨论。

情况 2.1：直到对于某个小于 j 的 k，使得

$$"p_0p_1\cdots p_k" \neq "p_{j-k-1}p_{j-k}\cdots p_{j-1}" \tag{4.8}$$

而

$$"p_0p_1\cdots p_{k-1}"="p_{j-k}p_{j-k}\cdots p_{j-1}" \tag{4.9}$$

这时才有

$$"p_0p_1\cdots p_{k-1}"="p_{j-k}p_{j-k+1}\cdots p_{j-1}"="t_{i+j-k}t_{i+j-k+1}\cdots t_{i+j-1}" \tag{4.10}$$

这样，在第 $i+1$ 趟比较时，如果目标串 targetStr 中第 $i+j$ 个字符与模式串 patternStr 中第 j 个字符不匹配，只需将模式串 patternStr 从当前位置直接向右“滑动”$j-k$ 位，使模式串 patternStr 中的第 k 个字符 p_k 与目标串 targetStr 中的第 $i+j$ 个字符 t_{i+j} 对齐开始比较。这是由于从前面的分析中可知，这时模式串 patternStr 中前面 k 个字符"$p_0p_1\cdots p_{k-1}$"必定与目标串 targetStr 中第 $i+j$ 个字符之前的 k 个字符"$t_{i+j-k}t_{i+j-k+1}\cdots t_{i+j-1}$"对应相等，这样便可直接从 target 中的第 $i+j$ 个字符 t_{i+j}（也就是上一趟不匹配的字符）与模式串中的第 k 个字符 p_k 开始进行比较。

情况 2.2：直到最后，$p_0 \neq p_{j-1}$，也就是找不到使式(4.8)与式(4.9)成立的小于 j 的 k，这时由(4.2)可知 $p_{j-1}=p_{t+j-1}$，进而 $p_0 \neq p_{t+j-1}$，所以"$t_{i+j-1}t_{i+j}\cdots t_{i+j-1+m-1}$"$\neq$"$p_0p_1\cdots p_{m-1}$"，就是第 $i+j$ 趟仍然不匹配，这时直接进行第 $i+j+1$ 趟比较，也就是使模式串 patternStr 中的第 0 个字符 p_0 与目标串 targetStr 中的第 $i+j$ 个字符 t_{i+j} 对齐开始比较，令 $k=0$，这样便相当于直接从 target 中的第 $i+j$ 个字符 t_{i+j}（也就是上一趟不匹配的字符）与模式串中的第 k 个字符 p_k 开始进行比较。

在 KMP 字符串匹配算法中，第 $i+1$ 趟匹配失败时，目标串 targetStr 的扫描指针 i 不回溯，而是下一趟继续从此处开始向后进行比较。但在模式串 patternStr 中，扫描指针应退回到 p_k 的位置。

KMP 算法的关键是在匹配失败时，确定 k 的值。根据比较不相等时字符在模式串

patternStr 中的位置不同，也就是对于不同的 j，k 的取值不同，k 值依赖于模式串 patternStr 的前 j 个字符的构成，与目标串无关。设 $next[j]=k$，此处表示当模式串 patternStr 中第 j 个字符与目标串 targetStr 中相应字符不匹配时，模式串 patternStr 中应当由第 k 个字符与目标串中刚不匹配的字符对齐继续进行比较，模式串 patternStr＝"$p_0p_1p_2\cdots p_{m-1}$"的 next[j]定义为

$$next[j]=\begin{cases}-1, & \text{情况 1,相当于 } j=0\\ \max\{k \mid 0<k<j \text{ 且"} p_0p_1\cdots p_{k-1}\text{"}=\text{"}p_{j-k}p_{j-k+1}\cdots p_{j-1}\text{"}\}, & \text{情况 2.1,相当于集合是非空集}\\ 0, & \text{情况 2.2,相当于集合为空集}\end{cases} \tag{4.11}$$

例如，模式串 patternStr＝"abaabcac"，其对应的 next[j]如表 4.1 所示。

表 4.1　patternStr 对应的 next[j]

j	0	1	2	3	4	5	6	7
patternStr	A	b	a	A	b	c	a	c
next[j]	－1	0	0	1	1	2	0	1

有了 next 数组后，匹配过程为，设以指针 i 和 j 分别指示目标串和模式串中正待比较的字符。在匹配过程中，如果 $p_j=t_i$，则 i 和 j 分别加 1；如果 $p_j\neq t_i$，则令 $j=next[j]$，若此时 $j>-1$，则下次的比较应从模式串 patternStr 中的 p_j 起与 targetStr 中的 t_i 对齐往下进行；若 $j=-1$，则 patternStr 中任何字符都不再与 t_i 比较，下次比较从 patternStr 的第 0 个字符起与 t_{i+1} 对齐往下进行，即令 i 加 1，$j=0$。

例 4.1　设目标串 targetStr＝"acabaabaabcacx"，模式串 patternStr＝"abaabcac"，根据 KMP 算法进行模式匹配的过程如图 4.4 所示。

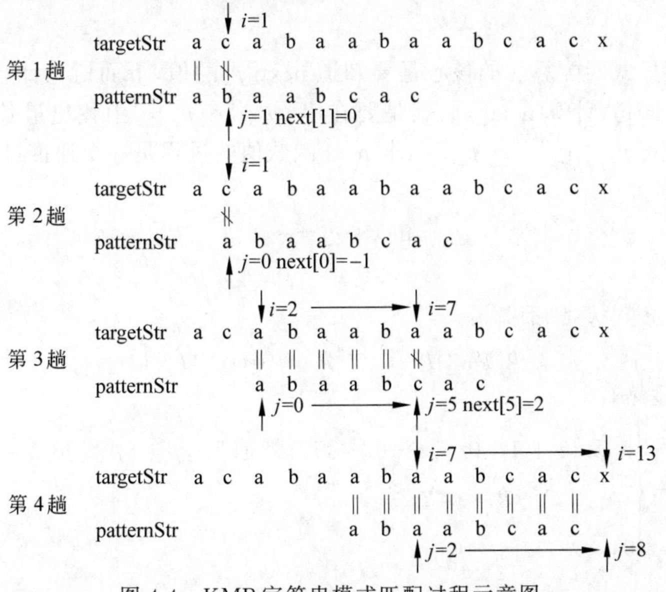

图 4.4　KMP 字符串模式匹配过程示意图

KMP 字符串模式匹配辅助算法的实现代码如下：

```
int KMPIndexHelp(const CharString &targetStr, const CharString &patternStr, int
pos, int next[])
//操作结果: 通过 next 数组查找模式串 patternStr 第一次在目标串 targetStr 中从第 pos 个
//字符开始出现的位置
{
    int curTargetStrPos =pos, curPatternStrPos =0;
                                //curTargetStrPos 相当于 i,而 curPatternStrPos 相当于 j
    while (curTargetStrPos <targetStr.Length() && curPatternStrPos <patternStr.
        Length())
    {
        if (curPatternStrPos ==-1)
        {   //此时表明 patternStr 中任何字符都不再与 targetStr[curTargetStrPos]进行
            //比较,下次 patternStr[0]与 targetStr[curTargetStrPos+1]开始进行比较
            curTargetStrPos++; curPatternStrPos =0;
        }
        else if (patternStr[curPatternStrPos] ==targetStr[curTargetStrPos])
        {   //patternStr[curTargetStrPos]与 targetStr[curPatternStrPos]匹配
            curTargetStrPos++; curPatternStrPos++;
                                //模式串 patternStr 与目标串 targetStr 的当前位置向后移
        }
        else
        {   //patternStr[curPatternStrPos]与 targetStr[curTargetStrPos]不匹配
            curPatternStrPos =next[curPatternStrPos];
                                //寻找新的模式串 patternStr 的匹配字符位置
        }
    }

    if (curPatternStrPos <patternStr.Length()) return -1;       //匹配失败
    else return curTargetStrPos -curPatternStrPos;              //匹配成功
}
```

KMP 字符串模式匹配算法的核心是要知道 next[j]的值,下面讨论计算 next[j]的方法。从 next[j]的定义知道,计算 next[j],就是要在串"$p_0p_1\cdots p_{j-1}$"中找出最长的相等的两个子串"$p_0p_1\cdots p_{k-1}$"和"$p_{j-k}p_{j-k+1}\cdots p_{j-1}$",求 next 函数值的过程是一个递推过程,分析如下。

由定义可知

$$\text{next}[0]=-1 \tag{4.12}$$

$$\text{next}[1]=0 \tag{4.13}$$

设已有 next[j]$=k$,则有

$$"p_0p_1\cdots p_{k-1}"="p_{j-k}p_{j-k+1}\cdots p_{j-1}" \tag{4.14}$$

由式(4.11)显然有

$$\text{next}[j+1]=\begin{cases}\max\{k+1 \mid 0<k+1<j+1 \text{ 且 } "p_0p_1\cdots p_{k-1}p_k"= \\ \qquad "p_{j-k}p_{j-k+1}\cdots p_{j-1}p_j"\}, & \text{集合非空} \\ 0, & \text{其他}\end{cases} \tag{4.15}$$

如果 $p_k = p_j$，由(4.14)式可知，$\text{next}[j+1] = k+1 = \text{next}[j]+1$。

如果 $p_k \neq p_j$，则表明在模式串 patternStr 中有

$$"p_0 p_1 \cdots p_k" \neq "p_{j-k} p_{j-k+1} \cdots p_j" \tag{4.16}$$

此时由式(4.14)与式(4.16)可把求 $\text{next}[j+1]$值的问题看成是又一个模式匹配问题，此时的目标串和模式串都是串 patternStr。根据 $\text{next}[j]=k$ 可知"$p_0 p_1 \cdots p_{k-1}$"="$p_{j-k} p_{j-k+1} \cdots p_{j-1}$"，则当 $p_k \neq p_j$ 时应将模式串右移至第 $\text{next}[k]$个字符与主串中的第 j 个字符进行比较。实际上就是在"$p_0 p_1 \cdots p_{k-1}$"中寻找使得

$$"p_0 p_1 \cdots p_{h-1}" = "p_{k-h} p_{k-h+1} \cdots p_{k-1}" \tag{4.17}$$

成立的最大的 h，这时有两种情况。

情况 1：找到 h，即有 $\text{next}[k]=h$。则由式(4.14)与式(4.17)可知，有

$$"p_0 p_1 \cdots p_{h-1}" = "p_{k-h} p_{k-h+1} \cdots p_{k-1}" = "p_{j-h} p_{j-h+1} \cdots p_{j-1}" \tag{4.18}$$

这时在"$p_0 p_1 \cdots p_{j-1}$"中找到了长度为 h 的相等的前、后两个子串。

这时，若 $p_h = p_j$，则说明在主串中第 $j+1$ 个字符之前存在一个长度为 $h+1$ 的最长子串，与模式串中从第 0 个字符开始的长度为 $h+1$ 的子串相等，即

$$"p_0 p_1 \cdots p_{h-1} p_h" = "p_{j-h} p_{j-h+1} \cdots p_{j-1} p_j" \tag{4.18}$$

由 $\text{next}[j+1]$的定义可得

$$\text{next}[j+1] = h+1 = \text{next}[k]+1 = \text{next}[\text{next}[j]]+1 \tag{4.19}$$

若 $p_h \neq p_j$，则再在"$p_0 p_1 \cdots p_{h-1}$"中寻找更小的 $\text{next}[h]=y$。如此递推，有可能还需要以同样方式再缩小寻找范围，直到 p_j 与模式串中的某个字符匹配成功或不存在任何 h 满足(4.17)式，则此时 $\text{next}[j+1]=0$，结束。

情况 2：找不到 h，这时 $\text{next}[j+1]=0$。

如此可得出计算 $\text{next}[j]$的递推公式：

$$\text{next}[j+1] = \begin{cases} \text{next}^{(m)}[j]+1, & j>0(\text{若能找到最小的正整数 } m\text{，使得 } p_{\text{next}^{(m)}[j]} = p_j) \\ 0, & j=0 \end{cases} \tag{4.20}$$

其中，$\text{next}^{(1)}[j]=\text{next}[j]$，$\text{next}^{(m)}[j]=\text{next}[\text{next}^{(m-1)}[j]]$。

根据以上分析，计算 $\text{next}[j]$的代码的算法如下：

```
void GetNext(const CharString &patternStr, int next[])
//操作结果：求模式串 patternStr 的 next 数组的元素值
{
    next[0] =-1;                     //由 next[0] =-1 开始进行递推
    int curPos =0, nextPos =-1;      //curPos 为数组当前元素的下标(相当于教材分析中的
//j),nextPos 为 next[curPos](相当于教材分析中的 k),next[curPos] =nextPos(相当于教
//材分析中的 next[j] =k)成立的初始情况
    while (curPos <patternStr.Length() -1)
    {   //数组 next 的下标范围为 0 ~patternStr.Length() -1,通过递推方式求得
        //next[curPos+1]的值
        if (nextPos ==-1)
        {   //不存在 nextPos 满足 patternStr[nextPos]==patternStr[curPos]
            //或 curPos==0
```

```
            next[curPos +1] =0;    //next[curPos+1]=0
            curPos++; nextPos =0;  //由于已求得 next[curPos+1] =0,所以 curPos 更新
                                   //为 curPos+1,nextPos 更新为 0
        }
        else if (patternStr[nextPos] ==patternStr[curPos])
        {   //此时相当于教材分析中的 next[j+1] =next[j]+1
            next[curPos +1] =nextPos +1;
                                   //由于 patternStr[nextPos]=patternStr[curPos],
                                   //所以 next[curPos+1]=next[curPos]+1=nextPos +1
            curPos++; nextPos++;   //由于已求得 next[curPos+1]=nextPos+1,所以
                                   //curPos 更新为 curPos+1,nextPos 更新为 nextPos
                                   //+1
        }
        else
        {   //patternStr[nextPos]与 patternStr[curPos]不匹配
            nextPos =next[nextPos];     //寻求新的匹配字符
        }
    }
}
```

将 KMPIndexHelp()函数与求 next 数组元素值的 getNext()函数封装起来,可得如下 JMP 字符串模式匹配算法:

```
int KMPIndex(const CharString &targetStr, const CharString &patternStr, int pos =0)
//操作结果:查找模式串 patternStr 第一次在目标串 targetStr 中从第 pos 个字符开始出现的
//位置
{
    int *next =new int[patternStr.Length()];      //为数组 next 分配空间
    GetNext(patternStr, next);                     //求模式串 patternStr 的 next 数组
                                                   //的元素值
    int result =KMPIndexHelp(targetStr, patternStr, pos, next);
        //返回模式串 patternStr 第一次在目标串 targetStr 中从第 pos 个字符开始出现的
        //位置
    delete []next;                                 //释放 next 所占用的存储空间
    return result;                                 //返回匹配结果
}
```

**4.4 实例研究:文本编辑

本节设计的是一个微型文本编辑程序,只有一些简单的功能。虽然它与现代文本编辑器相比显得相当简单,但仍然说明了大型文本编辑器构造中涉及的一些基本思想。

本节开发的文本编辑器允许将文件读到内存,即存储在一个缓冲区中,这个类称为 Editor。Editor 对象中的每行文本都可认为是一个存储在双向链表的节点中的字符串。这样,在缓冲区中就可进行行操作以及每行的字符串操作。

下面给出了文本编辑器中包含的命令列表，这些命令可用大写或小写字母输入。

R：读取文本文件到缓冲区中，缓冲区中以前的任何内容将丢失，当前行是文件的第一行。

W：将缓冲区的内容写入文本文件，当前行或缓冲区均不改变。

I：插入单个新行，用户必须在恰当的提示符的响应中键入新行并提供其行号。

D：删除当前行并移到下一行。

F：从当前行开始，查找包含有用户请求的目标串的第一行。

C：将用户请求的字符串修改成用户请求的替换字符串，仅在当前行中有效。

Q：退出编辑器。

H：显示解释所有命令的帮助消息，程序也接受"?"作为"H"的替代者。

N：下一行，在缓冲区中进一行。

P：上一行，在缓冲区中退一行。

B：开始，到缓冲区的第一行。

E：结束，到缓冲区的最后一行。

G：转到缓冲区中用户指定的行号。

V：查看缓冲区的全部内容，显示到终端上。

1. 主程序

主程序声明一个称为 text 的 Editor 对象并重复运行 text 的 Editor 方法，从用户处得到命令并处理这些命令。下面是得到的程序：

```
//文件路径名:editor\main.cpp
int main()
//操作结果：读输入文件各行到文本缓存中，执行简单的行编辑，并写文本缓存到输出文件中
{
    char infName[256], outfName[256];

    cout <<"输入文件名(默认：file_in.txt):";
    CStrCopy(infName, Read(cin).ToCStr());
    if (strlen(infName) ==0)
    {   //infName 为空
        CStrCopy(infName, "file_in.txt");
    }

    cout <<"输出文件名(默认：file_out.txt):";
    CStrCopy(outfName, Read(cin).ToCStr());
    if (strlen(outfName) ==0)
    {   //outfName 为空
        CStrCopy(outfName, "file_out.txt");
    }

    Editor text(infName, outfName);                  //定义文本对象
    while (text.GetCommand())
```

```
    {   //接收并执行用户操作命令
        text.RunCommand();
    }

    return 0;                                   //返回值 0, 返回操作系统
}
```

2. Editor 类说明

Editor 类包含以字符串(行)为数据元素的双向链表 textBuffer,并且执行有效的操作在 textBuffer 的两个方向上移动。

```
//文本编辑类
class Editor
{
private:
//数据成员
    DblLinkList<CharString>textBuffer;          //文本缓存
    int curLineNo;                              //当前行号
    ifstream inFile;                            //输入文件
    ofstream outFile;                           //输出文件
    char userCommand;                           //用户命令

//辅助函数
    bool UserSaysYes();                         //用户肯定回答(yes)还是否定回答(no)
    bool NextLine();                            //转到下一行
    bool PreviousLine();                        //转到前一行
    bool GotoLine();                            //转到指定行
    bool InsertLine();                          //插入一行
    bool ChangeLine();                          //替换当前行的指定字符串
    void ReadFile();                            //读入文本文件
    void WriteFile();                           //写文本文件
    void FindString();                          //查找串
    void View();                                //查看缓冲区的全部内容,显示到终端上

public:
//方法声明
    Editor(char infName[], char outfName[]);    //构造函数
    bool GetCommand();                          //读取操作命令字符 userCommand
    void RunCommand();                          //运行操作命令
};
```

上面的类建立了许多辅助成员函数。这些函数将用于实现编辑器的各种命令。构造函数用输入和输出文件名建立输入和输出文件对象。

```
Editor::Editor(char infName[], char outfName[]):inFile(infName),
```

```
    outFile(outfName)
//操作结果：用输入文件名 infName 和输出文件名 outfName 构造编辑器——构造函数
{
    if (!inFile)
    {   //打开文件 inFile 失败
        cout <<"打开输入文件失败!" <<endl;          //输出提示信息
        exit(1);                                    //退出程序
    }
    if (!outFile)
    {   //打开文件 outFile 失败
        cout <<"打开输出文件失败!" <<endl;          //输出提示信息
        exit(2);                                    //退出程序
    }
    ReadFile();                                     //读入文本文件
}
```

3. 接收命令

文本编辑器必须容忍无效输入，由于不能期望用户在输入大小写字母上达成一致，因此第一步就是将大写字母转换成小写字母。

```
bool Editor::GetCommand()
//操作结果：读取操作命令字符 userCommand，除非 userCommand 为'q'，否则返回 true
{
    CharString curLine;                             //当前行
    if (curLineNo !=0)
    {   //存在当前行
        textBuffer.GetElem(curLineNo, curLine);     //取出当前行
        cout <<curLineNo <<" : "                    //显示行号
             <<curLine.ToCStr() <<endl <<"?";       //显示当前行及问号？
    }
    else
    {   //不存在当前行
        cout <<"文件缓存空" <<endl <<"?";
    }

    cin >>userCommand;                              //忽略空格并取得操作命令字符
    userCommand =tolower(userCommand);              //转换为小写字母
    while (cin.get() !='\n');                       //忽略用户输入的其他字符
    if (userCommand =='q')
    {   //userCommand 为'q'时返回 false
        return false;
    }
    else
    {   //userCommand 不为'q'时返回 true
        return true;
    }
}
```

4. 执行命令

方法 RunCommand 基本上是由一个大的 switch 语句组成，用 switch 完成每个命令的操作，并且能够处理用户选择错误的情况。

```
void Editor::RunCommand()
//操作结果：运行操作命令
{
    switch (userCommand)
    {
    case 'b':                                          //转到第 1 行 b(egin)
        if (textBuffer.Empty())
        {   //文本缓存空
            cout <<"警告：文本缓存空 " <<endl;
        }
        else
        {   //文本缓存非空，转到第 1 行
            curLineNo =1;
        }
        break;

    case 'c':                                          //替换当前行 c(hange)
        if (textBuffer.Empty())
        {
            cout <<"警告：文本缓存空" <<endl;
        }
        else if (!ChangeLine())
        {   //替换失败
            cout <<"警告：操作失败 " <<endl;
        }
        break;

    case 'd':                                          //删除当前行 d(elete)
        if (!textBuffer.Delete(curLineNo))
        {   //删除当前行失败
            cout <<"错误：删除失败 " <<endl;
        }
        break;

    case 'e':                                          //转到最后一行 e(nd)
        if (textBuffer.Empty())
        {
            cout <<"警告：文本缓存空 " <<endl;
        }
        else
        {   //转到最后第一行
```

```
            curLineNo =textBuffer.Length();
        }
        break;

    case 'f':                                   //从当前行开始查找指定文本 f(ind)
        if (textBuffer.Empty())
        {
            cout <<" 警告: 文本缓存空 " <<endl;
        }
        else
        {   //从当前行开始查找指定文本
            FindString();
        }
        break;

    case 'g':                                   //转到指定行 g(o)
        if (!GotoLine())
        {   //转到指定行失败
            cout <<" 错误: 操作失败" <<endl;
        }
        break;

    case '? ':                                  //获得帮助?
    case 'h':                                   //获得帮助 h(elp)
        cout <<"有效命令: b(egin) c(hange) d(el) e(nd)" <<endl
            <<"f(ind) g(o) h(elp) i(nsert) n(ext) p(rior) " <<endl
            <<"q(uit) r(ead) v(iew) w(rite) " <<endl;
        break;

    case 'i':                                   //插入指定行 i(nsert)
        if (!InsertLine())
            cout <<" 错误: 操作失败" <<endl;
        break;

    case 'n':                                   //转到下一行 n(ext)
        if (!NextLine())
        {   //无下一行
            cout <<" 错误: 操作失败" <<endl;
        }
        break;

    case 'p':                                   //转到前一行 p(rior)
        if (!PreviousLine())
        {   //无前一行
            cout <<" 错误: 操作失败" <<endl;
```

```
		}
		break;

	case 'r':                                        //读入文本文件 r(ead)
		ReadFile();
		break;

	case 'v':                                        //显示文本 v(iew)
		View();
		break;

	case 'w':                                        //写文本缓存到输出文件中 w(rite)
		if (textBuffer.Empty())
		{	//文本缓存空
			cout <<" 警告: 文本缓存空" <<endl;
		}
		else
		{	//写文本缓存到输出文件中
			WriteFile();
		}
		break;

	default :
		cout <<"输入 h 或?获得帮助或输入有效命令字符: \n";
	}
}
```

5. 读写文件

由于读将破坏缓冲区中任何先前的内容,因此在开始执行此操作前要请求确认,除非缓冲区是空的。

```
void Editor::ReadFile()
//操作结果: 读入文本文件
{
	bool proceed =true;
	if (!textBuffer.Empty())
	{	//文本缓存非空
		cout <<"文本缓存非空; 读入文件时将覆盖它." <<endl;
		cout <<" 回答 yes 将执行此操作?" <<endl;
		if (proceed =UserSaysYes())
		{	//回答 yes
			textBuffer.Clear();                          //清空缓存
		}
	}

	int lineNumber =1;                                  //起始行号
```

```
    char terminalChar;                                              //行终止字符
    while (proceed)
    {
        CharString inString =Read(inFile, terminalChar); //读入一行文本
        if (terminalChar ==EOF)
        {   //以文件结束符结束,输入已结束
            proceed =false;
            if (strlen(inString.ToCStr()) >0)
            {   //插入非空行
                textBuffer.Insert(lineNumber, inString);
            }
        }
        else
        {   //输入未结束
            textBuffer.Insert(lineNumber++, inString);
        }
    }

    if (textBuffer.Empty())
    {   //当前文本缓存为空
        curLineNo =0;
    }
    else
    {   //当前文本缓存非空
        curLineNo =1;
    }
}
```

比起读文件方法 ReadFile,写文件方法 WriteFile 更简单,因此将它留作练习,由读者自行补充完成。

6. 插入一行

为了在当前行号处插入一个新行,首先用 CharString 的函数 Read()读取一个字符串。在读进此字符串后,用线性表的方法 Insert 将其插入。

```
bool Editor::InsertLine()
//操作结果:插入指定行
{
    int lineNumber;
    cout <<" 输入指定行号?";
    cin  >>lineNumber;
    while (cin.get() !='\n');                                       //跳过其他字符
    cout <<" 输入新行字符串: ";
    CharString toInsert =Read(cin);                                 //插入行
    if (textBuffer.Insert(lineNumber, toInsert))
    {   //插入成功
```

```
        curLineNo = lineNumber;
        return true;                                            //成功
    }
    else
    {   //插入失败
        return false;                                           //失败
    }
}
```

7. 查找字符串

下面将实现查找包含有用户指定的目标字符串的行，会使用 CharString 的函数 Index()检查当前行是否包含目标，若目标没有出现在当前行中，那么查找缓冲区中的剩余部分。一旦发现目标，则通过显示所找到的行来突出它，此时它成为当前行，并同时用一系列的上箭头(^)指示目标在行中出现的位置。

```
void Editor::FindString()
//操作结果：从当前行开始查找指定文本
{
    int index;
    cout << "输入被查找的字符串：" << endl;
    CharString searchString = Read(cin);                        //输入被查找的字符串
    CharString curLine;                                         //当前行
    textBuffer.GetElem(curLineNo, curLine);                     //取出当前行
    while ((index = Index(curLine, searchString)) == -1)
    {   //查找指定字符串 searchString
        if (curLineNo < textBuffer.Length())
        {   //查找下一行
            curLineNo++;                                        //下一行
            textBuffer.GetElem(curLineNo, curLine);             //取出下一行
        }
        else
        {   //已查找完所有行
            break;
        }
    }

    if (index == -1)
    {   //查找失败
        cout << "查找串失败.";
    }
    else
    {   //查找成功
        cout << curLine.ToCStr() << endl;                       //显示行
        for (int i = 0; i < index; i++)
```

```
        {   //在被查找的字符串前的位置显行空格
            cout <<" ";
        }
        for (int j =0; j <strlen(searchString.ToCStr()); j++)
        {   //在被查找的字符串的位置显行^
            cout <<"^";
        }
    }
    cout <<endl;
}
```

8. 修改字符串

辅助函数 ChangeLine()仅在当前行中进行修改，函数 ChangeLine()首先从用户那里获取要被替换的指定字符串和替换字符串，然后在当前行中查找它。如果未发现目标，则通知用户，否则执行一系列的 CharString 和 C 语言风格的串操作，将要被替换的指定字符串从当前行删除并用替换字符串去替换它。

```
bool Editor::ChangeLine()
//操作结果：用户输入当前行中要被替换的指定字符串，用输入的新字符串替换要被替换的指定字
//符/串(旧字符串)，替换成功返回 true，否则返回 false
{
    bool result =true;                              //默认成功
    cout <<" 输入要被替换的指定字符串: ";
    CharString oldString =Read(cin);                //要被替换的指定字符串，即旧字符串
    cout <<" 输入替换字符串:";
    CharString newString =Read(cin);                //替换字符串，即新字符串

    CharString curLine;                             //当前行
    textBuffer.GetElem(curLineNo, curLine);         //取出当前行
    int index =Index(curLine, oldString);           //在当前行中查找旧字符串
    if (index ==-1)
    {   //模式匹配失败
        result =false;                              //失败
    }
    else
    {   //模式匹配成功
        CharString newLine;                         //新行
        Copy(newLine, curLine, index);              //复制被替换的指定字符串前的文本
        Concat(newLine, newString);                 //连接新字符串
        const char * oldLine =curLine.ToCStr();     //旧行
        Concat(newLine, (CharString)(oldLine +index +strlen(oldString.ToCStr ())));
            //连接被替换的指定字符串后的文本，oldLine +index +strlen(oldString.ToCStr())
            //用于计算一个临时指针，指向紧跟在被替换字符串后的第一个字符，然后将 C 语言
            //风格的串转换成一个 CharString，并被立即连接到 newline 的后面
```

```
        textBuffer.SetElem(curLineNo, newLine);  //设置当前行为新字符串
    }
    return result;                                //返回结果
}
```

4.5 深入学习导读

本章的字符串类型的实现以及文本编辑主要参考了 Robert L. Kruse 和 Alexander J. Ryba 所著的《Data Structures and Program Design in C++》[1]。

严蔚敏、吴伟民编著的《数据结构(C 语言版)》[12],殷人昆、陶永雷、谢若阳、盛绚华编著的《数据结构(用面向对象方法与 C++ 描述)》[13]与 Adam Drozdek 著,郑岩、战晓苏译的《数据结构与算法——C++ 版(第 3 版)》(Data Structures and Algorithms In C++ Third Edition)[3]都详细讨论了 KMP 字符串模式匹配算法。本书不但严格实现了此算法,而且对算法的分析也更深刻。

4.6 习　　题

1. 简述空格串的定义及其长度。

2. 空串与空格串有何区别,字符串中的空格符有何意义?空串在串处理中有何作用?

3. 两个字符串相等的充要条件是什么?

**4. 试说明如何利用 KMP 算法求解数组 next 的值。

**5. 已知模式串 P="ABCABAA",计算 P 的 next[]中各元素的值。

*6. 设计一个算法,测试串 s 的值是否为回文(即从前向后读出的内容与从后向前读出的内容一致)。

**7. 补充实现本书文本编辑类 Editor 未实现的成员函数,完成一个简单的文本编辑器。

第 5 章　数组和广义表

本章讨论的是数组和广义表这两种数据结构。它们都可看成是线性表的扩展，这是因为表中的数据元素也可以具有线性结构。

5.1　数　　组

5.1.1　数组的基本概念

数组是一种十分常用的结构，现在几乎所有程序设计语言都直接支持数组类型。在对数组进行操作前，要对元素进行定位。本节的主要内容是给出数组的定义及其存储映射的方法。

数组由一组相同类型的数据元素构成。可借助线性表的概念递归进行定义。

数组是一个元素可直接按序号寻址的线性表：

$$a=(a_0,a_1,\cdots,a_{m-1})$$

若 $a_i(i=0,1,\cdots,m-1)$ 是简单元素，则 a 是一维数组；当一维数组的每个元素 a_i 本身又是一个一维数组时，则一维数组扩充为二维数组。同理，当 a_i 是一个二维数组时，则二维数组扩充为三维数组。以此类推，若 a_i 是 $k-1$ 维数组，则 a 是 k 维数组。

可以看出，在 n 维数组中，每个元素受 n 个线性关系的约束（$n\geqslant 1$），若它在第 $1\sim n$ 个线性关系中的序号分别为 $i_1,i_2,\cdots,i_n$，则称它的下标为 $i_1,i_2,\cdots,i_n$。如果数组名为 a，则记下标为 $i_1,i_2,\cdots,i_n$ 的元素为 $a_{i1,i2,\cdots,in}$。

从上面的定义可以看出，如果一个 $n(n>0)$ 维数组的第 i 维长度为 b_i，则此数组中共含有 $\prod_{i=1}^{n} b_i$ 个数据元素，每个元素都受 n 个关系的约束，就其单个关系而言，这 n 个关系都是线性关系。

数组的基础操作如下：

```
ElemType &operator()(int sub0, …)
```

初始条件：数组已存在。

操作结果：重载函数运算符。

5.1.2　数组的顺序表

由于很少在数组中进行插入和删除操作，所以数组的存储通常采用顺序存储方式。设 n 维数组共有 $m\left(=\prod_{i=1}^{n} b_i\right)$ 个元素，数组存储的首地址为 base，数组中的每个元素需要 size 个存储单元，则整个数组共需 $m\cdot$ size 个存储单元。为了存取数组中某个特定下标的元素，必须确定下标为 $i_1,i_2,\cdots,i_n$ 的元素的存储位置。实际上就是把下标 $i_1,i_2,\cdots,i_n$ 映射到 $[0,m-1]$ 中的某个数 $\mathrm{Map}(i_1,i_2,\cdots,i_n)$，使得该下标所对应的元素值存储在以下位置：

$$\mathrm{Loc}(i_1,i_2,\cdots,i_n)=\mathrm{base}+\mathrm{Map}(i_1,i_2,\cdots,i_n)\cdot \mathrm{size}$$

用 $\mathrm{Loc}(i_1,i_2,\cdots,i_n)$表示下标为 $i_1,i_2,\cdots,i_n$ 的数组元素的存储地址。可见,如果已经知道数组的首地址,要确定其他元素的存储位置,只需求出 $\mathrm{Map}(i_1,i_2,\cdots,i_n)$即可。下面讨论 $\mathrm{Map}(i_1,i_2,\cdots,i_n)$的计算。在后面的例子中,都是用 C++ 中表示数组的方式来描述数组及其元素。

对于一维数组,$\mathrm{Map}(i_1)=i_1$。

对于二维数组,各元素可按图 5.1 所示的表格形式进行排列。第 1 维下标相同的元素位于同一行,第 2 维下标相同的元素位于同一列。

a[0][0]	a[0][1]	a[0][2]	a[0][3]	a[0][4]	a[0][5]
a[1][0]	a[1][1]	a[1][2]	a[1][3]	a[1][4]	a[1][5]
a[2][0]	a[2][1]	a[2][2]	a[2][3]	a[2][4]	a[2][5]
a[3][0]	a[3][1]	a[3][2]	a[3][3]	a[3][4]	a[3][5]
a[4][0]	a[4][1]	a[4][2]	a[4][3]	a[4][4]	a[4][5]

图 5.1 数组 a[5][6]的元素列表

对于图 5.1 中的元素,从第 1 行开始,依次对每一行中的每个元素从左至右进行连续编号,即可得到图 5.2(a)所示的映射结果。这种按行把二维数组中的元素位置映射为[0,$m-1$]中的某个数的方式称为行优先映射。C++ 中就采用行优先映射模式。图 5.2(b)中给出了另外一种映射模式,把所有元素按列的次序进行连续编号,称为列优先映射。

0	1	2	3	4	5
6	7	8	9	10	11
12	13	14	15	16	17
18	19	20	21	22	23
24	25	26	27	28	29

(a) 行优先映射

0	5	10	15	20	25
1	6	11	16	21	26
2	7	12	17	22	27
3	8	13	18	23	28
4	9	14	19	24	29

(b) 列优先映射

图 5.2 数组 a[5][6]的映射

可以看出,一个 b_1 行 b_2 列的二维数组 $a[b_1][b_2]$的行优先映射所对应的映射函数为

$$\mathrm{Map}(i_1,i_2)=i_1b_2+i_2$$

读者可用图 5.1 中的 5 行 6 列的数组来验证上述的行优先映射函数。因为列数为 6,所以映射公式为 $\mathrm{Map}(i_1,i_2)=6i_1+i_2$,从而有 $\mathrm{Map}(2,3)=6\times2+3=15$,$\mathrm{Map}(3,5)=6\times3+5=23$,与图 5.2(a)中所给出的编号完全相同。

可以扩充上述行优先映射模式,得到二维以上数组的行优先映射函数。在二维数组的行优先次序中,首先列出所有第一个下标为 0 的元素,然后是第一个下标为 1 的元素……第一个下标相同的所有元素按其第二个下标的递增次序排列。以此类推,对于三维数组,首先列出所有第一个下标为 0 的元素,然后是第一个下标为 1 的元素……第一个下标相同的所有元素按其第二个下标的递增次序排列,前两个下标相同的所有元素按其第三个下标的递增次序排列。例如数组 a[4][2][4]中的元素,按行优先次序排列为

a[0][0][0] a[0][0][1] a[0][0][2] a[0][0][3] a[0][1][0] a[0][1][1] a[0][1][2] a[0][1][3]
a[1][0][0] a[1][0][1] a[1][0][2] a[1][0][3] a[1][1][0] a[1][1][1] a[1][1][2] a[1][1][3]
a[2][0][0] a[2][0][1] a[2][0][2] a[2][0][3] a[2][1][0] a[2][1][1] a[2][1][2] a[2][1][3]

$a[3][0][0]$ $a[3][0][1]$ $a[3][0][2]$ $a[3][0][3]$ $a[3][1][0]$ $a[3][1][1]$ $a[3][1][2]$ $a[3][1][3]$

三维数组 $a[b_1][b_2][b_3]$的行优先映射函数为

$$\text{Map}(i_1, i_2, i_3)=i_1b_2b_3+i_2b_3+i_3$$

类推可得,n 维数组 $a[b_1][b_2]\cdots[b_n]$的行优先映射函数为

$$\text{Map}(i_1,i_2,\cdots,i_n)= i_1b_2b_3\cdots b_n+i_2b_3\cdots b_n+\cdots+i_{n-1}b_n+i_n= \sum_{j=1}^{n-1}i_j\prod_{k=j+1}^{n}b_k+i_n=\sum_{j=1}^{n}c_ji_j$$

进一步可得如下公式:

$$\begin{aligned}\text{Loc}(i_1,i_2,\cdots,i_n)&=\text{base}+(i_1b_2b_3\cdots b_n+i_2b_3\cdots b_n+\cdots+i_{n-1}b_n+i_n)\text{size}\\&=\text{base}+\sum_{j=1}^{n}c_ji_j\,\text{size}\end{aligned}$$

其中 $c_n=1,c_{j-1}=b_jc_j,1<j\leqslant n$。

在有些语言中,数组各维的下标范围不一定为$[0,b_j-1]$($j=1,2,\cdots,n$),而是某个闭区间$[l_j,h_j]$内的整数,则其行优先和列优先映射函数要随之改变。设 n 维数组的第 k 维的下标范围是$[l_k,h_k]$,记

$$d_k=h_k-l_k+1,\quad k=1,2,\cdots,n$$

显然,d_k 为第 k 维的长度(元素个数),则此时有

$$\begin{aligned}\text{Map}(i_1,i_2,\cdots,i_n)&= (i_1-l_1)d_2d_3\cdots d_n+(i_2-l_2)d_3\cdots d_n+\cdots+(i_{n-1}-l_{n-1})d_n+(i_n-l_n)\\&=\sum_{j=1}^{n-1}(i_j-l_j)\prod_{k=j+1}^{n}d_k+(i_n-l_n)\end{aligned}$$

列优先映射的映射函数可以类推得到,下面为列优先队列的结论。

n 维数组 $a[b_1][b_2]\cdots[b_n]$的列优先映射函数为

$$\begin{aligned}\text{Map}(i_1,i_2,\cdots,i_n)&=i_1+b_1i_2+\cdots+b_1b_2\cdots b_{n-2}i_{n-1}+b_1b_2\cdots b_{n-1}i_n\\&=i_1+\sum_{j=2}^{n}\Big(\prod_{k=1}^{j-1}b_k\Big)i_j=\sum_{j=1}^{n}c_ji_j\end{aligned}$$

$$\begin{aligned}\text{Loc}(i_1,i_2,\cdots,i_n)&=\text{base}+(i_1+b_1i_2+\cdots+b_1b_2\cdots b_{n-2}i_{n-1}+b_1b_2\cdots b_{n-1}i_n)\text{size}\\&=\text{base}+\sum_{j=1}^{n}c_ji_j\,\text{size}\end{aligned}$$

其中 $c_1=1,c_{j+1}=b_jc_j,1\leqslant i<n$。

设 n 维数组的第 k 维的下标范围是$[l_k,h_k]$,记

$$d_k=h_k-l_k+1,\quad k=1,2,\cdots,n$$

d_k 为第 k 维的长度(元素个数),此时有

$$\begin{aligned}\text{Map}(i_1,i_2,\cdots,i_n)&=(i_1-l_1)+d_1(i_2-l_2)+\cdots+d_1d_2\cdots d_{n-1}(i_n-l_n)\\&=(i_1-l_1)+\sum_{j=2}^{n}\Big(\prod_{k=1}^{j-1}d_k\Big)(i_j-l_j)\end{aligned}$$

**5.1.3 数组的类模板定义

在 C++ 的数组中,n 维数组的下标采用形式$[i_1][i_2]\cdots[i_n]$,i_j 为非负整数。但 C++ 本身无法保证数组下标 i_j 的合法性,为克服 C++ 标准数组的不足,下面给出一个数组类模板声明:

```
//数组类模板
template<class ElemType>
class Array
{
protected:
//数据成员
    ElemType * base;                              //数组元素基址
    int dim;                                      //数组维数
    int * bounds;                                 //数组各维长度
    int * constants;                              //数组映像函数常量

//辅助函数模板
    int Locate(int sub0, va_list &va) const;      //求元素在顺序存储中的位置

public:
//抽象数据类型方法声明及重载编译系统默认方法声明
    Array(int dm, ...);                           //由维数 dm 与随后的各维长度构造数组
    virtual ~Array();                             //析构函数模板
    ElemType &operator()(int sub0, ...);          //重载函数运算符
    Array(const Array<ElemType> &source);         //复制构造函数模板
    Array<ElemType> &operator =(const Array<ElemType> &source); //重载赋值运算符
};
```

上面用到了变长参数，通过重载函数运算符()，实现了数组元素的存取，例如定义一个二维数组 Array $a(2,3,3)$，$a(1,2)$为第 1 行，第 2 列的元素，同时还对下标的合法性进行了检查，下面是数组类模板的实现部分。

```
//数组类模板的实现部分
template <class ElemType>
Array<ElemType>::Array(int dm, ...)
//操作结果:由维数 dm 与随后的各维长度构造数组
{
    if (dm <1)
    {   //出现异常
        cout <<"维数不能小于 1!" <<endl;          //提示信息
        exit(1);                                  //退出程序
    }
    dim =dm;                                      //数组维数为 dm
    bounds =new int[dim];                         //分配数组各维长度存储空间
    va_list va;                                   //变长参数变量
    int elemTotalNum =1;                          //元素总数
    int tempPos;                                  //临时变量

    va_start(va, dim);                            //初始化变长参数变量 va,用于存储变长
        //参数信息,dm 为省略号左侧最右边的参数标识符
    for (tempPos =0; tempPos <dim; tempPos++)
```

```
	{	//为各维长度赋值并计算数组总元素个数
		bounds[tempPos] =va_arg(va, int);						//取出变长参数作为各维长度
		elemTotalNum =elemTotalNum * bounds[tempPos];		//统计数组总元素个数
	}
	va_end(va);												//结束变长参数的引用

	base =new ElemType[elemTotalNum];						//分配数组元素空间
	constants =new int[dim];								//分配数组映像函数常量
	constants[dim -1] =1;
	for (tempPos =dim -2; tempPos >=0; --tempPos)
		constants[tempPos] =bounds[tempPos +1] * constants[tempPos +1];
															//计算数组映像函数常量
}

template <class ElemType>
Array<ElemType>::~Array()
//操作结果:释放数组所占用空间
{
	if (base !=NULL) delete []base;							//释放数组元素空间
	if (bounds !=NULL) delete []bounds;						//释放各维长度空间
	if (constants !=NULL) delete []constants;				//释放映像函数常量空间
}

template <class ElemType>
int Array<ElemType>::Locate(int sub0, va_list &va) const
//操作结果:求元素在顺序存储中的位置,sub0 为第 1 维下标,va 为第 2 至第 dim 维下标的可变
//参数
{
	if (!(sub0 >=0 && sub0 <bounds[0]))						//第 1 维下标范围错
	{	//出现异常
		cout <<"下标出界!" <<endl;							//提示信息
		exit(2);											//退出程序
	}
	int position =constants[0] * sub0;				//初始化元素在顺序存储中的位置
	for (int tempPos =1; tempPos <dim; tempPos++)
	{
		int sub =va_arg(va, int);					//取出第 tempPos+1 维数组元素下标
		if (!(sub >=0 && sub <bounds[tempPos]))		//第 tempPos+1 维下标范围错
		{	//出现异常
			cout <<"下标出界!" <<endl;				//提示信息
			exit(3);								//退出程序
		}
		position +=constants[tempPos] * sub;		//累加乘积求元素在顺序存储中的位置
	}
	return position;								//返回元素在顺序存储中的位置
```

```
}

template <class ElemType>
ElemType &Array<ElemType>::operator() (int sub0, ...)
//操作结果:重载函数运算符,sub0 为第 1 维的下标
{
    va_list va;                                  //变长参数变量
    va_start(va, sub0);                          //初始化变长参数变量 va,用于存储变长
        //参数信息,sub0 为第 1 维的下标,sub0 为省略号左侧最右边的参数标识符
    int position =Locate(sub0, va);              //元素在顺序存储中的位置
    va_end(va);                                  //结束变长参数变量的引用
    return * (base +position);                   //返回数组元素
}

template <class ElemType>
Array<ElemType>::Array(const Array<ElemType> &source)
//操作结果:由数组 source 构造新数组——复制构造函数模板
{
    dim =source.dim;                             //数组维数

    int elemTotalNum =1;                         //元素总数
    int tempPos;                                 //临时变量
    for (tempPos =0; tempPos <dim; tempPos++)
    {   //统计数组总元素个数
        elemTotalNum =elemTotalNum * source.bounds[tempPos];
                                                 //计算数组总元素个数
    }
    base =new ElemType[elemTotalNum];            //为数组元素分配存储空间
    for (tempPos =0; tempPos <elemTotalNum; tempPos++)
    {   //复制数组元素
        base[tempPos] =source.base[tempPos];
    }

    bounds =new int[dim];                        //为数组各维长度分配存储空间
    constants =  new int[dim];                   //为数组映像函数常量分配存储空间
    for (tempPos =0; tempPos <dim; tempPos++)
    {   //复制数组各维长度与映像函数常量
        bounds[tempPos] =source.bounds[tempPos];        //各维长度
        constants[tempPos] =source.constants[tempPos];  //映像函数常量
    }
}

template <class ElemType>
Array<ElemType> &Array<ElemType>::operator =(const Array<ElemType> &source)
//操作结果:将数组 source 赋值给当前数组——重载赋值运算符
```

```
{
    if (&source !=this)
    {
        if (base !=NULL) delete []base;                       //释放数组元素空间
        if (bounds !=NULL) delete []bounds;                   //释放各维长度空间
        if (constants !=NULL) delete []constants;             //释放映像函数常量空间

        dim =source.dim;                                      //数组维数

        int elemTotalNum =1;                                  //元素总数
        int tempPos;                                          //临时变量
        for (tempPos =0; tempPos <dim; tempPos++)
        {   //统计数组总元素个数
            elemTotalNum =elemTotalNum * source.bounds[tempPos];
                                                              //计算数组总元素个数
        }
        base =new ElemType[elemTotalNum];                     //为数组元素分配存储空间
        for (tempPos =0; tempPos <elemTotalNum; tempPos++)
        {   //复制数组元素
            base[tempPos] =source.base[tempPos];
        }

        bounds =new int[dim];                         //为数组各维长度分配存储空间
        constants =  new int[dim];                    //为数组映像函数常量分配存储空间
        for (tempPos =0; tempPos <dim; tempPos++)
        {   //复制数组各维长度与映像函数常量
            bounds[tempPos] =source.bounds[tempPos];          //各维长度
            constants[tempPos] =source.constants[tempPos]; //映像函数常量
        }
    }
    return * this;
}
```

上面直接给出了多维数组的定义,没有重载下标运算符[],要重载此运算符,可分别定义一维数组,二维数组……当然,这样定义数组通用性要差些。

5.2 矩　　阵

5.2.1 矩阵的定义和操作

矩阵可描述为二维数组。矩阵的下标通常从 1 开始,而不像 C 和 C++ 或其他语言中的数组那样从 0 开始,并且常用 $a(i, j)$来引用矩阵中第 i 行第 j 列的元素。

一个 $m\times n$ 矩阵是一个 m 行、n 列的表,如图 5.3 所示。

$$\begin{bmatrix} a_{11} & a_{12} & a_{13} & \cdots & a_{1n} \\ a_{21} & a_{22} & a_{23} & \cdots & a_{2n} \\ a_{31} & a_{32} & a_{33} & \cdots & a_{3n} \\ \vdots & \vdots & \vdots & \ddots & \vdots \\ a_{m1} & a_{m2} & a_{m3} & \cdots & a_{mn} \end{bmatrix}$$

图 5.3　$m\times n$ 矩阵示意图

矩阵与二维数组有很多相似之处，一般用如下的二维数组来描述一个 $m\times n$ 矩阵 $\boldsymbol{a}_{m\times n}$：

```
ElemType a[m][n];
```

矩阵中的元素 $a(i,j)$对应于二维数组的元素 $a[i-1][j-1]$。这种形式要求使用数组的下标[][]来指定每个矩阵元素。这种变化降低了应用代码的可读性，也增加了出错的概率。可以通过定义一个类 Matrix 来克服这个问题。在 Matrix 类中，将矩阵元素按照行优先次序存储到一个一维数组 elems 中，另外通过重载函数运算符()实现使用(i,j)来指定每个元素，并且根据矩阵的约定，其行列下标值都从 1 开始。

矩阵的基础操作如下。

1) int GetRows() const

初始条件：矩阵已存在。

操作结果：返回矩阵行数。

2) int GetCols() const

初始条件：矩阵已存在。

操作结果：返回矩阵列数。

3) ElemType &operator()(int i, int j)

初始条件：矩阵已存在。

操作结果：重载函数运算符。

下面是矩阵的具体类模板声明及实现。

```
//矩阵类模板
template<class ElemType>
class Matrix
{
protected:
//数据成员
    ElemType * elems;                                            //存储矩阵元素
    int rows, cols;                                              //矩阵行数和列数

public:
//抽象数据类型方法声明及重载编译系统默认方法声明
    Matrix(int rs, int cs);                                      //构造一个 rs 行 cs 列的矩阵
    virtual ~Matrix();                                           //析构函数模板
    int GetRows() const;                                         //返回矩阵行数
    int GetCols() const;                                         //返回矩阵列数
    ElemType &operator()(int row, int col);                      //重载函数运算符
    Matrix(const Matrix<ElemType> &source);                      //复制构造函数模板
    Matrix<ElemType> &operator =(const Matrix<ElemType> &source);
                                                                 //重载赋值运算符
};
```

构造函数模板首先检查给定的行、列数值是否合法，然后为存储矩阵元素的指针 elems 分配存储空间。

```
template <class ElemType>
Matrix<ElemType>::Matrix(int rs, int cs)
//操作结果:构造一个 rs 行 cs 列的矩阵
{
    if (rs <1 && cs <1)
    {   //出现异常
        cout <<"行数或列数无效!" <<endl;                          //提示信息
        exit(1);                                                  //退出程序
    }
    rows =rs;                                                     //rs 为行数
    cols =cs;                                                     //cs 为列数
    elems =new ElemType[rows * cols];                             //分配存储空间
}
```

重载函数运算符()用来指定矩阵中第 row 行、第 col 列的元素,根据行优先存储时的地址映射关系,实际上就是取数组 elems 中的第(row－1) * cols＋(col－1)个元素。

```
template <class ElemType>
ElemType &Matrix<ElemType>::operator()(int i, int j)
//操作结果:重载函数运算符
{
    if (row <1 || row >rows || col <1 || col >cols)
    {   //出现异常
        cout <<"下标出界!" <<endl;                                //提示信息
        exit(2);                                                  //退出程序
    }

    return elems[(row -1) * cols +col -1];                        //返回元素
}
```

5.2.2 特殊矩阵

如果值相同的元素或零元素在矩阵中按一定的规律分布,这样的矩阵称为特殊矩阵,可以用特殊方法进行存储和处理,以便提高空间和时间效率。下面首先介绍相关的几个概念。

方阵(square matrix)：是行数和列数相同的矩阵。下面介绍的特殊矩阵都是方阵。

对称(symmetric)矩阵：a 是一个对称矩阵当且仅当对于所有的 i 和 j 有 $a(i, j)=a(j, i)$,如图 5.4(a)所示。

三对角(tridiagonal)矩阵：a 是一个三对角矩阵当且仅当 $|i-j|>1$ 时有 $a(i, j)=0$(或常数 c),如图 5.4(b)所示。

下三角(lower triangular)矩阵：a 是一个下三角矩阵当且仅当 $i<j$ 时有 $a(i, j)=0$(或常数 c),如图 5.4(c)所示。

上三角(upper triangular)矩阵：a 是一个上三角矩阵当且仅当 $i>j$ 时有 $a(i, j)=0$(或常数 c),如图 5.4(d)所示。

(a)对称矩阵	(b)三对角矩阵	(c)下三角矩阵	(d)上三角矩阵
6 1 3 5	1 2 0 0	9 0 0 0	6 3 7 2
1 2 8 5	5 3 3 0	5 3 0 0	0 4 1 7
3 8 4 8	0 9 8 5	6 1 2 0	0 0 2 0
5 5 8 9	0 0 7 6	8 4 3 4	0 0 0 1

图 5.4 n 阶特殊矩阵示例

特殊矩阵的基础操作如下。

1) int GetOrder() const

初始条件：特殊矩阵已存在。

操作结果：返回特殊矩阵阶数。

2) ElemType &operator()(int row, int col)

初始条件：特殊矩阵已存在。

操作结果：重载函数运算符。

1. 三对角矩阵

在一个 $n\times n$ 的三对角矩阵中，三条对角线之外的元素都是 0 或为一个常数 c。

主对角线：主对角线上元素的行列下标值 i 和 j 之间满足 $i=j$；

主对角线之下的对角线(称为低对角线)：低对角线上元素的行列下标值 i 和 j 之间满足 $i=j+1$；

主对角线之上的对角线(称为高对角线)：高对角线上元素的行列下标值 i 和 j 之间满足 $i=j-1$。

由于主对角线上有 n 个元素，两条次对角线上分别有 $n-1$ 个元素，所以这三条对角线上的元素总数为 $3n-2$。因为其他元素都为常数 c，所以只需要存储三条对角线上的元素及常数 c，可以使用一个有 $3n-1$ 个存储单元的一维数组 elems 来存储三对角矩阵中三条对角线上的元素及常数 c。对于图 5.4(b)所示 4×4 的三对角矩阵，三条对角线上共有 11 个元素。如果三对象线之外的常量 c 映射到 elems[0]中，三对角线矩阵的元素逐行映射到数组 elems 中，则有

elems：0, 1, 2, 5, 3, 3, 9, 8, 5, 7, 6

如果逐列映射到数组 T 中，则有

elems：0, 1, 5, 2, 3, 9, 3, 8, 7, 5, 6

如果按照对角线的次序(从最上面的对角线开始)进行映射，则有

elems：0, 2, 3, 5, 1, 3, 8, 6, 5, 9, 7

在实际使用时，可根据具体的操作需要，在这三种不同的映射方式中选择一种。下面的类模板声明采用的是对角线映射方式。

```
//三对角矩阵类模板
template<class ElemType>
class TriDiagonalMatrix
{
protected:
//数据成员
```

```
    ElemType * elems;                               //存储矩阵元素
    int order;                                      //三对角矩阵阶数

public:
//抽象数据类型方法声明及重载编译系统默认方法声明
    TriDiagonalMatrix(int odr);                     //构造一个 odr 行 odr 列的三对角矩阵
    virtual ~TriDiagonalMatrix();                   //析构函数模板
    int GetOrder() const;                           //返回三对角矩阵阶数
    ElemType &operator()(int row, int col);         //重载函数运算符
    TriDiagonalMatrix(const TriDiagonalMatrix<ElemType> &source);
                                                    //复制构造函数模板
    TriDiagonalMatrix<ElemType> &operator =(
        const TriDiagonalMatrix<ElemType> &source);
        //重载赋值运算符
};
```

构造函数模板根据给定的矩阵大小,为 elems 分配相应的存储空间,具体实现如下:

```
template <class ElemType>
TriDiagonalMatrix<ElemType>::TriDiagonalMatrix(int odr)
//操作结果:构造一个 odr 行 odr 列的三对角矩阵
{
    if (odr <1)
    {   //出现异常
        cout <<"阶数无效!" <<endl;                  //提示信息
        exit(1);                                    //退出程序
    }
    order =odr;                                     //odr 为矩阵阶数
    elems =new ElemType[3 * order -1];              //分配存储空间
}
```

重载函数运算符()就需取得第 row 行第 col 列的元素,应根据 row、col 值的不同情况考虑要取的元素是位于低对角线、主对角线、高对角线还是其他位置,然后计算出元素在 elems 中的存储位置。

```
template <class ElemType>
ElemType &TriDiagonalMatrix<ElemType>::operator()(int row, int col)
//操作结果:重载函数运算符
{
    if (row <1 || row >order || col <1 || col >order)
    {   //出现异常
        cout <<"下标出界!" <<endl;                  //提示信息
        exit(2);                                    //退出程序
    }
    if (row -col ==1) return elems[2 * order +row -2];  //元素在低对角线上
    else if (row -col ==0) return elems[order +row -1]; //元素在主对角线上
    else if (row -col ==-1) return elems[row];          //元素在高对角线上
```

```
    else return elems[0];                                    //元素在其他位置
}
```

2. 三角矩阵

上三角矩阵和下三角矩阵统称为三角矩阵。在一个三角矩阵中，非常数元素都位于左下三角或右上三角的区域中。在一个下三角矩阵中，非常数区域的第 1 行有 1 个元素，第 2 行有 2 个元素，…，第 n 行有 n 个元素；而在一个上三角矩阵中，非常数区域的第 1 行有 n 个元素，第 2 行有 $n-1$ 个元素，…，第 n 行有 1 个元素。对于这两种不同的情况，非常数区域的元素总数均为

$$\sum_{i=1}^{n} i = \frac{n(n+1)}{2}$$

因此，两种三角矩阵都可以用一个有$\frac{n(n+1)}{2}+1$个存储单元的一维数组 elems 来存储。采用按行或按列两种不同的方式进行映射。将常量 c 映射到 elems[0]中，如果按行进行映射，则对于图 5.4(c)所示 4×4 的下三角矩阵有

elems：0，9，5，3，6，1，2，8，4，3，4

如果按列映射到数组 elems 中，则有

elems：0，9，5，6，8，3，1，4，2，3，4

对于一个下三角矩阵中的元素 $a(i,j)$，如果 $i<j$，则 $a(i,j)=c$；设 c 存储至 elem[0]中，如果 $i \geqslant j$，则 $a(i,j)$ 位于非常数区域。在按行方式映射中，对于非常数区域的元素 $a(i,j)$，要计算其在一维数组中的存储位置，可以如下分析：除了 c 之外，在元素 $a(i,j)$ 之前共有 $\sum_{k=1}^{i-1} k + j - 1 = \frac{i(i-1)}{2} + j - 1$ 个元素存储在一维数组中，因此 $a(i,j)$ 在数组 elems 中的位置为$\frac{i(i-1)}{2}+j$。下面是采用行映射方式存储的下三角矩阵的类模板声明。

```
//下三角矩阵类模板
template<class ElemType>
class LowerTriangularMatrix
{
//数据成员
    ElemType * elems;                           //存储矩阵元素
    int order;                                  //下三角矩阵阶数

public:
//抽象数据类型方法声明及重载编译系统默认方法声明
    LowerTriangularMatrix(int odr);             //构造一个 odr 行 odr 列的下三角矩阵
    virtual ~LowerTriangularMatrix();           //析构函数模板
    int GetOrder() const;                       //返回下三角矩阵阶数
    ElemType &operator()(int row, int col);     //重载函数运算符
    LowerTriangularMatrix(const LowerTriangularMatrix<ElemType> &source);
                                                //复制构造函数模板
```

```
    LowerTriangularMatrix<ElemType> &operator =(
        const LowerTriangularMatrix<ElemType> &source);          //重载赋值运算符
};
```

构造函数模板首先判断矩阵大小是否合法,然后再根据给定的矩阵大小为 elems 分配相应的存储空间,具体实现如下:

```
template <class ElemType>
LowerTriangularMatrix<ElemType>::LowerTriangularMatrix(int odr)
//操作结果:构造一个 odr 行 odr 列的下三角矩阵
{
    if (odr <1)
    {   //出现异常
        cout <<"阶数无效!" <<endl;                              //提示信息
        exit(1);                                                //退出程序
    }
    order =odr;                                                 //odr 为矩阵阶数
    elems =new ElemType[order * (order +1) / 2 +1];             //分配存储空间
}
```

重载函数运算符()就需取得第 row 行第 col 列的元素,需根据 row、col 值的不同情况考虑要取的元素是位于上三角还是下三角中。若 row<col,则可知在上三角,则直接返回 eleme[0]即可;否则,可知元素在 elems 中的存储位置应为 row(row−1)/2+col。

```
template <class ElemType>
ElemType &LowerTriangularMatrix<ElemType>::operator()(int row, int col)
//操作结果:重载函数运算符
{
    if (row <1 || row >order || col <1 || col >order)
    {   //出现异常
        cout <<"下标出界!" <<endl;                              //提示信息
        exit(2);                                                //退出程序
    }
    if (row >=col) return elems[row * (row -1) / 2 +col];       //元素在下三角中
    else return elems[0];                                       //元素在其他位置
}
```

对于上三角矩阵中,最好采用按列方式映射,这样在实现时与下三角矩阵的完全类似,在此处不再详细讨论,请读者自行完成。

3. 对称矩阵

由于对称矩阵中上三角和下三角中的元素是重复的,可以只存储上三角或下三角中的元素。这样一个 $n \times n$ 的对称矩阵就可以用一个有$\frac{n(n+1)}{2}$个存储单元的一维数组来存储,可以参考三角矩阵的存储模式来存储矩阵的上三角或下三角。需要访问未存储部分的元素时,应先根据对称矩阵的特点,找到此元素在下三角(或上三角)中的位置,然后用此位置求得元素在一维数组中的存储位置即可得到对应元素。不失一般性,假设采用按行方式映射存储下三角的元素，将这些元素存储在数组 elems 中，则元素 $a(i, j)$ 在 elems 中的存储位置 k 为

$$k=\begin{cases}\dfrac{i(i-1)}{2}+j-1, & i \geqslant j \\ \dfrac{j(j-1)}{2}+i-1, & i<j\end{cases}$$

下面是对称矩阵类模板声明及其部分实现：

```
//对称矩阵类模板
template<class ElemType>
class SymmtryMatrix
{
protected:
//数据成员
    ElemType * elems;                                   //存储矩阵元素
    int order;                                          //对称矩阵阶数

public:
//抽象数据类型方法声明及重载编译系统默认方法声明
    SymmtryMatrix(int odr);                             //构造一个 odr 行 odr 列的对称矩阵
    virtual ~SymmtryMatrix();                           //析构函数模板
    int GetOrder() const;                               //返回对称矩阵阶数
    ElemType &operator()(int row, int col);             //重载函数运算符
    SymmtryMatrix(const SymmtryMatrix<ElemType>&source);     //复制构造函数模板
    SymmtryMatrix<ElemType>&operator=(const SymmtryMatrix<ElemType>&source);
        //重载赋值运算符
};

template <class ElemType>
ElemType &SymmtryMatrix<ElemType>::operator()(int row, int col)
//操作结果:重载函数运算符
{
    if (row <1 || row >order || col <1 || col >order)
    {   //出现异常
        cout <<"下标出界!" <<endl;                                  //提示信息
        exit(2);                                                    //退出程序
    }
    if (row >=col) return elems[row * (row -1) / 2 +col -1];     //元素在下三角中
    else return elems[col * (col -1) / 2 +row -1];               //元素在上三角中
}
```

5.2.3 稀疏矩阵

稀疏矩阵是 0 元素居多的矩阵，在科学和工程计算中有着十分重要的应用。如果一个矩阵中有许多元素为 0，则称该矩阵为稀疏(sparse)矩阵。在稀疏矩阵和稠密矩阵之间并没

有一个精确的界限。假设 m 行 n 列的矩阵含 t 个非零元素，一般称 $\delta=\frac{t}{mn}$ 为稀疏因子。

当稀疏矩阵的阶很高时，其中 0 元素会很多。如采用一般矩阵的存储方法，将存储大量 0 元素，这样会浪费大量的存储空间。但如果不存储 0 元素，只存储非零元素，这样一来，元素的存储次序就不再能够代表它们的逻辑关系，因此必须显式地指出每个元素在原矩阵中的逻辑位置。一种直观、常用的方法是，对每个非零元素，用三元组(行号，列号，元素值)来表示，这样每个元素的信息就全部记录下来了。三元组声明如下：

```
//三元组类模板
template<class ElemType>
struct Triple
{
//数据成员：
    int row, col;                                   //非零元素的行下标与列下标
    ElemType value;                                 //非零元素的值

//构造函数模板：
    Triple();                                       //无参数的构造函数模板
    Triple(int r, int c, ElemType v);               //已知数据成员建立三元组
};
```

各非零元素对应的三元组及其行列数可唯一确定一个稀疏矩阵。

例如，图 5.5 的稀疏矩阵三元组表为

((1,3,2),(2,6,8),(3,1,1),(3,3,3),(5,1,4),(5,3,6))

再加上(5,6)这一对行、列值便可作为稀疏矩阵的一种描述。

$$\boldsymbol{a}=\begin{bmatrix}0&0&2&0&0&0\\0&0&0&0&0&8\\1&0&3&0&0&0\\0&0&0&0&0&0\\4&0&6&0&0&0\end{bmatrix}$$

图 5.5　稀疏矩阵 $\boldsymbol{a}$

稀疏矩阵具有如下一些基本操作：

1) int GetRows() const

初始条件：稀疏矩阵已存在。

操作结果：返回稀疏矩阵行数。

2) int GetCols() const

初始条件：稀疏矩阵已存在。

操作结果：返回稀疏矩阵列数。

3) int GetNum() const

初始条件：稀疏矩阵已存在。

操作结果：返回稀疏矩阵非零元素个数。

4) bool Empty() const

初始条件：稀疏矩阵已存在。

操作结果：如稀疏矩阵为空，则返回 true，否则返回 false。

5) bool SetElem(int r, int c, const ElemType &v)

初始条件：稀疏矩阵已存在。

操作结果：设置指定位置的元素值。

6) bool GetElem(int *r*, int *c*, ElemType &*v*)

初始条件：稀疏矩阵已存在。

操作结果：求指定位置的元素值。

1. 三元组顺序表

以顺序表存储三元组表,可得到稀疏矩阵的顺序存储结构——三元组顺序表,在三元组顺序表中,用三元组表表示稀疏矩阵时,为避免丢失信息,增设了一个信息元组,形式为

(行数,列数,非零元素个数)

将它作为三元组表的第一个元素。例如图 5.5 的矩阵 ***a*** 按行序排列的三元组表如表 5.1 所示。

表 5.1 稀疏矩阵 *a* 的三元组表表示

row	col	value
5	6	6
1	3	2
2	6	8
3	1	1
3	3	3
5	1	4
5	3	6

对于这种表示法,可以定义如下的类模板 TriSparseMatrix,这里采用的是将每个非零元素按行序映射到一维数组中。

```
//稀疏矩阵三元组顺序表类模板
template<class ElemType>
class TriSparseMatrix
{
protected:
//数据成员
    Triple<ElemType> * triElems;                    //存储稀疏矩阵的三元组表
    int maxSize;                                    //非零元素最大个数
    int rows, cols, num;                            //稀疏矩阵的行数、列数及非零元个数

public:
//抽象数据类型方法声明及重载编译系统默认方法声明
    TriSparseMatrix(int rs =DEFAULT_SIZE, int cs =DEFAULT_SIZE,
        int size =DEFAULT_SIZE); //构造一个 rs 行 cs 列非零元素最大个数为 size 的空稀疏矩阵
    virtual ~TriSparseMatrix();                     //析构函数模板
    int GetRows() const;                            //返回稀疏矩阵行数
    int GetCols() const;                            //返回稀疏矩阵列数
    int GetNum() const;                             //返回稀疏矩阵非零元个数
    bool SetElem(int r, int c, const ElemType &v);  //设置指定位置的元素值
```

```
    bool GetElem(int r, int c, ElemType &v);                    //求指定位置的元素值
    TriSparseMatrix(const TriSparseMatrix<ElemType>&source);    //复制构造函数模板
    TriSparseMatrix<ElemType>&operator =(
        const TriSparseMatrix<ElemType>&source);                //重载赋值运算符
    static void SimpleTranspose(const TriSparseMatrix<ElemType>&source,
        TriSparseMatrix<ElemType>&dest);
                                    //将稀疏矩阵 source 转置成稀疏矩阵 dest 的简单算法
    static void FastTranspose(const TriSparseMatrix<ElemType>&source,
        TriSparseMatrix<ElemType>&dest);
                                    //将稀疏矩阵 source 转置成稀疏矩阵 dest 的快速算法
};
```

对于设置指定位置(r,c)的元素值v,应首先查找是否在三元组表中,是否存在指定位置的三元组。如果存在指定位置(r, c)的三元组,当$v=0$时,则删除此三元组,否则修改三组组的非零元素值为v;如果不存在指定位置(r, c)的三元组,当$v=0$时,则不做任何操作,否则插入三元组(r,c,v),具体实现如下:

```
template <class ElemType>
bool TriSparseMatrix<ElemType>::SetElem(int r, int c, const ElemType &v)
//操作结果:如果下标范围错,则返回 false,如果溢出,则返回 false,否则返回 true
{
    if (r >rows || c >cols || r <1 || c <1)
        return false;                                   //下标范围错

    int temPos, pos;                                    //工作变量
    for (pos =num -1; pos >=0 &&
        (r <triElems[pos].row || r ==triElems[pos].row && c <triElems[pos].col);
        pos--);                                         //查找三元组位置

    if (pos >=0 && triElems[pos].row ==r && triElems[pos].col ==c)
    {   //找到三元组
        if (v ==0)
        {   //删除三元组
            for (temPos =pos +1; temPos <num; temPos++)
                triElems[temPos -1] =triElems[temPos];
                                                        //前移从 pos+1 开始的三元组
            num--;                                      //删除三元组后,非零元个数自减 1
        }
        else
        {   //修改元素值
            triElems[pos].value =v;
        }
        return true;                                    //成功
    }
    else if (v !=0)
    {   //未找到三元组且 v!=0
```

```
        if (num <maxSize)
        {   //将三元组(r, c, v)插入到三元组表中
            for (temPos =num -1; temPos >pos; temPos--)
            {   //后移元素
                triElems[temPos +1] =triElems[temPos];
            }
            //pos +1 为空出的插入位置
            triElems[pos +1].row =r;                        //行
            triElems[pos +1].col =c;                        //列
            triElems[pos +1].value =v;                      //非零元素值
            num++;                                          //插入三元组后,非零元个数自加 1
            return true;                                    //成功
        }
        else
        {   //溢出
            return false;                                   //溢出时返回 false
        }
    }
    else
    {   //未找到三元组且 v ==0,此时元素值不变
        return true;                                        //不做任何操作
    }
}
```

三元组顺序表存储结构对于有些矩阵操作比较复杂,比如矩阵的转置操作,下面将讨论矩阵转置的实现。

矩阵转置就是使 i 行 j 列元素与 j 行 i 列元素对换位置。如果矩阵是用二维数组表示的,则转置操作很简单。如果矩阵是用三元组顺序表表示的,则其实现要复杂一些。转置操作主要是将每个元素的行号和列号互换。由于在三元组表中,元素按行序或列序排列,所以行列号互换后,还应调整元素位置,使其仍保持按行序或列序排列的顺序。转置可以分为两步实现。

(1) 将每个非零元素对应的三元组的行号、列号互换。

(2) 对三元组表重新排序,使其中元素按行序或列序排列。

如果要降低时间复杂度,显然的做法是免去排序操作,在进行元素的行、列号互换时,同时执行排序。假设原三元组表为 source,转置后的三元组表为 dest,具体步骤描述如下。

(1) 将三元组表 source 中的每个元素取出,交换其行、列号。

(2) 将变换后的三元组存入目标三元组表 dest 中适当位置,使最终三元组表 dest 中的元素按照行序或列序排列。

实现这种转置的算法有简单转置算法和快速转置算法两种,前者实现思路简单,但时间复杂度较高;后者实现思路要复杂,但时间复杂度较低。为不失一般性,后面的讨论假设转置前后三元组表中的元素都是按照行序排列。由于要存取三元组类模板的私有成员,所以将转置函数模板说明为三元组类的静态成员函数模板。

1）简单转置算法

算法的基本思想是，第一次从 source 中取出应该放置到 dest 中第一个位置的元素，行列号互换后，放于 dest 中第一个位置；第二次从 source 中选取应该放到 dest 中第二个位置的元素……如此进行，依次生成 dest 中的各元素。

由于转置后列号变行号，所以转置后元素的行序排列实质上是原矩阵元素的列序排列。算法是在 source 中按列号递增的次序依次取出各元素，即依次取第 1 列、第 2 列……当某列上有多个元素时，按它们的行号递增的次序取各元素。这样便实现了将所取出的元素进行行列号互换后，依次存放到 dest 中的下一个位置，也就是当前最后一个元素的下一个位置。算法实现可形式化描述如下：

```
destPos =0;                                    //稀疏矩阵 dest 的第一个三元组的存放位置
for(col =最小列号; col <=最大列号; col++)
{
    在 source 中从头查找有无列号为 col 的三元组;若有,则将其行、列号交换后,依
    次存入 dest 中 destPos 所指位置,同时 destPos 加 1;
}
```

由于原三元组表中的元素是按行序排列的，因此，当列号等于 col 的元素有多个时，它们中必然是行号较小者先出现，这样可以保证列号（在转置后的三元组表中是行号）相同时按行号（在转置后的三元组表中是列号）排列。

根据上面的思想可以写出如下的矩阵转置函数模板：

```
template<class ElemType>
void TriSparseMatrix<ElemType>::SimpleTranspose(
    const TriSparseMatrix<ElemType> &source, TriSparseMatrix<ElemType> &dest)
//操作结果:将稀疏矩阵 source 转置成稀疏矩阵 dest 的简单算法
{
    dest.rows =source.cols;                                 //行数
    dest.cols =source.rows;                                 //列数
    dest.num =source.num;                                   //非零元素个数
    dest.maxSize =source.maxSize;                           //最大非零元素个数
    delete []dest.triElems;                                 //释放存储空间
    dest.triElems =new Triple<ElemType> [dest.maxSize];     //分配存储空间

    if (dest.num >0)
    {
        int destPos =0;                            //稀疏矩阵 dest 的第一个三元组的存放位置
        for (int col =1; col <=source.cols; col++)
        {   //转置前的列变为转置后的行
            for (int sourcePos =0; sourcePos <source.num; sourcePos++)
            {   //查找第 col 列的三元组
                if (source.triElems[sourcePos].col ==col)
                {   //找到第 col 列的一个三元组,转置后存入 dest
```

```
                        dest.triElems[destPos].row = source.triElems[sourcePos].col;
                                                                            //列变行
                        dest.triElems[destPos].col = source.triElems[sourcePos].row;
                                                                            //行变列
                        dest.triElems[destPos].value =
                            source.triElems[sourcePos].value;   //非零元素值不变
                        destPos++;                              //dest 的下一个三元组的存放位置
                    }
                }
            }
        }
    }
```

简单转置算法在实现时，对每一个列号，都要从头到尾扫描一遍三元组表，因此其时间复杂度为 $O(\text{cols} * \text{num})$。

*2）快速转置算法

简单转置算法对每一个列都要从头到尾扫描一遍三元组表，时间复杂度较大。能否对三元组表扫描一遍，就可以将各三元组存储到转置后的三元组表 dest 中的适当位置呢？下面介绍的快速转置算法就能实现这一功能。

该算法基本思想是依次从 source 中第 1 位置、第 2 位置……最后位置取出各三元组，交换它们的行、列号后放置到 dest 中适当位置，该过程可形式化描述如下：

```
for (sourcePos = 0; sourcePos < num; sourcePos++)
{   //循环遍历 source 的三元组
    确定 source 的 source.triElems[sourcePos]三元组在 dest 中应放位置 destPos;
    将 source 的 source.triElems[sourcePos]三元组的行、列号交换后放入 dest 中
    destPos 位置;
}
```

可以看到，这个算法的关键问题是确定当前从 source 中取出的三元组在 dest 中应存放的 destPos 位置。

转置后的三元组表 dest 中的三元组实质上是按它们在 source 中的列号次序排列的，source 中第 1 列中的第 1 个非零元素应放置在 dest 中第 1 个位置，该列上其他三元组应放置在 dest 中第 2 位置、第 3 位置……最后位置上，处理完原矩阵第 1 列上的元素后，应接着按类似的方式依次从原矩阵中取出第 2 列、第 3 列……最后列上的元素，并依次放置在 dest 中相应位置。因此，若知道 source 中每一列上第 1 个非零元素在 dest 中应放置的位置，则其他元素的存放位置就可通过逐步递增方式获得。

因此，首先增设一个一维数组 cPos[]，令

cPos[col]=source 第 col 列上第 1 个非零元素在 dest 中应放置的位置

由于矩阵转置后，按原矩阵的列序存储，所以，如果知道 cPos[col]的值，则第 col 列上第 1 个非零元素在 dest 中的位置就是 cPos[col]的值，而第 col 列上其他非零元素的存储位置可通过依次给 cPos[col]加 1 获得。有了数组 pos[]，则上述程序可进一步细化为

```
for (sourcePos = 0; sourcePos < num; sourcePos++)
```

```
{ //循环遍历 source 的三元组
    int destPos =cPos[source.triElems[sourcePos].col];
        //用于表示 dest 当前列的下一个非零元素三元组的存储位置
    dest.triElems[destPos].row =source.triElems[sourcePos].col;     //列变行
    dest.triElems[destPos].col =source.triElems[sourcePos].row;     //行变列
    dest.triElems[destPos].value =source.triElems[sourcePos].value;
                                                                    //非零元素值不变
    ++cPos[source.triElems[sourcePos].col];
                                          //dest 当前列的下一个非零元素三元组的存储新位置
}
```

这个算法的实现关键变为如何求得 cPos[]数组各个元素的值。为了求 cPos[],在此引入另一个一维数组 cNum[],令

$$cNum[col] = source 第 col 列上非零元素的个数$$

有了 cNum[col],cPos[col]的值可用下列递推公式求得

$$cPos[1] = 0$$

$$cPos[col] = cPos[col-1] + cNum[col-1],\ col \geqslant 2$$

例如,图 5.5 所示的稀疏矩阵对应的 cPos[]和 cNum[]如表 5.2 所示。

表 5.2　*a* 的 cPos[]和 cNum[]的值

col	1	2	3	4	5	6
cNum[col]	2	0	3	0	0	1
cPos[col]	0	2	2	5	5	5

下面是快速转置算法的实现:

```
template<class ElemType>
void TriSparseMatrix<ElemType>::FastTranspose(
    const TriSparseMatrix<ElemType> &source, TriSparseMatrix<ElemType> &dest)
//操作结果:将稀疏矩阵 source 转置成稀疏矩阵 dest 的快速算法
{
    dest.rows =source.cols;                                  //行数
    dest.cols =source.rows;                                  //列数
    dest.num =source.num;                                    //非零元素个数
    dest.maxSize =source.maxSize;                            //最大非零元素个数
    delete []dest.triElems;                                  //释放存储空间
    dest.triElems =new Triple<ElemType> [dest.maxSize]; //分配存储空间

    int * cNum =new int[source.cols +1];             //source 每一列的非零元素个数
    int * cPos =new int[source.cols +1];             //source 每一列的第一个非零元
                                                     //素在 dest 中的存储位置
    int col;                                         //列
    int sourcePos;                                   //稀疏矩阵 source 三元组的位置
```

```
    if (dest.num >0)
    {
        for (col =1; col <=source.cols; col++) cNum[col] =0;  //初始化 cNum
        for (sourcePos =0; sourcePos <source.num; sourcePos++)
            ++cNum[source.triElems[sourcePos].col];
                                                    //统计 source 每一列的非零元素个数
        cPos[1] =0;                                 //第一列的第一个非零元素在 dest 存
                                                    //储的起始位置
        for (col =2; col <=source.cols; col++)
        {   //循环求每一列的第一个非零元素在 dest 存储的起始位置
            cPos[col] =cPos[col -1] +cNum[col -1];
        }

        for (sourcePos =0; sourcePos <source.num; sourcePos++)
        {   //循环遍历 source 的三元组
            int destPos =cPos[source.triElems[sourcePos].col];
                //用于表示 dest 当前列的下一个非零元素三元组的存储位置
            dest.triElems[destPos].row =source.triElems[sourcePos].col;
                //列变行
            dest.triElems[destPos].col =source.triElems[sourcePos].row;
                //行变列
            dest.triElems[destPos].value =source.triElems[sourcePos].value;
                //非零元素值不变
            ++cPos[source.triElems[sourcePos].col];
                //dest 当前列的下一个非零元素三元组的存储新位置
        }
    }

    delete []cNum;                                  //释放 cNum
    delete []cPos;                                  //释放 cPos
}
```

快速转置算法在实现时,共有 4 个并列的 for 循环,循环次数分别是 cols 和 num,因此时间复杂度为 $O(\text{cols}+\text{num})$。

*2. 十字链表

当稀疏矩阵中的非零元素个数或位置在操作过程中经常发生变化时,就不适合采用三元组顺序表来表示稀疏矩阵的非零元素,这时可采用链式存储方式表示稀疏矩阵。由于稀疏矩阵的链式存储表示最终形成了一个十字交叉的链表,所以这种存储结构称为十字链表。十字链表是一种特殊的链表,它不仅可以用来表示稀疏矩阵,事实上,一切具有正交关系的结构,都可用十字链表存储。下面基于稀疏矩阵来介绍十字链表的相关内容。

在稀疏矩阵的十字链表表示中,每个非零元素对应十字链表中的一个节点,各节点的结构如图 5.6 所示。

节点中的 row、col、value 分别记录各非零元素的行号、列号和元素值，down、right 是两个指针，分别指向同一列和同一行的下一个非零元素节点。这样，每个非零元素既是某个行链表中的一个节点，又是某个列链表中的一个节点。

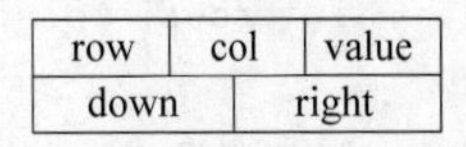

row	col	value
down	right	

图 5.6　十字链表节点结构

十字链表节点结构类模板声明如下：

```
//十字链表节点类模板
template<class ElemType>
struct CLkTriNode
{
//数据成员
    Triple<ElemType>triElem;                    //三元组
    CLkTriNode<ElemType> * right, * down;       //非零元素所在行表与列表的后继指针成分

//构造函数模板
    CLkTriNode();                               //无参数的构造函数模板
    CLkTriNode(const Triple<ElemType>&e,        //已知三元组和指针成分建立节点
        CLkTriNode<ElemType> * rLink =NULL, CLkTriNode<ElemType> * dLink =NULL);
};
```

为了能够快速找到各个行链表和列链表，可用两个一维数组分别存储行链表的头指针和列链表的头指针。例如，图 5.5 所示的稀疏矩阵 ***a*** 的十字链表如图 5.7 所示。

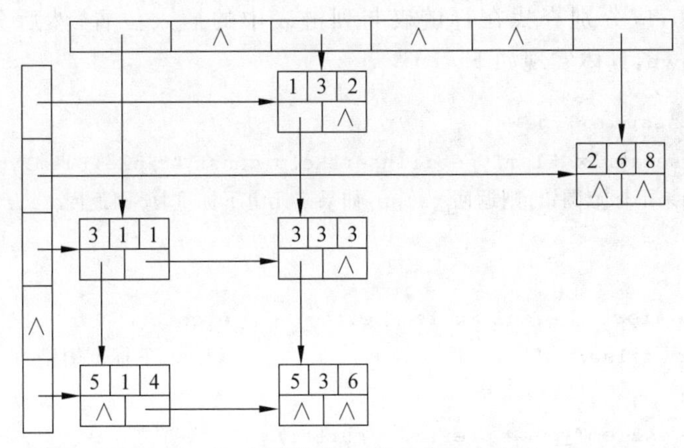

图 5.7　稀疏矩阵 ***a*** 的十字链表表示

稀疏矩阵的十字链类模板声明如下：

```
//稀疏矩阵十字链表类模板
template<class ElemType>
class CLkSparseMatrix
{
protected:
//数据成员
    CLkTriNode<ElemType>**rightHead, **downHead;   //行列链表表头数组
```

```
	int rows, cols, num;                          //稀疏矩阵的行数,列数及非零元素个数

//辅助函数模板
	void DestroyHelp();                           //清空稀疏矩阵
	bool InsertHelp(const Triple<ElemType> &e);   //插入十字链表三元组节点

public:
//抽象数据类型方法声明及重载编译系统默认方法声明
	CLkSparseMatrix(int rs = DEFAULT_SIZE, int cs = DEFAULT_SIZE);
		//构造一个 rs 行 cs 列的空稀疏矩阵
	virtual ~CLkSparseMatrix();                   //析构函数模板
	int GetRows() const;                          //返回稀疏矩阵行数
	int GetCols() const;                          //返回稀疏矩阵列数
	int GetNum() const;                           //返回稀疏矩阵非零元素个数
	bool SetElem(int r, int c, const ElemType &v); //设置指定位置的元素值
	bool GetElem(int r, int c, ElemType &v);      //求指定位置的元素值
	CLkSparseMatrix(const CLkSparseMatrix<ElemType> &source);
	                                              //复制构造函数模板
	CLkSparseMatrix<ElemType> &operator = (
		const CLkSparseMatrix<ElemType> &source); //重载赋值运算符
};
```

对于插入操作,应分别查找在行链表与列链表中的插入位置,然后分别修改行指针 right 和列指针 down,具体实现如下:

```
template <class ElemType>
bool CLkSparseMatrix<ElemType>::InsertHelp(const Triple<ElemType> &e)
//操作结果:如果下标范围错,则返回 false,如果三元组下标重复,则返回 false,如果插入成功,
//则返回 true
{
	if (e.row > rows || e.col > cols || e.row < 1 || e.col < 1)
		return false;                             //下标范围错

	CLkTriNode<ElemType> * prePtr, * curPtr;
	int row = e.row, col = e.col;

	CLkTriNode<ElemType> * ePtr = new CLkTriNode<ElemType>(e);

	//将 ePtr 插入第 row 行链表的适当位置
	if (rightHead[row] == NULL ||  rightHead[row]->triElem.col >= col)
	{	//ePtr 插在第 row 行链表的表头处
		ePtr->right = rightHead[row];
		rightHead[row] = ePtr;
	}
```

```
else
{   //寻找在第 row 行链表中的插入位置
    prePtr =NULL; curPtr =rightHead[row];  //初始化 curPtr 和 prePtr
    while (curPtr !=NULL && curPtr->triElem.col <col)
    {   //curPtr 与 prePtr 右移
        prePtr =curPtr;     curPtr =curPtr->right;
    }
    if (curPtr !=NULL && curPtr->triElem.row ==row && curPtr->triElem.col ==
        col)
    {   //三元组下标重复
        return false;                         //失败
    }
    prePtr->right =ePtr;  ePtr->right =curPtr;
                                              //将 ePtr 插入在 curPtr 与 prePtr 之间
}

//将 ePtr 插入在第 col 列链表的适当位置
if (downHead[col] ==NULL || downHead[col]->triElem.row >=row)
{   //ePtr 插在第 col 列链表的表头处
    ePtr->down =downHead[col];
    downHead[col] =ePtr;
}
else
{   //寻找在第 col 列链表中的插入位置
    prePtr =NULL; curPtr =downHead[col];    //初始化 curPtr 和 prePtr
    while (curPtr !=NULL && curPtr->triElem.row <row)
    {   //curPtr 与 prePtr 下移
        prePtr =curPtr;  curPtr =curPtr->down;
    }
    if (curPtr !=NULL && curPtr->triElem.row ==row && curPtr->triElem.col ==
        col)
    {   //三元组下标重复
        return false;                         //插入失败
    }
    prePtr->down =ePtr;  ePtr->down =curPtr;
                                              //将 ePtr 插入在 curPtr 与 prePtr 之间
}

num++;                                        //非零元素个数自加 1
return true;                                  //插入成功
}
```

5.3 广 义 表

5.3.1 基本概念

广义表通常简称为表，是由$n(n\geqslant 0)$个表元素组成的有限序列，记作

$$GL=(a_1,a_2,\cdots,a_n)$$

其中，GL 为表名，n 为表的长度，$n=0$ 时为空表。a_i(其中 $i=1,2,\cdots,n$)为表元素，简称为元素，它可以是单个数据元素(称为原子元素，或简称为原子)，也可以是满足本定义的广义表(称为子表元素，或简称为子表)。下面就是一个广义表的例子：

$$G=((a,(b,c)),x,(y,z))$$

这个广义表的表名为G，长度为 3，表元素包括$(a,(b,c))$、x、(y,z)，其中的 x 是原子元素，$(a,(b,c))$和(y,z)是子表元素，它们本身又分别是一个广义表。若广义表 GL 中某元素含有广义表 GL 自身，则称 GL 为递归表。

原子元素可以是基本数据类型，也可以是构造类型。

为了描述和操作方便，通常将广义表中的表元素分为两个部分：表头和表尾。当广义表的长度 n 大于 0 时，广义表中的第一个表元素称为表头(head)。一般用 Head(GL)表示广义表 GL 的表头。广义表中除去表头后其他表元素组成的表称为广义表的表尾(tail)。一般用 Tail(GL)表示广义表 GL 的表尾。显然，表尾一定是广义表，但表头不一定是广义表。

由于广义表中的元素又可以是广义表，因此对于广义表有深度的概念。广义表 GL 的深度 Depth(GL)定义如下：

$$\text{Depth(GL)}=\begin{cases}0, & \text{GL 为原子元素}\\ 1, & \text{GL 为空表}\\ 1+\text{Max}(\text{Depth}(a_i)\mid 1\leqslant i\leqslant n), & \text{其他}\end{cases}$$

广义表的深度本质上就是广义表表达式中括号的最大嵌套层数。

从前面的定义可以看出，一个广义表中可以包含不同层次的子表元素，从而子表元素也就属于不同层次的广义表。对任一广义表 GL，称 GL 为 GL 的第一层元素，GL 的各直接元素均为 GL 的第二层元素；对任意其他元素 elem，它的直接元素的层号就等于 elem 的层号加 1。层号相同者称为同层节点。

在这个定义中，将出现在不同位置的相同元素也看作是不同元素，因此同一个元素可能有不同的层号。

在后面的描述中，为了区别起见，统一用大写字母表示广义表的名称，用小写字母代表原子元素。

下面通过几个广义表的例子来说明前面的概念。

(1) $A=()$：表名为A，空表，无头，无尾，长度为 0，深度为 1。

(2) $B=(x,y,z)$：表名为B，表头为x，表尾为(y,z)，长度为 3，深度为 1。

(3) $C=(B,y,z)$：表名为C，表头为B，表尾为(y,z)，长度为 3，深度为 2。

(4) $D=(x,(y,z))$：表名为D，表头为x，表尾为$((y,z))$，长度为 2，深度为 2。

(5) $E=(x,E)$：表名为 E，递归表，表头为 x，表尾为(E)，长度为 2，E 相当于一个无限的广义表 $E=(x,(x,(x,\cdots)))$，所以深度为∞。

广义表及其子表往往通过它的名字来使用，既说明了每个表的构成，又标明了它的名字，在广义表的表示中，还可以将"＝"去掉，直接将表名写在表的左括号前面，如上例中的 D 可写为 $D(x,(y, z))$。

从广义表的定义可以看出，广义表具有如下性质。

(1) **宏观线性**。对任何一个广义表，若不考虑元素的内部结构，则它的直接元素之间是线性关系，因此可以将其看成是一个线性表。

(2) **元素分层性**。广义表中的元素可以是另外一个广义表，也就是一个子表，子表中的元素还可以是子表。整个广义表是一个层次结构。

(3) **元素复合性**。广义表中的元素可以是原子元素和子表元素，其中子表元素又可以由原子元素和子表元素根据广义表构成规则复合而成，所以广义表的元素类型不统一。对于子表元素，在某一层上被当作子表元素，但就它本身的结构而言，也是一个广义表。

(4) **元素递归性**。广义表的任意一个元素还可以是一个广义表(其他广义表或自身)。这种递归性使得广义表具有很强的表达能力。

(5) **元素共享性**。在同一广义表中，任意一个元素都可以出现多次，同一元素的多次出现都代表的是同一个目标，可以认为它们是共享同一目标。

广义表具有如下基本操作。

1) GenListNode<ElemType> * First() const

初始条件：广义表已存在。

操作结果：返回广义表的第一个元素。

2) GenListNode<ElemType> * Next(GenListNode<ElemType> * elemPtr) const

初始条件：广义表已存在，elemPtr 指向广义表的元素。

操作结果：返回 elemPtr 指向的广义表元素的后继。

3) bool Empty() const

初始条件：广义表已存在。

操作结果：如广义表为空，则返回 true，否则返回 false。

4) void Push(const ElemType &e)

初始条件：广义表已存在。

操作结果：将原子元素 e 作为表头加入到广义表最前面。

5) void Push(GenList<ElemType> &subList)

初始条件：广义表已存在。

操作结果：将子表 subList 作为表头加入到广义表最前面。

6) int Depth() const

初始条件：广义表已存在。

操作结果：返回广义表的深度。

*5.3.2 广义表的存储结构

在广义表的存储表示中，除了存储各元素的值之外，还要表示出元素之间的逻辑关系。为了全面体现广义表的逻辑特性，广义表的存储结构应能适应广义表的宏观线性、元素递归性等特性。基于广义表结构的复杂性决定了广义表存储结构的复杂性，因此一般广义表的存储通常采用链式存储结构。本节只介绍广义表的链式存储方法。

广义表的链式存储可以有多种形式，具体使用时应根据具体问题的要求进行选择。下面给出一种常用的借助引用数的链式存储结构——引用数法广义表。在这种方法中，每个表节点由 3 个成员组成，如图 5.8 所示。

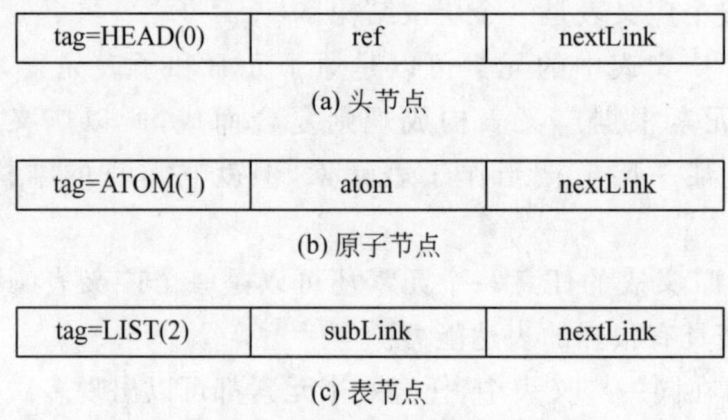

图 5.8 引用数法广义表节点结构

在图 5.8 所示的引用数法广义表节点结构中，nextLink 用于存储指向后继节点的指针，这样就可将广义表的各元素连接成一个链表。为方便起见，在链表的前面加上头节点，这样广义表的节点可分 3 种类型。

(1) 头节点。用标志 tag＝HEAD 标识，ref 用于存储引用数，子表的引用数表示能访问此子表的广义表或指针个数。

(2) 原子节点。用标志 tag＝ATOM 标识，原子元素用原子节点存储，atom 用于存储原子元素的值。

(3) 表节点。用标志 tag＝LIST 标识，subLink 用于存储指向子表头节点的指针。

引用数法广义表节点类模板声明如下：

```
#ifndef __REF_GEN_LIST_NODE_TYPE__
#define __REF_GEN_LIST_NODE_TYPE__
enum RefGenListNodeType {HEAD, ATOM, LIST};
#endif

//引用数法广义表节点类模板
template<class ElemType>
struct RefGenListNode
{
//数据成员
    RefGenListNodeType tag;
        //标志成分,HEAD(0):头节点, ATOM(1):原子节点, LIST(2):表节点
    RefGenListNode<ElemType> * nextLink;        //指向同一层中的下一个节点指针成分
```

```
    union
    {
        int ref;                                     //tag=HEAD,表头节点,存放引用数
        ElemType atom;                               //tag=ATOM,存放原子节点的数据成分
        RefGenListNode<ElemType> * subLink;          //tag=LIST,存放指向子表的指针成分
    };

//构造函数模板
    RefGenListNode(RefGenListNodeType tg =HEAD, RefGenListNode<ElemType> *
        next =NULL);                        //由标志 tg 和指针 next 构造引用数法广义表节点
};
```

对于前面的广义表 A、B、C、D 和 E,它们的存储结构如图 5.9 所示。

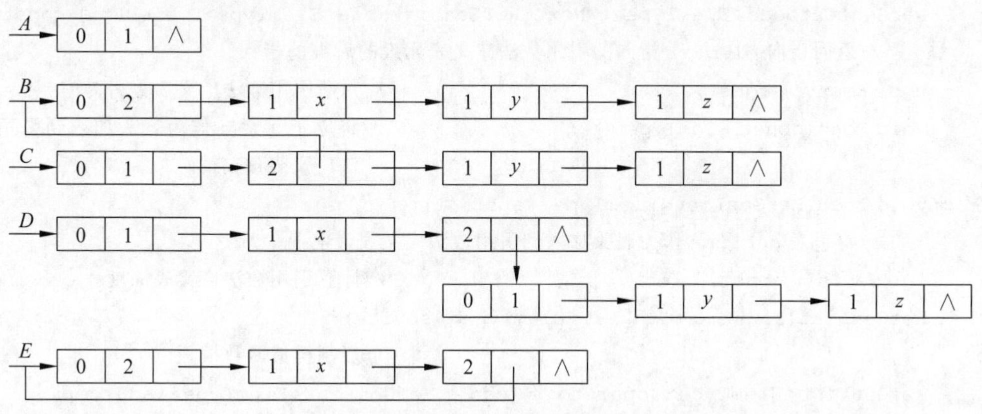

图 5.9　引用数法广义表的存储结构示意图

根据引用数法广义表的链式存储方法的实现思想,有如下的广义表类模板声明:

```
//引用数法广义表类模板
template<class ElemType>
class RefGenList
{
protected:
//数据成员
    RefGenListNode<ElemType> * head;            //引用数法广义表头指针

//辅助函数模板
    void ShowHelp(RefGenListNode<ElemType> * hd) const;
        //显示以 hd 为头节点的引用数法广义表
    int DepthHelp(const RefGenListNode<ElemType> * hd) const;
        //计算以 hd 为表头的引用数法广义表的深度
    void ClearHelp(RefGenListNode<ElemType> * hd);
        //释放以 hd 为表头的引用数法广义表结构
    void CopyHelp(const RefGenListNode<ElemType> * sourceHead,
         RefGenListNode<ElemType> * &targetHead);
```

```
        //将以 targetHead 为头节点的引用数法广义表复制成以 sourceHead 为头节点的引用
        //数法广义表
    void CreateHelp(RefGenListNode<ElemType> * &first);
        //创建以 first 为首元素节点的引用数法广义表

public:
//抽象数据类型方法声明及重载编译系统默认方法声明
    RefGenList();                                       //无参数的构造函数模板
    RefGenList(RefGenListNode<ElemType> * hd); //由头节点指针构造引用数法广义表
    virtual~RefGenList();                               //析构函数模板
    RefGenListNode<ElemType> * First() const;  //返回指向引用数法广义表的第一个元
                                                        //素的指针
    RefGenListNode<ElemType> * Next(RefGenListNode<ElemType> * elemPtr) const;
        //返回指向 elemPtr 指向的引用数法广义表元素的后继的指针
    bool Empty() const;                                 //判断引用数法广义表是否为空
    void Push(const ElemType &e);                       //将原子元素 e 作为表头加入到引用数
                                                          法广义表最前面
    void Push(RefGenList<ElemType> &subList);
        //将子表 subList 作为表头加入到引用数法广义表最前面
    int Depth() const;                                  //计算引用数法广义表深度
    RefGenList(const RefGenList<ElemType> &source);
                                                        //复制构造函数模板
    RefGenList<ElemType> &operator =(const RefGenList<ElemType> &source);
                                                        //重载赋值运算符
    void Input();                                       //输入广义表
    void Show() const;                                  //显示广义表
};
```

这种存储结构的广义表具有如下特点。

(1) 广义表中的所有表,不论是哪一层的子表,都带有一个头节点,空表也不例外,其优点是便于操作。特别是当一个广义表被其他表共享的时候,如果要删除这个表中的第一个元素,则必须删除此元素对应的节点。如果广义表的存储中不带表头节点,则必须检测所有的子表节点,逐一修改那些指向被删节点的指针,这样修改既费时,又容易发生遗漏。如果所有广义表都带有表头节点,在删除表中第一个表元素所在节点时,由于头节点不会发生变化,从而也就不用修改任何指向该子表的指针。

(2) 表中节点的层次分明。所有位于同一层的表元素,在其存储表示中也在同一层。

(3) 可以很容易计算出表的长度。从头节点开始,沿 nextLink 链能够找到的节点个数即为表的长度。

下面给出广义表类模板的部分成员函数模板的实现代码。

广义表类模板的构造函数模板实现构造一个只有头节点的空的广义表。

```
template <class ElemType>
RefGenList<ElemType>::RefGenList()
```

```
//操作结果:构造一个空引用数法广义表
{
    head =new RefGenListNode<ElemType>(HEAD);
    head->ref =1;                                        //引用数
}
```

根据表头的定义,求表头操作 First()就是要返回广义表中的第一个元素对应的节点,即头节点的 nextLink 指针指向的节点,具体实现如下:

```
template <class ElemType>
RefGenListNode<ElemType> * RefGenList<ElemType>::First() const
//操作结果:返回指向引用数法广义表的第一个元素的指针
{
    return head->nextLink;
}
```

由于 nextLink 指针指向节点的后继节点,所以 Next()操作的实现非常简单,具体如下:

```
template <class ElemType>
RefGenListNode<ElemType> * RefGenList<ElemType>::Next(
    RefGenListNode<ElemType> * elemPtr) const
//操作结果:返回 elemPtr 指向的引用数法广义表元素的后继
{
    return elemPtr->nextLink;
}
```

广义表具有递归特性,另外,从其结构看,任何一个非空的广义表的表元素,本身又是一个广义表。因此,广义表很多操作的实现,非常适合利用递归程序来完成。

设非空广义表为

$$GL=(a_1,a_2,\cdots,a_n)$$

其中,$a_i(i=1,2,\cdots,n)$或为原子或为子表,在递归编程时,对原子节点可执行处理,而对于子表节点可进行递归调用。

说明:广义表的递归编程只适合于非递归广义表,对于递归广义表会出现无限递归。

在复制一个广义表时,只要分别对其元素按类型进行复制,然后再将复制后的元素链接成广义表即可,具体实现如下:

```
template <class ElemType>
void RefGenList < ElemType >:: SourceHelp ( const  RefGenListNode < ElemType > *
sourceHead,
    RefGenListNode<ElemType> * &targetHead)
//初始条件: 以 sourceHead 为头节点的引用数法广义表为非递归引用数法广义表
//操作结果: 将以 sourceHead 为头节点的引用数法广义表复制成以 targetHead 为头节点的引用
//数法广义表
{
    targetHead =new RefGenListNode<ElemType>(HEAD);         //复制头节点
```

```
    RefGenListNode<ElemType> * targetPtr = targetHead;      //targetHead 的当前节点
    targetHead->ref = 1;                                     //引用数为 1
    for (RefGenListNode<ElemType> * tmpPtr = sourceHead->nextLink; temPtr != 
        NULL;
        temPtr = temPtr->nextLink)
    {   //扫描引用数法广义表 sourceHead 的顶层
        targetPtr = targetPtr->nextLink = new RefGenListNode<ElemType>(
            temPtr->tag);                                    //生成新节点
        if (temPtr->tag == LIST)
        {   //子表
            SourceHelp(temPtr->subLink, targetPtr->subLink);  //复制子表
        }
        else
        {   //原子节点
            targetPtr->atom = temPtr->atom;                  //复制原子节点
        }
    }
}

template <class ElemType>
RefGenList<ElemType>::RefGenList(const RefGenList<ElemType> &source)
//操作结果:由引用数法广义表 source 构造新引用数法广义表——复制构造函数
{
    CopyHelp(copy.head, head);
}
```

广义表的深度为广义表中括号的重数。广义表 GL=$(a_1,a_2,\cdots,a_n)$的深度 Depth(GL)递归定义如下。

递归终结：

$$\text{Depth(GL)}=1,\quad \text{GL 为空}$$
$$\text{Depth(GL)}=0,\quad \text{GL 为单元素}$$

递归计算：

$$\text{Depth(GL)}=1+\text{Max}\{\text{Depth}(a_i)\mid 1\leqslant i\leqslant n\},n>0$$

根据上面的分析，若 a_i 是原子，则 a_i 的深度为 0；若 a_i 是空表，则 a_i 的深度为 1；若 a_i 是子表，则需继续对 a_i 进行分解。由此可得如下的求广义表深度的算法。

```
template <class ElemType>
int RefGenList<ElemType>::DepthHelp(const RefGenListNode<ElemType> * hd) const
//操作结果:返回以 hd 为表头的引用数法广义表的深度
{
    if (hd->nextLink == NULL) return 1;                //空引用数法广义表的深度为 1

    int subMaxDepth = 0;                               //子表最大深度
```

```
    for (RefGenListNode<ElemType> * temPtr = hd->nextLink; temPtr != NULL;
        temPtr = temPtr->nextLink)
    {   //求子表的最大深度
        if (temPtr->tag == LIST)
        {   //子表
            int curSubDepth = DepthHelp(temPtr->subLink);     //子表深度
            if (subMaxDepth < curSubDepth) subMaxDepth = curSubDepth;
        }
    }
    return subMaxDepth + 1;                    //引用数法广义表深度为子表最大深度加 1
}

template <class ElemType>
int RefGenList<ElemType>::Depth() const
//操作结果:返回引用数法广义表深度
{
    return DepthHelp(head);
}
```

有时需要用户通过输入描述广义表的表达式来建立广义表，例如输入$(x,(y,z))$，将建立图 5.8 所示的广义表 D。

一般地，对于输入$(a_1,a_2,\cdots,a_n)$，$n\geqslant 0$，要建立由元素 $a_i(1\leqslant i\leqslant n)$组成的广义表，此广义表由左括号“(”开始，建立广义表的输入流是“$a_1,a_2,\cdots,a_n)$”，这时可先建立存放 a_1 的节点，然后再递归建立与“$a_1,a_2,\cdots,a_n)$”相对应的表尾，并将其链接到 a_1 节点的后面。如果 a_1 是子表，则 a_1 一定以左括号开始，a_1 的其他部分是“$a_{12},a_{13},\cdots,a_{1m})$”的形式，可以递归地建立相应的子表，如果是原子，则直接建立原子节点即可，所以左括号是广义表的标志，为简单起见，假设输入流是正确的，具体实现如下：

```
template<class ElemType>
void RefGenList<ElemType>::CreateHelp(RefGenListNode<ElemType> * &first)
//操作结果:创建以 first 为首元素节点的引用数法广义表
{
    char ch;                                             //字符变量
    cin >> ch;                                           //读入字符
    switch (ch)
    {
    case ')':                                            //引用数法广义表建立完毕
        return;                                          //结束
    case '(':                                            //子表
        //表头为子表
        first = new RefGenListNode<ElemType>(LIST);      //生成表节点

        RefGenListNode<ElemType> * subHead;              //子表指针
        subHead = new RefGenListNode<ElemType>(HEAD);    //生成子表的头节点
        subHead->ref = 1;                                //引用数为 1
```

```
            first->subLink = subHead;                      //subHead 为子表
            CreateHelp(subHead->nextLink);                 //递归建立子表

            cin >> ch;                                     //跳过','
            if (ch != ',') cin.putback(ch);                //如不是',',则将 ch 回退到输入流
            CreateHelp(first->nextLink);                   //建立引用数法广义表下一节点
            break;
        default:                                           //原子
            //表头为原子
            cin.putback(ch);                               //将 ch 回退到输入流
            ElemType amData;                               //原子节点数据
            cin >> amData;                                 //输入原子节点数据
            first = new RefGenListNode<ElemType>(ATOM);    //生成原表节点
            first->atom = amData;                          //原子节点数据

            cin >> ch;                                     //跳过','
            if (ch != ',') cin.putback(ch);                //如不是',',则将 ch 回退到输入流
            CreateHelp(first->nextLink);                   //建立引用数法广义表下一节点
            break;
        }
}

template<class ElemType>
void RefGenList<ElemType>::Input()
//操作结果:输入广义表
{
    char ch;                                               //字符变量
    head = new RefGenListNode<ElemType>(HEAD);             //生成引用数法广义表头节点
    head->ref = 1;                                         //引用数为 1

    cin >> ch;                                             //读入第一个'('
    RefGenList<ElemType>::CreateHelp(head->nextLink);
        //创建以 head->nextLink 为表头的引用数法广义表
}
```

在释放广义表节点时,如直接在物理上释放广义表节点,这时由于广义表具有元素共享性,可能还有其他广义表要引用被释放广义表的节点,因此在逻辑上释放广义表并不表示一定要在物理上释放节点。为了判断是否能在物理上释放一个广义表节点,可用引用数识别,引用数就是能访问广义表的广义表或指针个数。由于头节点的数据成分是空闲的,正好用来存放引用数。在释放广义表时,首先让引用数自减 1,如果引用数为 0,则在物理上释放节点。具体实现如下:

```
template <class ElemType>
void RefGenList<ElemType>::ClearHelp(RefGenListNode<ElemType> * hd)
//操作结果:释放以 hd 为表头的引用数法广义表结构
```

```
{
    hd->ref--;                                                  //引用数自减 1

    if (hd->ref ==0)
    {   //引用数为 0,释放节点所占用空间
        RefGenListNode<ElemType> * prePtr, * temPtr;   //临时变量
        for (prePtr =hd, temPtr =hd->nextLink;
            temPtr !=NULL; prePtr =temPtr, temPtr =temPtr->nextLink)
        {   //扫描引用数法广义表 hd 的顶层
            delete prePtr;                                      //释放 prePtr
            if (temPtr->tag ==LIST)
            {   //temPtr 为子表
                ClearHelp(temPtr->subLink);                     //释放子表
            }
        }
        delete prePtr;                                          //释放尾节点 prePtr
    }
}

template <class ElemType>
RefGenList<ElemType>::~RefGenList()
//操作结果:释放引用数法广义表结构——析构函数
{
    ClearHelp(head);
}
```

虽然用头节点和引用数解决了表共享的释放问题，但对于递归表，引用数不会为 0，例如图 5.9 中的表 E，引用数就为 2，这样就无法实现释放递归表 E 的目的，同时即使递归表 E 的引用数为 0，在释放时也会出现重复释放表节点的问题，因此如果不改变思想，递归表总会出现问题。可以这样来解决释放广义表的问题：建立一个全局广义表使用空间表对象，专门用于搜集指向广义表中节点的指针，用析构函数在程序结束时统一释放所有广义表节点，这样实现时，就不再需要引用数，头节点的数据部分为空，这样的广义表称为使用空间法广义表，前面的广义表 A、B、C、D 和 E，它们的存储结构如图 5.10 所示。

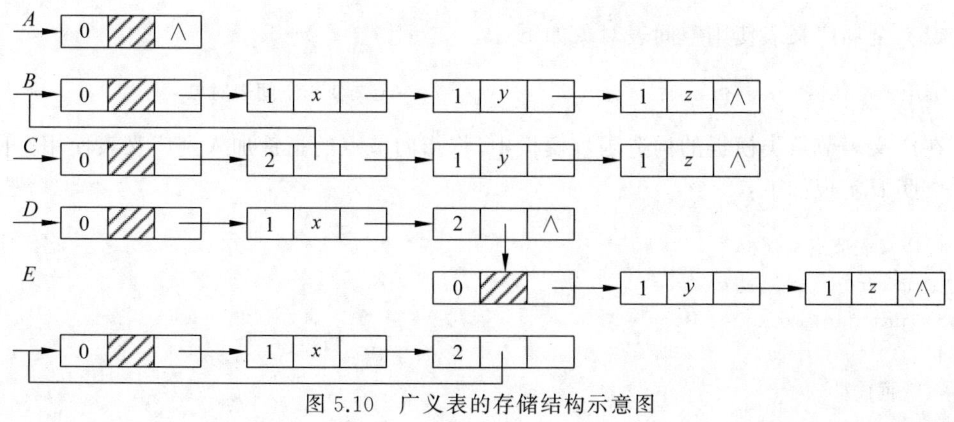

图 5.10　广义表的存储结构示意图

广义表使用空间表类及相关类声明如下：

```
//基类
struct Base
{
    virtual ~Base() {}                          //析构函数
};

//使用空间表类
class UseSpaceList
{
protected:
//数据成员
    Node<Base * > * head;                       //使用空间表头指针

public:
//方法
    UseSpaceList();                             //无参数的构造函数
    virtual ~UseSpaceList();                    //析构函数
    void Push(Base * nodePtr);                  //将指向节点的指针加入到使用空间表中
};
```

析构函数将释放广义表节点空间,具体实现如下：

```
UseSpaceList::~UseSpaceList()
//操作结果:释放节点占用存储空间
{
    while (head !=NULL)
    {   //循环释放节点空间
        delete head->data;                      //head->data 存储的是指向节点的指针
        Node<Base * > * temPtr =head;           //暂存 head
        head =head->next;                       //新的 head
        delete temPtr;                          //释放 temPtr
    }
}
```

定义全局广义表使用空间表对象如下：

```
UseSpaceList gUseSpaceList;                     //全局使用空间表对象
```

在广义表节点类模板的构造函数模板中,将指向节点的指针加入到广义表使用空间表。具体声明及实现如下：

```
//广义表节点类模板
template<class ElemType>
struct GenListNode: Base
{
//数据成员
```

```
    GenListNodeType tag;                    //标志,HEAD(0):头节点,ATOM(1):原子结
                                            //构, LIST(2):表节点
    GenListNode<ElemType> * nextLink;       //指向同一层中的下一个节点指针
    union
    {
        ElemType atom;                      //tag=ATOM,存放原子节点的数据值
        GenListNode<ElemType> * subLink;    //tag=LIST,存放指向子表的指针
    };

//成员函数模板
    GenListNode(GenListNodeType tg =HEAD, GenListNode<ElemType> * next =NULL);
        //由标志 tg 和指针 next 构造广义表节点——构造函数模板
    virtual ~GenListNode() { }              //析构函数模板
};

//广义表节点类模板的实现部分
template<class ElemType>
GenListNode<ElemType>::GenListNode(GenListNodeType tg, GenListNode<ElemType>
* next)
//操作结果:由标志 tg 和指针 next 构造广义表节点——构造函数模板
{
    tag =tg;                                //标志
    nextLink =next;                         //后继
    gUseSpaceList.Push(this);         //将指向当前节点的指针加入到广义表使用空间表中
}
```

对于广义表类模板,不再需要清除广义表的操作 ClearHelp(),同时析构函数模板不再释放广义表节点(此时析构函数为空操作),并且取消所有关于引用数 Ref 操作的语句;广义表节点类模板的其他部分与引用数法广义表节点类模板完全相同,此处从略;具体广义表类模板声明如下:

```
//广义表类模板
template<class ElemType>
class GenList
{
protected:
//数据成员
    GenListNode<ElemType> * head;           //广义表头指针

//辅助函数模板
    void ShowHelp(GenListNode<ElemType> * hd) const;
        //显示以 hd 为头节点的广义表
    int DepthHelp(const GenListNode<ElemType> * hd) const;
                                            //计算以 hd 为表头的广义表的深度
    void CopyHelp(const GenListNode<ElemType> * sourceHead,
```

```
		GenListNode<ElemType> * &targetHead);
		//将以 targetHead 为头节点的广义表复制成以 sourceHead 为头节点的广义表
	void CreateHelp(GenListNode<ElemType> * &first);
		//创建以 first 为首元素节点的广义表

public:
//抽象数据类型方法声明及重载编译系统默认方法声明
	GenList();                                          //无参数的构造函数模板
	GenList(GenListNode<ElemType> * hd);                //由头节点指针构造广义表
	virtual ~GenList(){};                               //析构函数模板
	GenListNode<ElemType> * First() const;              //返回广义表的第一个元素
	GenListNode<ElemType> * Next(GenListNode<ElemType> * elemPtr) const;
		//返回 elemPtr 指向的广义表元素的后继
	bool Empty() const;                                 //判断广义表是否为空
	void Push(const ElemType &e);                       //将原子元素 e 作为表头加入到广义表最
	                                                    //前面
	void Push(GenList<ElemType>&subList);               //将子表 subList 作为表头加入到广义表
	                                                    //最前面
	int Depth() const;                                  //计算广义表深度
	GenList(const GenList<ElemType>&source);            //复制构造函数模板
	GenList<ElemType>&operator =(const GenList<ElemType>&source);
	                                                    //重载赋值运算符
	void Input();                                       //输入广义表
	void Show() const;                                  //显示广义表
};
```

说明：使用空间表法广义表具有明显优势，并使编程更简洁，建议读者今后都采用此方法处理广义表。但使用空间表法广义表是在程序结束时释放节点的，也就是采用动态方式生成节点，采用静态方式释放节点，如将引用数法与使用空间表法结合起来表示广义表，将是一种完美的方案。读者可作为练习加以实现。

**5.4 实例研究：稳定伴侣问题

设有 n 个男孩 $m_1,m_2,\cdots,m_n$ 与 n 个女孩 $w_1,w_2,\cdots,w_n$。每一个男孩 m_i 都依照他喜爱这 n 个女孩的程度列成一张表，最喜欢的女孩排在第 1 位，最不喜爱的女孩排在第 n 位；同样地，每一个女孩 w_i 也依照她喜爱 n 个男孩的程度列成一张表。要求把男孩与女孩进行配对，使得：如果 m_p 与 w_q 在一对的话，那么满足如下条件：

(1) 对 m_p 的喜爱表格中排在 w_q 之前的女孩而言，她的伴侣在她的表格中一定排在 m_p 之前。

(2) 对 w_q 的喜爱表格中排在 m_p 之前的男孩而言，他的伴侣在他的表格中一定排在 w_q 之前。

为了更好地理解，先讲不稳定的情况：如果 m 的女伴记成 $P_{\text{man}}(m)$，而 w 的男伴记成

$P_{\text{woman}}(w)$。如果有一对男孩与女孩 m 与 w,他们不是伴侣,但 m 比较中意 w 而不是 $P_{\text{man}}(m)$,同时 w 比较中意 m 而不是 $P_{\text{woman}}(w)$,这时 m 与 w 就一定心不甘情不愿了,这就是不稳定的状况。稳定伴侣的问题,就是要在喜爱的表格中配出最合适、稳定的伴侣,而不是制造一对对怨偶。

下面是一个完整的例子。假设男孩与女孩都用编号 1～4 表示,其喜爱表格如表 5.3 所示。

表 5.3　男孩与女孩喜爱表

男孩				女孩			
2	4	1	3	2	1	4	3
3	1	4	2	4	3	1	2
2	3	1	4	1	4	3	2
4	1	3	2	2	1	4	3

由表 5.3 可知,男孩 1 最中意的女孩是 2,其次是 4 与 1,最后是 3;对于女孩 3 而言,她最中意 1,其次是 4 与 3,最后是 2,对于这两份喜爱表格而言,稳定伴侣如表 5.4 所示。

表 5.4　稳定伴侣表

男孩	女孩
1	4
2	3
3	2
4	1

男孩 1 与女孩 4 配对,他们是不是怨偶呢？在男孩 1 喜欢表格中,排在女孩 4 之前的是女孩 2,而女孩 2 的伴侣是男孩 3,在女孩 2 的喜爱表格中男孩 3 排在男孩 1 的前面;再看女孩 4,在她的喜爱表格中排在男孩 1 之前的是男孩 2,而男孩 2 伴侣是女孩 3,在男孩 2 的喜爱表格中女孩 3 排在女孩 4 的前面,于是都符合了稳定的条件。用同样的方法可以查证其他 3 对伴侣。

在编写程序时,可以用男孩为主,对女孩求婚,而女孩由她的喜爱表格来决定接受还是不接受;如果可以接受,就不妨先接受,等到有更中意的男孩求婚了,就中止上一个婚约(不是现实世界,不必太拘泥),另结新欢。

首先假设所有男孩与女孩都没有对象,然后就一个个地处理男孩(叫作男孩为主的稳定伴侣解)。随便找一个还没有对象的男孩 m,再找出在该男孩的喜爱表格中下一个女孩 w(第一次是最中意的,第二次是次中意……),看看这个女孩是否有对象,如果没有,就与她配成一对。如果这个女孩已经有了对象,就看她能否找到更好的对象。这件事不难做,如果 w 目前的对象是 m',而在她的喜爱表格中 m' 排在 m 前面,那么到目前为止,w 还是在最佳的状况,但若是 m 排在 m' 之前,那么原来 w 与 m' 的对象就不是最好的了。在这种情况下,就把 w 与 m' 的婚约解除,还 m' 之一个自由身,而让 w 与 m 配对就行了;反之,若在 w 的表格中 m' 排在 m 前面，m 自己就高攀不上 w 了，所以就要找他心目中的下一位白雪公主。

这样男孩不断地“降格以求”，而女孩则不断“升高水平”，到最后就会达到一个均衡的状况，这就是“稳定伴侣”的解。

在程序实现中用栈 waiting 存储没有婚约的男孩，当男孩变成单身时只需进栈即可，假设每个男孩都知道下一次(如果有的话)要求婚哪一个女孩，用一个数组 next[]记录下一个对象。在程序中，man 与 woman 分别是男孩与女孩的喜爱表格，man(i,)与 woman(j,)表示男孩 i 与女孩 j 的喜爱表。所以，如果令 next[i]表示男孩 i 在下一次要求婚的对象是其表格中第几个的话，那么就是向女孩 man(i, next[i])求婚。

在上面提到的解法中也指出：当男孩 m 挑中女孩 w，但 w 却已有对象 m' 时，要知道在 w 的喜爱表格中 m 是否排在 m' 的前面。这不难做，最笨的方法是用 m 与 woman 的元素一个一个比对，到找出等于 m 的元素为止，假设是在第 j 列；再用同样方法去找出 m' 在第 j' 列，如果 $j<j'$，那么 w 就比较中意 m 了。不过，这太浪费时间了，可以准备另一个矩阵 rank，如果 woman(w, j)=m，也就是女孩 w 的第 j 个选择是男孩 m 时，就令 rank(w, m)=j，表示男孩 m 在女孩 w 的喜爱表格中的第 j 位。

程序要返回配对的结果，为了查阅方便，传回两个一维数组 manEngagement 与 womanEngagement，manEngagement[i]=j 表示男孩 i 与女孩 j 配对，而 womanEngagement 则是以女孩为主的结果，当 manEngagement[i]=j 时，就一定会有 womanEngagement[j]=i。

程序中的 for 循环每次取出栈顶的男孩，赋值给 boy，然后找出 boy 的喜爱表格中的下一个女孩，赋值给 girl，接着，如果 girl 目前没有婚约对象，就把 boy 与 girl 配成一对，再把这个男孩从栈中删除。但若 girl 已有婚约对象，她的婚约对象就存放在 womanEngagement[girl]中，因此就得在 rank 中查找一下究竟 girl 比较中意 boy 还是中意现任的男孩 womanEngagement[girl]。如果是前者，girl 就与 womanEngagement[girl]解除婚约，然后 boy 与 girl 配成一对，程序的实现方法是先从栈 waiting 中删除男孩 boy(表示男孩 boy 将有婚约了)，再将男孩 womanEngagement[girl]入栈(表示变回自由身)。

算法实现如下：

```
//文件路径名:stable_marrige\stable_marrige.h
#define MAX_SIZE 100                    //最大男孩或女孩的人数
#define FREE -1                         //表示某个男孩或女孩还没有婚约

void StableMarrige(Matrix<int>&man, Matrix<int>&woman, int n,
    int manEngagement[], int womanEngagement[])
//初始条件: 男孩的喜爱表格 man, 女孩的喜爱表格 woman, 男孩或女孩的人数 n
//操作结果: 返回稳定的男孩的婚约对象 manEngagement 与女孩的婚约对象 womanEngagement
{
    Matrix<int>rank(n, n);              //如果 woman(w, j)=m,则 rank(w, m)=j
    LinkStack<int>waiting;              //暂存等待找对象的男孩的栈
    int next[MAX_SIZE +1];              //next[i]表示第 i 个男孩在下一次找的对象是表格中
                                        //的第几个女孩
    int i, j;                           //工作变量

    for (i=1; i <=n; i++)
```

```
    { //对于第 i 个男孩
        waiting.Push(i);                //男孩 i 进入等待栈
        next[i] =1;                     //刚开始时,男孩 i 找的对象是表格中的第 1 个女孩
    }

    for (i =1; i <=n; i++)
    {   //对于第 i 个女孩
        for(j =1; j <=n; j++)
        {   //对于第 j 个男孩
            int w =woman(i, j);         //如果 woman(i, j) =w
            rank(i, w) =j;              //那么 rank(i, w) =j
        }
    }

    for (i =1; i <=n; i++)
        womanEngagement[i] =FREE;                   //表示所有女孩刚开始时都没有婚约

    while (!waiting.Empty())
    {   //如果存在男孩还没婚约,则循环找婚约对象
        int boy, girl;
        waiting.Top(boy);                           //取出等待婚约的男孩
        girl =man(boy, next[boy]++);                //当前男孩 boy 中意的女孩
        if (womanEngagement[girl] ==FREE)
        {   //当前女孩 girl 还没有婚约
            womanEngagement[girl] =boy;             //女孩 girl 与男孩 boy
            manEngagement[boy] =girl;               //配对
            waiting.Pop(boy);                       //男孩 boy 出栈
        }
        else if (rank(girl, boy) <rank(girl, womanEngagement[girl]))
        {   //女孩 girl 与男孩 womanEngagement[girl]解除婚约,改与男孩 boy 配对
            waiting.Pop(boy);                       //男孩 boy 出栈,表示 boy 将有婚约了
            waiting.Push(womanEngagement[girl]);    //男孩 womanEngagement[girl]重回
                                                    //等待栈中
            womanEngagement[girl] =boy;             //女孩 girl 与男孩 boy
            manEngagement[boy] =girl;               //配对
        }
    }
}
```

5.5 深入学习导读

本章数组类定义的思想来源于严蔚敏、吴伟民编著的《数据结构(C 语言版)》[12],定义时没有重载下标运算符[]。要重载此运算符,就需要定义一维数组,二维数组……可参考 Sartaj Sahni 著,汪诗林、孙晓东译的《数据结构、算法与应用: C ++ 语言描述》[6] (ADTs,

Data Structures, Algorithms, and Application in C++)与 Bruno R. Preiss 著和胡广斌、王崧、惠民等译的《数据结构与算法——面向对象的 C++ 设计模式》[7] (Data Structures and Algorithms with Object-Oriented Design Patterns in C++)。

本章数组类的定义与实现中用到了变长参数,可参考陈良银、游洪跃、李旭伟主编的《C 语言程序设计(C99 版)》[20]。

广义表的引用数法存储结构的思想参考了殷人昆、陶永雷、谢若阳、盛绚华编著的《数据结构(用面向对象方法与 C++ 描述)》[13] 与金远平编著的《数据结构(C++ 描述)》[14]。本章介绍的广义表使用空间表存储结构是作者独自开发的,读者可将引用数法与使用空间表法结合起来实现广义表存储结构效果更好。

本章稳定伴侣问题的思想来源于冼镜光编著的《C 语言名题精选百则技巧篇》[21]。

5.6 习 题

1. 写出下面稀疏矩阵的三元组表。

$$\begin{bmatrix} 0 & 2 & 0 & 0 & 0 \\ 0 & 0 & 0 & 4 & 0 \\ 0 & 0 & 0 & 0 & 0 \\ 3 & 0 & 0 & 0 & 1 \\ 0 & 0 & 0 & 5 & 0 \end{bmatrix}$$

2. 画出广义表 $D(A(),B(e),C(a,L(b,c,d)))$存储结构的图形表示。

3. 试求广义表 $L=(a,(a,b),c,d,((i,j),k))$的长度与深度。

**4. 已知有一个 $n \times n$ 的上三角矩阵 $\boldsymbol{a}$ 的上三角元素已按行主序连续存放在数组 b 中。设计一个算法将 b 中元素按列主序连续存放至数组 c 中。

例如,当 $n=3$ 时,$\boldsymbol{a}$、b、c 的值如下:

$$\boldsymbol{a}=\begin{bmatrix} 1 & 2 & 4 \\ 0 & 3 & 5 \\ 0 & 0 & 6 \end{bmatrix}$$

$$b=(1,2,4,3,5,6)$$

$$c=(1,2,3,4,5,6)$$

**5. 设计一个将整数数组 $a[0:n-1]$中所有奇数移到所有偶数之前的算法。要求不另外增加存储空间,时间复杂度为 $O(n)$。

**6. 试按列顺方式映射,实现下三角矩阵。

**7. 试按列顺方式映射,实现上三角矩阵。

**8. 试采用以女孩为主,向男孩求婚的方式实现稳定伴侣问题求解。

第 6 章　树和二叉树

前面几章重点讨论的是线性结构。本章讨论的是一种常用的非线性结构——树。客观世界中,许多事物的个体之间的关系呈现树状,例如家族关系、部门机构设置等。该结构中的元素之间有分支和层次关系,类似于自然界的树。本章首先介绍树和二叉树的一些基本概念及其操作,然后介绍树的应用实例。

6.1　树的基本概念

6.1.1　树的定义

树是 n 个元素的有限集合,其中 $n \geqslant 0$。如果 $n=0$,称为空树。如果 $n>0$,则在这棵非空树中的节点有如下特征。

(1) 有且仅有一个根(root)节点,该节点只有直接后继,但没有直接前驱。

(2) 当 $n>1$ 时,其余节点可分为 $m(m>0)$个互不相交的有限集合 $T_1, T_2, \cdots, T_m$,其中每一个集合本身又是一棵树,这些树称为根的子树。每棵子树的根节点有且仅有一个直接前驱,即根节点,但可以有 0 或多个直接后继。

例如,图 6.1(a)是空树,没有任何节点;图 6.1(b)是只有一个根节点的树,它没有子树;图 6.1(c)是一棵有 12 个节点的树,其中 A 是根节点,其余节点分成 3 个互不相交的子集:$T_1=\{B,E,F\}, T_2=\{C,G,K,L\}, T_3=\{D,H,I,J\}$;$T_1$、$T_2$ 和 T_3 都是根 A 的子树,且本身也是一棵树。例如,T_1 的根为 B,其余节点分为两个互不相交的子集:$T_{11}=\{E\}$,$T_{12}=\{F\}$;T_{11} 和 T_{12} 都是根 B 的子树,T_{11} 中 E 是根,T_{12} 中 F 是根。

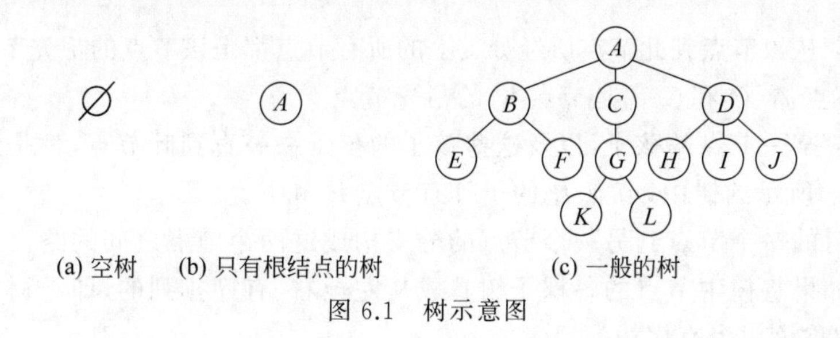

(a) 空树　(b) 只有根结点的树　(c) 一般的树

图 6.1　树示意图

可以看出,树的定义是一个递归定义,也就是在其定义中又用到了树的概念。

6.1.2　基本术语

树状结构比线性结构复杂得多。在正式学习前要先了解一些术语,以便理解。下面以图 6.1 所示的树为例,对这些术语进行介绍,它们在后续章节中会经常遇到。

节点:树中的每个元素分别对应一个节点,节点包含数据元素值及其逻辑关系信息,如若干指向其子树的指针。图 6.1(a)中的树有 0 个节点,图 6.1(b)中的树共有 1 个节点,而

图 6.1(c)中的树共有 12 个节点。

节点的度：节点拥有子树的数目称为节点的度。在图 6.1(c)所示的树中，根节点 A 的度为 3，节点 B 的度为 2，而节点 E、F、H、I、J、K 和 L 都没有子树，所以它们的度都是 0。

树的度：树中所有节点的度取最大值就是这棵树的度。图 6.1(c)所示的树的度为 3。

叶节点：度为 0 的节点，称为叶节点，又称终端节点、外部节点。图 6.1(c)所示树中，节点 E、F、H、I、J、K 和 L 都是叶节点。

分支节点：度大于 0 的节点，即除叶节点外的其他节点，称为分支节点，又称非终端节点、内部节点。图 6.1(c)所示树中的节点 A、B、C、D 和 G 都是分支节点。

孩子节点和双亲节点：若节点有子树，则子树的根节点称为此节点的孩子节点，简称为孩子。反过来，此节点称为孩子节点的双亲节点，简称为双亲。图 6.1(c)所示的树中，B、C 和 D 分别为 A 的子树的根，则 B、C 和 D 都是 A 的孩子节点，而 A 则是 B、C 和 D 的双亲节点。叶节点没有孩子，整棵树的根没有双亲。

节点的层次：树状结构的元素之间有明显的层次关系，因此有节点层次的概念。节点的层次从根开始定义起，根节点的层次为 1，其孩子节点的层次为 2……树中任意一个节点的层次为其双亲节点的层次加 1。图 6.1(c)所示的树中，节点 A 的层次为 1，而节点 K 和 L 的层次为 4。

树的深度：树中叶节点所在的最大层次称为树的深度，简称树的深，又称树的高度，简称树的高。空树的深度为 0，只有一个根节点的树的深度为 1，图 6.1(c)所示树的深度为 4。

兄弟节点：同一双亲的孩子节点之间互称为兄弟节点。图 6.1(c)所示的树中，节点 B、C 和 D 互为兄弟，节点 K 和 L 互为兄弟，但节点 F 和 G 不是兄弟，因为它们的双亲不是同一个节点。

堂兄弟节点：在同一层，但双亲不同的节点称堂兄弟，例如节点 G 是节点 E、F、H、I 和 J 的堂兄弟节点。

祖先节点：从根节点到此节点所经分支上的所有节点都是该节点的祖先节点。图 6.1(c)所示的树中，节点 A、C 和 G 都是节点 K 的祖先节点。

子孙节点：某一节点的孩子，以及这些孩子的孩子……直到叶节点，都是此节点的子孙节点。图 6.1(c)所示的树中，节点 B 的子孙有节点 E 和 F。

路径：从树的一个节点到另一个节点的分支构成这两个节点之间的路径。

有序树：如果将树中节点的各棵子树看成从左至右、有序排列的，即子树之间存在确定的次序关系，则称该树为有序树。

无序树：若根节点的各棵子树之间不存在确定的次序关系，可以互相交换位置，则称该树为无序树。

森林：$m(m \geqslant 0)$棵互不相交的树的集合构成森林。注意，在现实世界中，森林由很多树构成，但在数据结构中，0 棵或 1 棵树都可组成森林。对树中的每个节点而言，其子树的集合即为森林，通常称为子树森林。

6.2 二 叉 树

二叉树是一种特殊的树，比较适合于计算机处理。任何树和森林都可以转化为二叉树。关于二叉树的存储和操作是本章的重点。

6.2.1 二叉树的定义

二叉树或为空树，或是由一个根节点加上两棵分别称为左子树和右子树的、互不相交的二叉树组成。可以看出，二叉树的特点是每个节点至多只有两棵子树（即二叉树中不存在度大于 2 的节点），二叉树的子树有左右之分，次序不能任意颠倒。因此，二叉树是有序树。从定义可以看出，二叉树可以有 5 种基本形态，如图 6.2 所示。图 6.2(a)表示一棵空二叉树；图 6.2(b)表示一棵只有根节点的二叉树；图 6.2(c)表示一棵左子树非空而右子树为空的二叉树；图 6.2(d) 表示一棵左子树为空而右子树非空的二叉树；图 6.2(e) 表示一棵左右子树都非空的二叉树。任意一棵二叉树肯定是这 5 种基本形态中的某一种。

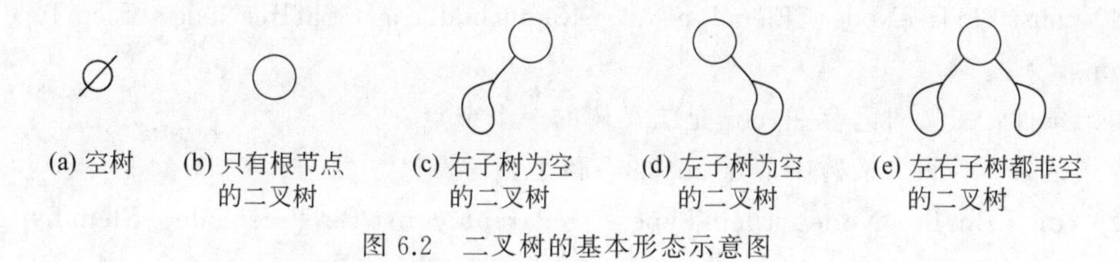

图 6.2 二叉树的基本形态示意图

在实际应用中，二叉树的基本操作如下。

1) const BinTreeNode<ElemType> * GetRoot() const

初始条件：二叉树已存在。

操作结果：返回二叉树的根。

2) bool Empty() const

初始条件：二叉树已存在。

操作结果：如二叉树为空，则返回 true，否则返回 false。

3) bool GetElem(const TreeNode<ElemType> * cur, ElemType &*e*) const

初始条件：二叉树已存在，cur 为二叉树的一个节点。

操作结果：用 *e* 返回节点 cur 的元素值，如果不存在节点 cur，函数返回 false，否则返回 true。

4) bool SetElem(TreeNode<ElemType> * cur, const ElemType &*e*)

初始条件：二叉树已存在，cur 为二叉树的一个节点。

操作结果：如果不存在节点 cur，则返回 false，否则返回 true，并将节点 cur 的元素值设置为 *e*。

5) void InOrder(void (* visit)(const ElemType &)) const

初始条件：二叉树已存在。

操作结果：中序遍历二叉树，对每个节点调用函数(* visit)。

6) void PreOrder(void (* visit)(const ElemType &)) const

初始条件：二叉树已存在。

操作结果：先序遍历二叉树，对每个节点调用函数(＊visit)。

7) void PostOrder(void (＊visit)(const ElemType &)) const

初始条件：二叉树已存在。

操作结果：后序遍历二叉树，对每个节点调用函数(＊visit)。

8) void LevelOrder(void (＊visit)(const ElemType &)) const

初始条件：二叉树已存在。

操作结果：层次遍历二叉树，对每个节点调用函数(＊visit)。

9) int NodeCount() const

初始条件：二叉树已存在。

操作结果：返回二叉树的节点个数。

10) const BinTreeNode<ElemType> ＊LeftChild(const BinTreeNode<ElemType> ＊cur) const

初始条件：二叉树已存在，cur 是二叉树的一个节点。

操作结果：返回二叉树中节点 cur 的左孩子。

11) const BinTreeNode<ElemType> ＊RightChild(const BinTreeNode<ElemType> ＊cur) const

初始条件：二叉树已存在，cur 是二叉树的一个节点。

操作结果：返回二叉树中节点 cur 的右孩子。

12) const BinTreeNode<ElemType> ＊Parent(const BinTreeNode<ElemType> ＊cur) const

初始条件：二叉树已存在，cur 是二叉树的一个节点。

操作结果：返回二叉树中节点 cur 的双亲节点。

13) void InsertLeftChild(BinTreeNode<ElemType> ＊cur, const ElemType &*e*)

初始条件：二叉树已存在，cur 是二叉树的一个节点，*e* 为一个数据元素，并且 cur 非空。

操作结果：插入 *e* 为 cur 的左孩子，如果 cur 的左孩子非空，则 cur 原有左子树成为 *e* 的左子树。

14) void InsertRightChild(BinTreeNode<ElemType> ＊cur, const ElemType &*e*)

初始条件：二叉树已存在，cur 是二叉树的一个节点，*e* 为一个数据元素，并且 cur 非空。

操作结果：插入 *e* 为 cur 的右孩子，如果 cur 的右孩子非空，则 cur 原有右子树成为 *e* 的右子树。

15) void DeleteLeftChild(BinTreeNode<ElemType> ＊cur)

初始条件：二叉树已存在，cur 是二叉树的一个节点。

操作结果：删除二叉树节点 cur 的左子树。

16) void DeleteRightChild(BinTreeNode<ElemType> ＊cur)

初始条件：二叉树已存在，cur 是二叉树的一个节点。

操作结果：删除二叉树节点 cur 的右子树。

17) int Height() const

初始条件：二叉树已存在。

操作结果：返回二叉树的高。

6.2.2 二叉树的性质

二叉树的结构比较特殊，具有如下一些性质。

性质 1 在二叉树的第 $i(i \geqslant 1)$ 层上最多有 2^{i-1} 个节点。

可以用数学归纳法来证明这个性质。

初始情况：当 $i=1$ 时，二叉树最多只有一个根节点，所以节点数与 2^{i-1} 相等，结论成立。

归纳假设：假设对所有的 j，当 $1 \leqslant j < i$ 时，命题成立。则当 $j=i-1$ 时，第 j 层最多有 $2^{j-1}=2^{i-2}$ 个节点。

归纳证明：当 $j=i$ 时，由于二叉树上每个节点最多只有两个孩子节点，则第 i 层的节点数最多是第 $i-1$ 层上节点数的 2 倍，也就是第 i 层的节点数小于或等于 $2 \times 2^{i-2}=2^{i-1}$，结论成立。

性质 2 深度为 $k(k \geqslant 1)$ 的二叉树上至多有 2^k-1 个节点。

此性质的证明可以基于性质 1，深度为 k 的二叉树上的节点数至多为

$$\sum_{i=1}^{k} \text{第 } i \text{ 层最大节点数} = \sum_{i=1}^{k} 2^{i-1} = 2^i - 1$$

性质 3 对任何一棵二叉树，若它含有 n_0 个叶节点，n_2 个度为 2 的节点，则必存在关系式：$n_0=n_2+1$。

下面根据二叉树的定义以及树状结构中节点和边(分支)的关系进行证明。

设二叉树上节点总数为 n，用 n_i 表示二叉树中度为 i 的节点个数($i=0$、1 和 2)。根据二叉树的定义可知

$$n = n_0 + n_1 + n_2 \tag{6.1}$$

再来分析树状结构中节点数目 n 和边(分支)数目 b 的关系。树状结构中除根节点之外的每个节点，都有且仅有一个双亲节点，从而都有且仅有一条从双亲节点进入的边，所以有 $n-1=b$，这个结论对于二叉树同样成立。在二叉树中，每个度为 0 的节点发出 0 条边，每个度为 1 的节点发出 1 条边，每个度为 2 的节点发出 2 条边，所以二叉树上分支总数 $b=n_1+2n_2$。根据节点数目和分支数目的关系，可知

$$n - 1 = n_1 + 2n_2 \tag{6.2}$$

由式(6.1)和式(6.2)易得 $n_0=n_2+1$。

下面介绍两种特殊形状的二叉树。

满二叉树：只含度为 0 和 2 的节点且度为 0 的节点只出现在最后一层的二叉树称为满二叉树。即在满二叉树中，除最后一层外，其他各层上的每个节点的度都为 2。空二叉树及只有一个根节点的二叉树也是满二叉树。在满二叉树中，每层节点都达到了最大个数，所以深度为 $k(k \geqslant 1)$ 的满二叉树有 2^k-1 个节点。

完全二叉树：对任意一棵满二叉树，从它的最后一层的最右节点起，按从下到上、从右到左的次序，去掉若干个节点后，所得到的二叉树称为完全二叉树。

特殊形态的二叉树如图 6.3 所示，其中图 6.3(a)是满二叉树，图 6.3(b)是完全二叉树，图 6.3(c)和图 6.3(d)是非完全二叉树。

性质 4 具有 n 个节点的完全二叉树的深度为 $\lfloor \mathrm{lb} n \rfloor + 1$。

设完全二叉树的深度为 k，根据性质 2 和完全二叉树的定义可知

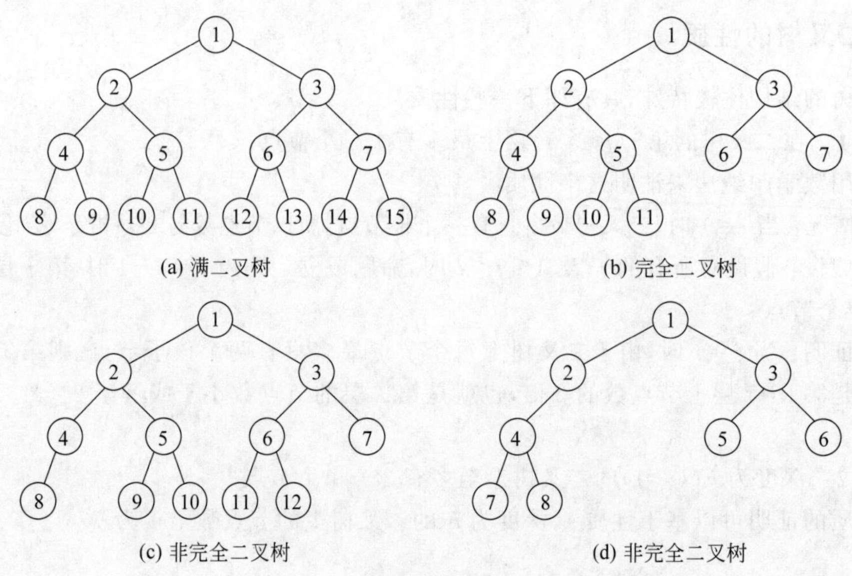

图 6.3　特殊形态二叉树示意图

$$2^k - 1 \leqslant n < 2^k$$

各项取以 2 为底的对数可知

$$k - 1 \leqslant \mathrm{lb} n < k$$

由于 k 为整数，因此，$k = \lfloor \mathrm{lb} n \rfloor + 1$。

说明：符号$\lfloor x \rfloor$表示不大于 x 的最大整数，一般称为下取整，例如$\lfloor 2.99 \rfloor = 2$；同样地，符号$\lceil x \rceil$表示不小于 x 的最小整数，一般称为上取整，例如$\lceil 20.01 \rceil = 21$。

性质 5　若对含有 n 个节点的完全二叉树，按照从上到下、从左至右的次序进行 $1 \sim n$ 的编号，对完全二叉树中任意一个编号为 i 的节点，简称节点 i，有以下关系：

(1) 若 $i=1$，则节点 i 是二叉树的根，无双亲节点；若 $i>1$，则节点$\left\lfloor \frac{i}{2} \right\rfloor$为双亲节点；

(2) 若 $n<2i$，则节点 i 无左孩子，否则，节点 $2i$ 为左孩子；

(3) 若 $n<2i+1$，则节点 i 无右孩子，否则节点 $2i+1$ 为右孩子。

先证明(2)和(3)，然后再由(2)和(3)推导(1)。

当 $i=1$ 时，由完全二叉树的定义可知，如果有左孩子，则左孩子的编号为 2；如果有右孩子，则右孩子的编号为 3；如果节点 2 不存在，也就是 $n<2$，这时节点 i 便无左孩子；同样地，如果节点 3 不存在，也就是 $n<3$，这时节点 i 便无右孩子。

当 $i>1$ 时，分两种情况进行讨论。

(1) 节点 i 为某层上的第一个节点，设为第 j 层的第一个节点，由完全二叉树的定义可知第 j 层的第一个节点为节点 2^{j-1}，也就是 $i=2^{j-1}$，这时节点 i 左孩子为第 $j+1$ 层的第一个节点，编号为 $2^j = 2 \times 2^{j-1} = 2i$，如果 $n<2i$，则无左孩子；节点 i 的右孩子是第 $j+1$ 层的第二个节点，其编号为 $2i+1$，如果 $n<2i+1$，则无右孩子。

(2) 节点 i 为某层上除第一个节点外的其他节点，设为第 j 层的一个节点，假设 $n>2i+1$，节点 i 的左孩子为节点 $2i$，右孩子为节点 $2i+1$。对于节点 $i+1$，如果与节点 i 在同一层上，则节点 $i+1$ 的左孩子应与节点 i 的右孩子相邻，编号应为 $2i+1+1=2(i+1)$，右孩子应与左孩子相邻，编号应为 $2(i+1)+1$，如图 6.4(a)所示，也就是对于节点 $i+1$ 性质 5(2)与性质 5(3)结论也成立。如果节点 i 与节点 $i+1$ 不在同一层上，则节点 $i+1$ 为第 $j+1$ 层的第一个节点，如图 6.4(b)所示，按照上面第(1)种情况的讨论可知性质 5(2)与性质 5(3)也成立。由数学归纳法可知，性质 5(2)与性质 5(3)成立。

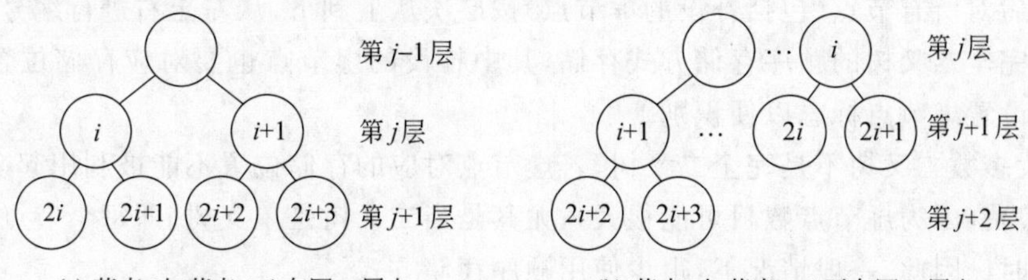

图 6.4　完全二叉树节点 i 与节点 $i+1$ 左和右孩子示意图

下面再来推导性质 5(1)。如果 $i=1$，节点 1 显然为根节点，根节点无双亲；如果 $i>1$，设节点 i 的双亲为节点 j，如果节点 i 为节点 j 的左孩子，这时 $i=2j$，i 为偶数，可得

$$j=\frac{i}{2}=\left\lfloor\frac{i}{2}\right\rfloor$$

如果节点 i 为节点 j 的右孩子，这时 $i=2j+1$，i 为奇数，可得

$$j=\frac{i-1}{2}=\left\lfloor\frac{i}{2}\right\rfloor$$

可知性质 5(1)也成立。

6.2.3　二叉树的存储结构

二叉树的存储结构应能体现二叉树的逻辑关系。在具体的应用中，可能需要从任意一个节点直接访问它的后继(即孩子节点)、前驱(即双亲节点)或同时直接访问它的双亲和孩子节点。在设计二叉树的存储结构时，应考虑不同的访问要求进行存储设计。

1. 顺序存储结构

这是一种按照节点的层次从上到下、从左至右的次序将完全二叉树节点存储在一片连续存储区域内的存储方法。存储时只保存各节点的值，由二叉树性质 5 可知，对于完全二叉树，若已知节点的编号，则可推算出它的双亲和孩子节点的编号，所以只需将完全二叉树的各节点按照编号的次序 $1\sim n$ 依次存储到数组的 $1\sim n$ 位置，就很容易根据节点在数组中的存储位置计算出它的双亲和孩子节点的存储位置。图 6.5 是这种存储结构的一个示例。

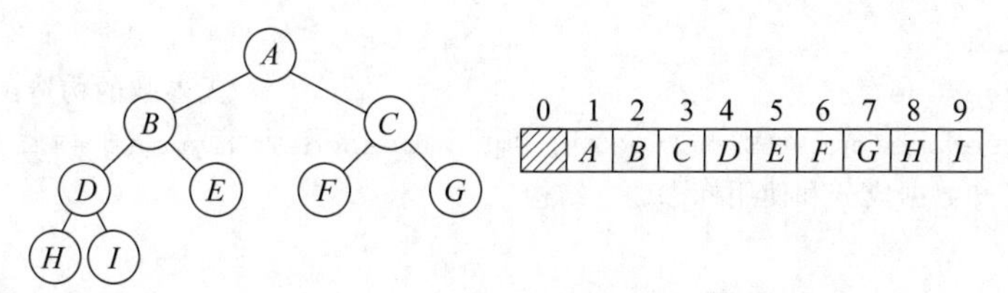

图 6.5　完全二叉树的顺序存储

在这种存储方式中，节点之间的逻辑结构用存储位置体现，对于完全二叉树，这是一种很经济的存储方式。

对于一般二叉树，因为性质 5 只对完全二叉树成立，而对于一般二叉树，若要利用性质 5 找到某个节点的双亲和孩子节点，则需在该二叉树中补设一些虚节点，使其成为一棵完全二叉树，然后对所有节点(包括补设的虚节点)按层次从上到下、从左至右进行编号。这样处理后，再按完全二叉树的顺序存储方式存储，其中补设的虚节点也要对应存储位置，占用存储空间，需设置虚节点标志以便识别。

由于大多数二叉树不是完全二叉树，若虚节点对应的存储位置不能被利用起来，则是一种很大的浪费(因为虚节点数目可能很大)，尤其是当二叉树是单支树(即每个节点只有一个孩子节点)时。因此，一般情况下，很少使用顺序存储方式。

图 6.6 是一般二叉树的顺序存储结构的一个示例，其中 ∧ 表示虚节点。

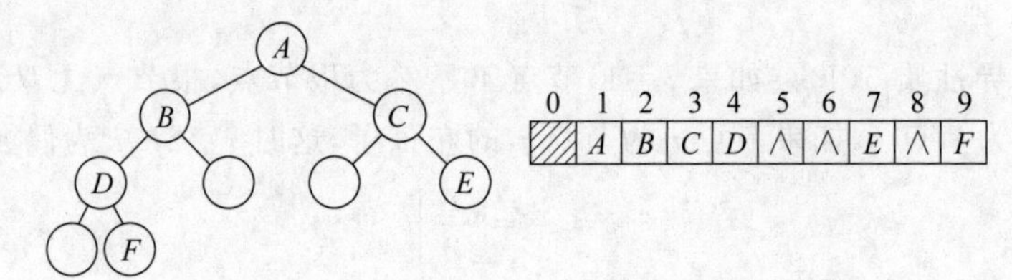

图 6.6　一般二叉树的顺序存储结构示例

在实现二叉树的顺序存储结构时，在每个节点处增加一个标志成分 tag 用于标识此节点是否为空(虚)，同时为了编程实现方便起见，增加一个用于表示根节点的 root 成分，具体类模板声明如下：

```
#ifndef __SQ_BIN_TREE_NODE_TAG_TYPE__
#define __SQ_BIN_TREE_NODE_TAG_TYPE__
enum SqBinTreeNodeTagType {EMPTY_NODE, USED_NODE};
#endif

//顺序存储二叉树节点类模板
template <class ElemType>
struct SqBinTreeNode
{
//数据成员
    ElemType data;                                  //数据成分
    SqBinTreeNodeTagType tag;                       //节点使用标志

//构造函数模板
    SqBinTreeNode();                                //无参数的构造函数模板
    SqBinTreeNode(const ElemType &e, SqBinTreeNodeTagType tg =EMPTY_NODE);
        //已知数据成分和使用标志建立结构
};

//顺序存储二叉树类模板
template <class ElemType>
```

```
class SqBinaryTree
{
protected:
//数据成员
    int maxSize;                                        //二叉树的最大节点个数
    SqBinTreeNode<ElemType> * elems;                    //节点存储空间
    int root;                                           //二叉树的根

//辅助函数模板
    …

public:
//二叉树方法声明及重载编译系统默认方法声明
    SqBinaryTree();                                     //无参数的构造函数模板
    virtual ~SqBinaryTree();                            //析构函数模板
    int GetRoot() const;                                //返回二叉树的根
    bool NodeEmpty(int cur) const;                      //判断节点 cur 是否为空
    bool GetItem(int cur, ElemType &e);                 //返回节点 cur 的元素值
    bool SetElem(int cur, const ElemType &e);           //将节点 cur 的值置为 e
    bool Empty() const;                                 //判断二叉树是否为空
    void InOrder(void (* visit)(const ElemType &)) const;     //二叉树的中序遍历
    void PreOrder(void (* visit)(const ElemType &)) const;    //二叉树的先序遍历
    void PostOrder(void (* visit)(const ElemType &)) const;   //二叉树的后序遍历
    void LevelOrder(void (* visit)(const ElemType &)) const;  //二叉树的层次遍历
    int NodeCount() const;                              //求二叉树的节点个数
    int LeftChild(const int cur) const;                 //返回二叉树中节点 cur 的左孩子
    int RightChild(const int cur) const;                //返回二叉树中节点 cur 的右孩子
    int Parent(const int cur) const;                    //返回二叉树中节点 cur 的双亲
    void InsertLeftChild(int cur, const ElemType &e);         //插入左孩子
    void InsertRightChild(int cur, const ElemType &e);        //插入右孩子
    void DeleteLeftChild(int cur);                            //删除左子树
    void DeleteRightChild(int cur);                           //删除右子村
    int Height() const;                                       //求二叉树的高
    SqBinaryTree(const ElemType &e, int size =DEFAULT_SIZE);
                                                              //建立以 e 为根的二叉树
    SqBinaryTree(const SqBinaryTree<ElemType> &source);       //复制构造函数模板
    SqBinaryTree(SqBinTreeNode<ElemType>es[], int r, int size =DEFAULT_SIZE);
        //由 es[]、r 与 size 构造二叉树
    SqBinaryTree<ElemType> &operator=(const SqBinaryTree<ElemType>& source);
        //重载赋值运算符
};

template <class ElemType>
void DisplayBTWithTreeShapeHelp(int r, int level);
    //按树状形式显示以 r 为根的二叉树,level 为层次数,可设根节点的层次数为 1
```

```
template <class ElemType>
void DisplayBTWithTreeShape(SqBinaryTree<ElemType> &bt);
    //树状形式显示二叉树
template <class ElemType>
void CreateSqBinaryTreeHelp(SqBinTreeNode< ElemType> es, int r, ElemType pre[],
ElemType in[],
int preLeft, int preRight, int inLeft, int inRight);
    //已知二叉树的先序序列 pre[preLeft..preRight]和中序列 in[inLeft..inRight]构造
    //以 r 为树的二叉树
template <class ElemType>
SqBinaryTree<ElemType> &CreateSqBinaryTree(ElemType pre[], ElemType in[], int n);
    //已知先序和中序序列构造二叉树
```

2. 链式存储结构

顺序存储方式在存储一般二叉树时会造成很大的空间浪费,链式存储结构则可以解决这些问题。在实际使用中,二叉树一般多采用链式存储结构。

根据二叉树的定义,二叉树的节点由一个数据元素和分别指向左、右子树的两个分支组成,如图 6.7(a)所示,因此表示二叉树的链表中的节点至少包含左孩子指针成分、数据成分、右孩子指针成分,如图 6.7(b)所示。显然,在这种存储方式下,从根节点出发可以访问到所有节点,因此只需记录根节点的地址,即可访问到树中的各个节点。这种存储结构的缺点是从某个节点出发,要找到其双亲节点,需要从根节点开始搜索,效率较低。

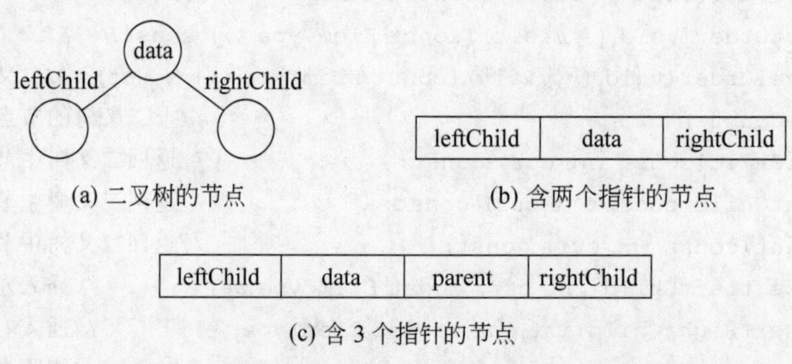

图 6.7　二叉树的链式存储方式的节点及其节点结构

为了便于找到节点的双亲,还可在节点结构中增加一个指向双亲节点的指针成员,如图 6.7(c)所示。

利用上面两种节点结构构成的二叉树分别称为二叉链表和三叉链表,如图 6.8 所示,链表的头指针指向二叉树的根节点。

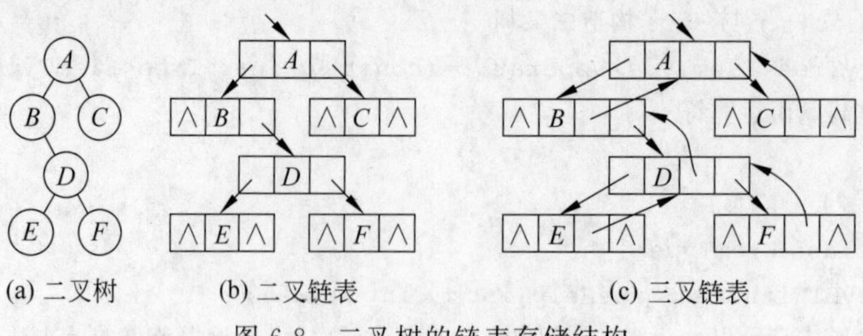

图 6.8　二叉树的链表存储结构

在实际使用中,经常需要从根节点开始访问二叉树中的各个节点,一般都用二叉链表存储。在后面的讨论中,除非特殊说明,都是基于二叉树的二叉链表存储结构进行描述。

下面给出基于二叉链表存储结构的二叉树的类模板声明及其实现。二叉链表的节点类模板 BinTreeNode 声明及其实现如下:

```
//二叉树节点类模板
template <class ElemType>
struct BinTreeNode
{
//数据成员
    ElemType data;                        //数据成分
    BinTreeNode<ElemType>   * leftChild;  //左孩子指针成分
    BinTreeNode<ElemType>  * rightChild;  //右孩子指针成分

//构造函数模板
    BinTreeNode();                        //无参数的构造函数模板
    BinTreeNode(const ElemType &e,        //已知数据元素值,指向左右孩子的指针构
    BinTreeNode<ElemType> * lChild =NULL,  //造一个节点
    BinTreeNode<ElemType> * rChild =NULL);
};

//二叉树节点类模板的实现部分
template <class ElemType>
BinTreeNode<ElemType>::BinTreeNode()
//操作结果:构造一个叶节点
{
    leftChild =rightChild =NULL;          //叶节点左右孩子为空
}

template <class ElemType>
BinTreeNode<ElemType>::BinTreeNode(const ElemType &e,
    BinTreeNode<ElemType> * lChild, BinTreeNode<ElemType> * rChild)
//操作结果:构造一个数据成分为 val,左孩子为 lChild,右孩子为 rChild 的节点
{
    data =e;                              //数据元素值
    leftChild =lChild;                    //左孩子
    rightChild =rChild;                   //右孩子
}
```

二叉链表类模板 BinaryTree 声明如下:

```
//二叉树类模板
template <class ElemType>
class BinaryTree
```

```
{
protected:
//数据成员
    BinTreeNode<ElemType> * root;

//辅助函数模板
    BinTreeNode<ElemType> * CopyTreeHelp(const BinTreeNode<ElemType> * r);
                                                            //复制二叉树
    void DestroyHelp(BinTreeNode<ElemType> * &r);           //销毁以 r 为根二叉树
    void PreOrderHelp(const BinTreeNode<ElemType> * r,
        void ( * visit)(const ElemType &)) const;           //先序遍历
    void InOrderHelp(const BinTreeNode<ElemType> * r,
        void ( * visit)(const ElemType &)) const;           //中序遍历
    void PostOrderHelp(const BinTreeNode<ElemType> * r,
        void ( * visit)(const ElemType &)) const;           //后序遍历
    int HeightHelp(const BinTreeNode<ElemType> * r) const;  //返回二叉树的高
    int NodeCountHelp(const BinTreeNode<ElemType> * r) const;
                                                            //返回二叉树的节点个数
    const BinTreeNode<ElemType> * ParentHelp(const BinTreeNode<ElemType> * r,
        const BinTreeNode<ElemType> * cur) const;           //返回 cur 的双亲

public:
//二叉树方法声明及重载编译系统默认方法声明
    BinaryTree();                                           //无参数的构造函数模板
    virtual ~BinaryTree();                                  //析构函数模板
    const BinTreeNode<ElemType> * GetRoot() const;          //返回二叉树的根
    bool Empty() const;                                     //判断二叉树是否为空
    bool GetElem(const BinTreeNode<ElemType> * cur, ElemType &e) const;
                                                            //用 e 返回节点元素值
    bool SetElem(BinTreeNode<ElemType> * cur, const ElemType &e);
                                                            //将节点 cur 的值置为 e
    void InOrder(void ( * visit)(const ElemType &)) const;   //二叉树的中序遍历
    void PreOrder(void ( * visit)(const ElemType &)) const;  //二叉树的先序遍历
    void PostOrder(void ( * visit)(const ElemType &)) const; //二叉树的后序遍历
    void LevelOrder(void ( * visit)(const ElemType &)) const; //二叉树的层次遍历
    int NodeCount() const;                                  //求二叉树的节点个数
    const BinTreeNode<ElemType> * LeftChild(
        const BinTreeNode<ElemType> * cur) const;      //返回二叉树中节点 cur 的左孩子
    const BinTreeNode<ElemType> * RightChild(
        const BinTreeNode<ElemType> * cur) const;      //返回二叉树中节点 cur 的右孩子
    const BinTreeNode<ElemType> * Parent(
        const BinTreeNode<ElemType> * cur) const;      //返回二叉树中节点 cur 的双亲
```

```
    void InsertLeftChild(BinTreeNode<ElemType> * cur, const ElemType &e);
                                                        //插入左孩子
    void InsertRightChild(BinTreeNode<ElemType> * cur, const ElemType &e);
                                                        //插入右孩子
    void DeleteLeftChild(BinTreeNode<ElemType> * cur);  //删除左子树
    void DeleteRightChild(BinTreeNode<ElemType> * cur); //删除右子树
    int Height() const;                                 //求二叉树的高
    BinaryTree(const ElemType &e);                      //建立以 e 为根的二叉树
    BinaryTree(const BinaryTree<ElemType>&source);      //复制构造函数模板
    BinaryTree(BinTreeNode<ElemType> * r);              //建立以 r 为根的二叉树
    BinaryTree<ElemType> &operator=(const BinaryTree<ElemType>& source);
                                                        //重载赋值运算符
};

template <class ElemType>
void DisplayBTWithTreeShapeHelp(const BinTreeNode<ElemType> * r, int level);
    //按树状形式显示以 r 为根的二叉树,level 为层次数,可设根节点的层次数为 1
template <class ElemType>
void DisplayBTWithTreeShape(const BinaryTree<ElemType> &bt);
    //树状形式显示二叉树
template <class ElemType>
void CreateBinaryTreeHelp(BinTreeNode<ElemType> * &r, ElemType pre[], ElemType
in[], int preLeft, int preRight, int inLeft, int inRight);
    //已知二叉树的先序序列 pre[preLeft..preRight]和中序序列 in[inLeft..inRight]构
    //造以 r 为根的二叉树
template <class ElemType>
BinaryTree<ElemType> &CreateBinaryTree(ElemType pre[], ElemType in[], int n);
    //已知先序和中序序列构造二叉树
```

说明：三叉链表二叉树只是在节点部分加上指向双亲的指针，其他部分与二叉链表二叉树类似。下面是三叉链表二叉树类模板及其相应节点的声明：

```
//三叉链表二叉树节点类模板
template <class ElemType>
struct TriLkBinTreeNode
{
//数据成员
    ElemType data;                                   //数据成分
    TriLkBinTreeNode<ElemType>   * leftChild;        //左孩子指针成分
    TriLkBinTreeNode<ElemType>   * rightChild;       //右孩子指针成分
    TriLkBinTreeNode<ElemType>   * parent;           //双亲指针成分

//构造函数模板
    TriLkBinTreeNode();                              //无参数的构造函数模板
```

```
    TriLkBinTreeNode(const ElemType &e,            //由数据元素值,指向左右孩子及双亲的
                                                   //指针构造节点
        TriLkBinTreeNode<ElemType> * lChild =NULL,
        TriLkBinTreeNode<ElemType> * rChild =NULL,
        TriLkBinTreeNode<ElemType> * pt =NULL);
};

//三叉链表二叉树类模板
template <class ElemType>
class TriLkBinaryTree
{
protected:
//数据成员
    TriLkBinTreeNode<ElemType> * root;
//辅助函数模板
    与二叉链表二叉树的相应部分完全相同
public:
//二叉树方法声明及重载编译系统默认方法声明
    与二叉链表二叉树的相应部分完全相同
};
```

下面只讨论二叉链表二叉树类模板,首先讨论几个公共成员函数模板的代码实现。函数模板中很多地方调用了在后续章节中介绍的函数模板,比如二叉树的前、中、后序遍历的函数模板 PreOrderHelp()、InOrderHelp()、PostOrderHelp()等,这些函数模板是作为类的保护成员函数模板声明的,其具体实现请参见 6.3 节。

构造函数模板、析构函数模板、得到二叉树的根节点的实现非常简单,具体如下:

```
template <class ElemType>
BinaryTree<ElemType>::BinaryTree()
//操作结果:构造一个空二叉树
{
    root =NULL;
}

template <class ElemType>
BinaryTree<ElemType>::~BinaryTree()
//操作结果:销毁二叉树——析构函数
{
    DestroyHelp(root);
}

template <class ElemType>
const BinTreeNode<ElemType> * BinaryTree<ElemType>::GetRoot() const
//操作结果:返回二叉树的根
```

```
{
    return root;
}
```

由于在二叉链表存储结构中是以指向根节点的指针表示一棵二叉树,因此判断一棵二叉树是否为空树实际上就是检查根指针 root 是否为空,具体实现如下:

```
template <class ElemType>
bool BinaryTree<ElemType>::Empty() const
//操作结果:判断二叉树是否为空
{
    return root ==NULL;
}
```

对当前二叉树进行前、中、后序遍历的实现,都是以根指针 root 为参数,通过调用对应的辅助函数来实现的,参数中的函数指针 visit 表示遍历到树中的各个节点时,对各节点值 data 进行的处理函数。

```
template <class ElemType>
void BinaryTree<ElemType>::PreOrder(void (*visit)(ElemType &))
//操作结果:先序遍历二叉树
{
    PreOrderHelp(root, visit);
}

template <class ElemType>
void BinaryTree<ElemType>::InOrder(void (*visit)(ElemType &))
//操作结果:中序遍历二叉树
{
    InOrderHelp(root, visit);
}

template <class ElemType>
void BinaryTree<ElemType>::PostOrder(void (*visit)(ElemType &))
//操作结果:后序遍历二叉树
{
    PostOrderHelp(root, visit);
}
```

计算当前二叉树的节点个数、高级析构函数模板的实现也以根指针 root 为参数,通过调用对应的辅助函数模板来实现。

```
template <class ElemType>
int BinaryTree<ElemType>::NodeCount() const
//操作结果:返回二叉树的节点个数
{
```

```
    return NodeCountHelp(root);
}

template <class ElemType>
int BinaryTree<ElemType>::Height() const
//操作结果:返回二叉树的高
{
    return HeightHelp(root);
}

template <class ElemType>
BinaryTree<ElemType>::~BinaryTree()
//操作结果:销毁二叉树——析构函数模板
{
    DestroyHelp(root);
}
```

6.3 二叉树遍历

遍历二叉树,就是遵从某种次序,顺着某一条搜索路径访问二叉树中的各个节点,使得每个节点都只被访问一次。访问的含义可以很广,如输出节点的信息、修改节点的数据值等,但一般要求这种访问不破坏原来数据之间的逻辑结构。

实际上,遍历是任何数据结构均有的操作,二叉树是一种非线性结构,每个节点最多可以有两个孩子,因此存在如何遍历,即按什么搜索路径遍历的问题。这样就必须规定遍历的规则并按此遍历二叉树,最终得到二叉树中所有节点的一个线性序列。

6.3.1 遍历的定义

根据二叉树的结构特征,可以分为 3 类搜索路径:先上后下按层次遍历、先左(子树)后右(子树)的遍历、先右(子树)后左(子树)的遍历。设访问根节点记作 D,遍历根的左子树记作 L,遍历根的右子树记作 R,则可能的遍历次序有 DLR、LDR、LRD、DRL、RDL、RLD 及层次遍历。若规定先左(子树)后右(子树),则只剩下 4 种遍历方式:DLR、LDR、LRD 及层次遍历。根据根节点被遍历的次序,通常称 DLR、LDR 和 LRD 3 种遍历为先序遍历、中序遍历和后序遍历。

1. 先序遍历

二叉树的先序遍历(preorder traversal)定义如下。

如果二叉树为空,则进行空操作,否则进行以下操作:

(1) 访问根节点(D);

(2) 先序遍历左子树(L);

(3) 先序遍历右子树(R)。

先序遍历也称为前序遍历,就是按照“根—左子树—右子树”的次序遍历二叉树。遍历实例如图 6.9 所示。

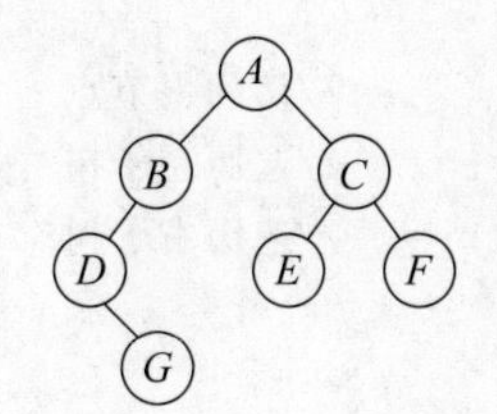

先序遍历结果序列：*ABDGCEF*
中序遍历结果序列：*DGBAECF*
后序遍历结果序列：*GDBEFCA*
层次遍历结果序列：*ABCDEFG*

图 6.9　二叉树的遍历

2. 中序遍历

二叉树的中序遍历(inorder traversal)定义如下。

如果二叉树为空,则进行空操作,否则进行如下操作:

(1) 中序遍历左子树(L);

(2) 访问根节点(D);

(3) 中序遍历右子树(R)。

中序遍历就是按照“左子树—根—右子树”的次序遍历二叉树。遍历实例如图 6.9 所示。

3. 后序遍历

二叉树的后序遍历(postorder traversal)定义如下。

如果二叉树为空,则进行空操作,否则进行如下操作:

(1) 后序遍历左子树(L);

(2) 后序遍历右子树(R);

(3) 访问根节点(D)。

后序遍历就是按照“左子树—右子树—根”的次序遍历二叉树。遍历实例如图 6.9 所示。

前面 3 种遍历方式都采用了递归描述方式,这种描述方式简捷而准确,在后面将进行讲解。

4. 层次遍历

二叉树的层次遍历(levelorder traversal)就是按照二叉树的层次,从上到下、从左至右的次序访问各节点,层次遍历实例如图 6.9 所示。

6.3.2　遍历算法

1. 递归算法

二叉树的先序、中序和后序遍历采用递归方式进行定义,算法实现时最简单直接的方式就是递归方式。先序、中序和后序遍历递归算法如下:

```
template <class ElemType>
void BinaryTree<ElemType>::PreOrderHelp(BinTreeNode<ElemType> * r,
    void ( * visit)(const ElemType &)) const
//操作结果:先序遍历以 r 为根的二叉树
{
```

```
    if (r !=NULL)
    {
        (*visit)(r->data);                    //访问根节点
        PreOrderHelp(r->leftChild, visit);    //遍历左子树
        PreOrderHelp(r->rightChild, visit);   //遍历右子树
    }
}

template <class ElemType>
void BinaryTree<ElemType>::InOrderHelp(BinTreeNode<ElemType> *r,
    void (*visit)(const ElemType &)) const
//操作结果:中序遍历以 r 为根的二叉树
{
    if (r !=NULL)
    {
        InOrderHelp(r->leftChild, visit);     //遍历左子树
        (*visit)(r->data);                    //访问根节点
        InOrderHelp(r->rightChild, visit);    //遍历右子树
    }
}

template <class ElemType>
void BinaryTree<ElemType>::PostOrderHelp(BinTreeNode<ElemType> *r,
    void (*visit)(const ElemType &)) const
//操作结果:后序遍历以 r 为根的二叉树
{
    if (r !=NULL)
    {
        PostOrderHelp(r->leftChild, visit);   //遍历左子树
        PostOrderHelp(r->rightChild, visit);  //遍历右子树
        (*visit)(r->data);                    //访问根节点
    }
}
```

2. 非递归算法

一般情况下,递归算法的效率比非递归算法的效率低。对于二叉树的遍历算法,非递归算法更复杂。

(1) 先序遍历的非递归算法。对于先序遍历,由先序遍历的定义可知,遍历某二叉树时,是从根开始,沿左子树往下搜索,每搜索到一个节点,就访问它,直到到达没有左子树的节点为止。然后,返回到已搜索过的最近一个有右子树的节点处,按同样的方法沿着此节点的右孩子的左子树往下搜索,如此一直进行,直到所有节点均已被访问过。

可以看到,在访问完某节点后,不能立即放弃它,因为遍历完左子树后,要从其右子树起继续遍历,所以在访问完某节点后,应保存它的指针,以便以后能从它找到它的右子树。由于较先访问到的节点较后才重新利用,故应将访问过的节点保存到栈中。先序遍历的非递

归算法的具体实现代码如下：

```
//文件路径名:e6_1\alg.h
template <class ElemType>
void NonRecurPreOrder (const BinaryTree < ElemType > &bt, void ( * visit) (const
ElemType &))
//操作结果:先序遍历二叉树
{
    const BinTreeNode<ElemType> * cur =bt.GetRoot();   //当前节点
    LinkStack<const BinTreeNode<ElemType> * >s;        //栈

    while (cur !=NULL)
    {   //处理当前节点
        (* visit)(cur->data);                          //访问当前节点
        s.Push(cur);                                   //当前节点入栈

        if (cur->leftChild !=NULL)
        {   //cur的先序序列后继为cur->leftChild
            cur =cur->leftChild;
        }
        else if (!s.Empty())
        {   //cur的先序序列后继为栈s的栈顶节点的非空右孩子
            while (!s.Empty())
            {
                s.Pop(cur);                            //取出栈顶节点
                cur =cur->rightChild;                  //栈顶的右孩子
                if (cur !=NULL) break;                 //右孩子非空即为先序序列后继
            }
        }
        else
        {   //栈s为空,无先序序列后继
            cur =NULL;                                 //无先序序列后继
        }
    }
}
```

(2) 中序遍历的非递归算法。对于中序遍历，首先访问最左下侧的节点，当前节点访问完后，如果右孩子非空，则在中序序列中的后继为右子树的最左侧的节点，如果右孩子为空，则后继为从根到此节点的路径上离该节点最近且是双亲的左孩子的节点的双亲节点，因此在搜索最左侧节点的过程中应将搜索路径上的节点用栈存起来。下面将搜索某节点的最左侧节点的过程用一个函数模板来实现。

```
//文件路径名:e6_2\alg.h
template <class ElemType>
const BinTreeNode<ElemType> * GoFarLeft(const BinTreeNode<ElemType> * r,
   LinkStack<const BinTreeNode<ElemType> * >&s)
```

```
//操作结果:返回以 r 为根的二叉树的最左侧的节点,并将搜索过程中的节点加入到栈 s 中
{
    if (r ==NULL)
    {   //空二叉树
        return NULL;
    }
    else
    {   //非空二叉树
        const BinTreeNode<ElemType> * cur =r;                   //当前节点
        while (cur->leftChild !=NULL)
        {   //cur 存在左孩子,则 cur 移向左孩子
            s.Push(cur);                                        //cur 入栈
            cur =cur->leftChild;                                //cur 移向左孩子
        }
        return cur;                                             //cur 为最左侧的节点
    }
}
```

利用上面的函数模板很容易实现中序遍历的非递归算法,具体实现如下:

```
template <class ElemType>
void NonRecurInOrder(const BinaryTree<ElemType> &bt, void ( * visit) (const
ElemType &))
//操作结果:中序遍历二叉树
{
    const BinTreeNode<ElemType> * cur;                          //当前节点
    LinkStack<const BinTreeNode<ElemType> * >s;                 //栈

    cur =GoFarLeft<ElemType>(bt.GetRoot(), s);                  //cur 为二叉树的最左侧的节点
    while (cur !=NULL)
    {   //处理当前节点
        ( * visit) (cur->data);                                 //访问当前节点

        if (cur->rightChild !=NULL)
        {   //cur 的中序序列后继为右子树的最左侧的节点
            cur =GoFarLeft(cur->rightChild, s);
        }
        else if (!s.Empty())
        {   //cur 的中序序列后继为栈 s 的栈顶节点
            s.Pop(cur);                                         //取出栈顶节点
        }
        else
        {   //栈 s 为空,无中序序列后继
            cur =NULL;                                          //无中序序列后继
        }
    }
}
```

(3) 后序遍历的非递归算法。后序遍历的非递归算法要复杂一些。由于后序遍历最后访问根节点,对任意一个节点,应先沿它的左子树往下搜索,每搜索到一个节点就将其地址存储到栈中,直至搜索到没有左子树的节点为止。此时,若该节点无右子树,则直接访问该节点;否则,从该节点的右子树起,按同样的方法访问右子树中的各节点,访问完右子树中的所有节点后,才访问该节点。

对节点应加一个标志指示右子树是否被访问,被修改后的节点结构如下:

```
//文件路径名:e6_3\alg.h
//修改后的节点结构
template <class ElemType>
struct ModiNode
{
    const BinTreeNode<ElemType> * node;                    //指向节点
    bool rightSubTreeVisited;                              //是否右子树已被访问
};
```

与中序遍历相似,搜索最左侧的节点用函数模板 GoFarLeft()来完成,只是对于搜索到的节点,将修改后的节点进栈,具体实现如下:

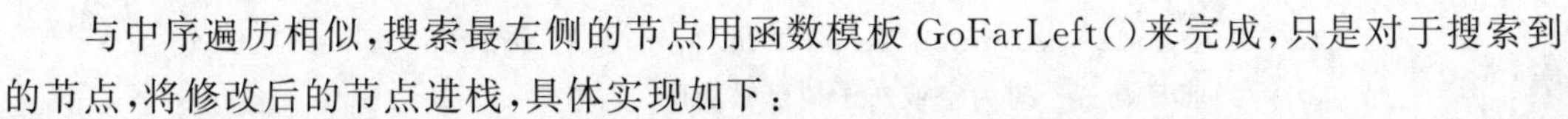

```
template <class ElemType>
ModiNode<ElemType> * GoFarLeft(const BinTreeNode<ElemType> * r,
    LinkStack<ModiNode<ElemType> * >&s)
//操作结果:返回以 r 为根的二叉树最左侧的被修改后的节点,并将搜索过程中
//的被修改后的节点加入到栈 s 中
{
    if (r ==NULL)
    {   //空二叉树
        return NULL;
    }
    else
    {   //非空二叉树
        const BinTreeNode<ElemType> * cur =r;              //当前节点
        ModiNode<ElemType> * newPtr;                       //被修改后的节点
        while (cur->leftChild !=NULL)
        {   //cur 存在左孩子,则 cur 移向左孩子
            newPtr =new ModiNode<ElemType>;
            newPtr->node=cur;                              //指向节点
            newPtr->rightSubTreeVisited =false;            //表示右子树未被访问
            s.Push(newPtr);                                //nodePtr 入栈
            cur =cur->leftChild;                           //cur 移向左孩子
        }
        newPtr =new ModiNode<ElemType>;
        newPtr->node=cur;                                  //指向节点
        newPtr->rightSubTreeVisited =false;                //表示右子树未被访问
```

```
        return newPtr;                              //newPtr为最左侧的被修改后的节点
    }
}

template <class ElemType>
void NonRecurPostOrder(const BinaryTree<ElemType> &bt,
    void (*visit)(const ElemType &))
//操作结果:后序遍历二叉树
{
    ModiNode<ElemType> * cur;                       //当前被搜索节点
    LinkStack<ModiNode<ElemType> * >s;              //栈

    cur =GoFarLeft<ElemType>(bt.GetRoot(), s);
                                                   //cur为二叉树最左侧的被修改后的节点
    while (cur !=NULL)
    {   //处理当前节点
        if (cur->node->rightChild ==NULL || cur->rightSubTreeVisited)
        {   //当前节点右子树为空或右子树已被访问
            (*visit)(cur->node->data);              //访问当前节点
            delete cur;                             //释放空间

            if (!s.Empty())
            {   //栈非空,则栈顶将指示下一次要访问的节点
                s.Pop(cur);                         //出栈
            }
            else
            {   //栈空,遍历完毕
                cur =NULL;
            }
        }
        else
        {   //当前节点右子树未被访问
            cur->rightSubTreeVisited =true;        //下一次出现在栈顶时的右子树已被访问
            s.Push(cur);                            //入栈
            cur =GoFarLeft<ElemType>(cur->node->rightChild, s);
                                                    //搜索右子树最左侧的节点
        }
    }
}
```

层次遍历是先访问层次小的所有节点,同一层次从左到右访问,然后再访问下一层次的节点。根据层次遍历的定义,除根节点外,每个节点都处于其双亲节点的下一层次,而每个节点的指针都记录在其双亲节点中,因此为了找到各节点,需将已经访问过的节点的孩子节点保存下来。根据层次遍历的定义,使用一个队列来存储已访问过的节点的孩子节点。初

始将根节点入栈,每次要访问的下一个节点都是从队列中取出的,每访问完一个节点后,如果它有左孩子、右孩子节点,则将它的左、右孩子节点入队,如此重复,直到队列为空,则遍历结束,下面是具体实现:

```
template <class ElemType>
void BinaryTree<ElemType>::LevelOrder(void (*visit)(const ElemType &)) const
//操作结果:层次遍历二叉树
{
    LinkQueue<const BinTreeNode<ElemType> *>q;  //队列
    const BinTreeNode<ElemType> * cur;           //当前节点
    if (root !=NULL) q.InQueue(root);            //如果根非空,则入队,以便从根节点
                                                 //开始进行层次遍历
    while (!q.Empty())
    {   //q非空,说明还有节点未访问
        q.OutQueue(cur);                         //出队元素为当前访问的节点
        (*visit)(cur->data);                     //访问 cur->data
        if (cur->leftChild !=NULL)               //左孩子非空
            q.InQueue(cur->leftChild);           //左孩子入队
        if (cur->rightChild !=NULL)              //右孩子非空
            q.InQueue(cur->rightChild);          //右孩子入队
    }
}
```

*6.3.3 二叉树遍历应用举例

应用二叉树的遍历可以实现许多关于二叉树的操作,本节中是几个具体例子。

1. 计算节点个数与树的高度

二叉树的节点个数等于左子树的节点数加上右子树的节点数再加上根节点数 1,因此求二叉树的节点数的问题可以分解为计算其左右子树的节点数目问题。对应的递归算法如下:

```
template <class ElemType>
int BinaryTree<ElemType>::NodeCountHelp(const BinTreeNode<ElemType> * r) const
//操作结果:返回以 r 为根的二叉树的节点个数
{
    if (r ==NULL) return 0;                      //空二叉树节点个数为 0
    else return NodeCountHelp(r->leftChild) +NodeCountHelp(r->rightChild) +1;
        //非空二叉树节点个数为左右子树的节点个数之和再加 1
}
```

类似地,还可以实现计算二叉树高的算法。根据二叉树高的定义,空树的高为 0,非空树的高为其左右子树高的最大值再加 1。算法代码如下:

```
template <class ElemType>
int BinaryTree<ElemType>::HeightHelp(const BinTreeNode<ElemType> * r) const
//操作结果:返回以 r 为根的二叉树的高
```

```
{
    if(r ==NULL)
    {   //空二叉树高为 0
        return 0;
    }
    else
    {   //非空二叉树高为左右子树的高的最大值再加 1
        int lHeight =HeightHelp(r->leftChild);   //左子树的高
        int rHeight =HeightHelp(r->rightChild); //右子树的高
        return (lHeight >rHeight ? lHeight : rHeight) +1;
                                                //高为左右子树高的最大值再加 1
    }
}
```

2. 二叉树的销毁

销毁一棵二叉树需要销毁其中的所有节点,每个节点的地址都记录在其双亲节点中,销毁节点的次序一般按照后序遍历的次序,首先销毁根节点的左右子树节点,最后再销毁根节点。因此,销毁函数模板的实现与二叉树的后序遍历的实现非常类似。

```
template <class ElemType>
void BinaryTree<ElemType>::DestroyHelp(BinTreeNode<ElemType> * &r)
//操作结果:销毁以 r 为根的二叉树
{
    if(r !=NULL)
    {   //r 非空,实施销毁
        DestroyHelp(r->leftChild);                      //销毁左子树
        DestroyHelp(r->rightChild);                     //销毁右子树
        delete r;                                       //销毁根节点
        r =NULL;                                        //销毁后变为空二叉树
    }
}
```

3. 二叉树的复制

对已有的二叉树进行复制后得到另外一棵与其完全相同的二叉树,实际上就是二叉树的复制构造函数。根据二叉树的特点,设置复制步骤为,若二叉树不为空,则复制二叉树根节点的左子树和右子树,然后再复制根节点,具体实现如下:

```
template <class ElemType>
BinTreeNode<ElemType> * BinaryTree<ElemType>::CopyTreeHelp(
    BinTreeNode<ElemType> * r)
//操作结果:将以 r 为根的二叉树复制成新的二叉树,返回新二叉树的根
{
    if (r ==NULL)
    {   //复制空二叉树
        return NULL;                                    //空二叉树根为空
    }
```

```
	else
	{	//复制非空二叉树
		BinTreeNode<ElemType> * lChild =CopyTreeHelp(r->leftChild); //复制左子树
		BinTreeNode<ElemType> * rChild =CopyTreeHelp(r->rightChild);  //复制右子树
		BinTreeNode<ElemType> * rt =new BinTreeNode<ElemType>(r->data, lChild,
			rChild);                                                  //复制根节点
		return rt;
	}
}
```

有了二叉树的复制函数模板 CopyTreeHelp(),就可以很方便地重载二叉树类模板中赋值操作符“=”与复制构造函数模板,具体实现如下:

```
template <class ElemType>
BinaryTree<ElemType>::BinaryTree(const BinaryTree<ElemType>&source)
//操作结果:由已知二叉树构造新二叉树——复制构造函数模板
{
	root =CopyTreeHelp(source.root);                    //复制二叉树
}

template <class ElemType>
BinaryTree<ElemType>&BinaryTree<ElemType>::operator=(
	const BinaryTree<ElemType>&source)
//操作结果:由已知二叉树 source 复制到当前二叉树——赋值运算符重载
{
	if (&source !=this)
	{
		DestroyHelp(root);                              //释放原二叉树所占用空间
		root =SourceTreeHelp(source.root);              //复制二叉树
	}
	return * this;
}
```

4. 二叉树的显示

最好以树状形式显示二叉树,如图 6.10 所示。从图可知,从上到下的显示顺序为 35142,这实际上就是先右子树,再根节点,后左子树的中序遍历的顺序,并且二叉树根显示在第 1 列,根的孩子显示在第 2 列,……可知显示的列数为节点的层次数,因此可按照中序遍历的算法编程实现,具体实现如下。

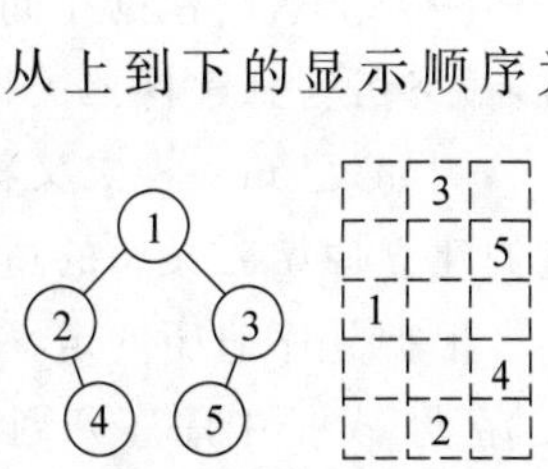

图 6.10　树状显示二叉树

```
template <class ElemType>
void DisplayBTWithTreeShapeHelp(BinTreeNode<ElemType> * r, int level)
//操作结果:按树状形式显示以 r 为根的二叉树,level 为层次数,可设根节点的层次数为 1
{
	if(r !=NULL)
```

```
    {   //空树不显示,只显示非空树
        DisplayBTWithTreeShapeHelp<ElemType>(r->rightChild, level +1);
                                                    //显示右子树
        cout <<endl;                                //显示新行
        for(int temPos =0; temPos <level -1; temPos++)
            cout <<" ";                             //确保在第 level 列显示节点
        cout <<r->data;                             //显示节点
        DisplayBTWithTreeShapeHelp<ElemType>(r->leftChild, level +1);
                                                    //显示左子树
    }
}

template <class ElemType>
void DisplayBTWithTreeShape(BinaryTree<ElemType> &bt)
//操作结果:树状形式显示二叉树
{
    DisplayBTWithTreeShapeHelp<ElemType>(bt.GetRoot(), 1);
        //树状显示以 bt.GetRoot()为根的二叉树
    cout <<endl;
}
```

5. 由先序序列与中序序列构造二叉树

由前面讨论的二叉树先序、中序和后序遍历可知,任意一棵二叉树的前序序列、中序序列和后序序列都是唯一的。反过来,若已知一棵二叉树的先序序列和中序序列,用它们能否确定一棵二叉树呢？又是否唯一呢？

根据先序遍历的定义,二叉树的先序遍历是先访问根节点(D),其次遍历左子树(L),最后遍历右子树(R)。即在节点的先序序列中,第一个节点必是根(D),所以可以从先序序列中确定二叉树的根;另一方面,由于中序遍历是先遍历左子树(L),然后访问根(D),最后遍历右子树(R),所以在中序序列中,根节点(D)将中序序列分割成了两部分：在根节点(D)之前的是左子树中的节点,根节点(D)之后的是右子树中的节点。这样,根据在中序序列中确定的左右子树的节点个数,又可反过来将先序序列中除根节点以外的部分分成左、右子树的先序序列。然后根据相同的方法又可以确定左、右子树的根及其下一代左、右子树。以此类推,最终可得到整棵二叉树。

例如,已知一棵二叉树的先序序列为 *ABCDEFGHI*,中序序列为 *DCBAGFHEI*,根据它们建立原始二叉树的过程如下。

根据先序遍历的定义,先序序列的第一个字母 *A* 一定是树的根,又根据中序遍历的定义,字母 *A* 把中序序列划分为两个子序列：*DCB* 和 *GFHEI*,这样可得到对二叉树的第一次近似,如图 6.11(a)所示。然后,根据在中序序列中划分的左右子树,可以知道,先序序列中的子序列(*BCD*)是左子树的先序序列,因此,取先序序列的字母 *B* 作为 *A* 的左子树的根,它把中序子序列(*DCB*)划分得到的两个子序列为 *DC* 和一个空子序列,表明 *B* 的右子树为空,这样可得到对应二叉树的第二次近似,如图 6.11(b)所示。将这个过程继续下去,最后可以得到如图 6.11(e)所示的二叉树。

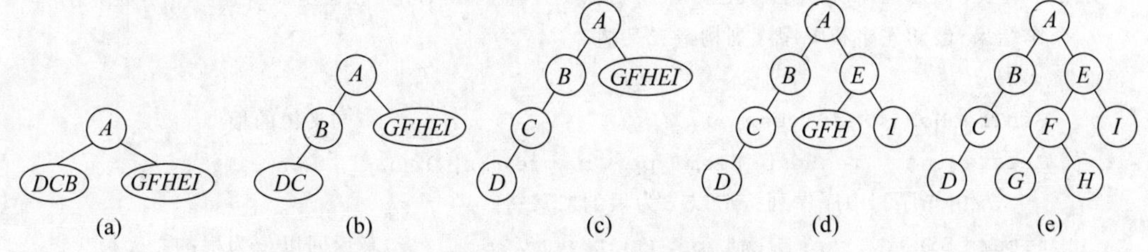

图 6.11　由先序序列和中序序列构造二叉树

可以看出,这个构造过程是一个递归的过程。首先根据给定的先序序列建立二叉树的根节点,根据中序序列确定二叉树的左子树序列和右子树序列,然后再根据左子树的先序序列和中序序列递归地构造左子树,根据右子树的先序序列和中序序列递归地构造右子树。

根据这个构造思想得到的程序实现如下:

```
//文件路径名:e6_4\binary_tree.h
template <class ElemType>
void CreateBinaryTreeHelp(BinTreeNode< ElemType> * &r, ElemType pre[], ElemType
in[],
                        int preLeft, int preRight, int inLeft, int inRight)
//操作结果:已知二叉树的先序序列 pre[preLeft..preRight]和中序序列 in[inLeft..
//inRight],构造以 r 为根的二叉树
{
    if (preLeft >preRight || inLeft >inRight)
    {   //二叉树无节点,空二叉树
        r =NULL;                                        //空二叉树根为空
    }
    else
    {   //二叉树有节点,非空二叉树
        r =new BinTreeNode<ElemType>(pre[preLeft]);//生成根节点
        int mid =inLeft;                                //mid 为 pre[preLeft]在 in[]中
                                                        //的位置
        while (in[mid] !=pre[preLeft])
        {   //查找 pre[preLeft]在 in[]中的位置,也就是中序序列中根的位置
            mid++;
        }
        CreateBinaryTreeHelp(r->leftChild, pre, in, preLeft+1, preLeft +mid -
            inLeft, inLeft, mid -1);                    //生成左子树
        CreateBinaryTreeHelp(r->rightChild, pre, in, preLeft +mid -inLeft +1,
            preRight, mid +1, inRight);                 //生成右子树
    }
}

template <class ElemType>
```

```
BinaryTree<ElemType>CreateBinaryTree(ElemType pre[], ElemType in[], int n)
//操作结果:已知先序和中序序列构造二叉树
{
    BinTreeNode<ElemType> * r;                              //二叉树的根
    CreateBinaryTreeHelp<ElemType>(r, pre, in, 0, n -1, 0, n -1);
        //由先序和中序序列构造以 r 为根的二叉树
    return BinaryTree<ElemType>(r);                         //返回以 r 为根的二叉树
}
```

说明：与由先序序列与中序序列构造二叉树类似，也可以由后序序列与中序序列构造二叉树。

6. 表达式的前缀(波兰式)表示、中缀表示和后缀(逆波兰式)表示

可以用二叉树表示表达式，二叉树表示表达式的递归定义如下。

如表达式为数或简单变量，则相应二叉树中只有一个根节点，其数据成分存储此表达式信息；若表达式=(第一操作数)(运算符)(第二操作数)，则相应的二叉树中以左子树表示第一操作数，右子树表示第二操作数，根节点的数据成分存储运算符(如为一元运算符，则左子树或右子树为空)，操作数本身又可以为表达式。

例如，表达式 $a-b/(c+d)+e*f$ 的二叉树表示如图 6.12 所示。

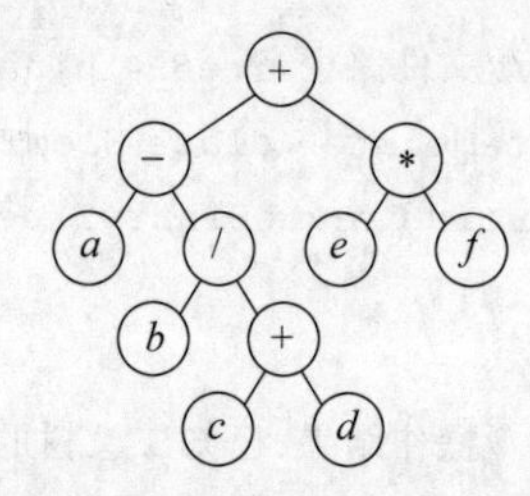

图 6.12　表达式 $a-b/(c+d)+e*f$ 的二叉树表示

如果先序遍历二叉树，按访问节点的先后次序将节点排列起来，可得到先序序列：

$$+-a/b+cd*ef \tag{6.3}$$

中序遍历二叉树，可得到中序序列：

$$a-b/c+d+e*f \tag{6.4}$$

后序遍历二叉树，可得到后序序列：

$$abcd+/-ef*+ \tag{6.5}$$

二叉树的先序序列式(6.3)称为表达式的前缀(波兰式)表示，中序序列(6.4)称为表达式的中缀表示，后序序列式(6.5)称为表达式的后缀(逆波兰式)表示。

6.4　线索二叉树

6.4.1　线索的概念

二叉树是一种典型的非线性结构，树中各节点(除根节点外)可以有 1 个前驱(双亲节点)，0～2 个后继(孩子节点)。如果按某种方式遍历二叉树，遍历所得的结果序列就变为线性结构，树中所有节点都按照某种次序排列在一个线性有序(前序、中序、后序或层次序)的序列中，每个节点就有了唯一的前驱和后继。当以二叉链表为存储结构时，只能找到节点的左、右孩子信息，而不能直接得到前驱和后继信息。如何保存这种在遍历过程中得到的前驱和后继信息呢？最简单直接的方法是在每个节点上增加两个指针 back 和 next，分别指向节点在遍历过程得到的前驱和后继信息，这样做显然浪费了不少存储空间。而在一棵具有 n

个节点的二叉树中，有 $2n_0+n_1$ 个空链指针，根据二叉树的性质 3，$n_0=n_2+1$，可知空链指针个数为 $2n_0+n_1=n_0+n_1+n_2+1=n+1$，大约是总链指针数目($2n$)的一半。为不浪费存储空间，可以考虑利用这些空链指针来存放节点在某种遍历次序下的前驱或后继指针。对任一节点，如果无左孩子，则用左链指针存放指向它的前驱节点的指针；如果无右孩子，则用右链指针存放指向它的后继节点的指针；如果存在左孩子，则左链指针存储指向左孩子的指针，如果存在右孩子，则右链指针存储指向右孩子的指针。这样一来，既保持了原二叉树的结构，又利用空链指针表示了部分前驱和后继关系。通常将表示前驱和后继的指针称为线索，而这种使用树中节点的空链指针存放前驱或后继信息的过程称为线索化，加上了线索的二叉树称为线索二叉树。

由于树的遍历方式有多种，所以对于任意一个节点，都有多种遍历次序下的前驱和后继，在此重点介绍先左后右的 3 种遍历方式所对应的线索二叉树，即先序线索二叉树、中序线索二叉树和后序线索二叉树。

图 6.13 所示是一棵中序线索二叉树。图中的实线表示原来二叉树的结构关系（双亲—孩子关系），虚线表示线索（指向前驱或后继的指针）。

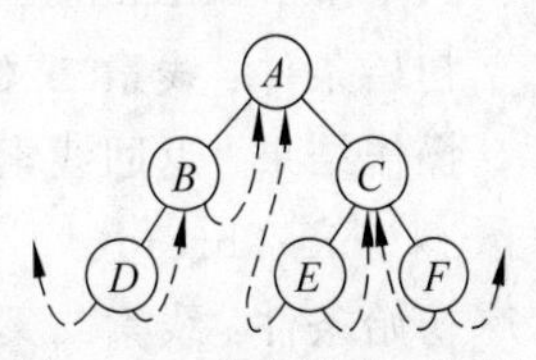

图 6.13　中序线索二叉树

在线索二叉树中，由于原来的空链指针被置为指向前驱或后继的指针，为了区别线索和孩子指针，需要为每个节点设两个标志位，分别用来说明它的左链指针和右链指针指向的是孩子节点还是线索，如图 6.14 所示。

leftChild	leftTag	data	rightTag	rightChild

图 6.14　线索二叉树节点示意图

对图 6.14 中的标志成分 leftTag 和 rightTag 作如下规定：

$$\text{leftTag}=\begin{cases}0, & \text{leftChild 存储指向左孩子的指针}\\1, & \text{leftChild 存储指向前驱的指针}\end{cases}$$

$$\text{rightTag}=\begin{cases}0, & \text{rightChild 存储指向右孩子的指针}\\1, & \text{rightChild 存储指向后继的指针}\end{cases}$$

图 6.13 所示的线索二叉树的存储表示如图 6.15 所示。

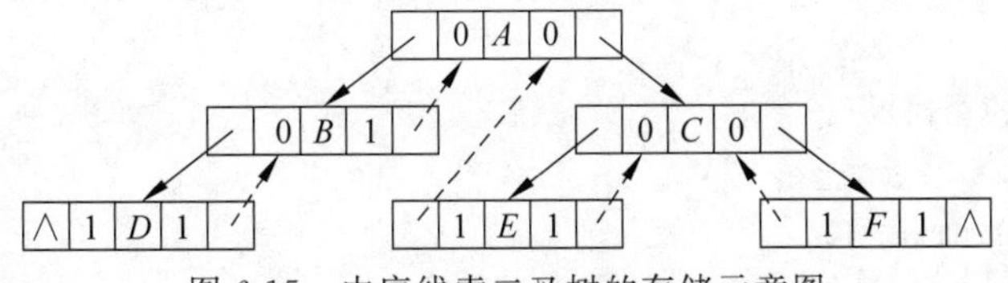

图 6.15　中序线索二叉树的存储示意图

从图 6.15 可以看到，有两个线索处于空状态，一个是中序遍历的第一个节点 D 的前驱线索，一个是中序遍历的最后一个节点 F 的后继线索。为了不让线索为空，可以仿照线性表的存储结构，在二叉树的线索链表上也增加一个头节点，并令头节点的 leftChild 指向原来的线索二叉树的根节点，表头节点的 rightChild 指向中序序列的最后一个节点；令中序序列的第一个节点的 leftChild 指向表头节点，中序序列的最后一个节点的 rightChild 指向表头节点,如图 6.16 所示。

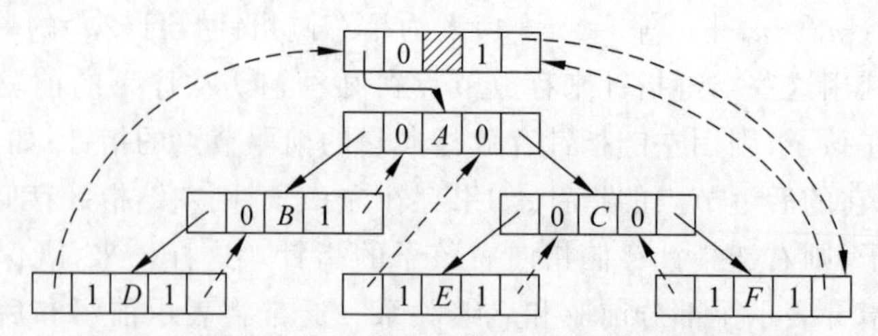

图 6.16　带有头节点的中序线索二叉树的存储示意图

说明:带有头节点的线索二叉树看起来像带头节点的线性链表,但带头节点的线索二叉树编程比不带头节点的线索二叉树更简捷,因此本书线索二叉树不带头节点。

在实际应用中,线性表还包括了如下基本操作。

1) const ThreadBinTreeNode<ElemType> * GetRoot() const

初始条件:线索二叉树已存在。

操作结果:返回线索二叉树的根。

2) void Thread()

初始条件:线索二叉树已存在,但未线索化。

操作结果:线索化二叉树。

3) void Order(void (* visit)(const ElemType &)) const

初始条件:线索二叉树已存在。

操作结果:按某种遍历顺序依次对线索二叉树的每个元素调用函数(* visit)。

*6.4.2　线索二叉树的实现

线索二叉树可以从二叉树加线索实现,下面分中序线索二叉树、先序线索二叉树和后序线索二叉进行讲解。

1. 中序线索二叉树

中序线索二叉树的节点类模板声明如下:

```
enum PointerTagType {CHILD_PTR, THREAD_PTR};
    //指针标志类型,CHILD_PTR(0):指向孩子的指针,THREAD_PTR(1):指向线索的指针

//线索二叉树节点类模板
template <class ElemType>
struct ThreadBinTreeNode
{
//数据成员:
    ElemType data;                              //数据成分
    ThreadBinTreeNode<ElemType> * leftChild;    //左孩子指针
    ThreadBinTreeNode<ElemType> * rightChild;   //右孩子指针
    PointerTagType leftTag, rightTag;           //左右标志
```

```
//构造函数模板
    ThreadBinTreeNode();                          //无参构造函数模板
    ThreadBinTreeNode(const ElemType &e,          //由数据成分值、指针及标志构造节点
        ThreadBinTreeNode<ElemType> * lChild =NULL,
        ThreadBinTreeNode<ElemType> * rChild =NULL,
        PointerTagType leftTag =CHILD_PTR,
        PointerTagType rightTag =CHILD_PTR);
};
```

上面将指针标志类型声明为一个枚举类型 enum PointerTagType {CHILD_PTR, THREAD_PTR},这样编程时可读性更强,下面是中序线索二叉树类的声明:

```
//中序线索二叉树类模板
template <class ElemType>
class InThreadBinTree
{
protected:
//数据成员
    ThreadBinTreeNode<ElemType> * root;

//辅助函数模板
    void InThreadHelp(ThreadBinTreeNode<ElemType> * cur,
        ThreadBinTreeNode<ElemType> * &pre);      //中序线索化以 cur 为根的二叉树
    ThreadBinTreeNode<ElemType> * TransformHelp(const BinTreeNode<ElemType> * r);
        //r 为根的二叉树转换成新的未线索化的中序线索二叉树,返回新二叉树的根
    ThreadBinTreeNode<ElemType> * CopyTreeHelp(
        const ThreadBinTreeNode<ElemType> * source);              //复制线索二叉树
    void DestroyHelp(ThreadBinTreeNode<ElemType> * &r);         //销毁以 r 为根二叉树

public:
//线索二叉树方法声明及重载编译系统默认方法声明
    InThreadBinTree(const BinaryTree<ElemType> &bt);
        //由二叉树构造中序线索二叉树——转换构造函数模板
    virtual ~InThreadBinTree();                                 //析构函数模板
    const ThreadBinTreeNode<ElemType> * GetRoot() const;        //返回线索二叉树的根
    void InThread();                                            //中序线索化二叉树
    void InOrder(void (* Visit)(const ElemType &)) const;       //二叉树的中序遍历
    InThreadBinTree(const InThreadBinTree<ElemType> &source);   //复制构造函数模板
    InThreadBinTree<ElemType> &operator=(
        const InThreadBinTree<ElemType>& source);               //重载赋值运算符
};
```

线索化二叉树过程的本质是一种特殊的遍历过程。在线索化过程中,访问节点就是检查节点的左、右链指针是否为空,若为空,则令其指向当前遍历次序下的前驱或后继。在遍

历过程中，访问某节点时，由于它的前驱刚被访问过，所以若左链指针为空，则可令其指向它的前驱，但由于它的后继尚未访问到，所以它的右链指针不能马上进行线索化，而要等到下一个节点被访问后才能进行线索化，即右链指针的线索化要滞后一步进行。因此，为了实现右链指针的线索化，需设立一个指针，令其指向上一次访问到的节点。中序线索化二叉树的算法实现如下：

```
template <class ElemType>
void InThreadBinTree<ElemType>::InThreadHelp(ThreadBinTreeNode<ElemType> *
cur, ThreadBinTreeNode<ElemType> * &pre)
//操作结果:中序线索化以 cur 为根的二叉树,pre 表示 cur 的前驱
{
    if (cur !=NULL)
    {   //按中序遍历方式进行线索化
        if (cur->leftTag ==CHILD_PTR)
            InThreadHelp(cur->leftChild, pre);  //线索化左子树

        if(cur->leftChild ==NULL)
        {   //cur 无左孩子,加线索
            cur->leftChild =pre;                 //cur 前驱为 pre
            cur->leftTag =THREAD_PTR;            //线索标志
        }
        else
        {   //cur 有左孩子, 修改标志
            cur->leftTag =CHILD_PTR;             //孩子指针标志
        }

        if(pre !=NULL && pre->rightChild ==NULL)
        {   //pre 无右孩子, 加线索
            pre->rightChild =cur;                //pre 后继为 cur
            pre->rightTag =THREAD_PTR;           //线索标志
        }
        else if (pre !=NULL)
        {   //cur 有右孩子, 修改标志
            pre->rightTag =CHILD_PTR;            //孩子指针标志
        }
        pre =cur;                            //遍历下一节点时,cur 为下一节点的前驱

        if (cur->rightTag ==CHILD_PTR)
            InThreadHelp(cur->rightChild, pre); //线索化右子树
    }
}
```

说明：上面的算法实现可读性强，但对将标志赋成孩子指针标志 CHILD_PTR 的相关语句可省略，这是因为在线索二叉树的节点类已将标志的默认值设为 CHILD_PTR，也就是在生成线索二叉树的节点时，leftTag 和 rightTag 都默认为 CHILD_PTR，这样优化过的代码如下：

```
template <class ElemType>
void InThreadBinTree<ElemType>::InThreadHelp(ThreadBinTreeNode<ElemType> *
    cur, ThreadBinTreeNode<ElemType> * &pre)
//操作结果:中序线索化以 cur 为根的二叉树,pre 表示 cur 的前驱
{
    if (cur !=NULL)
    {   //按中序遍历方式进行线索化
        if (cur->leftTag ==CHILD_PTR)
            InThreadHelp(cur->leftChild, pre);   //线索化左子树

        if(cur->leftChild ==NULL)
        {   //cur 无左孩子,加线索
            cur->leftChild =pre;                 //cur 前驱为 pre
            cur->leftTag =THREAD_PTR;            //线索标志
        }

        if(pre !=NULL && pre->rightChild ==NULL)
        {   //pre 无左孩子, 加线索
            pre->rightChild =cur;                //pre 后继为 cur
            pre->rightTag =THREAD_PTR;           //线索标志
        }
        pre =cur;                                //遍历下一节点时,cur 为下一节点的前驱

        if (cur->rightTag ==CHILD_PTR)
            InThreadHelp(cur->rightChild, pre); //线索化右子树
    }
}
```

上面的算法是一个递归算法，每次递归都需要知道最近一次访问的节点，所以设置 pre 存储最近一次访问到的节点的指针。pre 的初始值设为 NULL。由于是递归程序，pre 不能作为该程序中的普通临时变量。这里将 pre 作为该函数的参数，这是为了让其对该函数具有“全局”变量的作用。由于在参数中设了一个在逻辑上并不需要而只在实现中需要的参数 pre，使得函数调用显得不自然。为解决该问题，再定义一个函数，它可以看成是对上面函数的“包装”，但参数中去掉了 pre。该函数如下：

```
template <class ElemType>
void InThreadBinTree<ElemType>::InThread()
//操作结果:中序线索化二叉树
{
```

```
    ThreadBinTreeNode<ElemType> * pre =NULL;    //开始线索化时前驱为空
    InThreadHelp(root, pre);                    //中序线索化以 root 为根的二叉树
    if (pre->rightChild ==NULL)                 //pre 为中序序列中最后一个节点
        pre->rightTag =THREAD_PTR;              //如无右孩子,则加线索标记
}
```

在中序线索二叉树中,中序序列的第一个访问的节点是二叉树最左侧的节点,对于任意一个节点 cur,如果 cur 的右链指针为线索,则后继为 cur－＞rightChild;如果 cur 的右链指针为孩子,则节点 cur 的后继应是遍历其右子树时访问的第一个节点,也就是右子树中最左侧的节点,中序线索二叉树中序遍历的具体实现如下:

```
template <class ElemType>
void InThreadBinTree<ElemType>::InOrder(void ( * visit)(const ElemType &)) const
//操作结果:二叉树的中序遍历
{
    if (root !=NULL)
    {
        ThreadBinTreeNode<ElemType> * cur =root; //从根开始遍历

        while (cur->leftTag ==CHILD_PTR)         //查找最左侧的节点,此结
            cur =cur->leftChild;                 //点为中序序列的第一个节点
        while (cur !=NULL)
        {
            ( * visit)(cur->data);               //访问当前节点

            if (cur->rightTag ==THREAD_PTR)
            {   //右链为线索,后继为 cur->rightChild
                cur =cur->rightChild;
            }
            else
            {   //右链为孩子,cur 右子树最左侧的节点为后继
                cur =cur->rightChild;            //cur 指向右孩子
                while (cur->leftTag ==CHILD_PTR)
                    cur =cur->leftChild;         //查找原 cur 右子树最左侧的节点
            }
        }
    }
}
```

2. 先序线索二叉树

先序线索二叉树与中序线索二叉树的节点实现完全相同,它们的线索二叉树类模板节点声明也相似,具体先序线索二叉树类模板声明形式如下:

```
//先序线索二叉树类模板
template <class ElemType>
```

```
class PreThreadBinTree
{
protected:
//数据成员
    ThreadBinTreeNode<ElemType> * root;

//辅助函数模板
    与中序线索二叉树类的辅助函数模板类似

public:
//线索二叉树方法声明及重载编译系统默认方法声明
    与中序线索二叉树类的公有函数模板类似
};
```

在先序线索二叉树的先序遍历中，第一个访问的节点为二叉树的根节点，对于任意一个节点 cur，如果 cur 的右链指针为线索，则后继为 cur－＞rightChild；如果 cur 的右链指针为孩子，这时若存在左孩子，则后继为左孩子 cur－＞leftChild，若无左孩子，则 cur 的后继应是遍历其右子树时访问的第一个节点，也就是右子树的根节点 cur－＞rightChild，先序线索二叉树中序遍历的具体实现如下：

```
template <class ElemType>
void PreThreadBinTree<ElemType>::PreOrder(
        void (* visit)(const ElemType &)) const
//操作结果:二叉树的先序遍历
{
    if (root !=NULL)
    {
        ThreadBinTreeNode<ElemType> * cur =root;
            //从根开始遍历,根节点为先序序列的第一个节点

        while (cur !=NULL)
        {
            (* visit)(cur->data);                   //访问当前节点

            if (cur->rightTag ==THREAD_PTR)
            {   //右链为线索,后继为 cur->rightChild
                cur =cur->rightChild;
            }
            else
            {   //右链为孩子
                if (cur->rightTag ==CHILD_PTR)
                    cur =cur->leftChild;          //cur 有左孩子,则左孩子为后继
                else
                    cur =cur->rightChild;         //cur 无左孩子,则右孩子为后继
```

```
            }
        }
    }
}
```

3. 后序线索二叉树

在后序线索二叉树中,后序遍历要复杂些。后序序列的第一个访问的节点是二叉树最左下的节点,对于任一节点 cur,如果 cur 的右链指针为线索,则后继为 cur－＞rightChild,否则确定其后继要考虑如下几种情况:

(1) 若节点 cur 是二叉树的根,则其后继为空;

(2) 若节点 cur 是其双亲的右孩子或是双亲的左孩子并且双亲没有右孩子,则后继即为双亲节点;

(3) 若节点 cur 是其双亲的左孩子,并且双亲有右孩子,则后继为双亲的右子树中按后序遍历的第一个访问的节点,即双亲的右子树中最左下的节点。可见,在后序线索二叉树中找节点后继时需要能够找到节点的双亲,因此,在实现时需要利用前面讲过的三叉链表实现二叉树的存储。具体节点类模板声明如下:

```
//三叉链表二叉树节点类模板
template <class ElemType>
struct TriLkBinTreeNode
{
//数据成员
    ElemType data;                                  //数据成分
    TriLkBinTreeNode<ElemType>   * leftChild;       //左孩子指针
    TriLkBinTreeNode<ElemType>   * rightChild;      //右孩子指针
    TriLkBinTreeNode<ElemType>   * parent;          //双亲指针

//构造函数模板
    TriLkBinTreeNode();                             //无参数的构造函数模板
    TriLkBinTreeNode(const ElemType &e,             //由数据成分值、指向左右孩子及双亲
                                                    //的指针构造节点
        TriLkBinTreeNode<ElemType> * lChild =NULL,
        TriLkBinTreeNode<ElemType> * rChild =NULL,
        TriLkBinTreeNode<ElemType> * pt =NULL);
};
```

后序线索二叉树类的声明与中序和先序线索二叉树类模板的声明完全相似,具体后序线索二叉树类模板声明形式如下:

```
//后序线索二叉树类模板
template <class ElemType>
class PostThreadBinTree
{
protected:
//数据成员
```

```
    PostThreadBinTreeNode<ElemType> * root;

//辅助函数模板
    与先序线索二叉树类模板和中序线索二叉树类的辅助函数模板类似

public:
//线索二叉树方法声明及重载编译系统默认方法声明:
    与先序线索二叉树类模板和中序线索二叉树类的公有函数模板类似

};
```

根据前面关于后序线索二叉树的后序遍历的分析,容易得到后序遍历算法实现如下:

```
template <class ElemType>
void PostThreadBinTree < ElemType >:: PostOrder (void ( * visit) (const ElemType
&)) const
//操作结果:二叉树的后序遍历
{
    if (root !=NULL)
    {
        PostThreadBinTreeNode<ElemType> * cur =root;        //从根开始遍历
        while (cur->leftTag ==CHILD_PTR || cur->rightTag ==CHILD_PTR)
        {   //查找最左下的节点,此节点为后序序列第一个节点
            if (cur->leftTag ==CHILD_PTR) cur =cur->leftChild;
                                                             //移向左孩子
            else cur =cur->rightChild;                       //无左孩子,则移向右孩子
        }

        while (cur !=NULL)
        {
            ( * visit) (cur->data);                          //访问当前节点

            PostThreadBinTreeNode<ElemType> * pt =cur->parent; //当前节点的双亲
            if (cur->rightTag ==THREAD_PTR)
            {   //右链为线索, 后继为 cur->rightChild
                cur =cur->rightChild;
            }
            else if (cur ==root)
            {   //节点 cur 是二叉树的根,其后继为空
                cur =NULL;
            }
            else if (pt->rightChild ==cur || pt->leftChild ==cur && pt->rightTag
                ==THREAD_PTR)
            {   //节点 cur 是其双亲的右孩子或是其双亲的左孩子且其双亲没有右子树,则
                //其后继即为双亲节点
                cur =pt;
```

```
            }
            else
            {   //节点 cur 是其双亲的左孩子,且其双亲有右子树,则其后继为双亲的右子
                //树中按后序遍历的第一个访问的节点,即其双亲的右子树中最左下的节点
                cur =pt->rightChild;                            //cur 指向双亲的右孩子
                while (cur->leftTag ==CHILD_PTR || cur->rightTag ==CHILD_PTR)
                {   //查找最左下的节点,此节点为后序序列第一个节点
                    if (cur->leftTag ==CHILD_PTR) cur =cur->leftChild;
                                                                //移向左孩子
                    else cur =cur->rightChild;                  //无左孩子,则移向右孩子
                }
            }
        }
    }
}
```

6.5 树和森林的实现

本节讨论的是树和森林的存储表示及其遍历操作,以及如何将树和森林与二叉树进行相互转换。

6.5.1 树的存储表示

树的存储表示可以有多种方法,分别适合于不同的应用需求。在这里只介绍常用的几种方法。在实际应用中,树一般包括如下基本操作。

1) const TreeNode<ElemType> * GetRoot() const

初始条件:树已存在。

操作结果:返回树的根。

2) bool Empty() const

初始条件:树已存在。

操作结果:如果树为空,返回 true,否则返回 false。

3) bool GetElem(const TreeNode<ElemType> * cur, ElemType &*e*) const

初始条件:树已存在,cur 为树的一个节点。

操作结果:用 *e* 返回节点 cur 的元素值,如果不存在节点 cur,函数返回 false,否则返回 true。

4) bool SetElem(TreeNode<ElemType> * cur, const ElemType &*e*)

初始条件:树已存在,cur 为树的一个节点。

操作结果:如果不存在节点 cur,则返回 false,否则返回 true,并将节点 cur 的值设置为 *e*。

5) void PreOrder(void (* visit)(const ElemType &)) const

初始条件:树已存在。

操作结果:按先序依次对树的每个元素调用函数(* visit)。

6) void PostOrder(void (* visit)(const ElemType &)) const

初始条件:树已存在。

操作结果：按后序依次对树的每个元素调用函数(＊visit)。

7) void LevelOrder(void (＊visit)(const ElemType &)) const

初始条件：树已存在。

操作结果：按层次依次对树的每个元素调用函数(＊visit)。

8) int NodeCount() const

初始条件：树已存在。

操作结果：返回树的节点个数。

9) int NodeDegree(const TreeNode<ElemType> ＊cur) const

初始条件：树已存在，cur为树的一个节点。

操作结果：返回树的节点cur的度。

10) int Degree() const

初始条件：树已存在。

操作结果：返回树的度。

11) const TreeNode<ElemType> ＊FirstChild(const TreeNode<ElemType> ＊cur) const

初始条件：树已存在，cur为树的一节点。

操作结果：返回树节点cur的第一个孩子。

12) const TreeNode<ElemType> ＊RightSibling(const TreeNode<ElemType> ＊cur) const

初始条件：树已存在，cur为树的一个节点。

操作结果：返回树节点cur的右兄弟。

13) const TreeNode<ElemType> ＊Parent(const TreeNode<ElemType> ＊cur) const

初始条件：树已存在，cur为树的一个节点。

操作结果：返回树节点cur的双亲。

14) bool InsertChild(TreeNode<ElemType> ＊cur, int position, const ElemType &*e*)

初始条件：树已存在，cur为树的一个节点。

操作结果：将数据元素*e*插入为cur的第position个孩子，如果插入成功，则返回true，否则返回false。

15) bool DeleteChild(TreeNode<ElemType> ＊cur, int position)

初始条件：树已存在，cur为树的一个节点。

操作结果：删除cur的第position棵子树，如果删除成功，则返回true，否则返回false。

16) int Height() const

初始条件：树已存在。

操作结果：返回树的高。

1. 双亲表示法

对于树中的每个节点，只存放其双亲节点的位置，这样每个节点就有两个成分：data和parent，其中data用来存储节点本身的信息，parent用来存储双亲节点位置。将树中的所有节点用一组连续的存储单元存放,如图 6.17 所示。

这种存储结构利用了树中每个节点(根节点除外)只有一个双亲的性质。在这种表示方式下,查找每个节点的双亲节点非常容易,但要找到某个节点的孩子节点时需要遍历整棵树,效率较低。双亲表示法节点类模板及双亲表示法树类模板的声明如下:

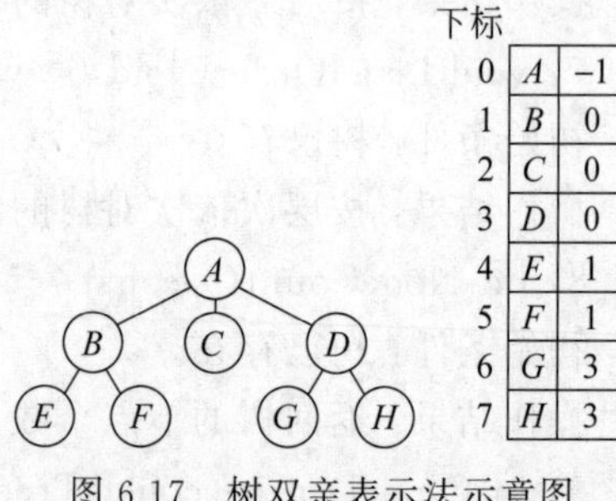

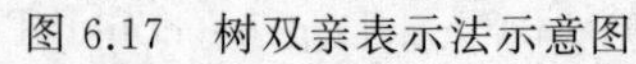
图 6.17 树双亲表示法示意图

```
//双亲表示树节点类模板
template <class ElemType>
struct ParentTreeNode
{
//数据成员
    ElemType data;                                          //数据成分
    int parent;                                             //双亲位置成分

//构造函数模板
    ParentTreeNode();                                       //无参数的构造函数模板
    ParentTreeNode(const ElemType &e, int pt =-1);          //已知数据成分值和双亲位置
                                                            //建立结构
};

//双亲表示树类模板
template <class ElemType>
class ParentTree
{
protected:
//数据成员
    ParentTreeNode<ElemType> * nodes;                       //存储树节点
    int maxSize;                                            //树节点最大个数
    int root, num;                                          //根的位置及节点数

//辅助函数模板
    void PreOrderHelp(int r, void ( * visit)(const ElemType &)) const;  //先序遍历
    void PostOrderHelp(int r, void ( * visit)(const ElemType &)) const;  //后序遍历
        int HeightHelp(int r) const;                        //返回以 r 为根的树的高
    int DegreeHelp(int r) const;                            //返回以 r 为根的树的度
    void MoveHelp(int from, int to);                        //将节点从 from 移到节点 to
    void DeleteHelp(int r);                                 //删除以 r 为根的树

public:
//树方法声明及重载编译系统默认方法声明
    ParentTree();                                           //构造函数模板
    virtual ~ParentTree();                                  //析构函数模板
    int GetRoot() const;                                    //返回树的根
    bool Empty() const;                                     //判断树是否为空
```

```
    bool GetElem(int cur, ElemType &e) const;           //用 e 返回节点元素值
    bool SetElem(int cur, const ElemType &e);           //将节点 cur 的值置为 e
    void PreOrder(void ( * visit)(const ElemType &)) const;     //树的先序遍历
    void PostOrder(void ( * visit)(const ElemType &)) const;    //树的后序遍历
    void LevelOrder(void ( * visit)(const ElemType &)) const;   //树的层次遍历
    int NodeCount() const;                              //返回树的节点个数
    int NodeDegree(int cur) const;                      //返回节点 cur 的度
    int Degree() const;                                 //返回树的度
    int FirstChild(int cur) const;                      //返回节点 cur 的第一个孩子
    int RightSibling(int cur) const;                    //返回节点 cur 的右兄弟
    int Parent(int cur) const;                          //返回节点 cur 的双亲
    bool InsertChild(int cur, int position, const ElemType &e);
                                              //将数据元素插入为 cur 的第 position 个孩子
    bool DeleteChild(int cur, int position);            //删除 cur 的第 position 棵子树
    int Height() const;                                 //返回树的高
    ParentTree(const ElemType &e, int size =DEFAULT_SIZE);
        //建立以数据元素 e 为根的树
    ParentTree(const ParentTree<ElemType> &source); //复制构造函数模板
    ParentTree(ElemType items[], int parents[], int r, int n,
        int size =DEFAULT_SIZE);
        //建立数据元素为 items[],对应节点双亲为 parents[],根节点位置为 r,节点个数为 n
        //的树
    ParentTree<ElemType> &operator= (const ParentTree<ElemType>& source);
        //重载赋值运算符
};
```

2. 孩子双亲表示法

如果把每个节点的孩子节点排列起来,看成是一个线性表,且以单链表加以存储,则 n 个节点的树就有 n 个孩子链表(叶节点的孩子链表为空表)。将这 n 个单链表的头指针又组织成一个线性表,存储在一个数组中,并在数组中同时存储数据元素的值及双亲位置,这样就得到了树的孩子双亲表示法,如图 6.18 所示。

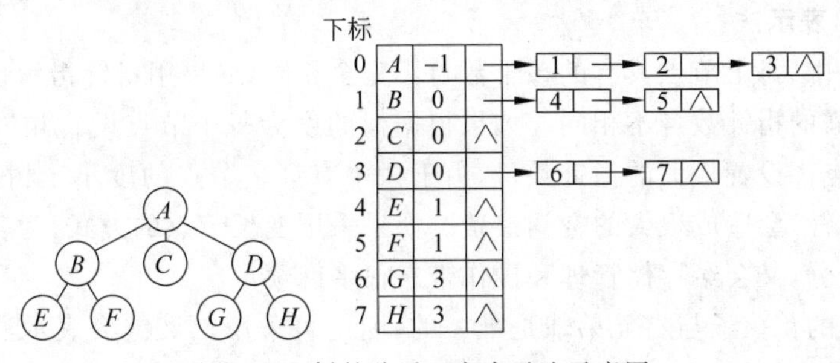

图 6.18 树的孩子双亲表示法示意图

孩子双亲表示法不但便于实现查找某个节点的孩子的操作,也适合于查找双亲节点的操作。孩子双亲表示法节点类模板及孩子双亲表示法树类模板的声明如下:

```
//孩子双亲表示树节点类模板
```

```
template <class ElemType>
struct ChildParentTreeNode
{
//数据成员
    ElemType data;                                      //数据成分
    LinkList<int>childLkList;                           //孩子链表
    int parent;                                         //双亲位置成分

//构造函数模板
    ChildParentTreeNode();                              //无参数的构造函数模板
    ChildParentTreeNode(const ElemType &e, int pt =-1); //已知数据成分值和双亲位置
                                                        //建立结构
};

//孩子双亲表示树类模板
template <class ElemType>
class ChildParentTree
{
protected:
//数据成员
    ChildParentTreeNode<ElemType> * nodes;              //存储树节点
    int maxSize;                                        //树节点最大个数
    int root, num;                                      //根的位置及节点数

//辅助函数模板
    与双亲表示树相同

public:
//树方法声明及重载编译系统默认方法声明:
    与双亲表示树相同
};
```

3. 孩子兄弟表示法

在一般的树中,每个节点具有的孩子数目不完全相同,如果用指针指示孩子节点地址的话,每个节点所需的指针数各不相同。如果根据树的度为每个节点设置相同数目的指针成分,即为每个节点都设置最大的指针数目,由于树中有许多节点的度小于树的度,这样将有许多指针为空指针,会造成很大的空间浪费。如果采用变长节点的方式,为各个节点设置不同数目的指针成分,又会给存储管理和操作带来很多麻烦。

但每个节点的首孩子与右兄弟却是唯一的,因此可采用二叉链表表示法——孩子兄弟表示法,节点的结构如图 6.19 所示。

firstChild	data	rightSibling

图 6.19　孩子兄弟表示树的节点示意图

图 6.20 为树的孩子兄弟表示法示意图。

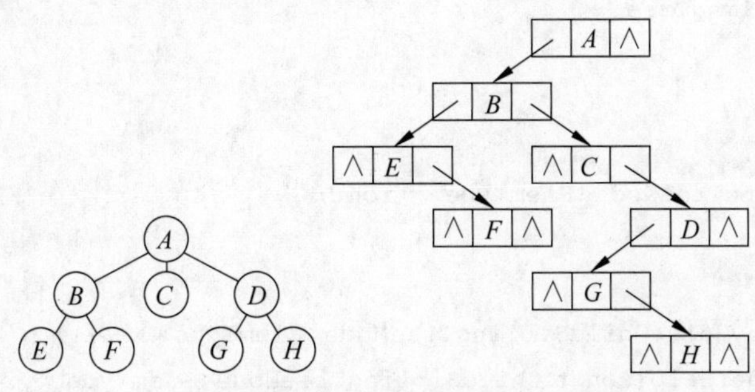

图 6.20　树的孩子兄弟表示法示意图

由于根节点只有一个,没有兄弟,所以它的右兄弟指针始终为空。图 6.20 所示树中根节点 A 有 3 个孩子,根据图中的次序,将最左边的孩子节点 B 作为它的第一个孩子,因此首孩子指针成分中存放的是 B 的节点地址。节点 B 有孩子也有兄弟,所以它的右兄弟指针成分中存储图中紧跟在它右边的兄弟 C 的节点地址,它的第一个孩子指针成分中存储的是它的第一个孩子 E 的节点地址。节点 F 既没有右边的兄弟也没有孩子,所以它的两个指针成分都为空。

在树的孩子兄弟表示法中,要找到某一节点的所有孩子,只需先通过它的第一个孩子指针找到第一个孩子节点,然后再根据第一个孩子节点的右兄弟指针找到第二个孩子节点,再根据第二个孩子节点的右兄弟指针找到第三个孩子节点……直到某个节点的右兄弟指针成分为空为止。至此完成了对此节点的所有孩子节点的一次访问。可见,要找到某个节点的双亲,就必须从根开始遍历整棵树。

孩子兄弟表示法节点类模板及孩子兄弟表示法树类模板的声明如下:

```
//孩子兄弟表示树节点类模板
template <class ElemType>
struct ChildSiblingTreeNode
{
//数据成员
    ElemType data;                                      //数据成分
    ChildSiblingTreeNode<ElemType> * firstChild;        //指向首孩子指针成分
    ChildSiblingTreeNode<ElemType> * rightSibling;      //指向右兄弟指针成分

//构造函数模板
    ChildSiblingTreeNode();                             //无参数的构造函数模板
    ChildSiblingTreeNode(const ElemType &e,             //已知数据成分值、指向首孩
    ChildSiblingTreeNode<ElemType> * fChild =NULL,      //子与右兄弟指针建立节点
    ChildSiblingTreeNode<ElemType> * rSibling =NULL);

};

//孩子兄弟表示树类模板
```

```
template <class ElemType>
class ChildSiblingTree
{
protected:
//数据成员
    ChildSiblingTreeNode<ElemType> * root;                    //根

//辅助函数模板
    void DestroyHelp(ChildSiblingTreeNode<ElemType> * &r);  //销毁以 r 为根的树
    void PreOrderHelp(const ChildSiblingTreeNode<ElemType> * r,
        void ( * visit)(const ElemType &)) const;              //先序遍历
    void PostOrderHelp(const ChildSiblingTreeNode<ElemType> * r,
        void ( * visit)(const ElemType &)) const;              //后序遍历
    int NodeCountHelp(const ChildSiblingTreeNode<ElemType> * r) const;
                                                    //返回以 r 为根的树的节点数
    int HeightHelp(const ChildSiblingTreeNode<ElemType> * r) const;
                                                    //返回以 r 为根的树的高
    int DegreeHelp(const ChildSiblingTreeNode<ElemType> * r) const;
                                                    //返回以 r 为根的树的度
    void DeleteHelp(ChildSiblingTreeNode<ElemType> * r);  //删除以 r 为根的树
    const ChildSiblingTreeNode<ElemType> * ParentHelp(
        const ChildSiblingTreeNode<ElemType> * r,
        const ChildSiblingTreeNode<ElemType> * cur) const;  //返回 cur 的双亲
    ChildSiblingTreeNode<ElemType> * CopyTreeHelp(
        const ChildSiblingTreeNode<ElemType> * r);          //复制树
    ChildSiblingTreeNode<ElemType> * CreateTreeGhelp(ElemType items[],
        int parents[], int r, int n);
        //建立数据元素为 items[],对应节点双亲为 parents[],根节点位置为 r,节点个数为 n
        //的树,并返回树的根

public:
//树方法声明及重载编译系统默认方法声明
    ChildSiblingTree();                                     //无参数的构造函数
    virtual ~ChildSiblingTree();                            //析构函数模板
    const ChildSiblingTreeNode<ElemType> * GetRoot() const;  //返回树的根
    bool Empty() const;                                     //判断树是否为空
    bool GetElem(const ChildSiblingTreeNode<ElemType> * cur, ElemType &e) const;
        //用 e 返回节点元素值
    bool SetElem(ChildSiblingTreeNode<ElemType> * cur, const ElemType &e);
                                                        //将节点 cur 的值置为 e
    void PreOrder(void ( * visit)(const ElemType &)) const;  //树的先序遍历
    void PostOrder(void ( * visit)(const ElemType &)) const; //树的后序遍历
    void LevelOrder(void ( * visit)(const ElemType &)) const;  //树的层次遍历
    int NodeCount() const;                                  //返回树的节点个数
```

```
    int NodeDegree(const ChildSiblingTreeNode<ElemType> * cur) const;
                                                        //返回节点 cur 的度
    int Degree() const;                                 //返回树的度
    const ChildSiblingTreeNode<ElemType> * FirstChild(
        const ChildSiblingTreeNode<ElemType> * cur) const; //返回树节点 cur 的第一
                                                        //个孩子
    const ChildSiblingTreeNode<ElemType> * RightSibling(
        const ChildSiblingTreeNode<ElemType> * cur) const; //返回树节点 cur 的右
                                                        //兄弟
    const ChildSiblingTreeNode<ElemType> * Parent(const ChildSiblingTreeNode<
ElemType> * cur)
        const;                                          //返回树节点 cur 的双亲
    bool InsertChild(ChildSiblingTreeNode<ElemType> * cur, int i, const ElemType &e);
        //将数据元素插入为 cur 的第 i 个孩子
    bool DeleteChild(ChildSiblingTreeNode<ElemType> * cur, int i);
                                                        //删除 cur 的第 i 棵子树
    int Height() const;                                 //返回树的高
    ChildSiblingTree(const ElemType &e);
                                                    //建立以数据元素 e 为根的树
    ChildSiblingTree(const ChildSiblingTree<ElemType>&source);
                                                        //复制构造函数模板
    ChildSiblingTree(ElemType items[], int parents[], int r, int n);
        //建立数据元素为 items[],对应节点双亲为 parents[],根节点位置为 r,节点个数为 n
        //的树
    ChildSiblingTree(ChildSiblingTreeNode<ElemType> * r);  //建立以 r 为根的树
    ChildSiblingTree<ElemType>&operator=(
        const ChildSiblingTree<ElemType>& source);         //重载赋值运算符
};
```

说明：在实际应用中，通常使用树的孩子兄弟表示法作存储结构，因此后面的例题在不加以特别声明的情况下，都采用树的孩子兄弟表示法存储结构。

*6.5.2 树的显示

通常采用凹入表示法显示树，如图 6.21 所示，由图可知从上到下的显示顺序为 *ABEFCDGH*，实际上就是最先显示根，然后再依次显示各棵子树，并且树根显示在第 1 列，根的孩子显示在第 2 列……可知显示的列数为节点的层次数，因此可仿照显示二叉树的算法编程实现，具体实现如下。

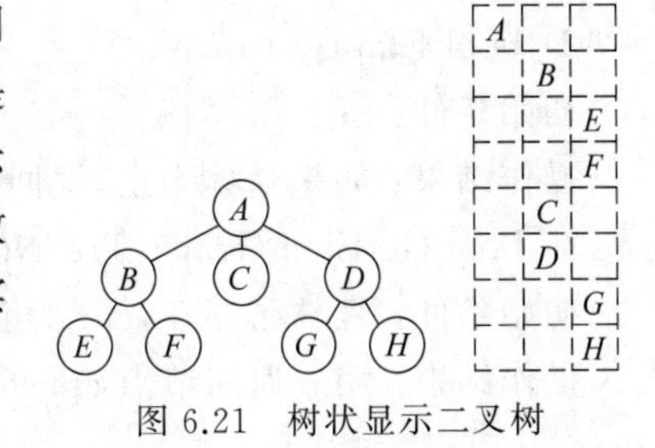

图 6.21 树状显示二叉树

```
template <class ElemType>
void DisplayTWithConcaveShapeHelp(const ChildSiblingTree<ElemType>&t,
    const ChildSiblingTreeNode<ElemType> * r, int level)
//操作结果:按凹入表示法显示树,level 为层次数,可设根节点的层次数为 1
```

```
{
    if (r !=NULL)
    {   //非空根 r
        cout<<endl;                                     //显示新行
        for(int temPos =0; temPos <level -1; temPos++)
            cout<<" ";                                  //确保在第 level 列显示节点
        ElemType e;
        t.GetElem(r, e);                                //取出节点 r 的元素值
        cout <<e;                                       //显示节点元素值
        for (const ChildSiblingTreeNode<ElemType> * child =t.FirstChild(r);
            child !=NULL; child =t.RightSibling(child))
        {   //依次显示各棵子树
            DisplayTWithConcaveShapeHelp(t, child, level +1);
        }
    }
}

template <class ElemType>
void DisplayTWithConcaveShape(const ChildSiblingTree<ElemType> &t)
//操作结果:按凹入表示法显示树
{
    DisplayTWithConcaveShapeHelp(t, t.GetRoot(), 1); //调用辅助函数实现按凹入表示
                                                     //法显示树
    cout <<endl;                                     //换行
}
```

6.5.3 森林的存储表示

可以采用树的存储表示来表示森林，只是树只有一个根节点，而森林可以有多个根节点，森林与树一样，常用存储结构有 3 种。在实际应用中森林一般包括如下基本操作。

1) const TreeNode＜ElemType＞ * GetFirstRoot() const

初始条件：森林已存在。

操作结果：返回森林的第一棵树的根。

2) bool Empty() const

初始条件：森林已存在。

操作结果：如果森林为空，返回 true，否则返回 false。

3) bool GetElem(const TreeNode＜ElemType＞ * cur, ElemType &*e*) const

初始条件：森林已存在，cur 为森林的一个节点。

操作结果：用 *e* 返回节点 cur 的元素值，如果不存在节点 cur，函数返回 false，否则返回 true。

4) bool SetElem(TreeNode＜ElemType＞ * cur, const ElemType &*e*)

初始条件：森林已存在，cur 为森林的一个节点。

操作结果：如果不存在节点 cur，则返回 false，否则返回 true，并将节点 cur 的值设置为 *e*。

5) void PreOrder(void (* visit)(const ElemType &)) const

初始条件：森林已存在。

操作结果：按先序遍历依次对森林的每个元素调用函数(* visit)。

6) void InOrder(void (* visit)(const ElemType &)) const

初始条件：森林已存在。

操作结果：按中序遍历依次对森林的每个元素调用函数(* visit)。

7) void LevelOrder(void (* visit)(const ElemType &)) const

初始条件：森林已存在。

操作结果：按层次遍历依次对森林的每个元素调用函数(* visit)。

8) int NodeCount() const

初始条件：森林已存在。

操作结果：返回森林的节点个数。

9) int NodeDegree(const TreeNode＜ElemType＞ * cur) const

初始条件：森林已存在，cur 为森林的一个节点。

操作结果：返回森林的节点 cur 的度。

10) const TreeNode＜ElemType＞ * FirstChild(const TreeNode＜ElemType＞ * cur) const

初始条件：森林已存在，cur 为森林的一个节点。

操作结果：返回森林节点 cur 的第一个孩子。

11) const TreeNode＜ElemType＞ * RightSibling(const TreeNode＜ElemType＞ * cur) const

初始条件：森林已存在，cur 为森林的一个节点。

操作结果：返回森林节点 cur 的右兄弟。

12) const TreeNode＜ElemType＞ * Parent(const TreeNode＜ElemType＞ * cur) const

初始条件：森林已存在，cur 为森林的一个节点。

操作结果：返回森林节点 cur 的双亲。

13) bool InsertChild(TreeNode＜ElemType＞ * cur, int position, const ElemType &*e*)

初始条件：森林已存在，cur 为森林的一个节点。

操作结果：将数据元素 *e* 插入为 cur 的第 position 个孩子，如果插入成功，则返回 true，否则返回 false。

14) bool DeleteChild(TreeNode＜ElemType＞ * cur, int position)

初始条件：森林已存在，cur 为森林的一个节点。

操作结果：删除 cur 的第 position 棵子树，如果删除成功，则返回 true，否则返回 false。

1. 双亲表示法

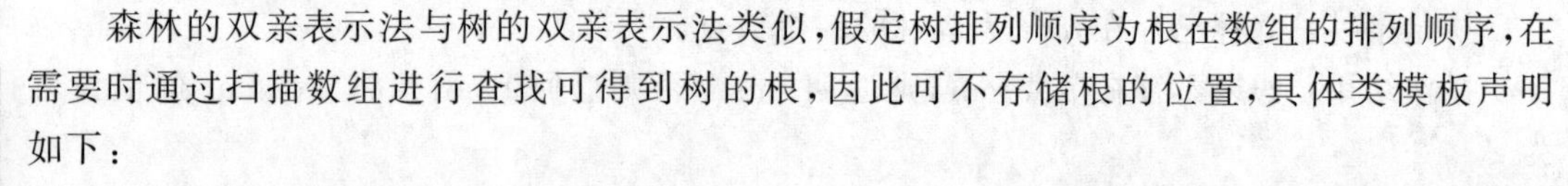

森林的双亲表示法与树的双亲表示法类似,假定树排列顺序为根在数组的排列顺序,在需要时通过扫描数组进行查找可得到树的根,因此可不存储根的位置,具体类模板声明如下:

```
//双亲表示森林类模板
template <class ElemType>
class ParentForest
{
protected:
//数据成员
    ParentTreeNode<ElemType> * nodes;                          //存储森林节点
    int maxSize;                                               //森林节点最大个数
    int num;                                                   //节点数

//辅助函数模板
    …

public:
//森林方法声明及重载编译系统默认方法声明
    ParentForest();                                            //无参数的构造函数模板
    virtual ~ParentForest();                                   //析构函数模板
    int GetFirstRoot() const;                                  //返回森林的第一棵树的根
    bool Empty() const;                                        //判断森林是否为空
    bool GetElem(int cur, ElemType &e) const;                  //用 e 返回节点元素值
    bool SetElem(int cur, const ElemType &e);                  //将节点 cur 的值置为 e
    void PreOrder(void (* visit)(const ElemType &)) const;        //森林的先序遍历
    void InOrder(void (* visit)(const ElemType &)) const;         //森林的中序遍历
    void LevelOrder(void (* visit)(const ElemType &)) const;   //森林的层次遍历
    int NodeCount() const;                                     //返回森林的节点个数
    int NodeDegree(int cur) const;                             //返回节点 cur 的度
    int FirstChild(int cur) const;                             //返回节点 cur 的第一个孩子
    int RightSibling(int cur) const;                           //返回节点 cur 的右兄弟
    int Parent(int cur) const;                                 //返回节点 cur 的双亲
    bool InsertChild(int cur, int position, const ElemType &e);
                                                    //将数据元素插入为 cur 的第 position 个孩子
    bool DeleteChild(int cur, int position);   //删除 cur 的第 position 棵子树
    ParentForest(const ElemType &e, int size =DEFAULT_SIZE);
        //建立以数据元素 e 为根的树所构成的只有一棵树的森林
    ParentForest(const ParentForest<ElemType> &source);      //复制构造函数模板
    ParentForest(ElemType items[], int parents[], int n, int size =DEFAULT_SIZE);
        //建立数据元素为 items[],对应节点双亲为 parents[],节点个数为 n 的森林
    ParentForest<ElemType> &operator=(const ParentForest<ElemType>& source);
```

```
        //重载赋值运算符
};
```

2. 孩子双亲表示法

森林的孩子双亲表示法与森林的孩子双亲表示法类似，假定树排列顺序为根在数组的排列顺序，在需要时通过扫描数组可得到树的根，因此不必存储根的位置，具体类模板声明如下：

```
//孩子双亲表示森林类模板
template <class ElemType>
class ChildParentForest
{
protected:
//数据成员
    ChildParentTreeNode<ElemType>nodes[MAX_FOREST_SIZE];    //存储森林节点
    int num;                                                  //根的位置及节点数

//辅助函数模板
    …

public:
//森林方法声明及重载编译系统默认方法声明
    与森林的双亲表示法相同
};
```

3. 孩子兄弟表示法

森林通常采用孩子兄弟表示法作存储结构，并且还将森林中树的根看成是兄弟，这样就只需要知道第一棵树的根，从它的 rightSibling 可得到第二棵树的根，再从第二棵树的根的 rightSibling 进一步可知第三棵树的根……具体类模板声明如下：

```
//孩子兄弟表示森林类模板
template <class ElemType>
class ChildSiblingForest
{
protected:
//数据成员
    ChildSiblingTreeNode<ElemType> * root;                   //森林第一棵树的根

//辅助函数模板
    void DestroyHelp(ChildSiblingTreeNode<ElemType> * &r);   //销毁以 r 为第一棵
                                                              //树根的森林
    void PreOrderHelp(const ChildSiblingTreeNode<ElemType> * r,
        void (* visit)(const ElemType &)) const;  //先序遍历以 r 为第一棵树的根的森林
    void InOrderHelp(const ChildSiblingTreeNode<ElemType> * r,
        void (* visit)(const ElemType &)) const;  //中序遍历以 r 为第一棵树的根的森林
```

```
    int NodeCountHelp(const ChildSiblingTreeNode<ElemType> * r) const;
                                                    //返回节点个数
    void DeleteHelp(ChildSiblingTreeNode<ElemType> * r);
                                                    //删除以 r 为第一棵树的根的森林
    const ChildSiblingTreeNode<ElemType> * ParentHelp(
        const ChildSiblingTreeNode<ElemType> * r,
        const ChildSiblingTreeNode<ElemType> * cur) const;    //返回 cur 的双亲
    ChildSiblingTreeNode<ElemType> * CopyTreeHelp(
        const ChildSiblingTreeNode<ElemType> * r);
        //复制森林
    ChildSiblingTreeNode<ElemType> * CreateForestHelp(ElemType items[],
        int parents[], int r, int n);
        //建立数据元素为 items[],对应节点双亲为 parents[],第一棵树根节点位置为 r,节点
        //个数为 n 的森林,并返回森林的根

public:
//森林方法声明及重载编译系统默认方法声明
    ChildSiblingForest();                                     //无参数的构造函数模板
    virtual ~ChildSiblingForest();                            //析构函数模板
    const ChildSiblingTreeNode<ElemType> * GetFirstRoot() const;
                                                              //返回森林的第一棵树的根
    bool Empty() const;                                       //判断森林是否为空
    bool GetElem(const ChildSiblingTreeNode<ElemType> * cur, ElemType &e) const;
        //用 e 返回节点元素值
    bool SetElem(ChildSiblingTreeNode<ElemType> * cur, const ElemType &e);
                                                              //将节点 cur 的值置为 e
    void PreOrder(void (* visit)(const ElemType &)) const;    //森林的先序遍历
    void InOrder(void (* visit)(const ElemType &)) const;     //森林的中序遍历
    void LevelOrder(void (* visit)(const ElemType &)) const;  //森林的层次遍历
    int NodeCount() const;                                    //返回森林的节点个数
    int NodeDegree(const ChildSiblingTreeNode<ElemType> * cur) const;
                                                              //返回节点 cur 的度
    const ChildSiblingTreeNode<ElemType> * FirstChild(
        const ChildSiblingTreeNode<ElemType> * cur)
        const;                                            //返回森林节点 cur 的第一个孩子
    const ChildSiblingTreeNode<ElemType> * RightSibling(
        const ChildSiblingTreeNode<ElemType> * cur)
        const;                                                //返回森林节点 cur 的右兄弟
    const ChildSiblingTreeNode<ElemType> * Parent(
        const ChildSiblingTreeNode<ElemType> * cur)
        const;                                                //返回森林节点 cur 的双亲
    bool InsertChild(ChildSiblingTreeNode<ElemType>* cur, int position,
        const ElemType &e);                        //将数据元素插入为 cur 的第 position 个孩子
    bool DeleteChild(ChildSiblingTreeNode<ElemType> * cur, int position);
```

```
    //删除 cur 的第 position 棵子森林
  ChildSiblingForest(const ElemType &e);             //建立以数据元素 e 为根的树所构
                                                     //成的只有一棵树的森林
  ChildSiblingForest(const ChildSiblingForest<ElemType> &source);
                                                     //复制构造函数模板
  ChildSiblingForest(ElemType items[], int parents[], int n);
    //建立数据元素为 items[],对应节点双亲为 parents[],节点个数为 n 的森林
  ChildSiblingForest(ChildSiblingTreeNode<ElemType> * r);
                                                     //建立以 r 为第一棵树的根的森林
  ChildSiblingForest<ElemType> &operator=(
    const ChildSiblingForest<ElemType>& source);   //重载赋值运算符
};
```

6.5.4 树和森林的遍历

由于树不像二叉树那样,根位于两棵子树的中间,故树的遍历一般无"中序"一说。树一般只有先序遍历、后序遍历及层次遍历 3 种方法,树的先序遍历也称为先根遍历,后序遍历也称为后根遍历,其中层次遍历方法的规则与二叉树的层次遍历规则相同,在此不再介绍。

1. 树的先序遍历

若树为空,则空操作,结束;否则按如下规则遍历:

(1) 访问根节点;

(2) 分别先序遍历根的各棵子树。

2. 树的后序遍历

若树为空,则空操作,结束;否则按如下规则遍历:

(1) 分别后序遍历根的各棵子树;

(2) 访问根节点。

图 6.22 是一棵树及其先序遍历和后序遍历的结果。

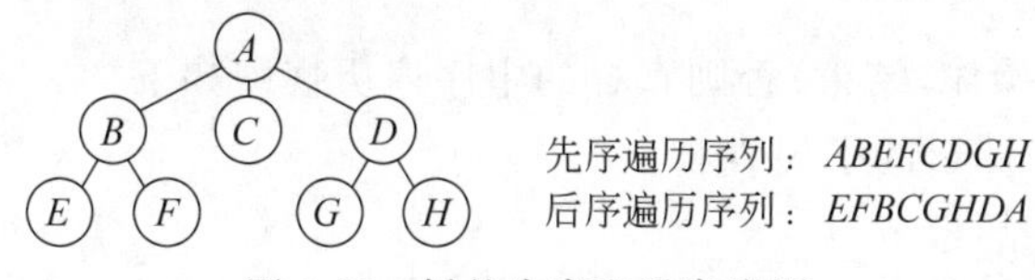

图 6.22 树的先序和后序遍历

树遍历的实现与二叉树的遍历类似,最简单的方法是采用递归方法,以先序遍历为例,具体实现如下:

```
template <class ElemType>
void ChildSiblingTree<ElemType>::PreOrderHelp(
     const ChildSiblingTreeNode<ElemType> * r,
   void (* visit)(const ElemType &)) const
//操作结果:按先序依次对以 r 为根的树的每个元素调用函数(* visit)
```

```
{
    if (r !=NULL)
    {   //r 非空
        ( * visit)(r->data);                                    //访问根节点
        for (ChildSiblingTreeNode<ElemType> * child =
            (ChildSiblingTreeNode<ElemType> * )FirstChild(r); child !=NULL;
            child =(ChildSiblingTreeNode<ElemType> * )RightSibling(child))
        {   //依次先序遍历每棵子树
            PreOrderHelp(child, visit);
        }
    }
}

template <class ElemType>
void ChildSiblingTree<ElemType>::PreOrder(
        void ( * visit)(const ElemType &)) const
//操作结果:按先序依次对树的每个元素调用函数( * visit)
{
    PreOrderHelp(GetRoot(),visit);                              //调用辅助函数实现树的先序遍历
}
```

与树的遍历类似，森林的遍历方式有先序遍历、中序遍历和层次遍历 3 种，其中层次遍历方法的规则与二叉树的层次遍历规则相同，在此不再介绍。

3. 森林的先序遍历

若森林为空，则空操作，结束；否则森林的先序遍历规则如下：

(1) 先访问森林中第一棵树的根节点；

(2) 先序遍历第一棵树的子树森林；

(3) 先序遍历除去第一棵树后剩余的树构成的森林。

4. 森林的中序遍历

若森林为空，则空操作，结束；否则森林的中序遍历规则如下：

(1) 中序遍历第一棵树的子树森林；

(2) 访问第一棵树的根节点；

(3) 中序遍历除去第一棵树后剩余的树构成的森林。

图 6.23 是由 3 棵树构成的森林及其先序遍历和中序遍历的结果。

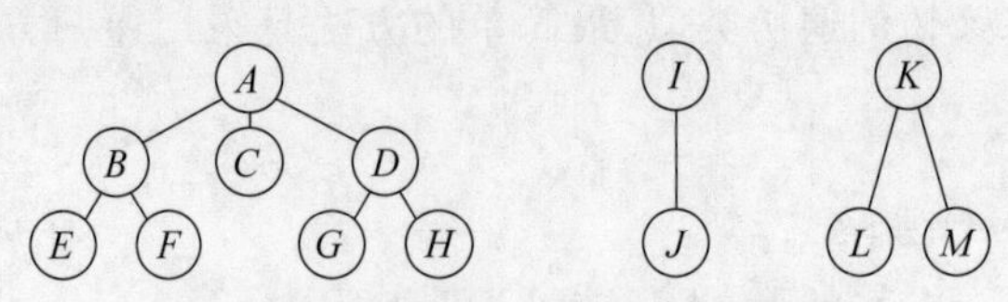

先序遍历序列：*ABEFCDGHIJKLM*

中序遍历序列：*EFBCGHDAJILMK*

图 6.23　森林的前序和中序遍历

遍历森林时，将森林分成3部分：

(1) 第一棵树的根节点；

(2) 第一棵树的子树森林；

(3) 除去第一棵树后剩余的树构成的森林。

对于森林的孩子兄弟表示法，root为第一棵树的根，root－＞firstChild为第一棵树的根的子树森林中第一棵树的根，root－＞rightSibling为除去第一棵树后剩余的树构成的森林中的第一棵树的根，由于用森林的第一棵树的根来标识森林，因此与二叉树的遍历相同，可得到森林的遍历算法，下面以森林中序遍历为例，具体算法实现如下：

```
template <class ElemType>
void ChildSiblingForest<ElemType>::InOrderHelp(
        const ChildSiblingTreeNode<ElemType> * r,
    void (* visit)(const ElemType &)) const
//初始条件: r为森林中第一棵树的根
//操作结果:按森林中序遍历依次对每个元素调用函数(* visit)
{
    if (r != NULL)
    {   //r非空
        InOrderHelp(FirstChild(r), visit);          //中序遍历第一棵树的子树森林
        (* visit)(r->data);                          //访问第一棵树的根节点
        InOrderHelp(RightSibling(r), visit);        //中序遍历除去第一棵树后剩余的树状
                                                      //构成的森林
    }
}

template <class ElemType>
void ChildSiblingForest<ElemType>::InOrder(
        void (* visit)(const ElemType &)) const
//操作结果:按中序依次对森林的每个元素调用函数(* visit)
{
    InOrderHelp(GetFirstRoot(),visit);              //GetFirstRoot()为第一棵树的根
}
```

6.5.5 将树和森林与二叉树相互转换

由于树和森林的逻辑结构较为复杂，在计算机内存储和操作的实现相比二叉树也复杂得多。与树和森林相比，二叉树的存储与操作实现要简捷一些。如果能将一棵树或一个森林转化为一棵二叉树并且能够将转换后得到的二叉树还原为原来的树和森林，则对树和森林的处理就可以转化为对相应二叉树的处理。

从前面介绍的树的存储结构可以看出，树的孩子兄弟存储方式实质上是一种二叉链表存储，回想前面的二叉树也可以用二叉链表存储，所以以二叉链表作为媒介可以导出树和二叉树之间的对应关系。也就是说，给定一棵树，可以找到唯一的一棵二叉树与之对应，从物理结构来看，它们的二叉链表是相同的，只是链指针的含义不同。森林是树的有限集合，它

也可以用二叉链表表示，与树的二叉链表表示不同的是，这里将森林中各棵树的根互相作为兄弟进行存储，这样就容易得到森林的二叉链表(孩子兄弟)表示，如图 6.24 所示。

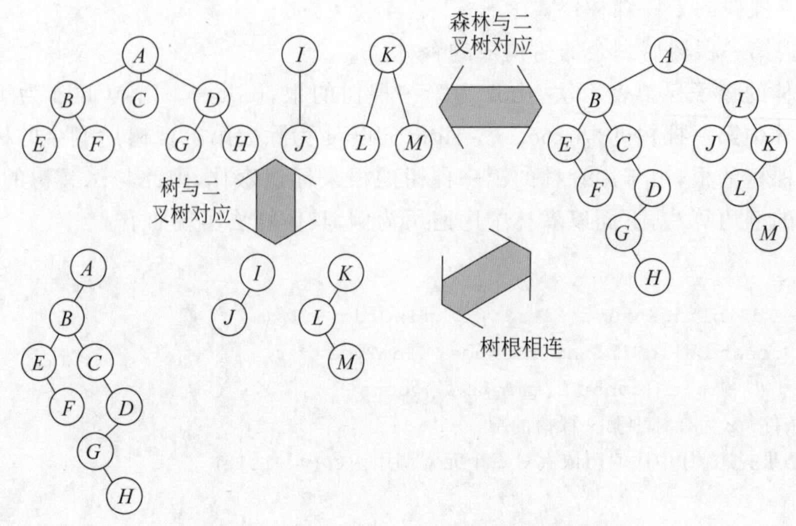

图 6.24　树和森林与二叉树的转换示意图

下面给出森林和二叉树之间转换方法的严格描述。由于树是森林的特例，所以实际上也包含了树的情况。

1. 森林转换为二叉树

如果 $F=\{T_1,T_2,\cdots,T_m\}$ 是由 n 棵树 $T_1,T_2,\cdots,T_m$ 组成的森林，转换得到的二叉树为 $B=(\mathrm{root},\mathrm{LB},\mathrm{RB})$，则转化规则如下。

若 F 为空，即 $m=0$，则对应的二叉树 B 为空二叉树，否则按如下方式进行转换：

(1) 将 F 中第一棵树 T_1 的根作为二叉树 B 的根 root；

(2) 将 T_1 的子树森林 $F_1=\{T_{11},T_{12},\cdots,T_{1m}\}$ 转换为二叉树后作为二叉树 B 的左子树 LB；

(3) 森林 F 中剩下的 $n-1$ 棵树构成的森林 $F_2=\{T_2,T_3,\cdots,T_m\}$ 转换二叉树后作为 B 的右子树 RB。

上面的转换规则实际上是一个递归算法，转换步骤可直观描述如下：

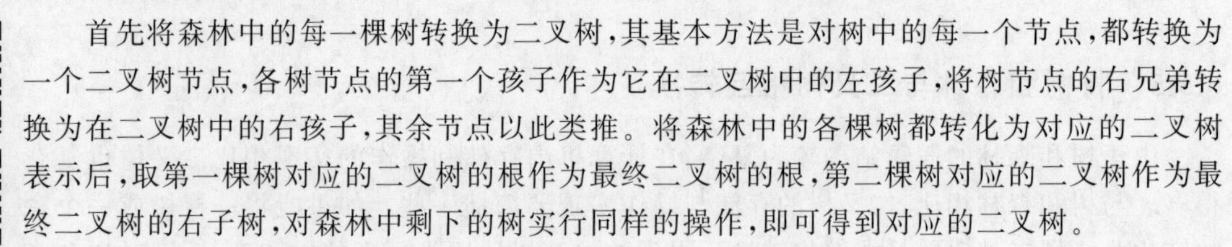

首先将森林中的每一棵树转换为二叉树，其基本方法是对树中的每一个节点，都转换为一个二叉树节点，各树节点的第一个孩子作为它在二叉树中的左孩子，将树节点的右兄弟转换为在二叉树中的右孩子，其余节点以此类推。将森林中的各棵树都转化为对应的二叉树表示后，取第一棵树对应的二叉树的根作为最终二叉树的根，第二棵树对应的二叉树作为最终二叉树的右子树，对森林中剩下的树实行同样的操作，即可得到对应的二叉树。

按上述递归定义容易实现递归算法如下：

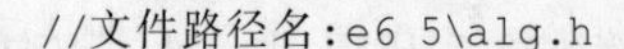

```
//文件路径名:e6_5\alg.h
template <class ElemType>
BinTreeNode<ElemType> * TransformHelp(
    const ChildSiblingTreeNode<ElemType> * forestRoot)
//操作结果:将以 forestRoot 为森林中第一棵树的根的森林转换成二叉树,并返回二叉树的根
```

```
{
    if (forestRoot ==NULL)
    {   //空森林转换为空二叉树
        return NULL;
    }
    else
    {   //按先序遍历方式进行转换
        BinTreeNode<ElemType> * r =new BinTreeNode<ElemType>(
            forestRoot->data);                          //将森林中第一棵树的根转换为二叉树的根
        r->leftChild =TransformHelp(forestRoot->firstChild);
            //将森林中第一棵树的子树森林转换为二叉树的左子树
        r->rightChild =TransformHelp(forestRoot->rightSibling);
            //将森林中剩下的树构成的森林转换为二叉树的右子树
        return r;                                       //返回以 r 为根的二叉树
    }
}

template <class ElemType>
BinaryTree<ElemType>Transform(const ChildSiblingForest<ElemType>&forest)
//操作结果:将森林 forest 转换为二叉树,并返回二叉树
{
    return TransformHelp(forest.GetFirstRoot());
                                    //调用辅助函数模板完成将森林 forest 转换为二叉树
}
```

2. 二叉树转换为森林

设二叉树为 $B=(\text{root},\text{LB},\text{RB})$,转换得到的森林为 $F=\{T_1,T_2,\cdots,T_n\}$,则转换规则如下。

如果 B 为空,则对应的森林 F 也为空;否则按如下方式进行转换:

(1) 将二叉树的根 root 作为 F 中第一棵树 T_1 的根;

(2) 由 B 的左子树 LB 转化得到的森林作为第一棵树 T_1 的子树森林 F_1;

(3) 由 B 的右子树 RB 转化得到的森林作为 F 中除了 T_1 之外其余的树 $T_2,\cdots,T_n$ 组成的森林 F_2。

这个转换规则也是一个递归算法,转换步骤可直观描述如下:

对二叉树中的任意一个节点,将它的左孩子作为森林中相应节点的第一个孩子,而将沿左孩子的右孩子分支一直往下的所有右孩子节点依次作为森林中相应节点第二孩子、第三孩子……

上面递归定义采用递归程序实现如下:

```
//文件路径名:e6_6\alg.h
template <class ElemType>
ChildSiblingTreeNode<ElemType> * TransformHelp(const BinTreeNode<ElemType> *
binTreeRoot)
//操作结果:将以 binTreeRoot 为根的二叉树转换为森林,并返回森林中第一棵树的根
```

```
{
    if (binTreeRoot ==NULL)
    {   //空森林转换为空二叉树
        return NULL;
    }
    else
    {   //按先序遍历方式进行转换
        ChildSiblingTreeNode<ElemType> * r =
        =new ChildSiblingTreeNode<ElemType>(binTreeRoot->data)
            //将二叉树的根转换为森林中第一棵树的根
        r->firstChild =TransformHelp(binTreeRoot->leftChild);
            //将二叉树的左子树转换为森林中第一棵树的子树森林
        r->rightSibling =TransformHelp(binTreeRoot->rightChild);
            //将二叉树的右子树转换为森林中剩下的树构成的森林
        return r;                               //返回以 r 为第一棵树的根的森林
    }
}

template <class ElemType>
ChildSiblingForest<ElemType>Transform(const BinaryTree<ElemType>&bt)
//操作结果:将二叉树转换为森林,并返回森林
{
    return TransformHelp(bt.GetRoot());    //调用辅助函数完成将二叉树转换为森林
}
```

6.6 哈夫曼树与哈夫曼编码

在一些特定的应用中,树具有一些特殊特点,利用这些特点可以帮助人们解决很多工程问题。本节将以一种应用很广的哈夫曼(Huffman)树为例,说明二叉树的一个具体应用。

哈夫曼树,也称为最优树,是一类带权路径长度最短的树,在实际中有广泛的用途。

6.6.1 哈夫曼树的基本概念

在哈夫曼树的定义中涉及路径、路径长度、权等概念,下面先给出这些概念的定义,然后再介绍哈夫曼树的定义。

路径:从树的一个节点到另一个节点的分支构成这两个节点之间的路径,对于哈夫曼树特指从根节点到某节点的路径。

路径长度:路径上的分支数目称为路径长度。

树的路径长度:从树根到每个节点的路径长度之和称为树的路径长度。

权:权是赋予某个事物的一个量,是对事物的某个或某些属性的数值化描述。在数据结构中,包括节点和边,所以对应有节点权和边权。节点权或边权具体代表什么意义,由具体情况决定。

节点的带权路径长度：从树根到节点之间的路径长度与节点上权的乘积称为节点的带权路径长度。

树的带权路径长度：树中所有叶节点的带权路径长度之和称为树的带权路径长度。设树中有 n 个叶节点，它们的权值分别为 $w_1,w_2,\cdots,w_n$，从根到各个叶节点的路径长度分别为 $l_1,l_2,\cdots,l_n$，则该树的带权路径长度（Weighted Path Length）通常记作 $\text{WPL}=\sum_{i=1}^{n}w_il_i$。

哈夫曼树：根据给定的 n 个值 $w_1,w_2,\cdots,w_n$，可以构造出多棵具有 n 个叶节点且叶节点权值分别为这 n 个给定值的二叉树，其中带权路径长度 WPL 最小的二叉树称为最优树，也称为哈夫曼树。

例如，图 6.25 中的 3 棵二叉树都具有 4 个权值为 9、8、1、6 的叶节点 a、b、c、d，它们的带权路径长度分别如下。

图 6.25(a)中，WPL＝9×2＋8×2＋1×2＋6×2＝48。

图 6.25(b)中，WPL＝8×1＋1×3＋6×3＋9×2＝47。

图 6.25(c)中，WPL＝9×1＋8×2＋1×3＋6×3＝46。

在学习了 6.6.2 节之后，读者可以看到图 6.25(c)恰好是哈夫曼树，也就是具有 4 个叶节点且权值为 9、8、1、6 的二叉树中带权路径长度最小的二叉树。

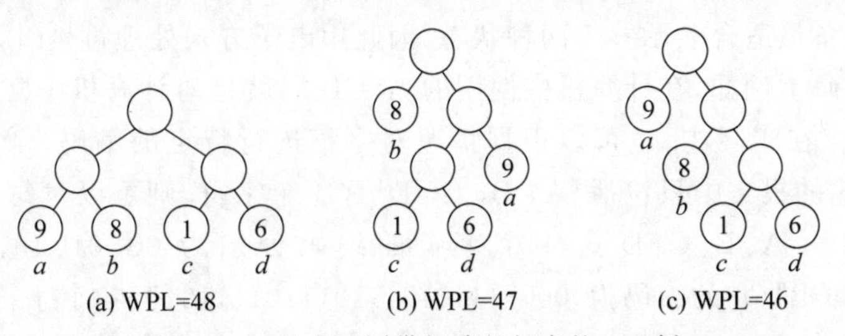

图 6.25　具有不同带权路径长度的二叉树

从上面的例子中，可以直观地发现，在哈夫曼树中，权值越大的节点离根节点越近。

6.6.2　哈夫曼树构造算法

给定 n 个权值$\{w_1,w_2,\cdots,w_n\}$，如何构造对应的哈夫曼树呢？已经由哈夫曼最早发现了一个带有一般规律的算法，称为哈夫曼算法。算法的具体步骤如下。

(1) 根据给定的 n 个权值$\{w_1,w_2,\cdots,w_n\}$构造由 n 棵二叉树构成的森林 $F=\{T_1,T_2,\cdots,T_n\}$，其中每棵二叉树 T_i 分别都是只含有一个带权值为 w_i 的根节点，其左、右子树为空($i=1,2,\cdots,n$)。

(2) 在森林 F 中选取其根节点的权值为最小的两棵二叉树（若这样的二叉树不止两棵时，则任选其中两棵），分别作为左、右子树构造一棵新的二叉树，并置这棵新的二叉树根节点的权值为其左、右子树根节点的权值之和。

(3) 从森林 F 中删去这两棵二叉树，同时将刚生成的新二叉树加入到森林 F 中。

(4) 重复(2)和(3)两步，直至森林 F 中只含一棵二叉树为止。

最后得到的那棵二叉树就是哈夫曼树。

下面以一个例子说明这个构造算法。图6.26展示了构造图6.25(c)的哈夫曼树的过程,其中节点中标注的数字表示权值。

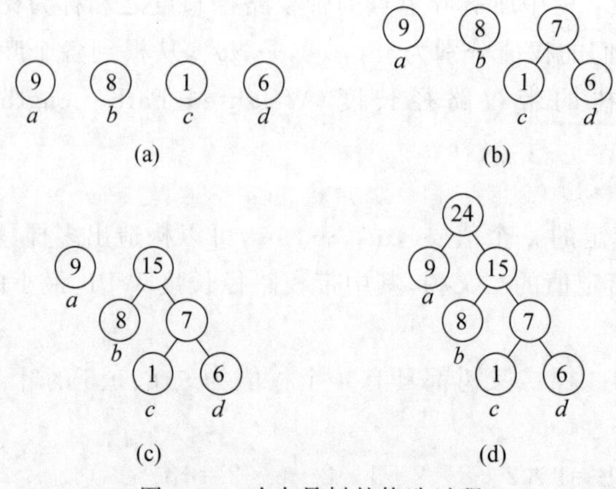

图6.26　哈夫曼树的构造过程

6.6.3　哈夫曼编码

在不同的应用中,权值的含义各不相同。下面介绍哈夫曼树在数据编码中的应用。

由于电子设备最适合表示0、1两种状态,因此用电子方式处理符号时,一般需要先对符号进行二进制编码。例如,在计算机中使用的ASCII码就是对计算机中常用的符号给出的8位二进制编码。在实际中,也可以根据情况对字符进行特定的编码。例如,在报文传送中,假设已知传输的报文中只包括{A, B, C, D}这4个字符,则可以对每个字符采用最短的等长编码,例如A、B、C、D这4个字符的编码分别为00、01、10、11。对于报文"ABDCCDCDCDDB",它的编码为"000111101011101110111101",各个字符出现的频度(次数)分别是1、2、4、5,可知总编码长度为(1+2+4+5)×2=24。接收到报文后,可按两位一组进行译码即可。

在已知传输的字符集合及其出现频度的情况下,是否可得到更有效的编码,使得传输的总编码长度达到最短呢?为了缩短编码总长度,可采用不定长编码。例如,按各个字符出现的频度不同而给予不等长编码,则可望减少总编码长度。例如,对前面的字符编码为

```
A:110
B:111
C:10
D:0
```

则此时的总编码长度为1×3 + 2×3 + 4×2 + 5×1=22,比等长编码时的总编码长度更短。

怎样得到最短的编码呢?使用哈夫曼树可以解决这个问题。这里首先介绍前缀码的概念。

前缀码:如果在一个编码系统中,任一个编码都不是其他任何编码的前缀(最左子串),则称此编码系统中的编码是前缀码。前面的不定长编码(A:110、B:111、C:10、D:0)就是前缀码。但若将这些字符的编码改为

```
A:110
B:11
C:00
D:0
```

就不是前缀码,因为 0 是 00 的前缀,11 是 110 的前缀。如果不定长编码不是前缀码,则在译码时会产生二义性。比如"DC"的编码为"000",此时可译码为"DC"、"CD"、"CCC"。因此,对于不定长编码,要求一定为前缀码。

可以利用哈夫曼树来设计**最优的前缀编码**,也就是报文编码总长度最短的二进制前缀编码,通常称这种编码为**哈夫曼编码**。

假设有 n 个字符 $\{c_1,c_2,\cdots,c_n\}$,它们在报文中出现的频率分别为 $\{w_1,w_2,\cdots,w_n\}$,构造哈夫曼编码的步骤很简单。首先以这 n 个频率作为权值,设计一棵哈夫曼树。然后对树中的每个左分支赋予 0,右分支赋予 1,则从根到每个叶节点的路径上,各分支的赋值分别构成一个二进制串,该二进制串即为对应字符的前缀编码,这些前缀编码就是哈夫曼编码,如图 6.27 所示。

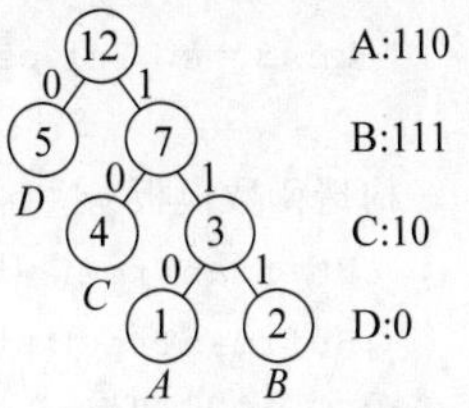

A:110
B:111
C:10
D:0

图 6.27　哈夫曼编码示意图

从哈夫曼编码的构造过程可以看出,每个字符的编码长度 l_i 刚好是从根到叶节点的路径长度,所以具有 n 个字符的报文的总编码长度为 $\sum_{i=1}^{n} w_i l_i$。在对应的哈夫曼树中,$\sum_{i=1}^{n} w_i l_i$ 就是哈夫曼树的带权路径长度。所以,这样得到的不定长编码就是最优的前缀编码。

一个任意长度的哈夫曼编码序列可以被唯一地翻译为一个字符序列。根据哈夫曼编码方法,解码方法是依次取出编码序列中的各个二进制码,从哈夫曼编码树的根节点开始寻找一条到某个叶节点的路径。如果取出的编码为 0,则沿左分支向下走;如果取出的编码为 1,则沿右分支向下走。当到达一个叶节点时,就翻译出一个相应的字符。然后再回到哈夫曼树的根节点,依次取出剩余的编码,按照同样的方法翻译出其他字符。

*6.6.4　哈夫曼树的实现

在哈夫曼树的实际应用中,通常需要对字符进行编码以及对编码进行译码,因此哈夫曼树应包含如下基本操作。

1) CharString　EnCode(CharType ch)

初始条件:哈夫曼树已存在。

操作结果:返回字符 ch 的编码。

2) LinkList<CharType> UnCode(CharString　codeStr)

初始条件:哈夫曼树已存在。

操作结果:对编码串 codeStr 进行译码,返回编码前的字符序列。

根据哈夫曼算法可以看出,在具有 n 个叶节点权值的哈夫曼树的构造过程中,每趟都是从 F 中删除两棵树,增加一棵树,即每趟结束后减少一棵树,经过 $n-1$ 趟处理后,F 中就只剩一棵树了。另外,每次合并都要产生一个新的节点,合并 $n-1$ 趟后共产生了 $n-1$ 个新节点,并且这 $n-1$ 个新节点都是有左、右子树的分支节点。从而可以知道,最终得到的

哈夫曼树中共有 $2n-1$ 个节点,并且这其中没有度为 1 的分支节点,最后一次合并产生的新节点就是哈夫曼树的根节点。

在构造哈夫曼树后,要求字符编码,需从叶节点出发走一条从叶节点到根节点的路径,而为译码则需要从根节点出发走一条到叶节点的路径,因此对每个节点来讲,既需要双亲信息,也需要孩子的信息,哈夫曼树节点中应包含双亲与孩子信息,具体声明如下:

```
//哈夫曼树节点类模板
template <class WeightType>
struct HuffmanTreeNode
{
//数据成员
    WeightType weight;                                   //权数据成分
    unsigned int parent, leftChild, rightChild; //双亲,左右孩子成分

//构造函数模板
    HuffmanTreeNode();                                   //无参数的构造函数模板
    HuffmanTreeNode(const WeightType &w, int p = 0, int lChild = 0, int rChild = 0);
        //已知权,双亲及左右孩子构造结构
};
```

在哈夫曼树中,不但应包含节点信息,还应包含叶节点字符信息以及叶节点字符编码信息等内容,下面是哈夫曼树类模板的声明:

```
//哈夫曼树类模板
template <class CharType, class WeightType>
class HuffmanTree
{
protected:
//数据成员
    HuffmanTreeNode<WeightType> * nodes;   //存储节点信息,nodes[0]未用
    CharType * leafChars;                  //叶节点字符信息,leafChars[0]未用
    CharString  * leafCharCodes;
                                         //叶节点字符编码信息,leafCharCodes[0]未用
    int curPosition;                       //译码时从根节点到叶节点路径的当前节点
    int num;                               //叶节点个数

//辅助函数模板
    void Select(int cur, int &r1, int &r2); //nodes[1 ~ cur]中选择双亲为 0,权值最小的
                                           //两个节点 r1、r2

public:
//哈夫曼树方法声明及重载编译系统默认方法声明
    HuffmanTree(CharType ch[], WeightType w[], int n);
                                           //由字符,权值和字符个数构造哈夫曼树
    virtual ~HuffmanTree();                //析构函数模板
    CharString  Encode(CharType ch);       //编码
```

```
    LinkList<CharType>Decode(CharString  codeStr);  //译码
    HuffmanTree(const HuffmanTree<CharType, WeightType>&source);
                                                    //复制构造函数模板
    HuffmanTree<CharType, WeightType>&operator=(
        const HuffmanTree<CharType, WeightType>& source);  //重载赋值运算符
};
```

根据哈夫曼算法,容易实现构造哈夫曼树的函数模板以及构造函数模板,具体实现如下:

```
template <class CharType, class WeightType>
HuffmanTree<CharType, WeightType>::HuffmanTree(CharType ch[], WeightType w[],
    int n)
//操作结果:由字符,权值和字符个数构造哈夫曼树
{
    num =n;                                         //叶节点个数
    int m =2 * n -1;                                //节点个数

    nodes =new HuffmanTreeNode<WeightType>[m +1];   //nodes[0]未用
    leafChars =new CharType[n +1];                  //leafChars[0]未用
    leafCharCodes =new CharString [n +1];           //leafCharCodes[0]未用

    int temPos;                                     //临时变量
    for (temPos =1; temPos <=n; temPos++)
    {   //存储叶节点信息
        nodes[temPos].weight =w[temPos -1];         //权值
        leafChars[temPos] =ch[temPos -1];           //字符
    }

    for (temPos =n +1; temPos <=m; temPos++)
    {   //建立哈夫曼树
        int r1, r2;
        Select(temPos -1, r1, r2);                  //nodes[1 ~temPos -1]中选择双亲
                                                    //为 0,权值最小的两个节点 r1、r2

        //合并以 r1、r2 为根的树
        nodes[r1].parent =nodes[r2].parent =temPos; //r1,r2 双亲为 temPos
        nodes[temPos].leftChild =r1;                //r1 为 temPos 的左孩子
        nodes[temPos].rightChild =r2;               //r2 为 temPos 的右孩子
        nodes[temPos].weight =nodes[r1].weight +nodes[r2].weight;
                                                    //temPos 的权为 r1、r2 的权值之和
    }

    for (temPos =1; temPos <=n; temPos++)
    {   //求 n 个叶节点字符的编码
        LinkList<char>charCode;                     //暂存叶节点字符编码信息
```

```
        for (unsigned int child =temPos, parent =nodes[child].parent; parent !=0;
            child =parent, parent =nodes[child].parent)
        {   //从叶节点到根节点逆向求编码
            if (nodes[parent].leftChild ==child) charCode.Insert(1, '0');
                                                        //左分支编码为'0'
            else charCode.Insert(1, '1');               //右分支编码为'1'
        }
        leafCharCodes[temPos] =charCode;                //charCode 中存储字符编码
    }

    curPosition =m;                                     //译码时从根节点开始,m 为根
}
```

在上面求叶节点字符的编码时,需从叶节点出发走一条从叶节点到根节点的路径,而译码却是从根到叶节点路径的顺序,从叶节点出发走一条从叶节点到根节点的路径得到的编码是实现编码的逆序,并且编码长度不固定,又由于可以用线性链表构造串,因此将编码信息存储在一个线性链表中,每得到一位编码,都将其插入在线性链表的最前面。

在具体求某个字符的编码时,由于已将叶节点字符的编码信息存储在一个数组中,因此需先查找字符的位置,然后再取出编码即可,具体实现如下:

```
template <class CharType, class WeightType>
CharString  HuffmanTree<CharType, WeightType>::Encode(CharType ch)
//操作结果:返回字符编码
{
    int temPos;                                         //临时变量
    for (temPos =1; temPos <=num; temPos++)
    {   //查找字符的位置
        if (leafChars[temPos] ==ch) break;              //找到字符,退出循环
    }
    if (temPos <=num)
    {   //表示找到字符
        return leafCharCodes[temPos];                   //找到字符,得到编码
    }
    else
    {   //表示未找到字符,出现异常
        cout <<"非法字符,无法编码!" <<endl;             //提示信息
        exit(1);                                        //退出程序
    }
}
```

说明:方法 EnCode 是通过顺序查找确定字符的位置,效率较低,如将查找通过指向函数的指针作为方法的参数来实现,则在具体应用时可进行优化,进而提高算法效率。

在进行译码时,由于不知道具体字符的类型(例如是单字节字符,还是双字节字符),因此没有采用 C 语言风格的字符串存储编码前的字符信息,而是用一个线性链表存储字符序列,具体实现如下:

```
template <class CharType, class WeightType>
LinkList<CharType>HuffmanTree<CharType, WeightType>:: Decode(
    CharString  codeStr)
//操作结果:对编码串 codeStr 进行译码,返回编码前的字符序列
{
    LinkList<CharType>charList;                          //编码前的字符序列

    for (int temPos =0; temPos <codeStr.Length(); temPos++)
    {   //处理每位编码
        if (codeStr[temPos] =='0') curPosition =nodes[curPosition].leftChild;
                                                         //'0'表示左分支
        else curPosition =nodes[curPosition].rightChild;
                                                         //'1'表示右分支

        if (nodes[curPosition].leftChild ==0 && nodes[curPosition].rightChild ==0)
        {   //译码时从根节点到叶节点路径的当前节点为叶节点
            charList.Insert(charList.Length() +1, leafChars[curPosition]);
            curPosition =2 * num -1;                     //curPosition 回归根节点
        }
    }
    return charList;                                     //返回编码前的字符序列
}
```

**6.7 树的计数

树的计数问题是指具有 n 个节点的不同形态的树有多少棵?下面先讨论二叉树的情况,然后将结果推广到树与森林的情况。

在讨论之前,先说明两个不同的概念。

两棵二叉树相似是指二者都为空树或者二者均不为空树且它们的左右子树分别相似。

两棵二叉树等价是指二者不仅相似,而且所有对应节点上的数据元素均相同。

本节中讨论二叉树的计数问题就是讨论具有 n 个节点、互不相似的二叉树的数目 b_n。当 n 很小时,可直接画出不同形态的二叉树得到的 b_n 值。例如,$b_0=1$,表示空树只有一种形态;$b_1=1$,表示只有一个根节点的二叉树只有一种形态;$b_2=2$,表示有两个节点的二叉树有两种不同的形态;$b_3=5$,表示有 3 个节点的二叉树有 5 种不同的形态。图 6.28 所示为有两个节点与 3 个节点不同形态二叉树的不种情况。

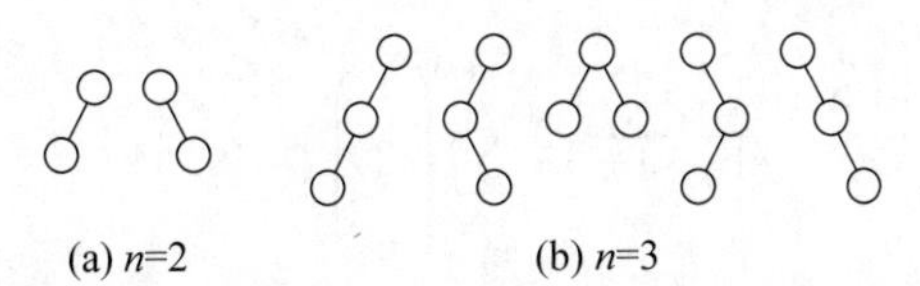

图 6.28　有两个节点与 3 个节点的不同形态的二叉树

实际上,当 n 值增大时,可以通过递推公式求 b_n 的值。由于一棵具有 $n(n>1)$个节点的二叉树可以看作由一个根节点、一棵有 i 个节点的左子树和一棵有 $n-i-1$ 个节点的右子树 3 部分组成,如图 6.29 所示。

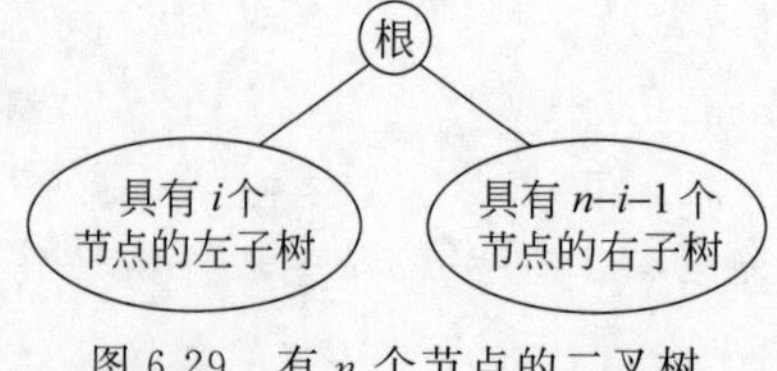

图 6.29　有 n 个节点的二叉树

从上面分析可以得到下面的递推公式:

$$\begin{cases} b_0=1, & n=0 \\ b_n=\sum_{i=0}^{n-1} b_i b_{n-i-1}, & n\geqslant 1 \end{cases} \tag{6.6}$$

其中,$b_i b_{n-i-1}$表示一棵二叉树可以由根节点、有 i 个节点的左子树和有 $n-i-1$ 个节点的右子树组成,这种情况下,它的不同形态二叉树棵数等于左子树上不同形态二叉树棵数与右子树上不同形态二叉树棵数的乘积。

对于序列$\{b_0,b_1,b_2,\cdots,b_n,\cdots\}$定义如下的生成函数:

$$B(x)=b_0+b_1x+b_2x^2+\cdots+b_nx^n+\cdots=\sum_{n=0}^{\infty} b_n x^n \tag{6.7}$$

由于

$$B^2(x)=b_0b_0+(b_0b_1+b_1b_0)x+(b_0b_2+b_1b_1+b_2b_0)x^2+\cdots=\sum_{n=0}^{\infty}\left(\sum_{i=0}^{n} b_i b_{n-i}\right)x^n$$

根据式(6.6)可得

$$B^2(x)=\sum_{n=0}^{\infty} b_{n+1}x^n \tag{6.8}$$

由式(6.8)可得 $xB^2(x)=B(x)-1$,也就是

$$xB^2(x)-B(x)+1=0$$

解上面关于以 $B(x)$为未知数的一元二次方程得

$$B(x)=\frac{1\pm\sqrt{1-4x}}{2x}$$

由于 $b_0=1$,而$\lim\limits_{x\to 0}B(x)=1=b_0$,所以有

$$B(x)=\frac{1-\sqrt{1-4x}}{2x} \tag{6.9}$$

利用牛顿二项式定理可得

$$\sqrt{1-4x}=\sum_{n=0}^{\infty}\binom{\frac{1}{2}}{n}(-4x)^n \tag{6.10}$$

其中,符号$\binom{\alpha}{n}$表示$\frac{\alpha(\alpha-1)\cdots(\alpha-n+1)}{n!}$,由式(6.9)与式(6.10)可得

$$B(x)=\frac{1}{2}\sum_{n=1}^{\infty}\binom{\frac{1}{2}}{n}(-1)^{n-1}2^{2n}x^{n-1}=\sum_{n=0}^{\infty}\binom{\frac{1}{2}}{n+1}(-1)^{n}2^{2n+1}x^{n} \tag{6.11}$$

由式(6.7)与式(6.11)可得

$$\begin{aligned} b_n &= \binom{\frac{1}{2}}{n+1}(-1)^n 2^{2n+1} \\ &= \frac{\frac{1}{2}\left(\frac{1}{2}-1\right)\left(\frac{1}{2}-2\right)\cdots\left(\frac{1}{2}-n\right)}{(n+1)!}(-1)^n 2^{n+1} \\ &= \frac{1}{n+1}\cdot\frac{(2n)!}{n!n!} \\ &= \frac{1}{n+1}C_{2n}^{n} \end{aligned}$$

也就是

$$b_n=\frac{1}{n+1}C_{2n}^{n} \tag{6.12}$$

式(6.12)称为 Catalan 公式，也就是含有 n 个节点的不相似的二叉树有$\frac{1}{n+1}C_{2n}^{n}$棵。

由二叉树的计数可推得树的计数。由 6.5.5 节可知，若将一棵树中各子树按照其出现的次序依次被认为是其双亲节点的第 1 棵子树，第 2 棵子树……第 m 棵子树，可将这棵树转化成唯一的一棵没有右子树的二叉树，反之亦然。根据这个关系，可以看到，具有 n 个节点的不相似的树的数目 t_n 应该和具有 $n-1$ 个节点的不相似二叉树的数目相同，也就是 $t_n=b_{n-1}=\frac{1}{n}C_{2n-2}^{n-1}$。图 6.30 所示的是具有 4 个节点的不相似的树和具有 3 个节点的不同形态的二叉树的对应关系。

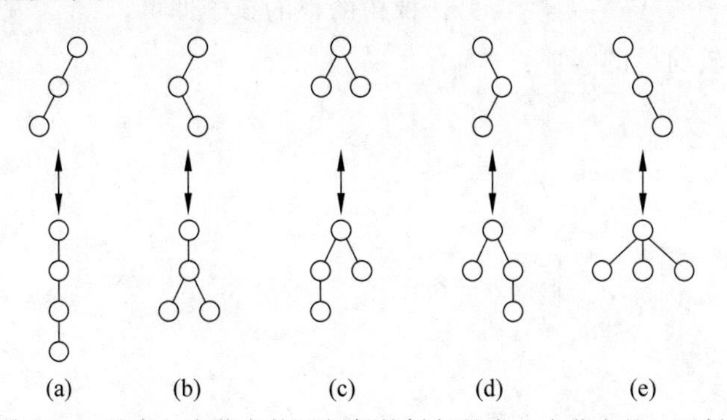

图 6.30　具有 4 个节点的不相似的树与具有 3 个节点的二叉树

同样地，由森林与二叉树的转换可知，任意一个森林可转换为一棵二叉树，反之亦然，所以具有 n 个节点的不相似的森林数目 f_n 应该和具有 n 个节点的不相似二叉树的数目相同，也就是 $f_n=b_n=\frac{1}{n+1}C_{2n}^{n}$。

**6.8 树在等价关系上的应用

在离散数学中,对等价关系和等价类的定义如下:

如果集合 A 中的关系 $R\subseteq A\times A$ 是自反的、对称的和传递的,则称 R 为 A 的一个等价关系。

设 R 为 A 的一个等价关系,对任何 $x\in A$,令 $[x]_R=\{y\mid y\in A\wedge xRy\}$,则称 $[x]_R$ 为 x 关于关系 R 的一个等价类,简称为等价类。

若 R 是集合 A 上的一个等价关系,则由这个等价关系可产生这个集合的唯一划分,也就是可以按 R 将 A 划分为若干不相交的子集 $A_1,A_2,\cdots,A_n$。它们的并集为 A,这些子集 A_i 为 A 的关于关系 R 的等价类($i=1,2,\cdots,n$)。

许多应用问题可以归结为按给定的等价关系划分某集合为等价类,通常称这类问题为等价问题。假设集合 A 有 n 个元素,m 个形如$(x,y)(x,y\in A)$的等价偶对确定了等价关系 R,确定等价类的算法如下:

(1) 令 A 中每个元素各自形成一个只含单个成员的子集,记作 $A_1,A_2,\cdots,A_n$。

(2) 重复读入 m 个偶对,对每个偶对(x,y),判定 x 和 y 所属子集。设 $x\in A_i$,$y\in A_j$,如果 $A_i\neq A_j$,则将 A_i 并入 A_j 且置 A_i 为空(或将 A_j 并入 A_i 且置 A_j 为空)。处理完 m 个偶对后,$A_1,A_2,\cdots,A_n$ 中所有非空子集即为 A 的 R 等价类。

上述确定等价类的算法主要对集合进行的操作有两个:其一是判定两个元素是否在同一子集中;其二是归并两个互不相交的集合为一个集合。

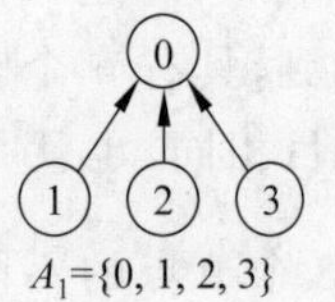

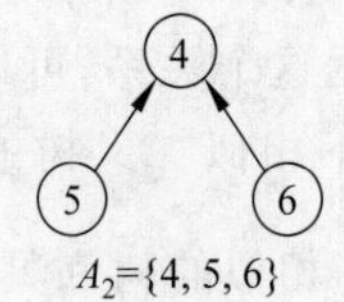

图 6.31 集合的一种表示法

使用树的双亲表示法能方便地实现上面的两个操作,用树表示子集,如图 6.31 所示,判断两个元素是否在同一子集就是查看这两个元素所在的树的根是否相同;归并两个互不相交的集合就是将一棵树的根作为另一棵树的根的孩子即可。

下面是一个比较简单的实现:

```
//等价类
class SimpleEquivalence
{
protected:
//数据成员
    int * parent;                                   //存储节点的双亲
    int size;                                       //节点个数

//辅助函数
int Find(int cur) const;                            //查找节点 cur 所在树的根

public:
//抽象数据类型方法声明及重载编译系统默认方法声明
    SimpleEquivalence(int sz);                      //构造 sz 个单节点树(等价类)
```

```
	virtual ~SimpleEquivalence();                  //析构函数
	void Union(int a, int b);                      //合并 a 与 b 所在的等价类
	bool Differ(int a, int b);    //如果 a 与 b 不在同一棵树上,返回 true,否则返回 false
	SimpleEquivalence(const SimpleEquivalence &source);
	                             //复制构造函数
	SimpleEquivalence &operator =(const SimpleEquivalence &source);
	                             //赋值运算符重载
};

//等价类的实现部分
SimpleEquivalence::SimpleEquivalence(int sz)
//操作结果:构造 sz 个单节点树(等价类)
{
	size =sz;                                    //容量
	parent =new int[size];                       //分配空间
	for (int temPos =0; temPos <size; i++) parent[temPos] =-1;
	                                             //每个节点构成单节点树形成的等价类
}

int SimpleEquivalence::Find(int cur) const
//操作结果:查找节点 cur 所在树的根
{
	if (cur <0 || cur >=size)
	{	//出现异常
		cout <<"范围错!" <<endl;                //提示信息
		exit(1);                                 //退出程序
	}
	while (parent[cur] !=-1) cur =parent[cur]; //查找根
	return cur;                                  //返回根
}

SimpleEquivalence::~SimpleEquivalence()
//操作结果:释放对象占用的空间——析构函数
{
	delete []parent;                             //释放数组 parent
}

void SimpleEquivalence::Union(int a, int b)
//操作结果:合并 a 与 b 所在的等价类
{
	if (a <0 || a >=size || b <0 || b >=size)
	{	//出现异常
		cout <<"范围错!" <<endl;                //提示信息
		exit(2);                                 //退出程序
	}
```

```
    int root1 = Find(a);                              //查找 a 所在树(等价类)的根
    int root2 = Find(b);                              //查找 b 所在树(等价类)的根
    if (root1 != root2) parent[root2] = root1;   //合并树(等价类)
}

bool SimpleEquivalence::Differ(int a, int b)
//操作结果:如果 a 与 b 不在同一棵树上,返回 true,否则返回 false
{
    if (a < 0 || a >= size || b < 0 || b >= size)
    {   //出现异常
        cout << "范围错!" << endl;                    //提示信息
        exit(3);                                      //退出程序
    }
    int root1 = Find(a);                              //查找 a 所在树(等价类)的根
    int root2 = Find(b);                              //查找 b 所在树(等价类)的根
    return root1 != root2;                            //比较树(等价类)的根
}

SimpleEquivalence::SimpleEquivalence(const SimpleEquivalence &source)
//操作结果:由 source 构造新对象——复制构造函数
{
    size = source.size;                               //节点个数
    parent = new int[size];                           //分配空间
    for (int temPos = 0; temPos < size; temPos ++)
        parent[temPos] = source.parent[temPos];//复制 parent 的每个元素

}

SimpleEquivalence &SimpleEquivalence::operator = (const SimpleEquivalence
    &source)
//操作结果:将 source 赋值给当前对象——赋值运算符重载
{
    if (&source != this)
    {
        size = source.size;                           //节点个数
        delete []parent;                              //释放空间
        parent = new int[size];                       //分配空间
        for (int temPos = 0; temPos < size; temPos ++)
            parent[temPos] = source.parent[temPos];         //复制 parent 的每个元素
    }
    return * this;
}
```

上面的操作 Find 和 Union 虽然简单,但性能不太好,例如 $A_i = \{i\}(0 \leqslant i < n)$,由表示这些集的树构成森林,执行如下操作:

$$\text{Union}(1,0),\text{Union}(2,1),\text{Union}(3,2),\cdots,\text{Union}(n-1,n-2)$$

这时形成的树如图 6.32 所示,操作 Find(0)从 0 查找根,共需循环 $n-1$ 次,也就是时间复杂度为$O(n)$。

改进的方法是在做 Union 操作之前先判断子集所含的元素个数，然后将元素个数少的子集树的根节点作为元素个数多的子集树的根的孩子，为此，令根节点 root 的 parent[root]存储子集的元素个数的相反数，修改后的 Union 操作如下：

图 6.32　单支树

```
void Equivalence::Union(int a, int b)
//操作结果:合并 a 与 b 所在的等价类
{
    if (a <0 || a >=size || b <0 || b >=size)
    {   //出现异常
        cout <<"范围错!" <<endl;                    //提示信息
        exit(2);                                    //退出程序
    }
    int root1 =Find(a);                             //查找 a 所在树(等价类)的根
    int root2 =Find(b);                             //查找 b 所在树(等价类)的根
    if (parent[root1] <parent[root2])
    {   //root1 所含节点数较多,将 root2 合并到 root1
        parent[root1] =parent[root1] +parent[root2];
            //root1 的节点个数为原 root1 与 root2 节点个数之和
        parent[root2] =root1;                       //将 root2 合并到 root1
    }
    else
    {   //root2 所含节点数较多,将 root1 合并到 root2
        parent[root2] =parent[root1] +parent[root2];
            //root2 的节点个数为原 root1 与 root2 节点个数之和
        parent[root1] =root2;                       //将 root1 合并到 root2
    }
}
```

用数学归纳法可以证明，按照上面的算法进行 Union 操作得到的集合树的深度不超过$\lfloor \text{lb}n \rfloor+1$，具体证明如下。

当$i=1$时，只有一个节点的树深度为 1，又因为$\lfloor \text{lb}1 \rfloor+1=1$，所以结论成立。

设当$i \leqslant n-1$时结论也成立，则当$i=n$时，为不失一般性，可假设此树是由含有$m(1 \leqslant m \leqslant n/2)$个元素、根为$j$的树$A_j$和含有$n-m$个元素、根为$k$的树$A_k$合并而成，由上面的算法，根$j$的双亲为$k$，也就是$k$为合并后的根节点。

如果合并前子树A_j的深度小于子树A_k的深度，则合并后的树的深度和A_k的深度相同，不超过$\lfloor \text{lb}(n-m) \rfloor+1 \leqslant \lfloor \text{lb}n \rfloor+1$，所以这时结论也成立。

如果合并前子树A_j的深度大于或等于子树A_k的深度，则合并后的树的深度为A_j的深度$+1$，不超过$(\lfloor \text{lb}m \rfloor+1)+1=\lfloor \text{lb}(2m) \rfloor+1 \leqslant \lfloor \text{lb}n \rfloor+1$，所以这时结论也成立。

显然，随着子集树的逐对合并，树的深度也越来越大，为了进一步减少确定元素所在集合的时间，还可进一步对 Find 算法进行改进。当所查元素 cur 不在树的第二层时，在算法中增加一个“压缩路径”的功能，即将所有从根到元素i路径上的元素都变成树根的孩子，这便可使树的深度进一步减少，提高了查找的效率。具体实现如下：

```
int Equivalence::Find(int cur) const
//操作结果:查找节点 cur 所在树的根
{
    if (cur <0 || cur >=size)
    {   //出现异常
        cout <<"范围错!" <<endl;                    //提示信息
        exit(1);                                     //退出程序
    }
    int root =cur;                                   //根
    while (parent[root] >0) root =parent[root];      //查找根
    for (int parentPos, curPos =cur; curPos !=root; curPos =parentPos)
    {   //将从 cur 到根路径上的所有节点都变成根的孩子节点
        parentPos =parent[curPos];                  //用 parentPos 暂存 curPos 的双亲位置
        parent[curPos] =root;                       //将 curPos 变为 root 的孩子
    }
    return root;                                    //返回根
}
```

**6.9 实例研究：哈夫曼压缩算法

使用哈夫曼编码可以对文件进行压缩，由于字符的哈夫曼编码以二进制位(bit,b)为单位，而当将哈夫曼编码以压缩文件进行存储时，压缩文件最少以字节(字符)为单位进行存储，因此需要定义字符缓存器，以便自动将比特转换为字节，具体定义如下：

```
//字符缓存器
struct BufferType
{
    char ch;                                        //字符
    unsigned int bits;                              //实际的位数
};
```

下面是哈夫曼压缩类的声明：

```
//文件路径名: huffman_compress\huffman_compress.h
//哈夫曼压缩类
class HuffmanCompress
{
protected:
//数据成员
    HuffmanTree<char, unsigned long> * pHuffmanTree;
    FILE * infp, * outfp;                           //输入输出文件
    BufferType buf;                                 //字符缓存

//辅助函数
```

```
    void Write(unsigned int bit);                         //向目标文件中写入一位
    void WriteToOutfp();                                  //强行将字符缓存写入目标文件

public:
//哈夫曼压缩类方法声明及重载编译系统默认方法声明
    HuffmanCompress();                                    //无参数的构造函数
    virtual ~HuffmanCompress();                           //析构函数
    void Compress();                                      //压缩算法
    void Decompress ();                                   //解压缩算法
    HuffmanCompress(const HuffmanCompress &source);       //复制构造函数
    HuffmanCompress &operator=(const HuffmanCompress &source);
                                                          //赋值运算符重载
};
```

辅助函数 Write 用于一次向字符缓存中写入一位，当缓存器中的位数为 8(也就是为1B)时，将缓存中的字符写入目标文件中，具体实现如下：

```
void HuffmanCompress::Write(unsigned int bit)
//操作结果:向目标文件中写入一位
{
    buf.bits++;                                           //缓存位数自增 1
    buf.ch =(buf.ch <<1) | bit;                           //将位数加入缓存字符中
    if (buf.bits ==8)
    {   //缓存区已满,写入目标文件
        fputc(buf.ch, outfp);                             //写入目标文件
        buf.bits =0;                                      //初始化 bits
        buf.ch =0;                                        //初始化 ch
    }
}
```

辅助函数 WrtteToOutfp 用于在哈夫曼编码结束时，强行将缓存写入目标文件中，具体实现如下：

```
void HuffmanCompress::WriteToOutfp()
//操作结果:强行将字符缓存写入目标文件
{
    unsigned int len =buf.bits;                           //缓存实际位数
    if (len >0)
    {   //缓存非空, 将缓存的位数增加到 8, 自动写入目标文件
        for (unsigned int temPos =0; temPos <8 -len; temPos ++) Write(0);
    }
}
```

压缩操作 Compress 首先要求用户输入源文件与目标文件名；然后统计源文件中各字符出现的频度，以字符出现频度为权建立哈夫曼树；再将源文件大小和各字符出现的频度写入目标文件中；最后对源文件中各字节(字符)进行哈夫曼编码，将编码以二进制位为单位写入目标文件。具体实现如下：

```
void HuffmanCompress::Compress()
//操作结果:用哈夫曼编码压缩文件
{
    char infName[256], outfName[256];                      //输入(源)/出(目标)文件名

    cout <<"请输入源文件名(文件小于 4GB):";                  //被压缩文件小于 4GB
    cin >>infName;                                         //输入源文件名
    if ((infp =fopen(infName, "rb")) ==NULL)
    {   //出现异常
        cout <<"打开源文件失败!" <<endl;                    //提示信息
        exit(1);                                           //退出程序
    }

    fgetc(infp);                                           //取出源文件第一个字符
    if (feof(infp))
    {   //出现异常
        cout <<"空源文件!" <<endl;                          //提示信息
        exit(2);                                           //退出程序
    }

    cout <<"请输入目标文件:";
    cin >>outfName;
    if ((outfp =fopen(outfName, "wb")) ==NULL)
    {   //出现异常
        cout <<"打开目标文件失败!" <<endl;                  //提示信息
        exit(3);                                           //退出程序
    }

    cout <<"正在处理,请稍候……" <<endl;

    const unsigned long n =256;                            //字符个数
    char ch[n];                                            //字符数组
    unsigned long w[n];                                    //字符出现频度(权)
    unsigned long size =0;
    int temPos;
    char cha;

    for (temPos =0; temPos <n; temPos++)
    {   //初始化 ch[]和 w[]
        ch[temPos] =(char)temPos;                          //初始化 ch[temPos]
        w[temPos] =0;                                      //初始化 w[temPos]
    }

    rewind(infp);                                          //使源文件指针指向文件开始处
    cha =fgetc(infp);                                      //取出源文件第一个字符
```

```
    while (!feof(infp))
    {   //统计字符出现频度
        w[(unsigned char)cha]++;                         //字符 cha 出现频度自加 1
        size++;                                          //文件大小自加 1
        cha=fgetc(infp);                                 //取出源文件下一个字符
    }

    if (pHuffmanTree !=NULL) delete []pHuffmanTree; //释放空间
    pHuffmanTree =new HuffmanTree<char, unsigned long>(ch, w, n);  //生成哈夫曼树
    rewind(outfp);                                   //使目标文件指针指向文件开始处
    fwrite(&size, sizeof(unsigned long), 1, outfp); //向目标文件写入源文件大小
    for (temPos =0; temPos <n; temPos++)
    {   //向目标文件写入字符出现频度
        fwrite(&w[temPos], sizeof(unsigned long), 1, outfp);
    }

    buf.bits =0;                                     //初始化 bits
    buf.ch =0;                                       //初始化 ch
    rewind(infp);                                    //使源文件指针指向文件开始处
    cha =fgetc(infp);                                //取出源文件的第一个字符
    while (!feof(infp))
    {   //对源文件字符进行编码,并将编码写入目标文件
        CharString  temStr =pHuffmanTree->Encode(cha);  //字符编码
        for (temPos =0; temPos <temStr.Length(); temPos++)
        {   //向目标文件写入编码
            if (temStr[temPos] =='0') Write(0);      //向目标文件写入 0
            else Write(1);                           //向目标文件写入 1
        }
        cha =fgetc(infp);                            //取出源文件的下一个字符
    }
    WriteToOutfp();                                  //强行写入目标文件

    fclose(infp); fclose(outfp);                     //关闭文件
    cout <<"处理结束." <<endl;
}
```

解压缩操作 Decompress 同样首先要求用户输入压缩文件与目标文件名;然后从压缩文件中读入源文件的大小以及各字符出现的频度,以字符出现频度为权建立哈夫曼树;再对压缩文件的各字节进行解码,并将解码后的字符写入目标文件中。具体实现如下:

```
void HuffmanCompress::Decompress()
//操作结果:解压缩用哈夫曼编码压缩的文件
{
    char infName[256], outfName[256];               //输入(压缩)/出(目标)文件名

    cout <<"请输入压缩文件名:";
```

```
cin >>infName;
if ((infp =fopen(infName, "rb")) ==NULL)
{   //出现异常
    cout <<"打开压缩文件失败!" <<endl;                   //提示信息
    exit(4);                                            //退出程序
}

fgetc(infp);                                            //取出压缩文件第一个字符
if (feof(infp))
{   //出现异常
    cout <<"压缩文件为空!" <<endl;                      //提示信息
    exit(5);                                            //退出程序
}

cout <<"请输入目标文件名:";
cin >>outfName;
if ((outfp =fopen(outfName, "wb")) ==NULL)
{   //出现异常
    cout <<"打开目标文件失败!" <<endl;                   //提示信息
    exit(6);                                            //退出程序
}

cout <<"正在处理,请稍候……" <<endl;

const unsigned long n =256;                             //字符个数
    char ch[n];                                         //字符数组
unsigned long w[n];                                     //权
unsigned long size =0;
int temPos;
char cha;

rewind(infp);                                           //使源文件指针指向文件开始处
fread(&size, sizeof(unsigned long), 1, infp);           //读取目标文件的大小
for (temPos =0; temPos <n; temPos++)
{
    ch[temPos] =(char)temPos;                           //初始化 ch[temPos]
    fread(&w[temPos], sizeof(unsigned long), 1, infp);  //读取字符频度
}
if (pHuffmanTree !=NULL) delete []pHuffmanTree; //释放空间
pHuffmanTree =new HuffmanTree<char, unsigned long>(ch, w, n);
                                                        //生成哈夫曼树

unsigned long len =0;                                   //解压的字符数
cha =fgetc(infp);                                       //取出源文件的第一个字符
while (!feof(infp))
```

```
    {   //对压缩文件字符进行解码,并将解码的字符写入目标文件
        CharString  temStr ="";                              //将 cha 转换二进制形式的串
        unsigned char c =(unsigned char) cha;               //将 cha 转换成 unsigned char 类型
        for (temPos =0; temPos <8; temPos++)
        {   //将 c 转换成二进制串
            if (c <128) Concat(temStr, "0");                 //最高位为 0
            else Concat(temStr, "1");                        //最高位为 1
            c =c <<1;                                        //左移一位
        }

        LinkList<char>lkText =pHuffmanTree->Decode(temStr);  //译码
        CharString  curStr(lkText);
        for (temPos =1; temPos <=curStr.Length(); temPos++)
        {   //向目标文件写入字符
            len++;                                           //目标文件长度自加 1
            fputc(curStr[temPos -1], outfp);                 //将字符写入目标文件中
            if (len ==size) break;                           //解压完毕退出内循环
        }
        if (len ==size) break;                               //解压完毕退出外循环
        cha =fgetc(infp);                                    //取出源文件的下一个字符
    }

    fclose(infp); fclose(outfp);                             //关闭文件
    cout <<"处理结束." <<endl;
}
```

6.10 深入学习导读

本章中的哈夫曼树类的实现思想来源于严蔚敏、吴伟民编著的《数据结构(C 语言版)》[12];本章哈夫曼树类的算法实现简单明了,但用该算法对文件进行压缩时,需要扫描文件两遍,效率较低。若要只扫描一遍文件就能实现压缩文件,就必须对哈夫曼树类进行改造,产生了自适应形式的哈夫曼树类,读者可参考 Adam Drozdek 著,郑岩、战晓苏译的《数据结构与算法——C ++ 版(第 3 版)》[3](Data Structures and Algorithms In C ++ Third Edition)。

树的计数公式及指导方法主要参考了严蔚敏、吴伟民编著的《数据结构(C 语言版)》[12]。

生成函数与牛顿二项式定理主要参考了耿素云、屈婉玲、王捍贫编著的《离散数学教程》[25]。

树与等价关系的思想来源于严蔚敏、吴伟民编著的《数据结构(C 语言版)》[12]与 Cliford A. Shaffer 所著的《A Practical Introduction to Data Structures and Algorithm Analysis. Second Edition》[2]。

本章中的哈夫曼压缩算法中的字符缓存器由作者独立完成,读者可从效率方面对哈夫

曼压缩算法加以改进。

6.11 习　题

1. 把图 6.33 所示的树转换为二叉树。

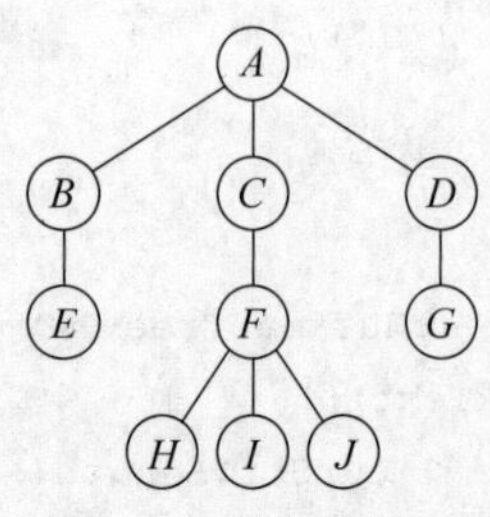

图 6.33　树示意图

2. 根据如下二叉树的先序序列与中序序列画出此二叉树。

先序序列：*ABCDEFGHIJ*。

中序序列：*CBEDAGHFJI*。

3. 已知权值序列 $w=\{7,5,2,4\}$，试画出它对应的哈夫曼树。

*4. 简述如何在后序线索树中查找指定节点 x 的后继节点。

5. 图示出表达式 $(a-b*c)*(d+e/f)$ 的二叉树表示。

6. 设用于通信的电文仅由 8 个字母组成，它们在电文中出现的频率分别为 0.30、0.07、0.10、0.03、0.20、0.06、0.22、0.02，试设计哈夫曼树及其编码。使用 0～7 的二进制表示形式是另一种编码方案。给出两种编码的对照表、带权路径长度 WPL 值。

*7. 若具有 N 个顶点、K 条边的无向图是森林（$N>K$），则此森林中含有多少棵树？

**8. 假设二叉树中所有非叶节点都有左、右子树，试证明：

$$\sum_{i=1}^{n} 2^{-(L_i-1)}=1$$

其中 n 为叶节点的个数，L_i 表示第 i 个叶节点所在的层次数（设根节点所在的层次数为 1）。

*9. 以二叉链表作为二叉树的存储结构，试编写算法判断是否为完全二叉树。

*10. 试编写交换二叉树的所有节点的左右孩子的算法。

第7章　图

图(graph)是最重要的一种数据结构，在化学、地理和电子工程等领域都有各种各样的应用，本章讨论的是图的数据结构及表示方法，并讨论几种处理图的重要算法。

7.1　图的定义和术语

图由顶点(vertex)和边(edge)这两个有限集合组成，形式化定义如下：

$$\text{Graph}=(V,R)$$

其中，$V=\{v \mid v\in \text{dataobject}\}$；$R=\{E\}$；$E=\{\langle u,v\rangle \mid P(u,v)\wedge(u,v\in V)\}$。

V 称为顶点集，V 中元素称为顶点；E 为边集，E 中的顶点对$\langle u,v\rangle$称为边。

如果图的边$\langle u,v\rangle$限定为从顶点 u 指向另一个顶点 v，u 称为起点，v 称为终点，则这样的图称为有向图(directed graph)，如图 7.1(a)所示。如果$\langle u,v\rangle\in E$，则必有$\langle v,u\rangle\in E$，也就是 E 是对称的，则以无序对(u,v)代替这两个有序对，并称这样的图为无向图(undirected graph)，如图 7.1(b)所示。如果有向图的边上都有一个正数值——权值(weight)，这样的图称为有向网(directed network)，如图 7.1(c)所示。如果无向图的边上都有一个正数值——权值，这样的图称为无向网(undirected network)，如图 7.1(d)所示。

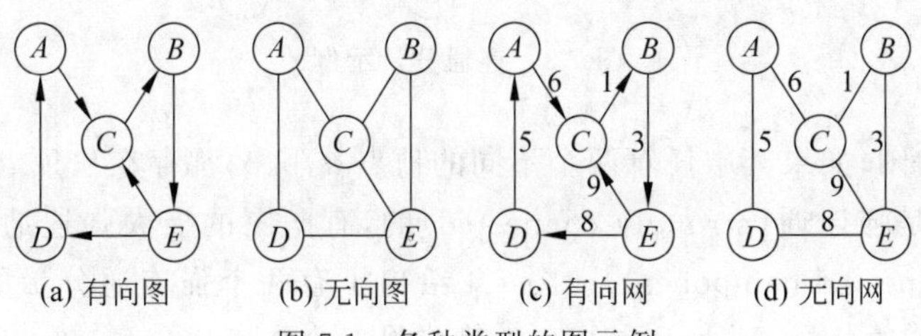

(a) 有向图　(b) 无向图　(c) 有向网　(d) 无向网

图 7.1　各种类型的图示例

用 n 表示图中顶点数目，用 e 表示图中边的数目，不考虑顶点到自身的边，对于无向图，$0\leqslant e\leqslant\frac{n(n+1)}{2}$，有$\frac{n(n+1)}{2}$条边的无向图称为完全图(completed graph)，对于有向图，$0\leqslant e\leqslant n(n-1)$，有 $n(n-1)$条边的有向图称为有向完全图。有较少条边的图称为稀疏图(sparse graph)，有较多条边的图称为稠密图(dense graph)。

设有两个图，$G_1=(V_1,\{E_1\})$与 $G_2=(V_2,\{E_2\})$，若 $V_2\subseteq V_1$，$E_2\subseteq E_1$，则称图 G_2 是图 G_1 的子图(subgraph)，如图 7.2 所示。

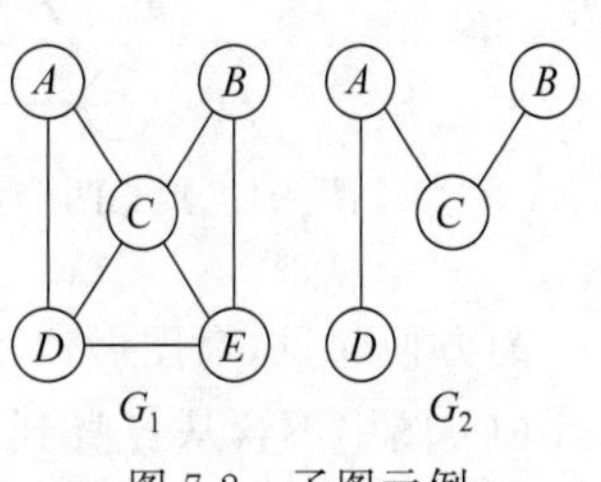

图 7.2　子图示例

对于无向图 $G=(V,\{E\})$，若边$(u,v)\in E$，则称 u 与 v 互为邻接点(adjacent)，边(u,v)依附(incident)于顶点 u 与 v，或称为(u,v)与顶点 u 与 v 相关联，顶点的度(degree)是与 v 相关联的边的数目，记为 degree(v)。

对于有向图 $G=(V,\{E\})$，如边 $<u,v>\in E$，则称顶点 u 邻接到顶点 v，顶点 v 邻接自顶点 u。边 $<u,v>$ 与顶点 u,v 相关联，邻接到 v 的边的数目称为 v 的入度(in degree)，记为 inDegree(v)。邻接自顶点 v 的边的数目称为 v 的出度(out degree)，记为 outDegree(v)。顶点 v 的度为 degree(v) = inDegree(v) + outDegree(v)。一般地，如顶点 v_i 的度记为 degree(v_i)，则一个有 n 个顶点、e 条边的图满足如下关系：

$$e=\frac{1}{2}\sum_{i=0}^{n-1}\text{degree}(v_i)$$

如果图的顶点序列 $v_1,v_2,\cdots,v_n$、边 $<v_i,v_{i+1}>$(有向图)或 (v_i,v_{i+1})(无向图)($i=1,2,\cdots,n-1$)都存在，则称顶点序列 $v_1,v_2,\cdots,v_n$ 构成一条长度为 $n-1$ 的路径(path)。路径长度(length)是指路径包含的边的条数。如果路径上各个顶点都不同，则称这个路径为简单路径(simple path)。如果路径 $v_1,v_2,\cdots,v_n$ 中 $v_1=v_n$，则称这样的路径为回路(cycle)，也可称为环。如果图的一条回路除了起点与终点相同外，其他顶点都不相同，这样的路径为简单回路(simple cycle)，也可称为简单环。

如果一个无向图中任意两个不同的顶点都存在从一个顶点到另一个顶点的路径，则称此无向图是连通的(connected)，无向图的极大连通子图称为连通分量(connected component)。图 7.3 给出了有 3 个连通分量的无向图示例。

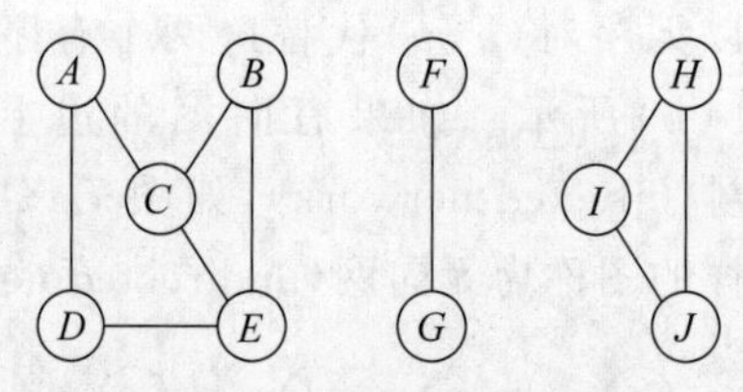

图 7.3　连通分量示例

对于一个有向图，如果其中任意两个不同的顶点 u 和 v，都存在从顶点 u 到顶点 v 的路径，则称此有向图是强连通(strongly connected)的，有向图的极大强连通子图称为强连通分量(strongly connected component)。图 7.4 给出了有两个强连通分量的有向图示例(顶点 A 构成一个强连通分量，顶点 B、C、D、E 构成另一个强连通分量)。

无向连通图的极小连通子图称为连通图的生成树，生成树包含图中全部 n 个顶点，只有 $n-1$ 条边，并且任加一条新边，必将构成回路。图 7.2 中图 G_1 的一棵生成树如图 7.5 所示。

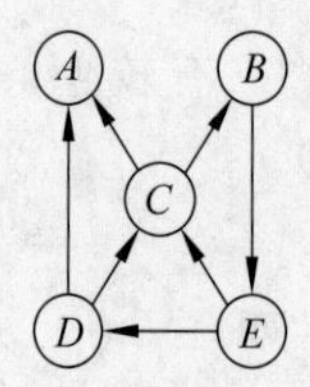

图 7.4　具有两个强连通分量的图

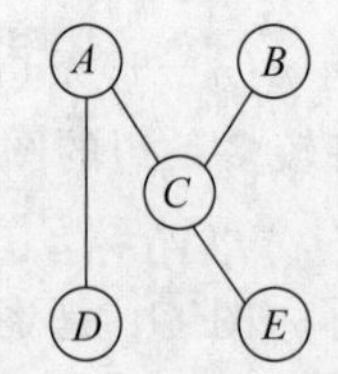

图 7.5　G_1 的一棵生成树

为方便起见，对图做出如下限制：

(1) 图中不含从自身到自身的边，也就是不存在 $<v,v>$ 这样的边，如图 7.6(a)所示。

(2) 连接两个特定顶点的边最多只有一条，如图 7.6(b)所示。

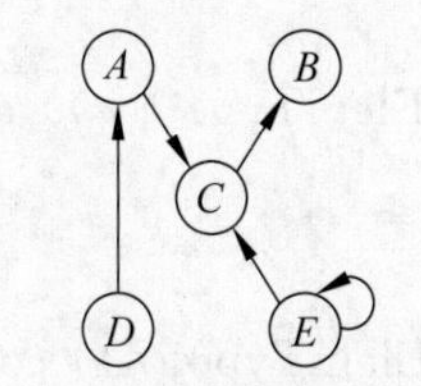

(a) 含从自身到自身的边

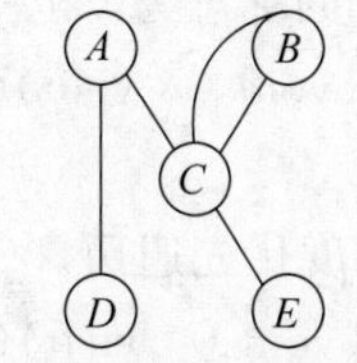

(b) 连接 B 与 C 的边有两条

图 7.6　本书加以限制的图

在图或网的实现中,对每个顶点加一个标志,主要用于在图的遍历操作中标识顶点是否已被访问,这有利于遍历操作的实现。在实际应用中,图包含了如下基本操作。

1) bool GetElem(int v, ElemType &e) const

初始条件:图已存在。

操作结果:用 e 返回顶点 v 的元素值。

2) bool SetElem(int v, const ElemType &e)

初始条件:图已存在。

操作结果:设置顶点 v 的元素值为 e。

3) int GetVexNum() const

初始条件:图已存在。

操作结果:返回顶点个数。

4) int GetEdgeNum() const

初始条件:图已存在。

操作结果:返回边数。

5) int FirstAdjVex(int v) const

初始条件:图已存在,v 是图顶点。

操作结果:返回顶点 v 的第一个邻接点。

6) int NextAdjVex(int v_1, int v_2) const

初始条件:图已存在,v_1 和 v_2 是图顶点,v_2 是 v_1 的一个邻接点。

操作结果:返回顶点 v_1 的相对于 v_2 的下一个邻接点。

7) void InsertEdge(int v_1, int v_2)

初始条件:图已存在,v_1 和 v_2 是图顶点。

操作结果:插入顶点为 v_1 和 v_2 的边。

8) void DeleteEdge(int v_1, int v_2)

初始条件:图已存在,v_1 和 v_2 是图顶点。

操作结果:删除顶点为 v_1 和 v_2 的边。

9) bool GetTag(int v) const

初始条件:图已存在,v 是图顶点。

操作结果:返回顶点 v 的标志。

10) bool SetTag(int v, bool val)

初始条件:图已存在,v 是图顶点。

操作结果：设置顶点 v 的标志为 val。

11) void DFSTraverse(void (* visit)(const ElemType &e)) const

初始条件：存在图。

操作结果：对图进行深度优先遍历。

12) void BFSTraverse(void (* visit)(const ElemType &)) const

初始条件：存在图。

操作结果：对图进行广度优先遍历。

网一般包含如下基本操作。

1) bool GetElem(int v, ElemType &e) const

初始条件：网已存在。

操作结果：用 e 返回顶点 v 的元素值。

2) bool SetElem(int v, const ElemType &e)

初始条件：网已存在。

操作结果：设置顶点 v 的元素值为 e。

3) int GetVexNum() const

初始条件：网已存在。

操作结果：返回顶点个数。

4) int GetEdgeNum() const

初始条件：网已存在。

操作结果：返回边数。

5) int FirstAdjVex(int v) const

初始条件：网已存在，v 是网顶点。

操作结果：返回顶点 v 的第一个邻接点。

6) int NextAdjVex(int v_1, int v_2) const

初始条件：网已存在，v_1 和 v_2 是网顶点，v_2 是 v_1 的一个邻接点。

操作结果：返回顶点 v_1 的相对于 v_2 的下一个邻接点。

7) void InsertEdge(int v_1, int v_2, int w)

初始条件：网已存在，v_1 和 v_2 是网顶点，w 为权值。

操作结果：插入顶点为 v_1 和 v_2，权为 w 的边。

8) void DeleteEdge(int v_1, int v_2)

初始条件：网已存在，v_1 和 v_2 是网顶点。

操作结果：删除顶点为 v_1 和 v_2 的边。

9) WeightType GetWeight(int v_1, int v_2) const

初始条件：网已存在，v_1 和 v_2 是网顶点。

操作结果：返回顶点为 v_1 和 v_2 的边的权值。

10) void SetWeight(int v_1, int v_2, WeightType w)

初始条件：网已存在，v_1 和 v_2 是网顶点，w 为权值。

操作结果：设置顶点为 v_1 和 v_2 的边的权值。

11) bool GetTag(int v) const

初始条件：网已存在，v 是网顶点。

操作结果：返回顶点 v 的标志。

12) void SetTag(int v, bool val) const

初始条件：网已存在，v 是网顶点。

操作结果：设置顶点 v 的标志为 val。

13) void DFSTraverse(void (* visit)(const ElemType &e)) const

初始条件：网已存在。

操作结果：对网进行深度优先遍历。

14) void BFSTraverse(void (* visit)(const ElemType &)) const

初始条件：网已存在。

操作结果：对网进行广度优先遍历。

在上面介绍的基本操作中，图顶点的标志可用来表示在遍历的过程某个顶点是否已被访问，这为编写遍历算法打下了良好的基础。

7.2 图的存储表示

图有多种存储表示，但最常用的只有邻接矩阵和邻接表两种，下面将分别加以讨论。

7.2.1 邻接矩阵

设图与网的顶点个数为 n，各个顶点依次记为 $v_0, v_1, \cdots, v_{n-1}$，则邻接矩阵 matrix 是一个 $n \times n$ 的数组，它的第 i 行包含所有以 v_i 为起点的边，而第 j 列包含所有以 v_i 为终点的边，对于图，邻接矩阵元素的定义如下：

$$\text{matrix}[i][j]=\begin{cases}1, & \text{存在边} < v_i, v_j > \\ 0, & \text{不存在边} < v_i, v_j > \end{cases}$$

对于网，邻接矩阵元素的定义如下：

$$\text{matrix}[i][j]=\begin{cases}w_{ij}, & \text{存在边} < v_i, v_j > \\ 0, & \text{不存在边} < v_i, v_j > \end{cases}$$

邻接矩阵的每个元素都要占用存储空间，可知空间复杂度为 $O(n^2)$。

图 7.1 中各个图的邻接矩阵如下：

图 7.1(a)的邻接矩阵为 $\begin{bmatrix} 0 & 0 & 1 & 0 & 0 \\ 0 & 0 & 0 & 0 & 1 \\ 0 & 1 & 0 & 0 & 0 \\ 1 & 0 & 0 & 0 & 0 \\ 0 & 0 & 1 & 1 & 0 \end{bmatrix}$。

图 7.1(b)的邻接矩阵为 $\begin{bmatrix} 0 & 0 & 1 & 1 & 0 \\ 0 & 0 & 1 & 0 & 1 \\ 1 & 1 & 0 & 0 & 1 \\ 1 & 0 & 0 & 0 & 1 \\ 0 & 1 & 1 & 1 & 0 \end{bmatrix}$。

图 7.1(c)的邻接矩阵为$\begin{bmatrix} 0 & 0 & 6 & 0 & 0 \\ 0 & 0 & 0 & 0 & 3 \\ 0 & 1 & 0 & 0 & 0 \\ 5 & 0 & 0 & 0 & 0 \\ 0 & 0 & 9 & 8 & 0 \end{bmatrix}$。

图 7.1(d)的邻接矩阵为$\begin{bmatrix} 0 & 0 & 6 & 5 & 0 \\ 0 & 0 & 1 & 0 & 3 \\ 6 & 1 & 0 & 0 & 9 \\ 5 & 0 & 0 & 0 & 8 \\ 0 & 3 & 9 & 8 & 0 \end{bmatrix}$。

在图或网的实现中,生成图一般用 InsertEdge 方法插入边来实现,读者可参考本书提供的测试程序。下面分别讨论图与网的邻接矩阵存储结构。

1. 图的邻接矩阵存储结构

对于有向图,第 i 行的元素之和为顶点 v_i 的出度 outDegree(v_i),第 j 列的元素之和为顶点 v_j 的入度 inDgree(v_j),有如下公式:

$$\text{outDegree}(v_i)=\sum_{j=0}^{n-1}\text{matrix}[i][j]$$

$$\text{inDegree}(v_j)=\sum_{i=0}^{n-1}\text{matrix}[i][j]$$

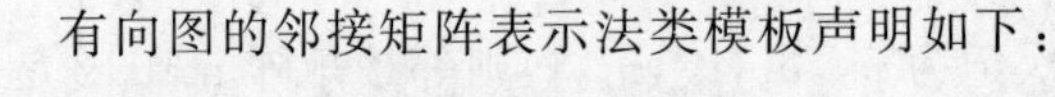

有向图的邻接矩阵表示法类模板声明如下:

```
//有向图的邻接矩阵类模板
template <class ElemType>
class AdjMatrixDirGraph
{
protected:
//数据成员模板
    int vexNum, edgeNum;                            //顶点个数和边数
    int **matrix;                                   //邻接矩阵
    ElemType * elems;                               //顶点元素
    mutable bool * tag;                             //顶点标志

//辅助函数模板
    void DFS(int v, void ( * visit)(const ElemType &e)) const;
                                                    //从顶点 v 出发进行深度优先搜索图
    void BFS(int v, void ( * visit)(const ElemType &)) const;
                                                    //从顶点 v 出发进行广度优先搜索图
public:
//抽象数据类型方法声明及重载编译系统默认方法声明
    AdjMatrixDirGraph(ElemType es[], int vertexNum =DEFAULT_SIZE);
        //构造数据元素为 es[],顶点个数为 vertexNum,边数为 0 的有向图
    virtual ~AdjMatrixDirGraph();                   //析构函数模板
```

```
    void DFSTraverse(void (*visit)(const ElemType &e)) const;
                                                    //对图进行深度优先遍历
    void BFSTraverse(void (*visit)(const ElemType &)) const;
                                                    //对图进行广度优先遍历
    bool GetElem(int v, ElemType &e) const;         //用 e 返回顶点 v 的元素值
    bool SetElem(int v, const ElemType &e);         //设置顶点 v 的元素值为 e
    int GetVexNum() const;                          //返回顶点个数
    int GetEdgeNum() const;                         //返回边数
    int FirstAdjVex(int v) const;                   //返回顶点 v 的第一个邻接点
    int NextAdjVex(int v1, int v2) const;           //返回顶点 v1 的相对于 v2 的下一个邻接点
    void InsertEdge(int v1, int v2);                //插入顶点为 v1 和 v2 的边
    void DeleteEdge(int v1, int v2);                //删除顶点为 v1 和 v2 的边
    bool GetTag(int v) const;                       //返回顶点 v 的标志
    void SetTag(int v, bool val) const;             //设置顶点 v 的标志为 val
    AdjMatrixDirGraph(const AdjMatrixDirGraph<ElemType> &source);
                                                    //复制构造函数模板
    AdjMatrixDirGraph<ElemType> &operator =(
        const AdjMatrixDirGraph<ElemType> &source);  //重载赋值运算符
};
```

在释放邻接矩阵有向图对象时，应释放 elems 和 tag 数组。对于二维数组 matrix，应先释放 matrix 的行，再释放 matrix。具体实现如下：

```
template <class ElemType>
AdjMatrixDirGraph<ElemType>::~AdjMatrixDirGraph()
//操作结果：释放对象所占用空间
{
    delete []elems;                                 //释放元素
    delete []tag;                                   //释放标志

    for (int iPos = 0; iPos < vexNum; iPos++)
    {   //释放邻接矩阵的行
        delete []matrix[iPos];
    }
    delete []matrix;                                //释放邻接矩阵
}
```

对于无向图，邻接矩阵是一个对称矩阵，也就是 matrix$[i][j]$=matrix$[j][i]$，顶点 v_i 的度 degree(v_i)是邻接矩阵中第 i 行的元素(或第 i 列)之和，即

$$\text{degree}(v_i)=\sum_{j=0}^{n-1}\text{matrix}[i][j]=\sum_{j=0}^{n-1}\text{matrix}[j][i]$$

下面是无向图的邻接矩阵表示法的具体类模板声明及实现：

```
//无向图的邻接矩阵类模板
template <class ElemType>
class AdjMatrixUndirGraph
```

```
{
protected:
//数据成员
    int vexNum, edgeNum;                              //顶点个数和边数
    int **matrix;                                     //邻接矩阵
    ElemType * elems;                                 //顶点数据
    mutable bool * tag;                               //顶点标志

//辅助函数:与邻接矩阵有向图类相同

public:
//抽象数据类型方法声明及重载编译系统默认方法声明:与邻接矩阵有向图类相同
};
```

在做插入边$<v_1,v_2>$操作时,不但要修改 matrix$[v_1][v_2]$的值,也应修改 matrix$[v_2][v_1]$的值,具体实现如下:

```
template <class ElemType>
void AdjMatrixUndirGraph<ElemType>::InsertEdge(int v1, int v2)
//操作结果:插入顶点为 v1 和 v2,权为 w 的边
{
    if (v1 <0 || v1 >=vexNum)
    {   //出现异常
        cout <<"v1 不合法!" <<endl;               //提示信息
        exit(6);                                  //退出程序
    }
    if (v2 <0 || v2 >=vexNum)
    {   //出现异常
        cout <<"v2 不合法!" <<endl;               //提示信息
        exit(7);                                  //退出程序
    }
    if (v1 ==v2)
    {   //出现异常
        cout <<"v1 不能等于 v2!" <<endl;          //提示信息
        exit(8);                                  //退出程序
    }

    if (matrix[v1][v2] ==0 && matrix[v2][v1] ==0)
    {   //原无向图无边(v1, v2),插入后边数自增 1
        edgeNum++;
    }
    matrix[v1][v2] =1;                            //修改<v1, v2>对应的邻接矩阵元素值
    matrix[v2][v1] =1;                            //修改<v2, v1>对应的邻接矩阵元素值
}
```

2. 网的邻接矩阵存储结构

下面是邻接矩阵有向网类模板的声明：

```
//有向网的邻接矩阵类模板
template <class ElemType, class WeightType>
class AdjMatrixDirNetwork
{
protected:
//数据成员
    int vexNum, edgeNum;                          //顶点个数和边数
    WeightType **matrix;                          //邻接矩阵
    ElemType * elems;                             //顶点数据
    mutable bool * tag;                           //顶点标志

//辅助函数模板
    void DFS(int v, void ( * visit)(const ElemType &e)) const;
                                                  //从顶点 v 出发进行深度优先搜索网
    void BFS(int v, void ( * visit)(const ElemType &)) const;
                                                  //从顶点 v 出发进行广度优先搜索网

public:
//抽象数据类型方法声明及重载编译系统默认方法声明
    AdjMatrixDirNetwork(ElemType es[], int vertexNum = DEFAULT_SIZE,);
        //构造顶点数据为 es[],顶点个数为 vertexNum,infinit 表示无穷大,边数为 0 的有向网
    virtual ~AdjMatrixDirNetwork();               //析构函数模板
    void DFSTraverse(void ( * visit)(const ElemType &e)) const;
                                                  //对网进行深度优先遍历
    void BFSTraverse(void ( * visit)(const ElemType &)) const;
                                                  //对网进行广度优先遍历
    bool GetElem(int v, ElemType &e) const;       //用 e 返回顶点 v 的元素值
    bool SetElem(int v, const ElemType &e);       //设置顶点 v 的元素值为 e
    int GetVexNum() const;                        //返回顶点个数
    int GetEdgeNum() const;                       //返回边数
    int FirstAdjVex(int v) const;                 //返回顶点 v 的第一个邻接点
    int NextAdjVex(int v1, int v2) const;         //返回顶点 v1 的相对于 v2 的下一个邻接点
    void InsertEdge(int v1, int v2, int w);       //插入顶点为 v1 和 v2,权为 w 的边
    void DeleteEdge(int v1, int v2);              //删除顶点为 v1 和 v2 的边
    WeightType GetWeight(int v1, int v2) const;
                                                  //返回顶点为 v1 和 v2 的边的权值
    void SetWeight(int v1, int v2, WeightType w);
                                                  //设置顶点为 v1 和 v2 的边的权值
    bool GetTag(int v) const;                     //返回顶点 v 的标志
    void SetTag(int v, bool val) const;           //设置顶点 v 的标志为 val
    AdjMatrixDirNetwork(
```

```
        const AdjMatrixDirNetwork<ElemType, WeightType>&source);
        //复制构造函数模板
    AdjMatrixDirNetwork<ElemType, WeightType>&operator =
        (const AdjMatrixDirNetwork<ElemType, WeightType>&source);
                                                                //重载赋值运算符
};
```

邻接矩阵无向网类模板的声明如下：

```
template <class ElemType, class WeightType>
class AdjMatrixUndirNetwork
{
protected:
//数据成员
    int vexNum, edgeNum;                                        //顶点个数和边数
    WeightType **matrix;                                        //邻接矩阵
    ElemType * elems;                                           //顶点数据
    mutable bool * tag;                                         //顶点标志

//辅助函数模板:与邻接矩阵有向网类相同

public:
//抽象数据类型方法声明及重载编译系统默认方法声明:与邻接矩阵有向网类模板相同
};
```

设置标志的函数 SetTag()用于对顶点的访问标志进行设置，比如当顶点被访问到时，可设置顶点标志为 true，下面是具体实现：

```
template <class ElemType, class WeightType>
void AdjMatrixDirNetwork<ElemType, WeightType>::SetTag(int v, bool val) const
//操作结果:设置顶点 v 的标志为 val
{
    if (v <0 || v >=vexNum)
    {   //出现异常
        cout <<"v不合法!" <<endl;                               //提示信息
        exit(20);                                               //退出程序
    }

    tag[v] =val;                                                //设置顶点 v 的标志为 val
}
```

7.2.2 邻接表

邻接表(adjacency list)是图与网的另一种常用结构，在邻接表中每个顶点都建立一个单链表，第 i 个顶点的单链表由图与网中与顶点 v_i 相关联的边构成(对于有向图与有向网，v_i 是起点)，由于已知一个顶点为 v_i，为表示边，只需再存储另一个顶点——邻接点即可。

各边在链表中的次序是任意的,视边的输入次序而定,在画图或网时通常按邻接点的编号大小排序。

邻接表是图与网的链式存储结构。在邻接矩阵中,当边数较少时,邻接矩阵中有大量的0元素,将耗费大量的存储空间。本质上邻接表就是将矩阵中的行用链表来存储,并且只存储非0元素。设图中有 e 条边,n 个顶点,用邻接表表示无向图与无向网时,需要存储 n 个顶点和 $2e$ 条边;对于有向图与有向网,则需要存储 n 个顶点和 e 条边。当 $e \ll n^2$ 时,邻接表比邻接矩阵更节约存储空间。

1. 图的邻接表存储结构

对于图的邻接表存储结构,顶点结构如图7.7所示,其中data存储顶点的数据元素值,adjLink存储指向由顶点相关联的边组成的链表,图7.8为图的邻接表存储结构示意图。

data	adjLink
数据元素	指向边链表指针

图7.7　图邻接表顶点节点结构示意图

邻接表顶点类模板声明如下:

```
//邻接表图顶点节点类模板
template <class ElemType>
struct AdjListGraphVexNode
{
//数据成员
    ElemType data;                                        //数据元素值
    LinkList<int>adjLink;                                 //邻接点链表
};
```

在邻接边链表实现中一般含有头节点,当然也可不含头节点,在图示时为简便直观,没有画出头节点,如图7.8所示。

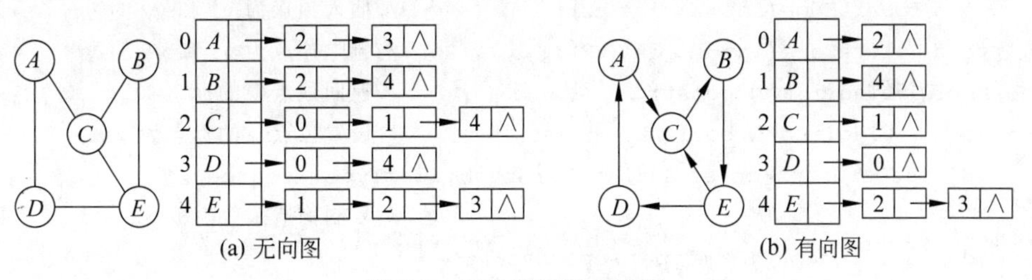

(a) 无向图　　(b) 有向图

图7.8　图的邻接表示意图

邻接表有向图类模板声明如下:

```
//有向图的邻接表类模板
template <class ElemType>
class AdjListDirGraph
{
protected:
```

```
//数据成员
    int vexNum, edgeNum;                              //顶点个数和边数
    AdjListGraphVexNode<ElemType> * vexTable; //顶点表
    mutable bool * tag;                               //顶点标志

//辅助函数模板
    int IndexHelp(const LinkList<int>&lkList, int v) const;
                                                      //定位顶点 v 在邻接链表中的位置
    void DFS(int v, void ( * visit)(const ElemType &e)) const;
                                                      //从顶点 v 出发进行深度优先搜索图
    void BFS(int v, void ( * visit)(const ElemType &)) const;
                                                      //从顶点 v 出发进行广度优先搜索图

public:
//抽象数据类型方法声明及重载编译系统默认方法声明
    AdjListDirGraph(ElemType es[], int vertexNum = DEFAULT_SIZE);
        //构造顶点数据为 es[],顶点个数为 vertexNum,边数为 0 的有向图
    virtual ~AdjListDirGraph();                       //析构函数模板
    void DFSTraverse(void ( * visit)(const ElemType &e)) const;
                                                      //对图进行深度优先遍历
    void BFSTraverse(void ( * visit)(const ElemType &)) const;
                                                      //对图进行广度优先遍历
    bool GetElem(int v, ElemType &e) const;           //用 e 返回顶点 v 的元素值
    bool SetElem(int v, const ElemType &e);           //设置顶点 v 的元素值为 e
    int GetVexNum() const;                            //返回顶点个数
    int GetedgeNum() const;                           //返回边数
    int FirstAdjVex(int v) const;                     //返回顶点 v 的第一个邻接点
    int NextAdjVex(int v1, int v2) const;             //返回顶点 v1 的相对于 v2 的下一个邻接点
    void InsertEdge(int v1, int v2);                  //插入顶点为 v1 和 v2 的边
    void DeleteEdge(int v1, int v2);                  //删除顶点为 v1 和 v2 的边
    bool GetTag(int v) const;                         //返回顶点 v 的标志
    void SetTag(int v, bool val) const;               //设置顶点 v 的标志为 val
    AdjListDirGraph(const AdjListDirGraph<ElemType> &source);
                                                      //复制构造函数模板
    AdjListDirGraph<ElemType> &operator =(
        const AdjListDirGraph<ElemType>&source);   //重载赋值运算符
};
```

邻接表无向图类模板声明如下：

```
//无向图的邻接表类模板
template <class ElemType>
class AdjListUndirGraph
{
protected:
```

```
//数据成员
    int vexNum, edgeNum;                              //顶点个数和边数
    AdjListGraphVexNode<ElemType> * vexTable; //顶点数组
    mutable bool * tag;                               //顶点标志

//辅助函数模板:与邻接表有向图相同

public:
//抽象数据类型方法声明及重载编译系统默认方法声明:与邻接表有向图相同
};
```

由于边链表由线性链表表示,因此可使用线性链表的各种操作,使程序代码更简单。由于经常在邻接链表中定位顶点在链表中的位置,因此专门用一个辅助函数模板 IndexHelp()来实现。

```
template <class ElemType>
int AdjListDirGraph<ElemType>::IndexHelp(const LinkList<int> &lkList,
    int v) const
//操作结果:定位顶点 v 在邻接链表中的位置
{
    int curPos, adjVex;                               //工作变量

    for (curPos =1; curPos <=lkList.Length(); curPos++)
    {   //循环定位
        lkList.GetElem(curPos, adjVex);               //取得边信息
        if (adjVex ==v) break;                        //定位成功
    }

    return curPos;                   //curPos =lkList.Length() +1 表示定位失败
}
```

操作 FirstAdjVex()用于取出顶点的第一个邻接点,容易使用线性链表的操作实现,具体实现如下:

```
template <class ElemType>
int AdjListDirGraph<ElemType>::FirstAdjVex(int v) const
//操作结果:返回顶点 v 的第一个邻接点
{
    if (v <0 || v >=vexNum)
    {   //出现异常
        cout <<"v 不合法!" <<endl;                      //提示信息
        exit(2);                                        //退出程序
    }

    if (vexTable[v].adjLink.Empty())
```

```
    {   //空邻接链表,无邻接点
        return -1;
    }
    else
    {   //非空邻接链表,存在邻接点
        int adjVex;                                     //邻接点
        vexTable[v].adjLink.GetElem(1, adjVex); //取出顶点 v 的第一个邻接点
        return adjVex;                                  //返回顶点 v 的第一个邻接点
    }
}
```

操作 NextAdjVex()用于找出下一个邻接点,实现时应先找出上一个邻接点在链表中的位置,然后再取出下一个邻接点,具体实现如下:

```
template <class ElemType>
int AdjListDirGraph<ElemType>::NextAdjVex(int v1, int v2) const
//操作结果:返回顶点 v1 的相对于 v2 的下一个邻接点
{
    if (v1 <0 || v1 >=vexNum)
    {   //出现异常
        cout <<"v1 不合法!" <<endl;                    //提示信息
        exit(3);                                        //退出程序
    }
    if (v2 <0 || v2 >=vexNum)
    {   //出现异常
        cout <<"v2 不合法!" <<endl;                    //提示信息
        exit(4);                                        //退出程序
    }
    if (v1 ==v2)
    {   //出现异常
        cout <<"v1 不能等于 v2!" <<endl;               //提示信息
        exit(5);                                        //退出程序
    }

    int temPos =IndexHelp(vexTable[v1].adjLink, v2);   //取出 v2 在邻接链表中的位置
    if (temPos <vexTable[v1].adjLink.Length())
    {   //存在下一个邻接点
        int adjVex;                                     //工作变量
        vexTable[v1].adjLink.GetElem(temPos +1, adjVex);  //取出后继
        return adjVex;                                  //返回下一个邻接点
    }
    else
    {   //不存在下一个邻接点
        return -1;
    }
}
```

2. 网的邻接表存储结构

对于网,由于每条边还包含权值,因此在表示边的邻接链表中,表示边的数据信息如图 7.9 所示。

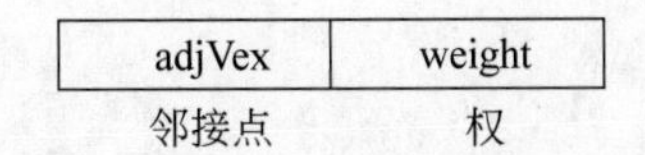

图 7.9　网邻接表边数据示意图

网的边数据类模板声明如下:

```
//邻接表网的边数据类模板
template <class WeightType>
class AdjListNetworkEdge
{
public:
//数据成员
    int adjVex;                                          //邻接点
    WeightType weight;                                   //权值

//构造函数模板
    AdjListNetworkEdge();                                //无参数的构造函数模板
    AdjListNetworkEdge(int v, WeightType w);             //构造邻接点为 v,权为 w 的邻接边
};
```

网的顶点节点与图的顶点结构相同,如图 7.7 所示,具体类模板声明如下:

```
//邻接表网顶点节点类模板
template <class ElemType, class WeightType>
struct AdjListNetWorkVexNode
{
//数据成员
    ElemType data;                                                //数据元素值
    LinkList<AdjListNetworkEdge<WeightType>>adjLink;     //邻接点链表
};
```

邻接表网如图 7.10 所示。

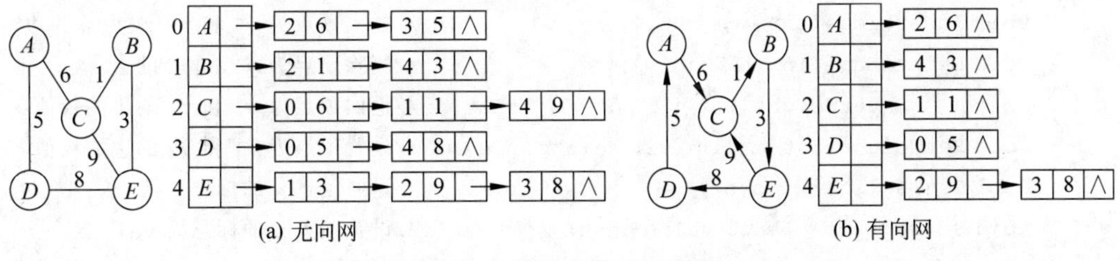

图 7.10　图的邻接表示意图

邻接表有向网类模板声明如下：

```
//有向网的邻接表类模板
template <class ElemType, class WeightType>
class AdjListDirNetwork
{
protected:
//数据成员
    int vexNum, edgeNum;                                //顶点个数和边数
    AdjListNetWorkVexNode<ElemType, WeightType> * adjList;
                                                        //由顶点数组组成的邻接表
    mutable bool * tag;                                 //顶点标志

//辅助函数模板
    int IndexHelp(const LinkList<AdjListNetworkEdge<WeightType>>&lkList,
        int v) const;                                   //定位顶点 v 在邻接链表中的位置
    void DFS(int v, void ( * visit) (const ElemType &e)) const;
                                                        //从顶点 v 出发进行深度优先搜索网
    void BFS(int v, void ( * visit) (const ElemType &)) const;
                                                        //从顶点 v 出发进行广度优先搜索网
public:
//抽象数据类型方法声明及重载编译系统默认方法声明
    AdjListDirNetwork(ElemType es[], int vertexNum =DEFAULT_SIZE,);
        //构造顶点数据为 es[],顶点个数为 vertexNum,边数为 0 的有向网
    virtual ~AdjListDirNetwork();                       //析构函数模板
    void DFSTraverse(void ( * visit) (const ElemType &e)) const;
                                                        //对网进行深度优先遍历
    void BFSTraverse(void ( * visit) (const ElemType &)) const;
                                                        //对网进行广度优先遍历
    bool GetElem(int v, ElemType &e) const;             //用 e 返回顶点 v 的元素值
    bool SetElem(int v, const ElemType &e);             //设置顶点 v 的元素值为 e
    int GetVexNum() const;                              //返回顶点个数
    int GetEdgeNum() const;                             //返回边数
    int FirstAdjVex(int v) const;                       //返回顶点 v 的第一个邻接点
    int NextAdjVex(int v1, int v2) const;     //返回顶点 v1 的相对于 v2 的下一个邻接点
    void InsertEdge(int v1, int v2, int w);             //插入顶点为 v1 和 v2,权为 w 的边
    void DeleteEdge(int v1, int v2);                    //删除顶点为 v1 和 v2 的边
    WeightType GetWeight(int v1, int v2) const;         //返回顶点为 v1 和 v2 的边的权值
    void SetWeight(int v1, int v2, WeightType w);       //设置顶点为 v1 和 v2 的边的权值
    bool GetTag(int v) const;                           //返回顶点 v 的标志
    void SetTag(int v, bool val) const;                 //设置顶点 v 的标志为 val
    AdjListDirNetwork(const AdjListDirNetwork<ElemType, WeightType>&source);
        //复制构造函数模板
    AdjListDirNetwork<ElemType, WeightType>&operator =
```

```
    (const AdjListDirNetwork<ElemType, WeightType>&source);
                                                                //重载赋值运算符
};
```

邻接表无向网类模板声明如下：

```
//无向网的邻接表类模板
template <class ElemType, class WeightType>
class AdjListUndirNetwork
{
protected:
//数据成员
    int vexNum, edgeNum;                                        //顶点个数和边数
    AdjListNetWorkVexNode<ElemType, WeightType>adjList;         //顶点表
    mutable bool * tag;                                         //顶点标志
    ElemType infinity;                                          //无穷大

//辅助函数模板:与邻接表有向网相同

public:
//抽象数据类型方法声明及重载编译系统默认方法声明:与邻接表有向网相同
};
```

在修改邻接表无向网的边(v_1,v_2)的权操作 SetWeight(v_1,v_2,w)中，既要修改$<v_1,v_2>$的权，同时也应修改$<v_2,v_1>$的权，具体实现如下：

```
template <class ElemType, class WeightType>
void AdjListUndirNetwork<ElemType, WeightType>::SetWeight(int v1, int v2,
    WeightType w)
//操作结果:设置顶点为 v1 和 v2 的边的权值
{
    if (v1 <0 || v1 >=vexNum)
    {   //出现异常
        cout <<"v1 不合法!" <<endl;                              //提示信息
        exit(15);                                               //退出程序
    }
    if (v2 <0 || v2 >=vexNum)
    {   //出现异常
        cout <<"v2 不合法!" <<endl;                              //提示信息
        exit(16);                                               //退出程序
    }
    if (v1 ==v2)
    {   //出现异常
        cout <<"v1 不能等于 v2!" <<endl;                          //提示信息
        exit(17);                                               //退出程序
    }
```

```
    if (w ==0)
    {   //出现异常
        cout <<"w 不能为 0!" <<endl;                                    //提示信息
        exit(18);                                                       //退出程序
    }

    AdjListNetworkEdge<WeightType>temEdgeNode;                          //临时变量

    int curPos =IndexHelp(vexTable[v1].adjLink, v2);   //取出 v2 在邻接链表中的位置
    if (curPos <=vexTable[v1].adjLink.Length())
    {   //存在边<v1, v2>
        vexTable[v1].adjLink.GetElem(curPos, temEdgeNode); //取出边
        temEdgeNode.weight =w;                                          //修改<v1, v2>权值
        vexTable[v1].adjLink.SetElem(curPos, temEdgeNode); //设置边
    }

    curPos =IndexHelp(vexTable[v2].adjLink, v1);       //取出 v1 在邻接链表中的位置
    if (curPos <=vexTable[v2].adjLink.Length())
    {   //存在边<v2, v1>
        vexTable[v2].adjLink.GetElem(curPos, temEdgeNode); //取出边
        temEdgeNode.weight =w;                                          //修改<v2, v1>权值
        vexTable[v2].adjLink.SetElem(curPos, temEdgeNode); //设置边
    }
}
```

7.3 图的遍历

图的搜索有广泛的应用。例如,有许多国家两两相互接壤,要求从某个指定的起始国出发,通过国家之间的边界从一国到另一国,最后到达指定的终点国。通常情况下,起始国和终点国之间并不直接相连,这时必须按照某种组织方式搜索图中的顶点。

图的遍历算法一般是从一个起始顶点出发,试图访问全部顶点,必须解决如下问题:

(1) 从起点出发可能到达不了所有其他顶点(如非连通图)。

(2) 有些图存在回路,必须确定算法不会因回路而陷入死循环。

为解决上面的问题,图的遍历算法一般为图的每个顶点保留一个标志(tag),在算法开始时,所有顶点的标志设置为 false,在遍历过程中,如某个顶点被访问到,将标志置为 true,如果在遍历时遇到标志为 true 的顶点,就不访问它,这样便避免了遇到回路时陷入死循环的问题。

如果图是不连通的,则还有未被访问到的顶点,这些顶点的标志值为 false,这时可从某个未被访问到的顶点开始继续进行搜索。下面介绍两种常用的图遍历算法。

7.3.1 深度优先搜索

深度优先搜索(depth first search,DFS)是在搜索过程中,当访问某个顶点 v 后,递归地

访问它的所有未被访问的相邻顶点，实际结果是沿着图的某一分支进行搜索，直至末端为止，然后再进行回溯，沿另一分支进行搜索，以此类推。深度优先搜索的搜索过程将产生一棵深度优先搜索树(depth first search tree)，此树由图遍历过程中所有连接某一新(未被访问的)顶点的边所组成，并不包括那些连接已访问顶点的边。DFS算法适合于所有类型的图。该算法的实现如下：

```
template <class ElemType>
void AdjListUndirGraph<ElemType>::DFS(int v, void (*visit)(const ElemType
    &e)) const
//初始条件：存在图
//操作结果：从顶点 v 出发进行深度优先搜索图
{
    SetTag(v, true);                                        //设置访问标志
    ElemType e;                                             //临时变量
    GetElem(v, e);                                          //取顶点 v 的数据元素
    (*visit)(e);                                            //访问顶点 v 的数据元素
    for (int w = FirstAdjVex(v); w >= 0; w = NextAdjVex(v, w))
    {   //对 v 的尚未访问过的邻接顶点 w 递归调用 DFS
        if (!GetTag(w)) DFS(w, visit);
    }
}

template <class ElemType>
void AdjListUndirGraph<ElemType>::DFSTraverse(void (*visit)(const ElemType
    &e)) const
//初始条件：存在图
//操作结果：对图进行深度优先遍历
{
    int v;
    for (v = 0; v < GetVexNum(); v++)
    {   //对每个顶点设置访问标志
        SetTag(v, false);
    }

    for (v = 0; v < GetVexNum(); v++)
    {   //对尚未访问的顶点按 DFS 算法进行深度优先搜索
        if (!GetTag(v)) DFS(v, visit);
    }
}
```

提示：上面的算法采用了无向图的邻接表存储结构，由于图的所有存储结构都采用了相同的接口函数，所以其他存储结构的相应算法与采用图的邻接表存储结构时的算法完全相同。

图的深度优先搜索算法示意如图7.11所示。在图 G 中，从 v_0 出发进行搜索，在访问了

v_0 后选择邻接点 v_1，由于 v_1 未被访问，所以继续从 v_1 出发进行搜索，以此类推。从 v_2，v_5 出发进行搜索，在访问了 v_5 之后，由于 v_5 的邻接点都已被访问，回溯到 v_2，由于 v_2 的所有邻接点也被访问，再回溯到 v_1，再搜索 v_1 的未被访问的邻接点 v_4，从 v_4 出发进行搜索，再继续下去，由此可得到顶点的访问序列如下：$v_0 \to v_1 \to v_2 \to v_5 \to v_4 \to v_6 \to v_3 \to v_7 \to v_8$。

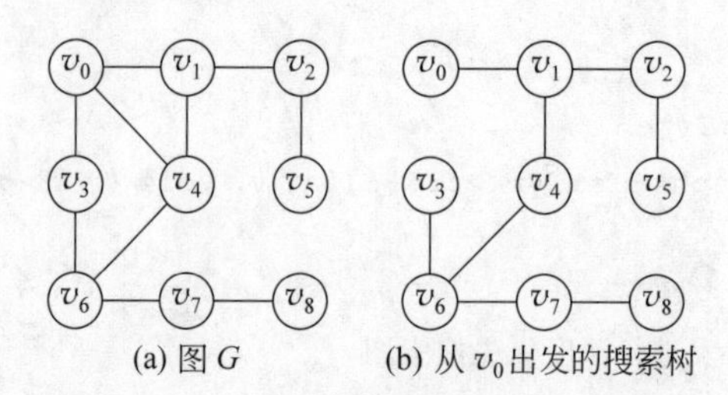

图 7.11　图 G 从顶点 v_0 开始进行深度优先搜索的搜索树

设图 G 的顶点数为 n，边数为 e，对图中的每个顶点至多调用一次 DFS()函数，当某个顶点被设置访问标志 true 后将不再从此出发进行搜索，遍历的实质是对每个顶点查找邻接点的过程。时间复杂度与所采用的存储结构有关，当用邻接矩阵作存储结构时，查找所有顶点的邻接点的时间为 $O(n^2)$，可知深度优先搜索遍历图的时间复杂度为 $O(n^2+n)=O(n^2)$；当用邻接表作存储结构时，查找所有顶点的邻接点的时间为 $O(e)$，可知深度优先搜索遍历图的时间复杂度为 $O(e+n)$。

7.3.2　广度优先搜索

广度优先搜索(breadth first search，BFS)类似于树的层次遍历。例如，在图 G 中，从任意顶点 v 出发进行搜索，在访问了 v 之后依次访问 v 的未被访问的邻接点，然后再从这些邻接点出发依次访问它们的邻接点，直至图中所有被访问的顶点的邻接点都已被访问完为止。如果这时图中还有未被访问的顶点，将选择一个未被访问的顶点作起始点继续进行搜索，直到图中所有顶点都被访问到为止。实际上广度优先搜索是以顶点 v 为起始点，由近至远依次访问和 v 有路径相通且路径长度为 1，2，…的顶点。例如，在图 7.12 所示的图 G 中，从顶点 v_0 出发进行搜索，首先访问 v_0，然后再访问 v_0 的未被访问过的邻接点 v_1、v_3 和 v_4，然后依次访问 v_1 的未被访问过的邻接点 v_2，v_3 的未被访问过的邻接点 v_6，以此类推，直到所有顶点都被访问到为止，由此完成图的遍历，得到的顶点序列如下：$v_0 \to v_1 \to v_3 \to v_4 \to v_2 \to v_6 \to v_5 \to v_7 \to v_8$。

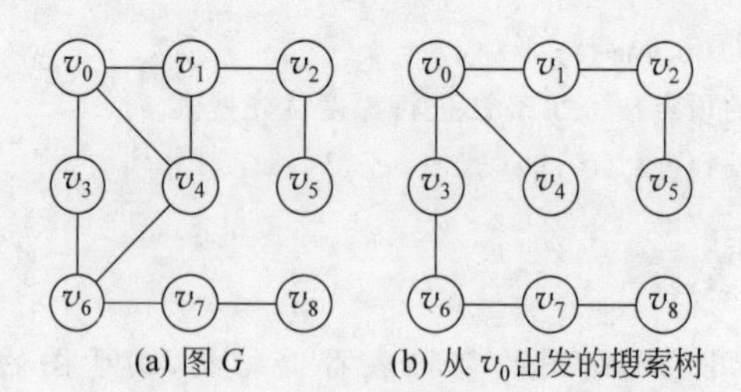

图 7.12　图 G 从顶点 v_0 开始进行广度优先搜索的搜索树

BFS 算法适合于所有类型的图。算法实现如下：

```
template <class ElemType>
void AdjListDirGraph<ElemType>::BFS(int v, void (*visit)(const ElemType
    &)) const
//初始条件:存在图
//操作结果:从顶点 v 出发对图进行广度优先搜索
{
    SetTag(v, true);                                      //设置访问标志
    ElemType e;                                           //临时变量
    GetElem(v, e);                                        //顶点 v 的数据元素
    (*visit)(e);                                          //访问顶点 v 的数据元素
    LinkQueue<int>q;                                      //定义队列
    q.InQueue(v);                                         //v 入队
    while (!q.Empty())
    {   //队列 q 非空, 进行循环
        int u, w;                                         //临时顶点
        q.OutQueue(u);                                    //出队
        for (w =FirstAdjVex(u); w >=0; w =NextAdjVex(u, w))
        {   //对 u 尚未访问过的邻接顶点 w 进行访问
            if (!GetTag(w))
            {   //对 w 进行访问
                SetTag(w, true);                          //设置访问标志
                GetElem(w, e);                            //取顶点 w 的数据元素
                (*visit)(e);                              //访问顶点 w 的数据元素
                q.InQueue(w);                             //w 入队
            }
        }
    }
}

template <class ElemType>
void AdjListDirGraph<ElemType>::BFSTraverse(void (*visit)(const ElemType
    &)) const
//初始条件:存在图
//操作结果:对图进行广度优先遍历
{
    int v;
    for (v =0; v <GetVexNum(); v++)
    {   //对每个顶点设置访问标志
        SetTag(v, false);
    }

    for (v =0; v <GetVexNum(); v++)
    {   //对尚未访问的顶点按 BFS 进行深度优先搜索
```

```
        if (!GetTag(v)) BFS(v, visit);
    }
}
```

对于广度优先搜索，每个顶点只进一次队列，遍历的本质是找邻接点，时间复杂度与深度优先搜索的时间复杂度相同，两者的不同体现在对顶点的访问顺序不同。

7.4 连通无向网的最小代价生成树

本节将介绍求最小代价生成树(minimum cost spanning tree，MST)的两种常用算法。最小代价生成树简称最小生成树。给定一个连通网 net，最小代价生成树包括 net 的所有顶点和 net 中的部分边，其满足下列条件：

(1) 最小代价生成树边的条数是顶点个数减 1 的差，并且能保证最小代价生成树是连通的。

(2) 最小代价生成树边上的权值之和最小。

由离散数学中图论的理论可知，最小代价生成树是自由树结构，最小代价生成树可用于解决如下问题：

(1) 在几个城市之间建立电话网，使所需费用最少。

(2) 连接电路板上的一系列接头，使所需焊接的线路最短。

构造最小代价生成树的算法一般都要用到如下的定理。

定理：设 net$=(V,\{E\})$是一个连通无向网，U 是顶点集 V 的非空子集，如(u,v)是连接 U 与 $V-U$ 具有最小权值的边(其中 $u\in U$ 和 $v\in V-U$)，则存在一棵包含边(u,v)的最小代价生成树。

证明：采用反证法进行证明。设网 net 的任何一棵最小代价生成树都不包含边(u, v)，设 T 是net 的一棵最小代价生成树。由假设可知 T 不包含边(u,v)，将边(u,v)加入 T 时，由树的性质可知，这时 T 中必存在一个包含边(u,v)的长度大于 2 的简单回路，这条回路必定存在另一条边(u', v')，其中 $u'\in U, v'\in V-U$，在 T 中删除边(u',v')，便可去掉此回路，同时也不影响连通性，这样便可得到另一棵生成树 T'。由于(u,v)的权值不大于(u',v')的权值，可知 T'的权值之和不大于 T 的权值之和，T'是最小代价生成树，而 T'包含边(u,v)，这与假设矛盾。

7.4.1 Prim 算法

设 $G=(V, \{E\})$是连通网，TE 是最小代价生成树的边的集合，算法如下：

(1) TE$=\{\}$，$U=\{u_0\}$。

(2) 在所有$(u,v)\in E, u\in U, v\in V-U$ 的边中选择权值最小的边(u',v')。

(3) 将(u',v')并入 TE 中，v'并入 U 中。

(4) 重复(2)和(3)直到 TE 有 $n-1$ 条边(n 为 G 的顶点个数)，这时 $T=(V,\{\text{TE}\})$便是最小代价生成树。

Prim 算法构造最小代价生成树示例如图 7.13 所示。

为了实现 Prim 算法，附设一个辅助数组 adjVex[]，用于存储 $V-U$ 中的顶点到 U 最小

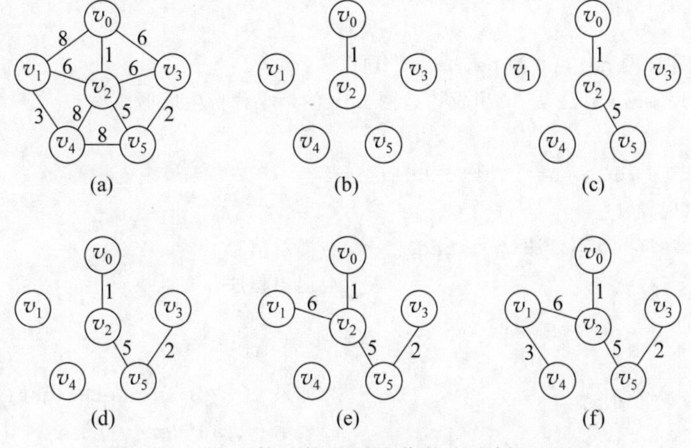

图 7.13　Prim 算法构造最小代价生成树的过程

权值的边,也就是当 $v \in V-U$ 时,adjVex[v]$\in U$,且(v,adjVex[v])是 v 到 U 的所有边中权值最小的边,这样连接 U 到 $V-U$ 权值最小的边便是 adjVex[]中具有权最小的边,将 U 中顶点的标志设置为 true,$V-U$ 中顶点标志设置为 false,具体算法如下:

```
template <class ElemType, class WeightType>
int MinVertex(const AdjMatrixUndirNetwork<ElemType, WeightType> &net,
    int * adjVex)
//操作结果:返回 w,使得边(w, adjVex[w])为连接 V-U 到 U 的具有最小权值的边
{
    int w =-1;                                    //初始化 w
    int v;                                        //临时顶点
    for (v =0; v <net.GetVexNum(); v++)
    {   //查找第一个满足条件的 V -U 中顶点 v
        if (!net.GetTag(v)                        //表示 v 为 V -U 中的顶点
            && net.GetWeight(v, adjVex[v]) >0)    //存在从 v 到 U 的边(v, adjVex[v])
        {
            w =v;    //w(即 v)为找到的第一个 V -U 中的顶点 v,存在 v 到 U 的边(v, adjVex[v])
            break;
        }
    }
        for (v++; v <net.GetVexNum(); v++)        //查找连接 V-U 到 U 的具有最小权值的
                                                  //边(w, adjVex[w])
    if (!net.GetTag(v) && net.GetWeight(v, adjVex[v]) >0 &&
        net.GetWeight(v, adjVex[v]) <net.GetWeight(w, adjVex[w]))
        w =v;            //w(即 v)为当前能找到的连接 V-U 到 U 的最小边(w, adjVex[w])

    return w;
}

template <class ElemType, class WeightType>
```

```
void MiniSpanTreePrim(const AdjMatrixUndirNetwork<ElemType, WeightType>&net,
    int u0)
//初始条件:存在网 net,u0为 net 的一个顶点
//操作结果:用 Prim 算法从 u0 出发构造网 net 的最小代价生成树
{
    if (u0 <0 || u0 >=net.GetVexNum())
    {   //出现异常
        cout <<"u0不合法!" <<endl;     //提示信息
        exit(21);                      //退出程序
    }

    int * adjVex;                      //如果 v∈V-U,net.GetWeight(v, adjVex[v])>0
                                       //表示(v, adjVex[v])是 v 到 U 具有最小权值边
    int u, v, w;                       //表示顶点的临时变量
    adjVex =new int[net.GetVexNum()]; //分配存储空间
    for (v =0; v <net.GetVexNum(); v++)
    {  //初始化辅助数组 adjVex,并对顶点设置标志,此时 U ={u0}
        if (v !=u0)
        {   //对于 v∈V-U
            adjVex[v] =u0;             //u0是 U 的唯一顶点,adjVex[v]只能取 u0
            net.SetTag(v, false);      //表示 v 为 V -U 中的顶点
        }
        else
        {   //对于 v∈U
            adjVex[v] =u0;             //此时 v=u0,规定 adjVex[v] =u0
            net.SetTag(v, true);       //表示 v 为 U 中的顶点
        }
    }
    for (u =1; u <net.GetVexNum(); u++)
    {   //选择生成树的其余 net.GetVexNum() -1 个顶点
        w =MinVertex(net, adjVex);
            //选择使得边(w, adjVex[w])为连接 V-U 到 U 的具有最小权值的边
        if (w ==-1)
        {   //表示 U 与 V-U 已无边相连
            return;
        }
        cout <<"edge:(" <<adjVex[w] <<"," <<  w <<") weight:"
            <<net.GetWeight(w, adjVex[w])<<endl ;  //输出边及权值
        net.SetTag(w, true);                        //将 w 并入 U
        for (int v =net.FirstAdjVex(w); v >=0 ; v =net.NextAdjVex(w, v))
        {   //新顶点并入 U 后重新选择最小边
            if (!net.GetTag(v) &&                   //v ∈V -U
                (net.GetWeight(v, w) <net.GetWeight(v, adjVex[v]) ||
                                                    //边(v,w)的权值更小
                net.GetWeight(v, adjVex[v]) ==0) )  //不存在边(v, adjVex[v])
```

```
            {   //(v, w)为新的最小边
                adjVex[v] =w;                               //(v, w)为当前从 v 连接到 U 的最小边
            }
        }
    }
    delete []adjVex;                                        //释放存储空间
}
```

上面的 MiniSpanTreePrim 函数模板中第 1 个 for 循环语句的执行频度为 n(其中 n 为顶点数),而并列的第 2 个 for 循环语句的执行频度为 $n-1$,其内部的 MinVertex()函数用循环语句实现时两个并列的 for 循环语句执行的频度之和为 n,第 3 个 for 循环语句执行频度最多为 $n-1$,可知 Prim 算法的时间复杂度为 $O(n^2)$。

7.4.2 Kruskal 算法

Kruskal(卡鲁斯卡尔)算法从另一途径构造了最小代价生成树。该算法的初态为只有 n 个顶点而无边的非连通图 $T=(V,\{TE\})$,此处 TE={}。这时每个顶点自成一棵自由树,在 E 中选择权值最小的边(u,v),如果此边所依附的顶点分别落在两棵不同的自由树中,便将(u,v)并入 TE 中,也就是将 u 和 v 所在的自由树合并为一棵新的自由树,否则舍去此边选择下一条权值最小的边。以此类推,直到 T 中所有顶点都在同一棵自由树上为止。

图 7.14 所示为 Kruskal 算法构造最小代价生成树示例。

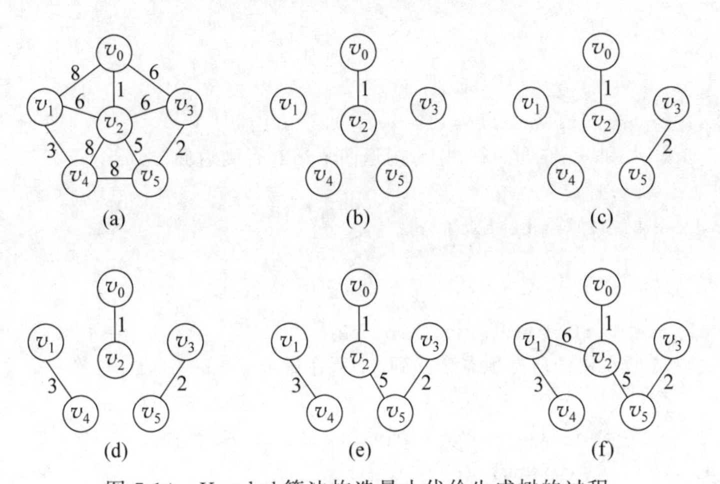

图 7.14 Kruskal 算法构造最小代价生成树的过程

按照边的权值的顺序处理边时,可通过对边按权值大小进行排序的办法来进行,算法中还有一个技巧是怎样确定两个顶点是否属于同一棵自由树,可对自由树进行编号,用数组 TreeNo 存储每个顶点所在自由树的编号,也就是 TreeNo[v]表示顶点 v 所在的自由树的编号,顶点 v_1 和 v_2 是否在同一棵自由树中的条件是 TreeNo[v_1]==TreeNo[v_2],合并自由树就是将一棵自由树所有顶点的编号改为另一棵自由树的编号即可,具体算法如下:

```
//Kruskal 森林类
class KruskalForest
{
```

```
private:
//数据成员
    int * treeNo;                                       //顶点所在树的树编号
    int vexNum;                                         //顶点数

public:
//成员函数模板
    KruskalForest(int num =DEFAULT_SIZE);               //构造函数模板
    virtual ~KruskalForest(){ delete []TreeNo; };       //析构函数模板
    bool IsSameTree(int v1, int v2);                    //判断 v1 和 v2 是否在同一棵树上
    void Union(int v1, int v2);                    //将 v2 所在树的所有顶点合并到 v1 所在树上
};

//Kruskal 森林类实现
KruskalForest::KruskalForest(int num)
//操作结果:构造顶点数为 num 的 Kruskal 森林
{
    vexNum =num;                                        //顶点数
    TreeNo =new int[vexNum];                            //分配存储空间
    for (int v =0; v <vexNum; v++)
    {   //初始时,每棵树只有一个顶点,树的个数与顶点个数相同
        TreeNo[v] =v;
    }
}

bool KruskalForest::IsSameTree(int v1, int v2)
//操作结果:如果 v1 和 v2 在同一棵树上,则返回 true,否则返回 false
{
    return treeNo[v1] ==treeNo[v2];
}

void KruskalForest::Union(int v1, int v2)
//操作结果:将 v2 所在树的所有顶点合并到 v1 所在树上
{
    int v1TNo =treeNo[v1], v2TNo =treeNo[v2];
    for (int v =0; v <vexNum; v++)
    {   //查找 v2 所在树的顶点
        if (TreeNo[v] ==v2TNo)
        {   //将 v2 所在树上的顶点的树编号改为 v1 所在树的树编号
            TreeNo[v] =v1TNo;
        }
    }
}

//Kruskal 边类模板
template <class WeightType>
class KruskalEdge
```

```
{
public:
//成员函数模板
    int vertex1, vertex2;                               //边的顶点
    WeightType weight;                                  //边的权值
    KruskalEdge(int v1 =-1, int v2 =-1, int w =0);      //构造函数
};

template <class WeightType>
KruskalEdge<WeightType>::KruskalEdge(int v1, int v2, int w)
//操作结果:由顶点 v1、v2 和权 w 构造边——构造函数模板
{   //构造函数
    vertex1 =v1;                                        //顶点 vertex1
    vertex2 =v2;                                        //顶点 vertex2
    weight =w;                                          //权 weight
}

template <class WeightType>
void Sort(KruskalEdge<WeightType> * a, int n)
//操作结果:按权值对边进行升序排序
{
    for (int i =n -1; i >0; i--)
        for (int j =0; j <i; j++)
            if (a[j].weight >a[j +1].weight)
            {   //出现逆序,则交换 a[j]与 a[j +1]
                KruskalEdge<WeightType>tmpEdge; //临时边
                tmpEdge =a[j];
                a[j] =a[j +1];
                a[j +1] =tmpEdge;
            }
}

template <class ElemType, class WeightType>
void MiniSpanTreeKruskal(const AdjListUndirNetwork<ElemType, WeightType> &net)
//初始条件:存在网 net
//操作结果:用 Kruskal 算法构造网 net 的最小代价生成树
{
    int count;                                          //计数器
    KruskalForest kForest(net.GetVexNum());             //定义 Kruskal 森林
    KruskalEdge<WeightType> * kEdge;                    //Kruskal 边
    kEdge =new KruskalEdge<WeightType> [net.GetEdgeNum()];
                                                        //定义边数组,只存储 v >u 的边(v,u)

    count =0;                                           //表示当前已存入 kEdge 的边数
    for (int v =0; v <net.GetVexNum(); v++)
    {
        for (int u =net.FirstAdjVex(v); u >=0; u =net.NextAdjVex(v, u))
```

```
        {   //将边(v, u)存入 kEdge 中
            if (v >u)
            {   //只存储 v >u 的边(v,u)
                KruskalEdge<WeightType>temKEdge(v, u, net.GetWeight(v, u));
                kEdge[count++] =temKEdge;
            }
        }
    }

    Sort(kEdge, count);                                      //对边按权值进行排序

    for (int i =0; i <count; i++)
    {   //对 kEdgePtr 中的边进行搜索
        int v1 =kEdge[i].vertex1, v2 =kEdge[i].vertex2;
        if (!kForest.IsSameTree(v1, v2))
        {   //边的两端不在同一棵树上,则为最小代价生成树上的边
            cout <<"edge:(" <<v1 <<"," <<v2 <<") weight:"
                <<net.GetWeight(v1, v2)<<endl ;  //输出边及权值
            kForest.Union(v1, v2);              //将 v2 所在树的所有顶点合并到 v1 所在树上
        }
    }
    delete []kEdge;                                          //释放存储空间
}
```

上面的 MiniSpanTree Kruskal 函数模板可进行优化。对于按照边的权值顺序处理边可用最小优先堆队列来实现(参考 9.9 节),则每次选择最小边的代价最多为 lbe(其中 e 为边数)。图的每条边只扫描一次,确定两个顶点是否属于同一棵自由树及合并自由树可用等价关系来实现(参考 6.8 节)。当采用适当的路径压缩算法后可使 IsSameTree 算法和 Union 算法的时间复杂度为 lbn(其中 n 为顶点数)。上面算法中的第 1 个 for 循环是构造边组成的数组,采用邻接表存储节点时,运行时间为 $O(n+e)$,可知 Kruskal 算法的时间复杂度为 $O(n+e\mathrm{lb}n+e\mathrm{lb}e)$。

从上面的分析可知,稠密网比较适合用 Prim 算法构造最小生成树,而稀疏网比较适合用 Kruskal 算法构造最小生成树。

7.5 有向无环图及应用

有向无环图(directed acyclic graph,DAG)是一个无环的有向图。有向无环图是一种比有向树更一般的特殊有向图。图 7.15 是有向树、有向无环图和有向图的示例。

判断一个有向图是否是有向无环图的简单方法是拓扑排序,也可采用深度优先搜索法进行判断。如果从有向图上某顶点 v 出发用 DFS(v)进行深度优先搜索,在 DFS(v)结束之前出现一条从顶点 u 到顶点 v 的回边,这时必定存在包含顶点 v 和 u 的回路。

有向无环图是描述一项工程进行过程的有效工具。一般工程(project)可分解为若干被称为活动(activity)的子工程。人们通常关心整个工程是否能顺利完成,计算工程的最短完

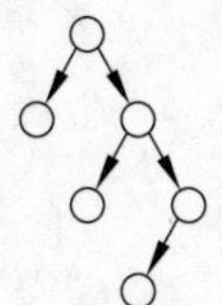

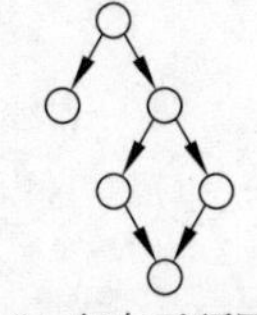

(a) 有向树　(b) 有向无环图　(c) 有向图

图 7.15　有向树、有向无环图和有向图的示例

成时间,对于有向图可用拓扑排序和求关键路径加以求解,下面分别加以讨论。

7.5.1　拓扑排序

对一个有向无环图 $G=(V,\{E\})$进行拓扑排序,就是将 G 中所有顶点排成一个线性序列,使得图中任意一对顶点 u 和 v,若$<u,v>\in E$,则 u 在线性序列中出现在 v 之前。这样的线性序列称为拓扑有序(topological order)的序列,简称拓扑序列。

例如,若将大学现有课程看作是有向图的顶点,如果第一门课程是第二门课程的先修课,则就从第一门课到第二门课画一条有向边,拓扑排序就是将所有课程进行一种排列,使其一门课程的所有先修课程都在它之前出现。

说明:

(1) 如果图中存在有向环,则不可能满足拓扑有序。例如图 7.16 中存在有向环,由于$<v_0,v_1>\in E$,所以 v_0 应排在 v_1 的前面,而$<v_1,v_2>\in E$,$<v_2,v_0>\in E$,可知 v_1 应排在 v_2 的前面,v_2 应排在 v_0 的前面,这样就会出现 v_1 应排在 v_0 的前面的情况,从而产生矛盾,即不存在拓扑序列。

图 7.16　存在环的有向图

(2) 一个有向无环图的拓扑序列通常表示某种方案切实可行。例如一本书的作者将书本中的各章节作为顶点,各章节的先学后学关系作为边,构成一个有向图。按有向图的拓扑次序安排章节,才能保证读者在学习某章节时,其预备知识已在前面的章节里介绍过。

拓扑排序可解决这样的问题,用顶点表示活动,有向边表示活动间的优先关系,这样的有向图称为顶点表示活动的图(activity on vertex graph),简称 AOV 图。

在 AOV 图中,如从 u 到 v 存在一条路径,表示 u 是 v 的前驱,v 是 u 的后继,如果存在边$<u,v>$,就表示 u 是 v 的直接前驱,v 是 u 的直接后继。

在 AOV 图中不会出现有向环,如果出现了这样的环就表示某项活动以自己为先决条件,这显然是不可能的,这样的工程是无法开工的。对给定的 AOV 图应先判断图中是否存在有向环,其判断方法是对有向图构造顶点的拓扑有序序列,如图的所有顶点都落在一个拓扑序列中,则 AOV 图就不存在环。下面是构造拓扑序列的方法。

(1) 在有向图中任选一个没有前驱的顶点并输出此顶点。

(2) 从图中删除该顶点和所有以它为起点的边。

(3) 重复上述步骤(1)和(2),直到全部顶点都已输出(此时其顶点输出序列即为一个拓扑有序序列)或图中没有无前驱的顶点(此情况表明有向图中存在环)为止。

在图 7.17 的有向图中,图 7.17(a)中 v_0 没有前驱,可输出 v_0,如图 7.17(b)所示。这时 v_1 没有前驱,可输出 v_1,如图 7.17(c)所示。这样继续下去,可依次输出 v_4、v_3 和 v_2,得到的拓扑序列如下：$v_0 \to v_1 \to v_4 \to v_3 \to v_2$。

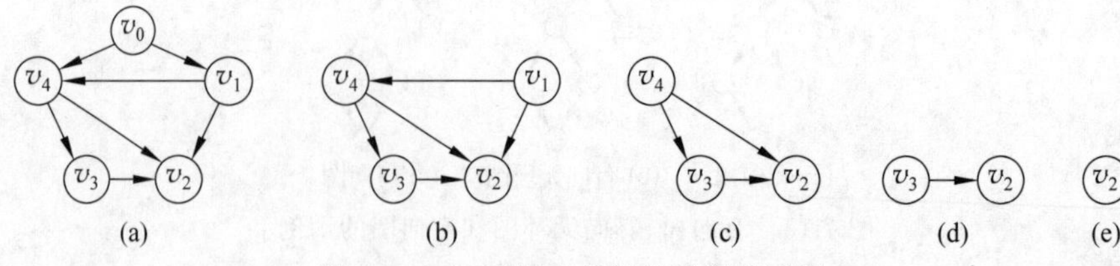

图 7.17　AOV 图及其拓扑排序的过程

说明：如果在拓扑排序过程中出现了多个顶点没有前驱的情况，就可任选一个顶点并输出，所以拓扑排序的结果可能不唯一。

在下面的拓扑排序算法实现中，用数组 inDegree[]存储顶点的入度，没有前驱的顶点就是入度为 0 的顶点，删除顶点及从它出发的边时就可用边的终点的入度减 1 的方法实现。此时，需要用一个栈暂存所有入度为 0 的顶点，具体算法实现如下：

```
template <class ElemType>
void StatInDegree(const AdjListDirGraph<ElemType> &g, int * inDegree)
//操作结果:统计图 g 各顶点的入度
{
    for (int v =0; v <g.GetVexNum(); v++)
    {   //初始化入度为 0
        inDegree[v] =0;
    }

    for (int v1 =0; v1 <g.GetVexNum(); v1++)
    {   //遍历图的顶点
        for (int v2 =g.FirstAdjVex(v1); v2 !=-1; v2 =g.NextAdjVex(v1, v2))
        {   //v2 为 v1 的一个邻接点
            inDegree[v2]++;
        }
    }
}

template <class ElemType>
bool TopSort(const AdjListDirGraph<ElemType> &g)
//初始条件:存在有向图 g
//操作结果:如 g 无回路,则输出 g 的顶点的一个拓扑序列,并返回 true,否则返回 false
{
    int * inDegree =new int[g.GetVexNum()];          //顶点入度数组
    LinkStack<int>temS;                             //栈
    int count =0;                                   //计数器
    StatInDegree(g, inDegree);                      //统计顶点的入度

    for (int v =0; v <g.GetVexNum(); v++)
```

```
    { //遍历顶点
        if (inDegree[v] ==0)
        {   //建立入度为 0 的顶点栈
            temS.Push(v);                           //入栈
        }
    }

    while (!temS.Empty())
    {   //栈非空
        int v1;
        temS.Pop(v1);                               //取出一个入度为 0 的顶点
        cout <<v1 <<"  ";                           //输出顶点
        count++;                                    //对输出顶点进行记数
        for (int v2 =g.FirstAdjVex(v1); v2 !=-1; v2 =g.NextAdjVex(v1, v2))
        {   //v2 为 v1 的一个邻接点,对 v1 的每个邻接点入度减 1
            if (--inDegree[v2] ==0)
            {   //v2 入度为 0,将 v2 入栈
                temS.Push(v2);                      //入栈
            }
        }
    }
    delete []inDegree;                              //释放 inDegree 所占用的存储空间

    if (count <g.GetVexNum()) return false;         //图 g 有回路
    else return true;                               //拓扑排序成功
}
```

在上面的算法实现中,对于有 n 个顶点和 e 条边的有向图,建立各顶点入度的栈的时间复杂度为 $O(n+e)$,建立入度为 0 的队列的时间复杂度为 $O(n)$。在拓扑排序过程中,如没有环,则每个顶点入度减 1 的操作在 while 的循环体中共循环了 e 次,每个顶点进一次队列,出一次出列,可知 while 循环共循环了 n 次。总的时间复杂度为 $O(n+e)$。

7.5.2 关键路径

与 AOV 图相对应的是边表示活动的网(activity on edge network),简称 AOE 网。AOE 网是一种边带有权值的有向无环图,用顶点来表示事件(event),边表示活动,边上的权值表示活动的持续时间。AOE 网通常用来计算工程的最短完成时间。

图 7.18 的 AOE 网有 11 个活动,9 个事件 v_0～v_8,其中事件 v_0 表示整个工程的开始,事件 v_8 表示整个工程的结束,其他事件 v_i($0<i<8$)表示在它之前的活动已结束,在它之后的活动可以开始。比如 v_1 表示在它之前的活动 $<v_0, v_1>$ 已结束,在它之后的活动 $<v_1, v_4>$ 可以开始。v_4 表示在它之前

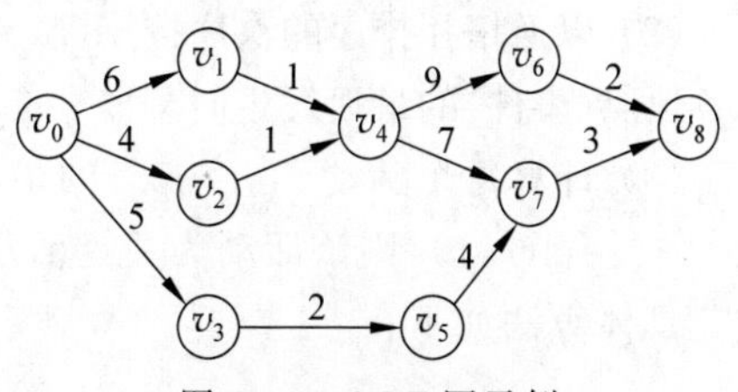

图 7.18 AOE 网示例

的活动$<v_1,v_4>$和$<v_2,v_4>$已结束，在它之后的活动$<v_4,v_6>$和$<v_4,v_7>$可以开始。与每个活动联系的权值表示一个活动需要持续的时间，例如活动$<v_0,v_1>$需要 6 天，活动$<v_4,v_7>$需要 7 天。

AOE 网表示的工程只有一个开始点和一个完成点，所以通常一个 AOE 网只有一个入度为 0 的顶点(称为源点)和一个出度为 0 的顶点(称为汇点)。

AOE 网主要研究如下问题：

(1) 确定整个工程的最少完成时间。

(2) 确定在完成工程时，哪些活动起关键的作用，也就是加快这些活动的完工时间，能缩短整个工程的工期。

在 AOE 网中，有些活动可以并行进行，最短完成时间应是从源点到汇点的最长路径长度(指路径上所有权值之和)，称这样的路径为关键路径(critical path)。为了设计求关键路径的算法，下面介绍几种相关的量。设源点为 v_0，汇点为 v_{n-1}：

(1) 事件 v_i 的最早发生时刻 $ve(i)$是从源点到顶点 v_i 的最长路径长度。例如只有$<v_1,v_4>$和$<v_2,v_4>$这两个活动都完成了，事件 v_4 才能发生。虽然路径(v_0,v_2,v_4)的完成需要 5 天，但在第 5 天时，路径(v_0,v_1,v_4)还未完成，只有当路径(v_0,v_1,v_4)都完成了，事件 v_4 才能发生，也就是第 7 天才能发生，所以事件 v_4 的最早发生时刻是 7，也就是 v_0 到 v_4 的最长路径长度。

计算 ve(i)是按拓扑排序的次序，从 ve(0)=0 开始递推如下：

$$\mathrm{ve}(j)=\max\{\mathrm{ve}(i)+\mathrm{net.GetWeight}(i,j)\mid<v_i,\ v_j>\in E\ \}$$

(2) 事件 v_i 的最迟发生时刻 vl(i)是不影响整个工程工期的情况下，事情的最迟发生时刻。计算 $vl(i)$是按逆拓扑排序的次序，从 vl(n-1)=ve(n-1)开始递推如下：

$$\mathrm{vl}(i)=\min\{\mathrm{vl}(j)-\mathrm{net.GetWeight}(i,\ j)\mid<v_i,v_j>\in E\ \}$$

(3) 活动$<v_i,v_j>$的最早开始时间 ee(i,j)本质是 v_0 到 v_i 的最长路径长度，计算公式如下：

$$\mathrm{ee}(i,j)=\mathrm{ve}(i)$$

(4) 活动$<v_i,v_j>$的最迟开始时间 el(i,j)是在不影响整个工程工期的情况下，活动的最迟开始时间，计算公式如下：

$$\mathrm{el}(i,j)=\mathrm{vl}(j)-\mathrm{net.GetWeight}(i,j)$$

el(i,j)-ee(i,j)为活动$<v_i,v_j>$的时间余量，将 el(i,j)=ee(i,j)的活动称为关键活动，关键路径上的活动都为关键活动。

求关键路径的算法思路如下：

(1) 以拓扑排序的次序按 $\mathrm{ve}(j)=\max\{\mathrm{ve}(i)+\mathrm{net.GetWeight}(i,j)\mid<v_i,v_j>\in E\ \}$ 计算各顶点(事件)的最早发生时刻。

(2) 以逆拓扑排序的次序按 $\mathrm{vl}(i)=\min\{\mathrm{vl}(j)-\mathrm{net.GetWeight}(i,\ j)\mid<v_i,v_j>\in E\ \}$计算各顶点(事件)的最迟发生时刻。

(3) 计算每个活动$<v_i,v_j>$的最早开始时间 ee(i,j)和最迟开始时间 el(i,j)，如果 ee(i,j)=el(i,j)，则该活动为关键活动，将其输出。

具体算法如下：

```
template <class ElemType, class WeightType>
```

```
bool CriticalPath(const AdjListDirNetwork<ElemType, WeightType> &net)
//初始条件:存在有向网 net
//操作结果:若 net 无回路,则输出 net 的关键活动,并返回 true,否则返回 false
{
    int * inDegree =new int[net.GetVexNum()];     //顶点入度数组
    int * ve =new int[net.GetVexNum()];           //事件最早发生时刻数组
    LinkStack<int>topSortS;                       //用于拓扑排序存储入度为 0 的顶点
    LinkStack<int>reverseS;                       //用于实现逆拓扑排序序列的栈
    int ee, el, u, v, count =0;

    for (v =0; v <net.GetVexNum(); v++)
    {   //初始化事件最早发生时刻
        ve[v] =0;
    }

    StatInDegree(net, inDegree);                  //统计顶点的入度

    for (v =0; v <net.GetVexNum(); v++)
    {   //遍历顶点
        if (inDegree[v] ==0)
        {   //建立入度为 0 的顶点栈
            topSortS.Push(v);                     //入栈
        }
    }

    while (!topSortS.Empty())
    {   //栈非空
        topSortS.Pop(u);                          //取出一个入度为 0 的顶点
        reverseS.Push(u);                         //顶点 u 入栈,以便得逆拓扑排序序列
        count++;                                  //对顶点进行记数
        for (v =net.FirstAdjVex(u); v !=-1; v =net.NextAdjVex(u, v))
        {   //v2 为 v1 的一个邻接点,对 v1 的每个邻接点入度减 1
            if (--inDegree[v] ==0)
            {   //v 入度为 0,将 v 入栈
                topSortS.Push(v);                 //入栈
            };
            if (ve[u] +net.GetWeight(u, v) >ve[v])
            {   //修改 ve[v]
                ve[v] =ve[u] +net.GetWeight(u, v);
            }
        }
    }
    delete []inDegree;                            //释放 inDegree 所占用的存储空间

    if (count <net.GetVexNum())
```

```
	{
		delete []ve;                                              //释放 ve 所占用的存储空间
		return false;                                             //网 g 有回路
	}

	int * vl =new int[net.GetVexNum()];                           //事件最迟发生时刻数组
	reverseS.Top(u);                                              //取出栈顶,栈顶为汇点
	for (v =0; v <net.GetVexNum(); v++)
	{	//初始化事件最迟发生时刻
		vl[v] =ve[u];
	}

	while (!reverseS.Empty())
	{	//reverseS 非空
		reverseS.Pop(u);                                          //出栈
		for (v =net.FirstAdjVex(u); v !=-1; v =net.NextAdjVex(u, v))
		{	//v 为 u 的一个邻接点
			if (vl[v] -net.GetWeight(u, v) <vl[u])
			{	//修改 vl[u]
				vl[u] =vl[v] -net.GetWeight(u, v);
			}
		}
	}

	for (u =0; u <net.GetVexNum(); u++)
	{	//求 ee, el 和关键路径
		for (v =net.FirstAdjVex(u); v !=-1; v =net.NextAdjVex(u, v))
		{	//v 为 u 的一个邻接点
			ee =ve[u]; el =vl[v] -net.GetWeight(u, v);
			if (ee ==el)
			{	//<u, v>为关键活动
				cout <<"<" <<u <<"," <<v <<">"; //输出关键活动
			}
		}
	}

	delete []ve;                                                  //释放 ve 所占用的存储空间
	delete []vl;                                                  //释放 vl 所占用的存储空间
	return true;                                                  //操作成功
}
```

在拓扑排序过程中,每条边在计算 ve(i)时只参与计算了一次;而利用栈得到逆拓扑排序计算 vl(i)时每条边也只计算一次,在求每条边的最早开始时间 ee 和最迟开始时间 el 时每条边也只参与计算一次,可知总的时间复杂度为 $O(n+e)$。

对于图 7.18 所示的 AOE 网的计算如表 7.1 和表 7.2 所示。

表 7.1　计算 ve 和 vl

顶　点	ve	vl
v_0	0	0
v_1	6	6
v_2	4	6
v_3	5	9
v_4	7	7
v_5	7	11
v_6	16	16
v_7	14	15
v_8	18	18

表 7.2　计算 ee 和 el

边	ee	el	el-ee
$\langle v_0, v_1 \rangle$	0	0	0
$\langle v_0, v_2 \rangle$	0	2	2
$\langle v_0, v_3 \rangle$	0	4	4
$\langle v_1, v_4 \rangle$	6	6	0
$\langle v_2, v_4 \rangle$	4	6	2
$\langle v_3, v_5 \rangle$	5	9	4
$\langle v_4, v_6 \rangle$	7	7	0
$\langle v_4, v_7 \rangle$	7	8	1
$\langle v_5, v_7 \rangle$	7	11	4
$\langle v_6, v_8 \rangle$	16	16	0
$\langle v_7, v_8 \rangle$	14	15	1

满足 el＝ee 的关键活动为$\langle v_0, v_1 \rangle$、$\langle v_1, v_4 \rangle$、$\langle v_4, v_6 \rangle$和$\langle v_6, v_8 \rangle$，它们组成的关键路径如图 7.19 所示。

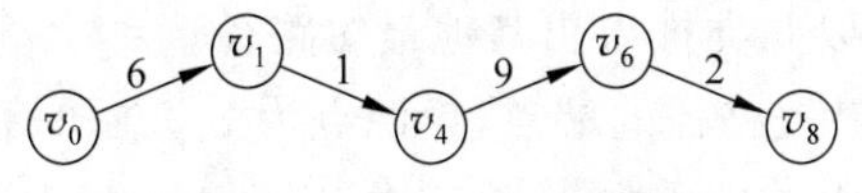

图 7.19　图 7.18 的关键路径

7.6　最短路径

假设要用一个网来表示交通运输网络，可用顶点来表示城市，边表示城市之间的交通运输路线，边上的权值表示路线运输所花的时间。最短路径问题是指从网中某个顶点 u 到另

一个顶点 v 的路径如果不止一条，寻找一条路径，使此路径上各边的权值之和最小。一般称路径的起始点为源点(sourse)，路径的终止点为终点(destination)。下面介绍两种最常见的最短路径问题。

7.6.1 单源点最短路径问题

单源点最短路径问题是指给定一个带权有向网 net 的源点，求从它到 net 中其他顶点的最短路径。

例如图 7.20 所示的有向网 net 中，从 v_0 到其余顶点之间的最短路径如表 7.3 所示。

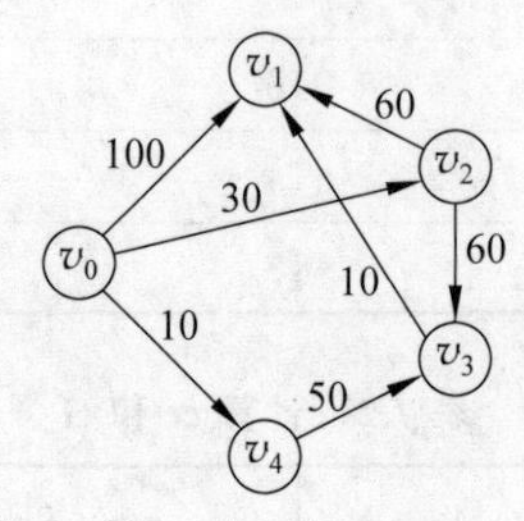

图 7.20　有向网

表 7.3　图 7.20 的有向网的最短路径

源　点	终　点	最短路径	路径长度
v_0	v_1	(v_0, v_4, v_3, v_1)	70
	v_2	(v_0, v_2)	30
	v_3	(v_0, v_4, v_3)	60
	v_4	(v_0, v_4)	10

从图 7.20 易知，如果$(v_0,\cdots,v_k,v_j)$是最短路径，则$(v_0,\cdots,v_k)$也是最短路径。要存储 v_0 到 v_j 的最短路径 path[j]，只需要存储此路径上 v_j 的前一个顶点 v_k 即可，也就是可表示为 path[j]=k。事实上，现在路由器中的路由算法就采用这种方法，存储从一个网络节点到另一个网络节点的路由路径。

为了求得最短路径，迪杰斯特拉(Dijkstra)提出了一种按最短路径长度递增的次序逐次生成最短路径的算法，即 Dijkstra 算法。其特点是首先求出最短的一条最短路径，然后再求长度次短的一条最短路径，以此类推求出其他最短路径。

设集合 U 存放已求得最短路径的端点，设源点为 v_s，在初始状态下 $U=\{v_s\}$，然后每求得一条最短路径，就将路径上的端点加入到 U 中，直到 $U=V$ 时为止。

用数组 dist[]存储当前找到的从源点 v_s 到其他各顶点的最短路径的长度，其初态是如果存在边$<v_s,v_i>$，则 dist[i]=net.GetWeight(s,j)，否则除非 $v_i=v_s$，dist[s]=0，其他情况下 dist[i]=∞，这里∞读为无穷大，表示比实际权值更大的一个数(在算法实现时用 INFINITY 表示∞)。

设第 1 条最短路径是(v_s,v_j)，也就是

$$\text{dist}[j]=\min\{\text{dist}[i]\mid v_i\in V-U\}$$

设刚求得的一条长度次短的最短路径的终点 v_j，则此路径$(v_s, \cdots, v_j)$的中间点都在 U 中，v_j 满足

$$\text{dist}[j]=\min\{\text{dist}[i] \mid v_i \in V-U\}$$

将 v_j 加入到 U 中，下一条最短路径有两种形式：

(1) $(v_s, \cdots, v_k)$，此路径的中间点不含 v_j，长度为 dist[k]。

(2) $(v_s, \cdots, v_j, v_k)$，其中包含的路径$(v_s, \cdots, v_j)$的中间点不含 v_j，整个路径长度为 dist[j]+net.GetWeight(j,k)。

下面是迪杰斯特拉算法的思路。

(1) 构造 dist 的初始值如下：

$$\text{dist}[i]=\begin{cases}0, & v_i=v_s \\ \infty, & <v_s, v_i> \notin E \\ \text{net.GetWeight}(s, i), & <v_s, v_i> \in E\end{cases}$$

路径 path 的初始值如下：

$$\text{path}[i]=\begin{cases}s, & <v_s, v_i> \in E \\ -1, & <v_s, v_i> \notin E\end{cases}$$

此处 path[i]=−1 表示还没有求出最短路径，path[i]=s 表示路径上的上一顶点。

(2) 选择 v_j，使得

$$\text{dist}[j]=\min\{\text{dist}[i] \mid v_i \in V-U\}$$

将 v_j 加入到 U 中。

(3) 修改从 v_s 到 $V-U$ 中的任意一个顶点 v_k 当前求得的最短路径，如果

$$\text{net.GetWeight}(j, k)>0 \text{ 并且 } \text{dist}[j]+\text{net.GetWeight}(j, k)<\text{dist}[k]$$

则新的从 v_s 到顶点 v_k 当前求得的最短路径为$(v_s, \cdots, v_j, v_k)$，修改 dist[k]及 path[k]如下：

$$\text{dist}[k]=\text{dist}[j]+\text{net.GetWeight}(j, k)$$
$$\text{path}[k]=j$$

(4) 重复(3)和(4)共 $n-1$ 次，此时将求出所有从 v_s 到其余各顶点的最短路径。

具体算法如下：

```
template <class ElemType, class WeightType>
void ShortestPathDIJ(const AdjMatrixDirNetwork<ElemType, WeightType> &net, int
v0, int *path, WeightType *dist)
//操作结果：用 Dijkstra 算法求有向网 net 从顶点 v0 到其余顶点 v 的最短路径 path 和路径长
//度 dist[v],path[v]存储最短路径上至此顶点的前一顶点的顶点号
{
    for (int v =0; v <net.GetVexNum(); v++)
    {   //初始化 path 和 dist 及顶点标志
        dist[v] =(v0 !=v && net.GetWeight(v0, v) ==0 ) ? INFINITY :
            net.GetWeight(v0, v);
        if (v0 !=v && dist[v] <INFINITY) path[v] =v0;
        else path[v] =-1;                          //路径存放数组初始化
        net.SetTag(v, false);                      //置顶点标志
    }
```

```
    net.SetTag(v0, true);                                    //U={v0}

    for (int u =1; u <net.GetVexNum(); u++)
    {   //除 v0 外的其余 net.GetVexNum() -1 个顶点
        WeightType minVal =INFINITY; int v1 =v0;
        for (int w =0; w <net.GetVexNum(); w++)
        {   //disk[v1] =min{dist[w] | w ∈V - U}
            if (!net.GetTag(w) && dist[w] <minVal)
            {   //!net.GetTag(w)表示 w∈V -U
                v1 =w;
                minVal =dist[w];
            }
        }
        net.SetTag(v1, true);                                //将 v1 并入 U

        for (int v2 =net.FirstAdjVex(v1); v2 !=-1; v2 =net.NextAdjVex(v1, v2))
        {   //更新当前最短路径及距离
            if (!net.GetTag(v2) && net.GetWeight(v1, v2) >0 &&
                minVal +net.GetWeight(v1, v2) <dist[v2])
            {   //若 v2∈V-U、net.GetWeight(v1,v2)>0 且 minVal+net.GetWeight(v1,
                //v2)<dist[v2],则修改 dist[v2]及 path[v2]
                dist[v2] =minVal +net.GetWeight(v1, v2);
                path[v2] =v1;
            }
        }
    }
}
```

对于图 7.20,实行 Dijkstra 算法求从 v_0 到其余各个顶点的最短路径过程示意如表 7.4 所示。

表 7.4　Dijkstra 算法求从 v_0 到其余各个顶点的最短路径过程示意

终　点	$i=1$	$i=2$	$i=3$	$i=4$
v_1	dist[1]=100 path[1]=0	dist[1]=100 path[1]=0	dist[1]=90 path[1]=2	dist[1]=70 path[1]=3
v_2	dist[2]=30 path[2]=0	dist[2]=30 path[2]=0		
v_3	dist[3]=∞ path[3]=−1	dist[3]=60 path[3]=4	dist[3]=60 path[3]=4	
v_4	dist[4]=10 path[4]=0			
v_j	v_4	v_2	v_3	v_1
U	$\{v_0,v_4\}$	$\{v_0,v_2,v_4\}$	$\{v_0,v_2,v_3,v_4\}$	$\{v_0,v_1,v_2,v_3,v_4\}$

迪杰斯特拉算法的第 1 个 for 循环语句的时间复杂度为 $O(n)$，第 2 个 for 循环语句循环了 $n-1$ 次，每次循环的执行时间为 $O(n)$，可知总时间复杂度为 $O(n^2)$。

7.6.2 所有顶点之间的最短路径

求每一对顶点间最短路径的一个可行方法是，以每个顶点为源点，重复执行 Dijkstra 算法 n 次，时间复杂度为 $O(n^3)$。

求每一对顶点间最短路径的另一个方法是 Floyd(弗洛伊德)算法，虽然时间复杂度仍是 $O(n^3)$，但思路更简单明了。

Floyd 算法的基本思想如下。

设路径上可能含的中间点集合为 U，用 dist[i][j]表示求得的 v_i 到 v_j 的最短路径的长度。

初始时 $U=\{\}$，要求中间点在 U 中 v_i 到 v_j 的最短路径，如果 $<v_i, v_j> \in E$，则所求的最短路径为(v_i, v_j)，dist[i][j]=net.GetWeight(i,j)，否则不存在路径，dist[i][j]=∞。

将 v_0 加入 U 中，即 $U=\{v_0\}$，v_i 到 v_j 的中间点在 U 中的最短路径有如下两种情况：

(1) 以 v_0 为中间点，这时路径为(v_i, v_0, v_j)，路径长度为 dist[i][0]+dist[0][j]。

(2) 不以 v_0 为中间点，这时路径为(v_i, v_j)，路径长度为 dist[i][j]。

可知 dist[i][j]=min{dist[i][j],dist[i][0]+dist[0][j]}。

一般情况下，假设 $U=\{v_0, v_1, \cdots, v_{k-1}\}$，向 U 中加入 v_k，现要求中点都落在 U 中(即中间点序列号不大于 k)v_i 到 v_j 的最短路径，这样的路径也可分为如下两种情况。

(1) 以 v_k 为中间点，其他中间点的序号小于 k，此时路径为$(v_i, \cdots, v_k, \cdots, v_j)$，路径长度为 dist[$i$][$k$]+dist[$k$][$j$]。

(2) 不以 v_k 为中间点，中间点的序号小于 k，此时路径为$(v_i, \cdots, v_j)$，路径长度为 dist[i][j]。

由此可知，dist[i][j]=min{dist[i][j],dist[i][k]+dist[k][j]}。

经过上面的步骤 n 次后，可得 v_i 到 v_j 中间点的序号不大于 $n-1$ 的最短路径，也就是所求的最短路径。

为了分析方便起见，定义 n 阶方阵序列如下：

$$D^{(-1)}, D^{(0)}, D^{(1)}, \cdots, D^{(n-1)}$$

$$D^{(-1)}[i][j] = \begin{cases} 0, & i = j \\ \infty, & i \neq j \text{ 且 } <v_i, v_j> \notin E \\ \text{net.GetWeight}(i, j), & <v_i, v_j> \in E \end{cases}$$

$$D^{(k)}[i][j] = \text{Min}\{D^{(k-1)}[i][k] + D^{(k-1)}[k][j], D^{(k-1)}[i][j]\}, \quad 0 \leqslant k \leqslant n-1$$

由上面的分析可知，$D^{(1)}[i][j]$是计算 v_i 到 v_j 中间点序号不大于 1 的最短路径，$D^{(k)}[i][j]$是计算 v_i 到 v_j 中间点序号不大于 k 的最短路径，$D^{(n-1)}[i][j]$ 是计算 v_i 到 v_j 中间点序号不大于 $n-1$ 的最短路径，也就是计算 v_i 到 v_j 的最短路径。

具体算法如下：

```
template <class ElemType, class WeightType>
```

```
void ShortestPathFloyd(const AdjListDirNetwork<ElemType, WeightType> &net,
    int **path, WeightType **dist)
//操作结果：用 Floyd 算法求有向网 net 中各对顶点 u 和 v 之间的最短路径 path[u][v]和路径
//长度
//dist[u][v],path[u][v]存储从 u 到 v 最短路径上至此顶点的前一顶点的顶点号,
//dist[u][v]存储 u 到 v 最短路径的长度
{
    for (int u =0; u <net.GetVexNum(); u++)
        for (int v =0; v <net.GetVexNum(); v++)
        {   //初始化 path 和 dist
            dist[u][v] =(u !=v && net.GetWeight(u, v) ==0 ) ? INFINITY :
                net.GetWeight(u, v);
            if (u !=v && dist[u][v] <INFINITY) path[u][v] =u;       //存在边<u,v>
            else path[u][v] =-1;                                    //不存在边<u,v>
        }

    for (int k =0; k <net.GetVexNum(); k++)
        for (int i =0; i <net.GetVexNum(); i++)
            for (int j =0; j <net.GetVexNum(); j++)
                if (dist[i][k] +dist[k][j] <dist[i][j])
                {   //从 i 到 k 再到 j 的路径长度更短
                    dist[i][j] =dist[i][k] +dist[k][j];
                    path[i][j] =path[k][j];
                }
}
```

对于图 7.21，利用上面的算法求每对顶点的最短路径及路径长度时所涉及的矩阵的值如下：

$$\text{dist}^{(-1)}=\begin{bmatrix}0 & 4 & 11\\ 6 & 0 & 2\\ 1 & \infty & 0\end{bmatrix}\quad \text{path}^{(-1)}=\begin{bmatrix}-1 & 0 & 0\\ 1 & -1 & 1\\ 2 & -1 & -1\end{bmatrix}$$

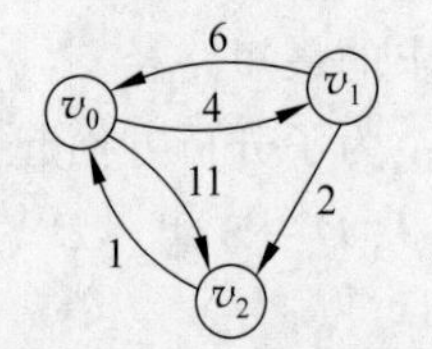

图 7.21　有向网示意图

$$\text{dist}^{(0)}=\begin{bmatrix}0 & 4 & 11\\ 6 & 0 & 2\\ 1 & 5 & 0\end{bmatrix}\quad \text{path}^{(0)}=\begin{bmatrix}-1 & 0 & 0\\ 1 & -1 & 1\\ 2 & 0 & -1\end{bmatrix}$$

$$\text{dist}^{(1)}=\begin{bmatrix}0 & 4 & 6\\ 6 & 0 & 2\\ 1 & 5 & 0\end{bmatrix}\quad \text{path}^{(1)}=\begin{bmatrix}-1 & 0 & 1\\ 1 & -1 & 1\\ 2 & 0 & -1\end{bmatrix}$$

$$\text{dist}^{(2)}=\begin{bmatrix}0 & 4 & 6\\ 3 & 0 & 2\\ 1 & 5 & 0\end{bmatrix}\quad \text{path}^{(2)}=\begin{bmatrix}-1 & 0 & 1\\ 2 & -1 & 1\\ 2 & 0 & -1\end{bmatrix}$$

**7.7 实例研究：周游世界问题——哈密顿圈

假设在一张地图中城市与城市之间有道路相连，要求在这张地图中找出一条把每个城市都只走一次而不重复并且还会回到起点的路线；如果找不出这条路线，也要报告结果。这个问题就是周游世界问题，也称为哈密顿圈问题。

如图 7.22(a)所示，有 10 个城市(0～9)，很明显，它有一条每个城市都只走一次，一次就能回到起点的路径。不过并不是每一个图都有这样的路径，对于如图 7.22(b)所示的图，如果从 0 起到达 1 之后，不论是到 2 还是到 4，都无法回头到达另一个城市。

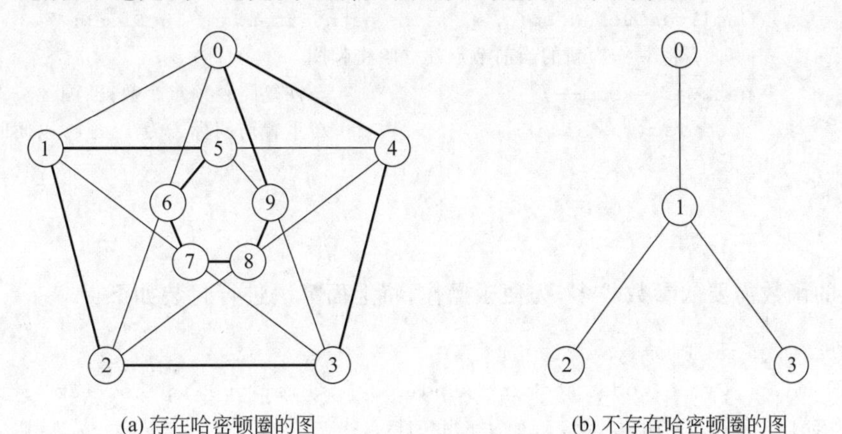

(a) 存在哈密顿圈的图　　(b) 不存在哈密顿圈的图

图 7.22　存在哈密顿圈的图与不存在哈密顿圈的图

可以用一个无向图来表示地图，当两个城市 u 与 v 之间有道路相连时，就在 u 与 v 之间画一条边，用数组 path[]来存放经过的路径，当经过城市 v 时，将 v 的标志设为 true。在处理过程中，把经过的城市依照次序存放在 path[]数组中，用 pathVertexNum 表示当前路径的顶点个数，设 v 为哈密顿圈的当前节点，对于 v 的邻接点 w，如果 pathVertexNum 为图的顶点个数(g.GetVexNum())，并且 w 为路径的起点(path[0])，这就表示已得到一条哈密顿圈：

$$\text{path[0],path[1],path[2],}\cdots\text{,path[pathVertexNum}-1\text{],path[0]}$$

这时输出此哈密顿圈即可。否则如果 w 未被访问过，将 w 加入到路径中，路径顶点个数将加 1，并进行递归求出长度更长的路径。在递归结束后，为求得其他的路径，将进行回溯，也就是恢复路径顶点个数，将重置 w 的标志为 false，具体实现如下：

```
//文件路径名:hamilton_cycle\hamilton_cycle.h
template <class ElemType>
void HamiltonCycleHelp(const AdjMatrixUndirGraph<ElemType> &g, int v, int path[],
    int pathVertexNum, ostream &outStream)
//初始条件：存在无向图 g,path 为哈密顿圈,v 为哈密顿圈的当前节点,pathVertexNum 为
//路径当前顶点个数,outFile 为输出文件
//操作结果：给出图 g 中由 path[0]开始的哈密顿圈
{
```

```
    for (int w =g.FirstAdjVex(v); w >=0; w =g.NextAdjVex(v, w))
    {   //对 v 的所有邻接点进行循环
        if (pathVertexNum ==g.GetVexNum() && w ==path[0])
        {   //得到一个哈密顿圈
            OutputSolution(g, path, pathVertexNum,outStream);   //输出哈密顿圈
        }
        else if (!g.GetTag(w))
        {   //w 未被访问过
            path[pathVertexNum++] =w;                  //将 w 加入到哈密顿圈中
            g.SetTag(w, true);                         //置访问标志为 true
            HamiltonCycleHelp(g, w, path, pathVertexNum, outFile);
                //将 w 作为新的当前节点建立哈密顿圈
            pathVertexNum--;                           //恢复路径顶点个数,回溯
            g.SetTag(w, false);                        //重置访问标志为 false,以便回溯
        }
    }
}
```

上面的函数需要的参数较多,为便于操作,将上面算法进行封装如下:

```
template <class ElemType>
void HamiltonCycle(const AdjMatrixUndirGraph<ElemType>&g, ostream &outStream)
//初始条件: 存在无向图 g,outFile 为输出文件
//操作结果: 输出图 g 的哈密顿圈
{
    int v =0, * path, pathVertexNum =1;
    path =new int[g.GetVexNum()];                  //为 path 分配存储空间
    path[0] =v;                                    //哈密顿圈的起点
    g.SetTag(v, true);                             //置访问标志
    HamiltonCycleHelp(g, v, path, pathVertexNum, outStream);
                                                   //建立图 g 的以 v 为起点的哈密顿圈
    delete []path;                                 //释放 path 占用空间
}
```

在输出哈密顿圈的函数 OutputSolution 中,只要分别输出 path[0],path[1],path[2],…,path[pathVertexNum－1],path[0]即可,由于有多条哈密顿圈,用静态变量 n 存储当前已输出的哈密顿圈个数,可为哈密顿圈编号,具体实现如下:

```
template <class ElemType>
void OutputSolution (const AdjMatrixUndirGraph < ElemType > &g, int path [], int
pathVertexNum, ostream &outStream)
//操作结果: 输出哈密顿圈,outStream 为输出文件
{
    static int n =0;                               //已输出的哈密顿圈个数
    ElemType e;                                    //顶点元素值
```

```
    g.GetElem(path[0], e);                          //取出顶点元素值
    outStream <<"No" <<++n <<":\t" <<e;             //输出起始点
    for (int pos =1; pos <pathVertexNum; pos++)
    {   //显示路径上中间顶点的元素值
        g.GetElem(path[pos], e);                    //取出顶点元素值
        outStream <<"->" <<e;                       //输出路径上的中间点
    }
    g.GetElem(path[0], e);                          //取出顶点元素值
    outStream <<"->" <<e <<endl;                    //输出终止点
}
```

7.8 深入学习导读

哈密顿圈的相关图论理论可参考耿素云、屈婉玲、王捍贫编著的《离散数学教程》[25]，相关的算法实现可参考冼镜光编著的《C语言名题精选百则技巧篇》[21]。

本书实现了求最小代价生成树的 Kruskal 算法，其他 Kruskal 算法实现方法可参考 Cliford A. Shaffer 所著的《A Practical Introduction to Data Structures and Algorithm Analysis. Second Edition》[2]。

7.9 习　　题

1. 什么是无向图的连通分量与生成树？

2. 给出图 7.23 所示有向图的所有拓扑有序序列。

3. 有向图中顶点的度是怎样确定的？

4. 对于如图 7.24 所示的无向图，从顶点 d 出发分别按深度优先搜索与广度优先搜索方法进行遍历，写出相应的顶点序列。

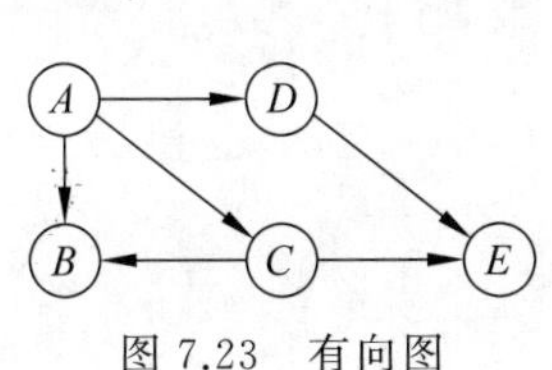

图 7.23　有向图

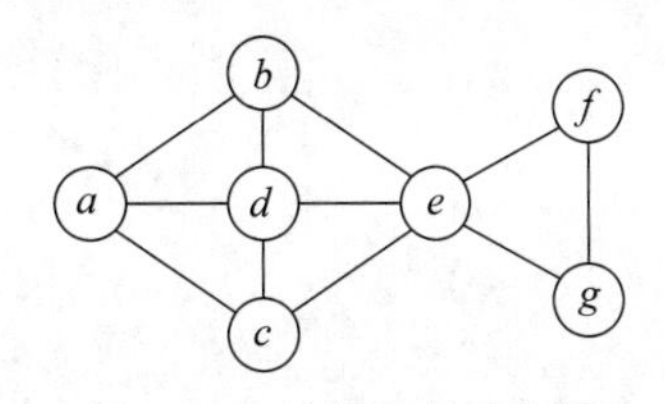

图 7.24　习题 4 的无向图

5. 对于图 7.25 所示的无向图，分别用 Prim 算法(要求从顶点 v_1 出发)与 Kruskal 算法构造出一棵最小生成树，要求图示出构造过程中每一步的变化情况。

6. 已知如图 7.26 所示的无向图 G，试求：

(1) G 有几个连通分量？

(2) 深度优先搜索所产生的森林是什么？

(3) 深度优先搜索的顶点序列是什么？

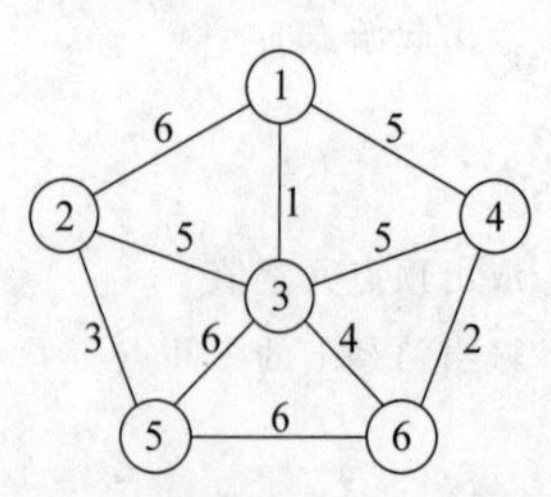

图 7.25　习题 5 的无向图

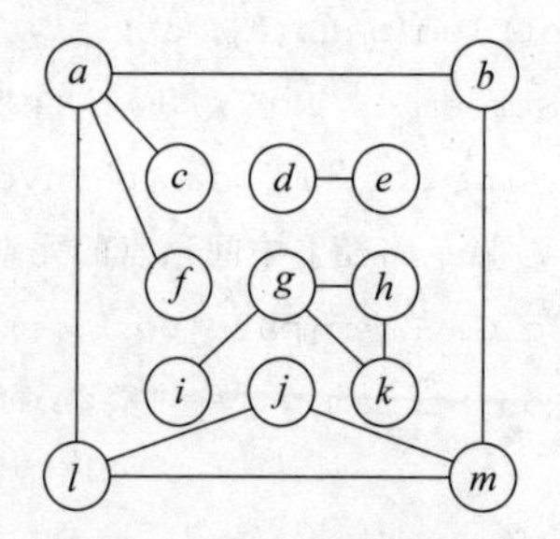

图 7.26　无向图 G

7. 设 G 为有 n 个顶点($n>1$)的无向连通图,证明 G 至少有 $n-1$ 条边。

8. 对于如图 7.27 所示的事件节点网络,求出各事件可能的最早发生时刻与最迟发生时刻,各活动可能的最早开始时间和允许的最晚完成时间,指出哪些活动是关键活动。

*9. 如图 7.28 所示为 5 个乡镇之间的交通图,乡镇之间道路的长度如图中边上所注。现在要在这 5 个乡镇中选择一个乡镇建立一个消防站,问这个消防站应建在哪个乡镇,才能使离消防站最远的乡镇到消防站的路程最短。试回答解决上述问题应采用什么算法,写出应用该算法解答上述问题的每一步计算结果。

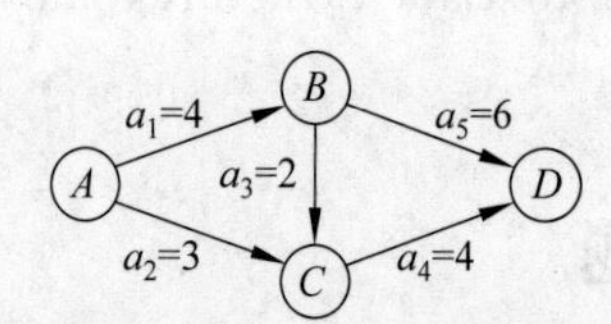

图 7.27　事件节点网络示意图

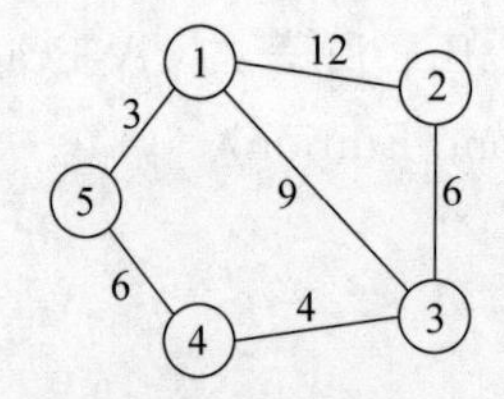

图 7.28　5 个乡镇之间的交通图

第8章 查　　找

8.1 查找的基本概念

查找表(search table)是由同一类型的数据元素(或记录)所组成的集合。

对查找表通常有如下4种操作:

(1) 查询某个特定的数据元素是否在查找表中;

(2) 检索某个特定的数据元素的各种属性;

(3) 在查找表中插入一个数据元素;

(4) 从查找表中删除某个元素。

前两种操作统称为查找操作。如果只对查找表进行前两种查找的操作,即查找表的元素不发生变化,这样的查找表称为静态查找表(static search table);如在查找过程中同时还要插入查找表中不存在的数据元素或从查找表中删除已存在的某个数据元素,即查找表的数据元素要发生变化,这样的查找表称为动态查找表(dynamic search table)。

关键字是数据元素(或记录)中某个数据项的值,用它可标识(识别)一个数据元素(或记录)。例如对于学生记录可用学号作关键字,为了实现查找功能,关键字可做比较操作,需要时可重载关系运算符(＜、＜＝、＞、＞＝、＝＝、!＝)。根据给定的某个值,在查找表中确定一关键字等于给定值的记录或数据元素。如查找表中存在这样的记录,则称查找是成功的,此时查找结果将给出整个记录的信息以及此记录在查找表中的位置。若查找表中不存在关键字等于给定值的记录,则称为查找不成功,此时查找结果可给出一个空记录或空指针。

8.2 静态表的查找

8.2.1 顺序查找

下面采用数组表示静态表,其查找过程是从第1个记录开始逐个对记录关键字的值进行比较。若某个记录关键字的值和给定值相等,则查找成功,返回此记录的序号;如果直到最后一个记录的关键字的值都和给定值不相等,则表示查找表中没有所查找的记录,查找失败,返回−1。具体算法如下:

```
template <class ElemType, class KeyType>
int SqSearch(ElemType elem[], int n, KeyType key)
//操作结果: 在顺序表中查找关键字的值等于 key 的记录,如查找成功,则返回此记录的序号,否则
//返回-1
{
    int temPos;                                        //临时变量
    for (temPos =0; temPos <n && elem[temPos] !=key; temPos ++);
```

```
    if (temPos <n)
    {   //查找成功
        return temPos;
    }
    else
    {   //查找失败
        return -1;
    }
}
```

对于查找表的效率，一般通过平均查找长度 ASL 来进行衡量。此处的平均查找长度 ASL 是指，为确定元素在查找表中的位置执行关键字比较的次数。对于有 n 个元素的查找表，查找成功的平均比较次数为

$$ASL_{succ}=\sum_{i=0}^{n-1}p_i c_i$$

其中，p_i 为查找表中查找第i 个元素的概率，满足条件 $\sum_{i=0}^{n-1}p_i=1$，c_i 是查找到第i 个元素所需关键字的比较次数。对于前面的顺序查找，查找第 i 个元素要比较$i+1$ 次，所以 $c_i=i+1$，这时

$$ASL_{succ}=\sum_{i=0}^{n-1}p_i(i+1)$$

如果是等概率查找，也就是 $p_i=\frac{1}{n}$，这时有

$$ASL_{succ}=\sum_{i=0}^{n-1}\frac{i+1}{n}=\frac{n(n+1)}{2}\cdot\frac{1}{n}=\frac{n+1}{2}$$

也就是对于顺序查找，在等概率的情况下平均查找长度为$\frac{n+1}{2}$。

当查找不成功时，比较次数为 n。

与其他查找方法相比，顺序查找成功的平均查找长度较长，对表没有什么特别的要求且线性链表只能进行顺序查找。

8.2.2 有序表的查找

有序表是指被查找表中的元素有序，也就是满足

$$elem[0]\leqslant elem[1]\leqslant\cdots\leqslant elem[n-1]$$

有序表一般采用折半查找(binary search)来实现，折半查找的本质是首先确定待查元素所在的范围，然后再逐步缩小范围(区间)，直到查找到元素或查找失败为止。

例如，对于如下的 7 个元素的有序表：

(1,3,4,5,7,8,9)

现在要查找关键字 key=4 的元素。设 low 和 high 分别指示查找范围(区间)的下界和上界，mid 指示查找范围的中间位置，取 mid=(low+high)/2，low 和 high 的初值分别是 0 和 6，这时的查找区间为[0, 6]。

下面分析查找过程：

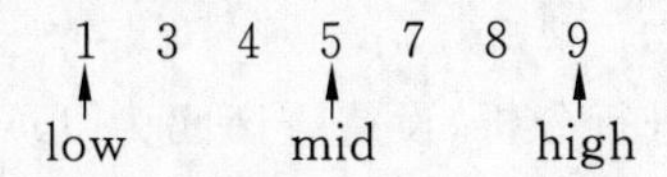

由于 key＜elem[mid]，所以待查的元素在 mid 的左侧，这样查找区间为[low，mid－1]，也就是令 high＝mid－1，mid＝(low＋high)/2＝1，如下所示：

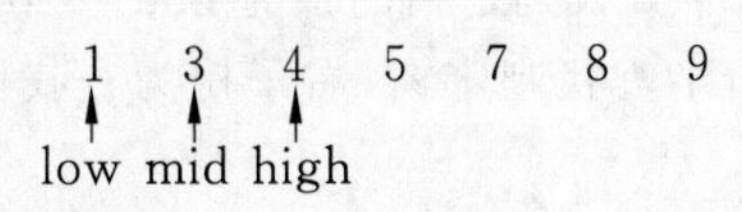

这时 key＞elem[mid]，所以查找区间为[mid＋1，high]也就是 low＝mid＋1，这时查找区间为[4，4]，mid＝4，如下所示：

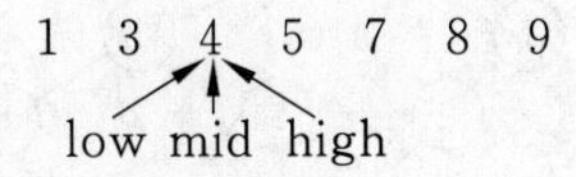

这时 key＝＝elem[mid]，查找成功。

折半查找过程是用查找区间的中间位置元素与给定值进行比较，若相等，则查找成功，若不相等，则将缩小范围，直到新的区间中间位置的元素等于给定值或 low＞high(表示找查失败)时为止。

具体算法如下：

```
template <class ElemType, class KeyType>
int BinSearch(ElemType elem[], int n, KeyType key)
//操作结果：在有序表中查找其元素值等于 key 的记录，如查找成功，则返回此记录的序号，否则
//返回-1
{
    int low =0, high =n -1;                                   //查找区间初值

    while (low <=high)
    {
        int mid = (low +high) / 2;                            //查找区间中间位置
        if (key ==elem[mid])
        {   //查找成功
            return mid;
        }
        else if (key <elem[mid])
        {   //继续在左半区间进行查找
            high =mid -1;
        }
        else
        {   //继续在右半区间进行查找
            low =mid +1;
        }
    }

    return -1;                                                //查找失败
```

}

下面通过折半查找判定树进行分析，设待查区间为[low, high]，则折半查找判定树递归定义如下：

(1) 如果 low>high，则折半查找判定树为空。

(2) 如果 low≤high，则折半查找判定树的根为 mid=(low+high)/2，左子树为查找区间为[low,mid−1]所构成的折半查找判定树，右子树为查找区间为[mid+1,high]所构成的折半查找判定树。

查找区间为[0,9]的折半查找判定树如图 8.1 所示。

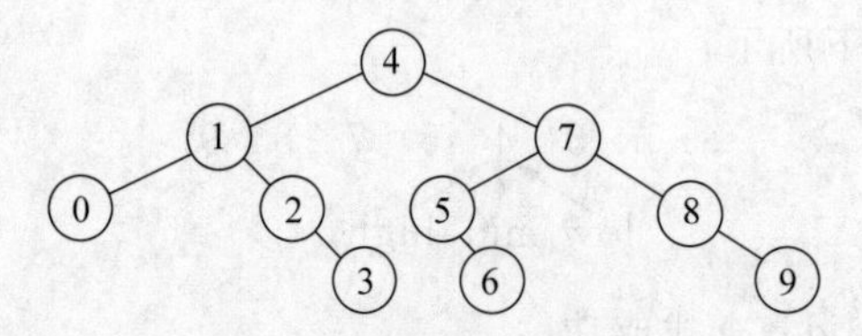

图 8.1　折半查找判定树

在查找第 5 个元素时，先和第 4 个元素进行比较，再和第 7 个元素进行比较，最后再和第 5 个元素进行比较，这时查找成功，如图 8.2 所示。

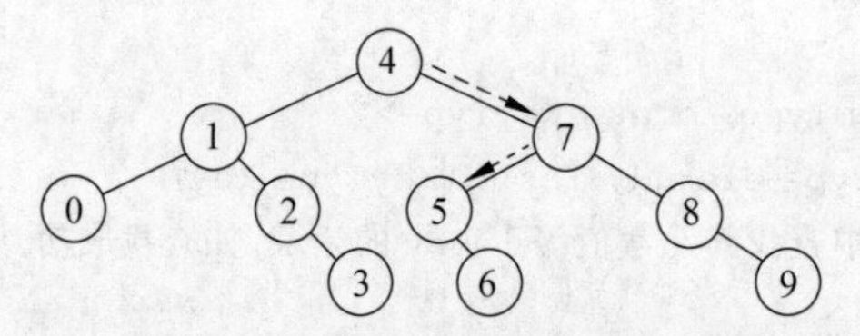

图 8.2　查找第 5 个元素的过程

如果从根节点比较到第 2 个元素时，给定值小于第 2 个元素的关键字。由于第 2 个元素在折半查找判定树中无左孩子，这时查找失败；如从根节点比较到第 6 个元素时，给定值与第 6 个元素的关键字值不相等，由于第 6 个元素在折半查找判定树中无孩子，也查找失败，可知查找失败将导致从根节点到叶节点或度为 1 的节点的一条路径，其比较次数不超过折半查找判定树的高度。

设节点个数为 n 的判定树深度为 $H(n)$，用数学归纳容易证明 $H(n)$是关于 n 的不减函数。

证明：设

$$2^{h-1} \leqslant n < 2 \tag{8.1}$$

将不等式两边同时取以 2 为底的对数可得

$$h-1 \leqslant \mathrm{lb}n < h$$

所以 $h-1=\lfloor \mathrm{lb}n \rfloor$，进而可得 $h=\lfloor \mathrm{lb}n \rfloor+1$。

取 $n_1=2^{h-1}-1$，则节点个数为 n_1 的判定树为深度 $h-1$ 的满二叉树，所以 $H(n_1)=h-1$。

类似地，取 $n_2=2^h-1$，则节点个数为 n_2 的判定树为深度 h 的满二叉树，所以 $H(n_2)=h$。

由式(8.1)可知

$$2^{h-1}-1<n\leqslant 2^{h}-1$$

所以 $n_1<n\leqslant n_2$，进一步可得 $H(n_1)$

$$h-1\leqslant H(n)\leqslant h$$

进而可得

$$\lfloor \mathrm{lb} n\rfloor\leqslant H(n)\leqslant\lfloor \mathrm{lb} n\rfloor+1 \tag{8.2}$$

可知查找失败的比较次数不超过$\lfloor \mathrm{lb} n\rfloor+1$。

为了讨论查找成功的平均比较次数，设节点个数为 n 的判定树其查找所有节点的总比较次数为 $C(n)$，用数学归纳容易证明 $C(n)$是关于 n 的不减函数。与上面类似地，设 $2^{h-1}\leqslant n<2^{h}$，则有 $h=\lfloor \mathrm{lb} n\rfloor+1$。

取 $n_1=2^{h-1}-1$，则节点个数为 n_1 的判定树为深度 $h-1$ 的满二叉树，所以 $C(n_1)=\sum_{i=1}^{h-1}2^{i-1}i$。

取 $n_2=2^{h}-1$，则节点个数为 n_2 的判定树为深度 h 的满二叉树，所以 $C(n_2)=\sum_{i=1}^{h}2^{i-1}i$。

设 $f(x,h)=\sum_{i=1}^{h}i\cdot x^{i-1}$，则有

$$\int_0^x f(t,h)\mathrm{d}t=\sum_{i=1}^{h}\int_0^x t^{i-1}i\,\mathrm{d}t=\sum_{i=1}^{h}x^{i}=\frac{x(1-x^{h})}{1-x}$$

所以 $f(x,h)=\left[\frac{x(1-x^{h})}{1-x}\right]'=\frac{[1-(h+1)x^{h}](1-x)+(x-x^{h+1})}{(1-x)^2}$

可得

$$C(n_1)=\sum_{i=1}^{h-1}2^{i-1}i=f(2,h-1)=2^{h-1}(h-2)+1=2^{\lfloor \mathrm{lb} n\rfloor}(\lfloor \mathrm{lb} n\rfloor-1)+1$$

$$C(n_2)=\sum_{i=1}^{h}2^{i-1}i=f(2,h)=2^{h}(h-1)+1=2^{\lfloor \mathrm{lb} n\rfloor+1}\lfloor \mathrm{lb} n\rfloor+1$$

由 $2^{h-1}\leqslant n<2^{h}$ 可得 $2^{h-1}-1<n\leqslant 2^{h-1}$，也就是 $n_1<n\leqslant n_2$，所以

$$2^{\lfloor \mathrm{lb} n\rfloor}(\lfloor \mathrm{lb} n\rfloor-1)+1\leqslant C(n)\leqslant 2^{\lfloor \mathrm{lb} n\rfloor+1}\lfloor \mathrm{lb} n\rfloor+1 \tag{8.3}$$

可得查找成功的平均比较次数为 $\mathrm{ASL_{succ}}(n)=\frac{C(n)}{n}$，由式(8.3)可得

$$\frac{2^{\lfloor \mathrm{lb} n\rfloor}(\lfloor \mathrm{lb} n\rfloor-1)+1}{n}\leqslant \mathrm{ASL_{succ}}(n)\leqslant\frac{2^{\lfloor \mathrm{lb} n\rfloor+1}\lfloor \mathrm{lb} n\rfloor+1}{n} \tag{8.4}$$

由$\lfloor \mathrm{lb} n\rfloor$的含义可得

$$\mathrm{lb} n-1<\lfloor \mathrm{lb} n\rfloor\leqslant \mathrm{lb} n \tag{8.5}$$

由式(8.4)与式(8.5)可得

$$\frac{(\mathrm{lb} n-2)n/2+1}{n}<\mathrm{ASL_{succ}}(n)\leqslant\frac{2n\ \mathrm{lb} n+1}{n} \tag{8.6}$$

由上面的分析可知折半查找的效率较高，但要求查找表为有序表，也就是对查找表的要求较高。

8.3 动态查找表

动态查找表是在查找过程中动态生成的,也就是对于元素 e 而言,如果查找表中存在元素 e,则查找成功,否则在查找表中插入 e。动态查找表有不同的实现方法,下面介绍常用的 3 种实现方法。

8.3.1 二叉排序树

1. 二叉排序树的定义

二叉排序树是一种较为特别的二叉树,下面是它的具体定义。

二叉排序树或者是一棵空树或者是具有下列性质的二叉树:

(1) 若它的左子树不空,则左子树上所有节点的元素值均小于它的根节点的元素值;

(2) 若它的右子树不空,则右子树上所有节点的元素值均大于它的根节点的元素值;

(3) 它的左、右子树也分别为二叉排序树。

由定义可知二叉排序树做中序遍历将得到所有元素值的一个从小到大序列。

下面是二叉排序树的基本操作。

1) const BinTreeNode＜ElemType＞ * GetRoot() const

初始条件:二叉排序树已存在。

操作结果:返回二叉排序树的根。

2) bool Empty() const

初始条件:二叉排序树已存在。

操作结果:如二叉排序树为空,则返回 true,否则返回 false。

3) bool GetElem(const TreeNode＜ElemType＞ * cur, ElemType &e) const

初始条件:二叉排序树已存在,cur 为二叉排序树的一个节点。

操作结果:用 e 返回节点 cur 的元素值,如果不存在节点 cur,函数返回 false,否则返回 true。

4) bool SetElem(TreeNode＜ElemType＞ * cur, const ElemType &e)

初始条件:二叉排序树已存在,cur 为二叉排序树的一个节点。

操作结果:如果不存在节点 cur,则返回 false,否则返回 true,并将节点 cur 的值设置为 e。

5) void InOrder(void (* visit)(const ElemType &)) const

初始条件:二叉排序树已存在。

操作结果:中序遍历二叉排序树,对每个节点调用函数(* visit)。

6) void PreOrder(void (* visit)(const ElemType &)) const

初始条件:二叉排序树已存在。

操作结果:先序遍历二叉排序树,对每个节点调用函数(* visit)。

7) void PostOrder(void (* visit)(const ElemType &)) const

初始条件:二叉排序树已存在。

操作结果:后序遍历二叉排序树,对每个节点调用函数(* visit)。

8) void LevelOrder(void (* visit)(const ElemType &)) const

初始条件：二叉排序树已存在。

操作结果：层次遍历二叉排序树，对每个节点调用函数(* visit)。

9) int NodeCount() const

初始条件：二叉排序树已存在。

操作结果：返回二叉排序树的节点个数。

10) BinTreeNode<ElemType> * Search(const KeyType &key) const

初始条件：二叉排序树已存在。

操作结果：查找关键字为 key 的数据元素。

11) bool Insert(const ElemType &*e*)

初始条件：二叉排序树已存在。

操作结果：插入数据元素 *e*。

12) bool Delete(const KeyType &key)

初始条件：二叉排序树已存在。

操作结果：删除关键字为 key 的数据元素。

13) const BinTreeNode<ElemType> * LeftChild(const BinTreeNode<ElemType> * cur) const

初始条件：二叉排序树已存在，cur 是二叉树的一个节点。

操作结果：返回二叉排序树节点 cur 的左孩子。

14) const BinTreeNode<ElemType> * RightChild(const BinTreeNode<ElemType> * cur) const

初始条件：二叉排序树已存在，cur 是二叉排序树的一个节点。

操作结果：返回二叉排序树节点 cur 的右孩子。

15) BinTreeNode<ElemType> * Parent (const BinTreeNode<ElemType> * cur) const

初始条件：二叉排序树已存在，cur 是二叉树的一个节点。

操作结果：返回二叉排序树节点 cur 的双亲节点。

16) int Height() const

初始条件：二叉排序树已存在。

操作结果：返回二叉排序树的高。

显然，二叉排序树的大部分操作与二叉树的操作相同，在下面二叉排序树类模板中，对二叉排序树新增加的操作用阴影加以标识。

```
//二叉排序树类模板
template <class ElemType, class KeyType>
class BinarySortTree
{
protected:
//数据成员
    BinTreeNode<ElemType> * root;
```

```
//辅助函数模板
    BinTreeNode<ElemType> * CopyTreeHelp(const BinTreeNode<ElemType> * r);
                                                         //复制二叉排序树
    void DestroyHelp(BinTreeNode<ElemType> * &r);  //销毁以 r 为根的二叉排序树
    void PreOrderHelp(const BinTreeNode<ElemType> * r, void (* vsit)(
        const ElemType &)) const;
        //先序遍历
    void InOrderHelp(const BinTreeNode<ElemType> * r, void (* vsit)(
        const ElemType &)) const;
        //中序遍历
    void PostOrderHelp(const BinTreeNode<ElemType> * r, void (* vsit)(
        const ElemType &)) const;
        //后序遍历
        int HeightHelp(const BinTreeNode<ElemType> * r) const;
                                                         //返回二叉排序树的高
    int NodeCountHelp(const BinTreeNode<ElemType> * r) const;
                                                         //返回二叉排序树的节点个数
    BinTreeNode<ElemType> * ParentHelp(const BinTreeNode<ElemType> * r,
        const BinTreeNode<ElemType> * cur) const;       //返回 cur 的双亲
    BinTreeNode<ElemType> * SearchHelp(const KeyType &key,
        BinTreeNode<ElemType> * &f) const;               //查找关键字为 key 的元素
    void DeleteHelp(BinTreeNode<ElemType> * &p);         //删除 p 指向的节点

public:
//二叉排序树方法声明及重载编译系统默认方法声明
    BinarySortTree();                                    //无参数的构造函数模板
    virtual ~BinarySortTree();                           //析构函数模板
    const BinTreeNode<ElemType> * GetRoot() const;      //返回二叉排序树的根
    bool Empty() const;                                  //判断二叉排序树是否为空
    bool GetElem(const BinTreeNode<ElemType> * cur, ElemType &e) const;
                                                         //用 e 返回节点数据元素值
    bool SetElem(BinTreeNode<ElemType> * cur, const ElemType &e);
                                                         //将节点 cur 的值置为 e
    void InOrder(void (* vsit)(const ElemType &)) const;    //二叉排序树的中序遍历
    void PreOrder(void (* vsit)(const ElemType &)) const;   //二叉排序树的先序遍历
    void PostOrder(void (* vsit)(const ElemType &)) const;  //二叉排序树的后序遍历
    void LevelOrder(void (* vsit)(const ElemType &)) const;//二叉排序树的层次遍历
    int NodeCount() const;                               //返回二叉排序树的节点个数
    BinTreeNode<ElemType> * Search(const KeyType &key) const;
                                                         //查找值为 key 的数据元素
    bool Insert(const ElemType &e);                      //插入数据元素 e
    bool Delete(const KeyType &key);                     //删除关键字为 key 的数据元素
    const BinTreeNode<ElemType> * LeftChild(const BinTreeNode<ElemType> * cur)
       const;                                         //返回二叉排序树节点 cur 的左孩子
```

```
    const BinTreeNode<ElemType> * RightChild(const BinTreeNode<ElemType> * cur)
        const;                                              //返回二叉排序树节点 cur 的右孩子
    BinTreeNode<ElemType> * Parent(const BinTreeNode<ElemType> * cur) const;
        //返回二叉排序树节点 cur 的双亲
    int Height() const;                                     //返回二叉排序树的高
    BinarySortTree(const ElemType &e);                      //建立以 e 为根的二叉排序树
    BinarySortTree(const BinarySortTree<ElemType, KeyType>&source);
                                                            //复制构造函数模板
    BinarySortTree(BinTreeNode<ElemType> * r);              //建立以 r 为根的二叉排序树
    BinarySortTree<ElemType, KeyType>&operator=
        (const BinarySortTree<ElemType, KeyType>& source);  //重载赋值运算符
};
```

例如,图 8.3 就是一棵二叉排序树。

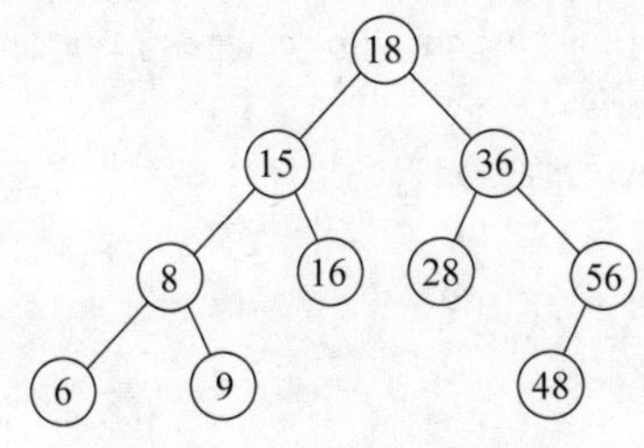

图 8.3　二叉排序树示意图

2. 二叉排序树的查找

二叉排序树的查找方法比较简单。当二叉排序树非空时,首先将给定值与根节点的元素的值进行比较,如果相等,则查找成功;否则,如果给定值小于根节点元素的值,则沿 leftChild 前进至左子树;如果给定值大于根节点元素的值,则沿 rightChild 前进至右子树。在下一节点中重复此过程,直到查找成功或前进行至一空子树时为止。查找成功时返回指向元素的值等于给定值的节点的指针,查找失败时返回 NULL。由于在二叉排序树的插入和删除算法中要用到当前节点的双亲信息,因此下面先构造一辅助函数,不但能返回指向要查找的节点的指针,也能返回它的双亲。具体 C++ 实现如下:

```
template <class ElemType, class KeyType>
BinTreeNode<ElemType> * BinarySortTree<ElemType, KeyType>::SearchHelp(
    const KeyType &key, BinTreeNode<ElemType> * &f) const
//操作结果:返回指向元素的值为 key 的数据元素的指针,用 f 返回其双亲
{
    BinTreeNode<ElemType> * p =root;                    //指向根节点
    f =NULL;                                            //指向 p 的双亲

    while (p !=NULL && p->data !=key)
    {   //查找元素的值为 key 的节点
        if (key <p->data)
        {   //key 更小,在左子树上进行查找
            f =p;
```

```
            p =p->leftChild;
        }
        else
        {   //key 更大,在右子树上进行查找
            f =p;
            p =p->rightChild;
        }
    }

    return p;
}
```

查找算法具体实现如下：

```
template <class ElemType, class KeyType>
const BinTreeNode<ElemType> * BinarySortTree<ElemType, KeyType>::Search(
    const KeyType &key) const
//操作结果: 返回指向值为 key 的数据元素的指针
{
    BinTreeNode<ElemType> * f;                          //指向被查找节点的双亲
    return SearchHelp(key, f);
}
```

例如，在图 8.3 所示的二叉排序树中查找元素的值等于 16 的节点。首先以 key＝16 与根节点 18 进行比较，由于 key ＜ 18，所以沿 leftChild 指针前进到左孩子 15，由于 key ＞ 15，则继续沿 rightChild 前进到节点 16，由于 key＝＝16，查找成功。又如查找关键字的值为 40 的节点，与前面类似，分别与节点 18，36，56 和 48 进行关键字比较后，沿 48 的 leftChild 前进到了空子树，表示查找失败。

***3. 二叉排序树的插入**

函数 Insert()的作用是将一个新元素插入到二叉排序树中。在二叉排序树中插入一个新节点后，形成的二叉树仍然是二叉排序树。为了在二叉排序树中插入新节点，首先需要做的是查找二叉排序树，由于根据二叉排序树的定义，二叉排序树的节点的数据元素的值都不相同，因此只有查找失败时才能完成插入操作；可用函数 SearchHelp()来实现查找操作，如查找失败，新节点为 f 的孩子，根据插入元素的值决定新节点是 f 的左孩子还是 f 的右孩子。

具体 C++ 实现如下：

```
template <class ElemType, class KeyType>
bool BinarySortTree<ElemType, KeyType>::Insert(const ElemType &e)
//操作结果: 插入数据元素 e
{
    BinTreeNode<ElemType> * f;                          //指向被查找节点的双亲

    if (SearchHelp(e, f) ==NULL)
    {   //查找失败, 插入成功
```

```
        BinTreeNode<ElemType> * p;                              //插入的新节点
        p =new BinTreeNode<ElemType>(e);
        if (Empty())
        {   //空二叉树,新节点为根节点
            root =p;
        }
        else if (e <f->data)
        {   //e更小,插入节点为 f 的左孩子
            f->leftChild =p;
        }
        else
        {   //e更大,插入节点为 f 的右孩子
            f->rightChild =p;
        }

        return true;
    }
    else
    {   //查找成功,插入失败
        return false;
    }
}
```

从空树出发,不断地进行插入操作,便可生成一棵二叉排序树,设元素序列为{16, 8, 28, 6, 18, 10},生成二叉排序树的过程如图 8.4 所示。

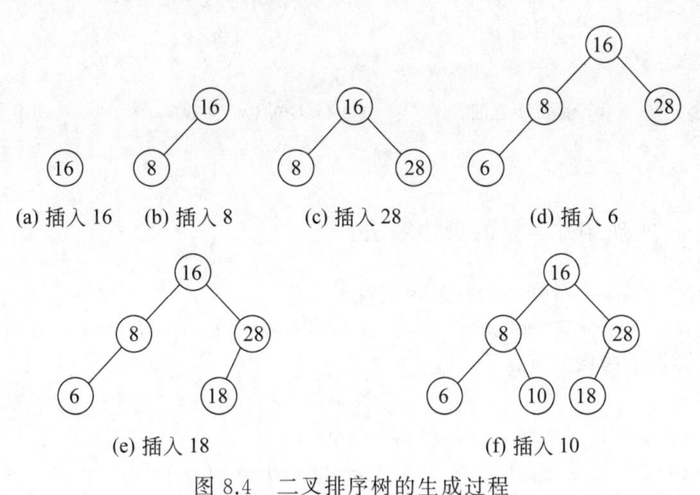

图 8.4　二叉排序树的生成过程

****4. 二叉排序树的删除**

从二叉排序树删除节点后,得到的二叉树仍然是二叉排序树。首先必须查找二叉排序树并找到需要删除的节点。在删除过程中,假设二叉排序树上指针 p 指向被删除节点,指针 f 指向被删除节点的双亲,不失一般性,设 $*p$ 是 $*f$ 的左孩子,下面分 4 种情况讨论。

(1) $*p$ 节点无左子树和右子树,即为一个叶节点。由于删除叶节点后不会破坏整棵

二叉排序树的特性，所以这种情况可只需改双亲 * f 的指针即可，也就是 f－>leftChild＝NULL。

（2） * p 节点无左子树，即左子树为空，但 * p 它有一非空右子树 P_R，这时只要将 P_R 接成为双亲 * f 的左子树即可，也就是 f－>leftChild＝p－>rightChild，这样修改后不会破坏二叉排序树的特性。

（3） * p 节点无右子树，但 * p 它有一非空左子树 P_L，这时只要将 P_L 接成为双亲 * f 的左子树即可，也就是 f－>leftChild＝p－>leftChild，这样修改后不会破坏二叉排序树的特性。

（4） * p 节点有非空左子树 P_L 和右子树 P_R。如图 8.5(a)所示，这种情况可转化为前面的情况即可，从图 8.5(b)可知，中序遍历序列为

$$\cdots\ C_L\ C\ \cdots\ D_L\ D\ E_L\ E\cdots$$

可将 temPtr－>data 赋值给 p－>data，然后再删除 * temPtr，如图 8.5(c)所示，这时 * temPtr 最多只有一个非空子树，也就是转化为前面 3 种情况之一了，图 8.5(d)为删除 * temPtr 后的情形，由图可知仍保持二叉排序树的特性。

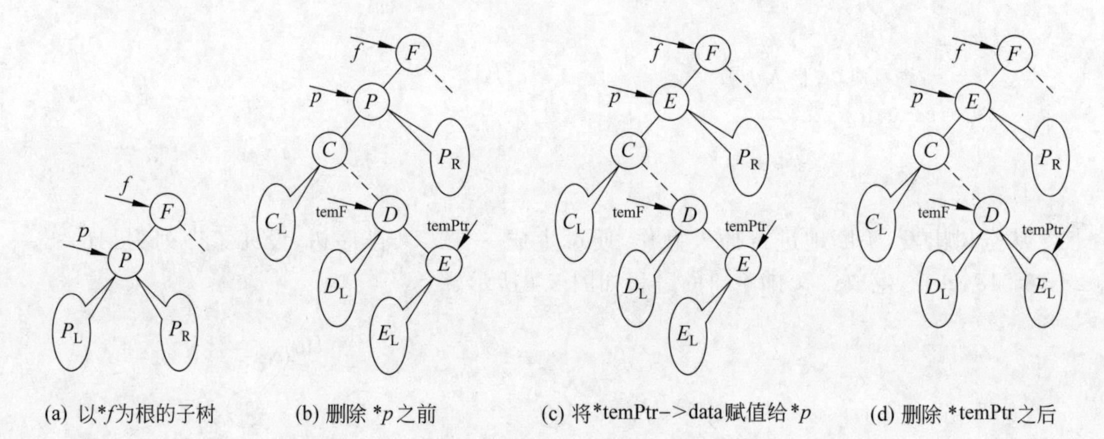

(a) 以*f为根的子树　(b) 删除 *p之前　(c) 将*temPtr->data赋值给*p　(d) 删除 *temPtr之后

图 8.5　删除 * p 示意图

下面是用 C++ 实现删除 * p 的具体算法：

```
template <class ElemType, class KeyType>
void BinarySortTree<ElemType, KeyType>::DeleteHelp(BinTreeNode<ElemType> * &p)
//操作结果：删除 p 指向的节点
{
    BinTreeNode<ElemType> * temPtr, * temF;
    if (p->leftChild ==NULL && p->rightChild ==NULL)
    {  //p 为叶节点
        delete p;
        p =NULL;
    }
    else if (p->leftChild ==NULL)
    {  //p 只有左子树为空
        temPtr =p;
```

```
        p =p->rightChild;
        delete temPtr;
    }
    else if (p->rightChild ==NULL)
    {   //p只有右子树非空
        temPtr =p;
        p =p->leftChild;
        delete temPtr;
    }
    else
    {   //p左右子树非空
        temF =p;
        temPtr =p->leftChild;
        while (temPtr->rightChild !=NULL)
        {   //查找p在中序序列中直接前驱temPtr及其双亲temF,直到temPtr右子树为空
            temF =temPtr;
            temPtr =temPtr->rightChild;
        }
        p->data =temPtr->data;   //将temPtr指向节点的数据元素值赋值给p指向节点的
                                 //数据元素

        //删除temPtr指向的节点
        if (temF->rightChild ==temPtr)
        {   //删除temF的右孩子
            DeleteHelp(temF->rightChild);
        }
        else
        {   //删除temF的左孩子
            DeleteHelp(temF->leftChild);
        }
    }
}
```

下面讨论算法 Delete。首先查找二叉排序树中待删除项所在的节点。再调用 DeleteHelp 删除该节点。用 C++ 实现的具体算法如下：

```
template <class ElemType, class KeyType>
bool BinarySortTree<ElemType, KeyType>::Delete(const KeyType &key)
//操作结果:删除元素的值为key的数据元素
{
    BinTreeNode<ElemType> * p, * f;
    p =SearchHelp(key, f);
    if ( p ==NULL)
    {   //查找失败,删除失败
        return false;
```

```
        }
        else
        {   //查找成功,插入失败
            if (f ==NULL)
            {   //被删除节点为根节点
                DeleteHelp(root);
            }
            else if (key <f->data)
            {   //key更小,删除 f 的左孩子
                DeleteHelp(f->leftChild);
            }
            else
            {   //key更大,删除 f 的右孩子
                DeleteHelp(f->rightChild);
            }
            return true;
        }
}
```

****5. 二叉排序树查找分析**

在二叉排序树上查找一个节点的过程,就是从根节点到此节点不断地和给定值比较的过程,并且和给定值进行比较元素的值的节点的个数是此节点的层次数,可知与给定值比较个数不超过树的深度。对于元素个数为 n 的二叉排序树的深度可能相差很大,如图 8.6 所示。图 8.6(a)中的树的深度为 7,而图 8.6(b)中的树的深度为 3,它们的元素的值是相同的。

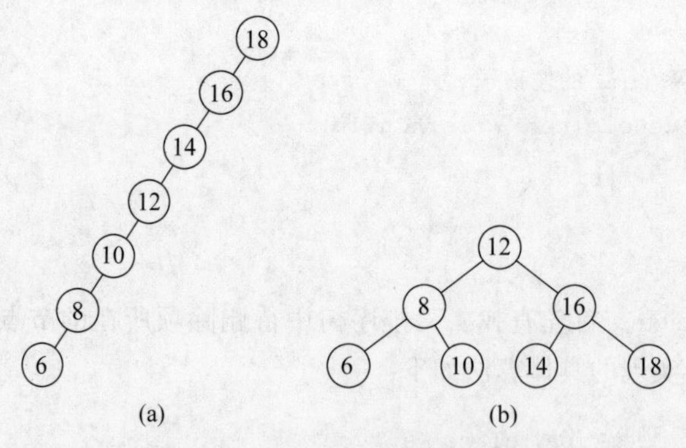

图 8.6　不同形态二叉排序树示例

下面分析平均查找时间性能。设有 n 个元素的序列中,比根节点元素的值小的节点个数为 i,则比根节点元素的值大的节点个数为 $n-i-1$,这种情况下的平均查找长度为

$$\mathrm{ASL}(n,i)=\frac{1+i[\mathrm{ASL}(i)+1]+(n-i-1)[\mathrm{ASL}(n-i-1)+1]}{n}$$

其中,ASL(i)为含 i 个元素的二叉排序树的平均查找长度,ASL($n-i-1$)为含 $n-i-1$ 个元素的二叉排序树的平均查找长度。假设元素的值的排列是完全随机的,不访记 $P(n,i)$

$=\mathrm{ASL}(n,i)$，$P(n)=\mathrm{ASL}(n)$，当 $n\geqslant 1$ 时，可得如下结论：

$$\begin{aligned}P(n)&=\frac{1}{n}\sum_{i=0}^{n-1}P(n,i)\\&=1+\frac{1}{n^2}\sum_{i=0}^{n-1}[iP(i)+(n-i-1)P(n-i-1)]\\&=1+\frac{2}{n^2}\sum_{i=1}^{n-1}iP(i)\end{aligned}$$

显然 $P(0)=0$，$P(1)=1$，由上式可得

$$\sum_{i=1}^{n-1}iP(i)=\frac{n^2}{2}[P(n)-1]$$

这样进一步可得

$$\frac{n^2}{2}[P(n)-1]=(n-1)P(n-1)+\frac{(n-1)^2}{2}[P(n-1)-1]$$

可得如下结论：

$$\begin{aligned}P(n)&=\left(1-\frac{1}{n^2}\right)P(n-1)+\frac{2}{n}-\frac{1}{n^2}\\&=\left(1-\frac{1}{n^2}\right)\left\{\left[1-\frac{1}{(n-1)^2}\right]P(n-2)+\frac{2}{n-1}-\frac{1}{(n-1)^2}\right\}+\frac{2}{n}-\frac{1}{n^2}\\&=\cdots\\&=\left(1-\frac{1}{n^2}\right)\left[1-\frac{1}{(n-1)^2}\right]\cdots\left(1-\frac{1}{2^2}\right)\left(\frac{2}{1}-\frac{1}{1^2}\right)+\\&\quad\left(1-\frac{1}{n^2}\right)\left[1-\frac{1}{(n-1)^2}\right]\cdots\left(1-\frac{1}{3^2}\right)\left(\frac{2}{2}-\frac{1}{2^2}\right)+\cdots+\\&\quad\left(1-\frac{1}{n^2}\right)\left[\frac{2}{n-1}-\frac{1}{(n-1)^2}\right]+\frac{2}{n}-\frac{1}{n^2}\\&=\frac{(n+1)(n-1)}{n^2}\,\frac{n(n-2)}{(n-1)^2}\cdots\frac{3\times 1}{2^2}\left(\frac{2}{1}-\frac{1}{1^2}\right)+\\&\quad\frac{(n+1)(n-1)}{n^2}\,\frac{n(n-2)}{(n-1)^2}\cdots\frac{4\times 2}{3^2}\left(\frac{2}{2}-\frac{1}{2^2}\right)+\cdots+\\&\quad\frac{(n+1)(n-1)}{n^2}\left[\frac{2}{n-1}-\frac{1}{(n-1)^2}\right]+\\&\quad\frac{(n+1)}{n}\times\frac{n}{n+1}\left(\frac{2}{n}-\frac{1}{n^2}\right)\\&=\frac{n+1}{n}\sum_{k=2}^{n+1}\frac{k-1}{k}\left[\frac{2}{k-1}-\frac{1}{(k-1)^2}\right]\\&=\frac{n+1}{n}\sum_{k=2}^{n+1}\left(\frac{3}{k}-\frac{1}{k-1}\right)\\&=\frac{n+1}{n}\left(\frac{1}{n+1}-1+\sum_{k=2}^{n+1}\frac{2}{k}\right)\end{aligned}$$

$$=\frac{n+1}{n}\left[\frac{3}{n+1}-3+2H(n)\right]$$

$$=\frac{2(n+1)}{n}H(n)-3$$

其中,$H(n)$是调和级数

$$H(n)=\sum_{i=1}^{n}\frac{1}{i}$$

由于调和级数具有性质(参见附录 A)

$$\ln(n)<H(n)<1+\ln(n)$$

可知

$$2\left(1+\frac{1}{n}\right)\ln n-3<P(n)<2\left(1+\frac{1}{n}\right)(1+\ln n)-3$$

从而可知 $P(n)=O(\text{lb}n)$。

在随机情况下,二叉排序树的查找时间复杂度为 $O(\text{lb}n)$,然而在某些情况下,为保证查找效率较高,还需做"平衡化"处理,下节将要讨论的平衡二叉树就是这种情况。

*8.3.2 平衡二叉树

1. 平衡二叉树的定义

二叉排序树查找算法的性能取决于二叉树的结构。而二叉排序树的形状则取决于其数据集。如果数据呈现有序排列,则二叉排序树是线性的,查找算法效率不高;反之,如果二叉排序树的结构合理,则查找速度较快。事实上,树的高度越小,查找速度越快。因此希望二叉树的高度尽可能小。本节将讨论一种特殊类型的二叉排序树——平衡二叉树。平衡二叉树又称 AVL 树,在这种类型的树中,二叉树结构近乎平衡。AVL 树由数学家 Adelson-Velskii 和 Landis 于 1962 年提出,并以他们的名字命名。

首先介绍 AVL 树的定义。

AVL 树是具有如下特征的二叉排序树:

(1) 根的左子树和右子树的高度差的绝对值不大于 1;

(2) 根的左子树和右子树都是 AVL 树。

如果将二叉树上节点的平衡因子(balance factor,BF)定义为此节点的左子树与右子树的高度之差,则平衡二叉树上所有节点的平衡因子的绝对值小于等于 1,也就是只能为 1、0 和 −1。图 8.7(a)是平衡二叉树的示例,图 8.7(b)为不平衡二叉树示例。图中节点中的值为节点的平衡因子。

2. 二叉排序树的基本操作

1) const BinAVLTreeNode<ElemType> *GetRoot() const

初始条件:平衡二叉树已存在。

操作结果:返回平衡二叉树的根。

2) bool Empty() const

初始条件:平衡二叉树已存在。

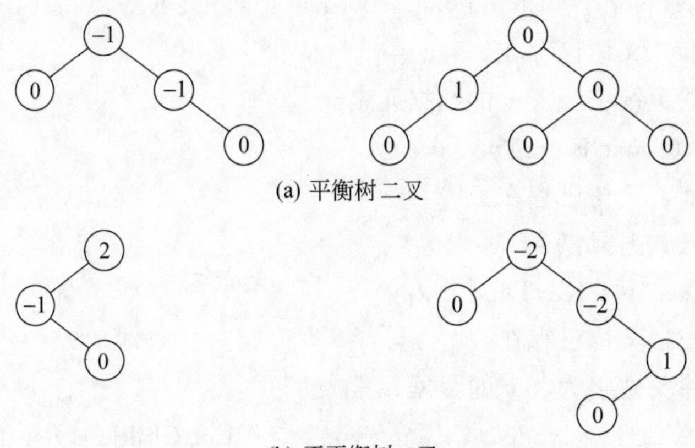

(a) 平衡树二叉

(b) 不平衡树二叉

图 8.7　平衡二叉树与不平衡二叉树示例

操作结果：如平衡二叉树为空，则返回 true，否则返回 false。

3）bool GetElem(const TreeNode＜ElemType＞ *cur, ElemType &*e*) const

初始条件：平衡二叉树已存在，cur 为平衡二叉树的一个节点。

操作结果：用 *e* 返回节点 cur 元素值，如果不存在节点 cur，函数返回 false，否则返回 true。

4）bool SetElem(TreeNode＜ElemType＞ *cur, const ElemType &*e*)

初始条件：平衡二叉树已存在，cur 为平衡二叉树的一个节点。

操作结果：如果不存在节点 cur，则返回 false，否则返回 true，并将节点 cur 的值设置为 *e*。

5）void InOrder(void (*visit)(const ElemType &)) const

初始条件：平衡二叉树已存在。

操作结果：中序遍历平衡二叉树，对每个节点调用函数(*visit)。

6）void PreOrder(void (*visit)(const ElemType &)) const

初始条件：平衡二叉树已存在。

操作结果：先序遍历平衡二叉树，对每个节点调用函数(*visit)。

7）void PostOrder(void (*visit)(const ElemType &)) const

初始条件：平衡二叉树已存在。

操作结果：后序遍历平衡二叉树，对每个节点调用函数(*visit)。

8）void LevelOrder(void (*visit)(const ElemType &)) const

初始条件：平衡二叉树已存在。

操作结果：层次遍历平衡二叉树，对每个节点调用函数(*visit)。

9）int NodeCount() const

初始条件：平衡二叉树已存在。

操作结果：返回平衡二叉树的节点个数。

10) BinAVLTreeNode <ElemType> * Search(const KeyType &key) const

初始条件：平衡二叉树已存在。

操作结果：查找关键字为 key 的数据元素。

11) bool Insert(const ElemType &*e*)

初始条件：平衡二叉树已存在。

操作结果：插入数据元素 *e*。

12) bool Delete(const KeyType &key)

初始条件：平衡二叉树已存在。

操作结果：删除关键字为 key 的数据元素。

13) const BinAVLTreeNode <ElemType> * LeftChild(const BinAVLTreeNode <ElemType> * cur) const

初始条件：平衡二叉树已存在，cur 是二叉树的一个节点。

操作结果：返回平衡二叉树节点 cur 的左孩子。

14) const BinAVLTreeNode <ElemType> * RightChild(const BinAVLTreeNode <ElemType> * cur) const

初始条件：平衡二叉树已存在，cur 是平衡二叉树的一个节点。

操作结果：返回平衡二叉树节点 cur 的右孩子。

15) BinAVLTreeNode <ElemType> * Parent(const BinAVLTreeNode <ElemType> * cur) const

初始条件：平衡二叉树已存在，cur 是二叉树的一个节点。

操作结果：返回平衡二叉树节点 cur 的双亲节点。

16) int Height() const

初始条件：平衡二叉树已存在。

操作结果：返回平衡二叉树的高。

对于平衡二叉树，平衡因子与每个节点相关，每个节点必须存储平衡因子的值。下面是平衡二叉树的数据元素类模板声明：

```
#define LH 1                                          //左高
#define EH 0                                          //等高
#define RH -1                                         //右高

//平衡二叉树节点类模板
template <class ElemType>
struct BinAVLTreeNode
{
//数据成员：
    ElemType data;                                    //数据成分
    int bf;                                           //节点的平衡因子
    BinAVLTreeNode<ElemType> * leftChild;             //左孩子指针成分
    BinAVLTreeNode<ElemType> * rightChild;            //右孩子指针成分
```

```
//构造函数模板:
    BinAVLTreeNode();                                    //无参数的构造函数模板
    BinAVLTreeNode(const ElemType &e,
        int bFactor =0,
        BinAVLTreeNode<ElemType> * lChild =NULL,
        BinAVLTreeNode<ElemType> * rChild =NULL);
        //已知数据元素值,平衡因子和指向左右孩子的指针构造一个节点
};
```

平衡二叉树类模板声明如下：

```
//平衡二叉树类模板
template <class ElemType, class KeyType>
class BinaryAVLTree
{
protected:
//数据成员
    BinAVLTreeNode<ElemType> * root;

//辅助函数模板
    BinAVLTreeNode <ElemType> * CopyTreeHelp(const BinAVLTreeNode <ElemType> * r);
//复制平衡二叉树
    void DestroyHelp(BinAVLTreeNode<ElemType> *  &r);  //销毁以 r 为根的平衡二叉树
    void PreOrderHelp(const BinAVLTreeNode<ElemType> * r, void ( * visit)(
        const ElemType &)) const;
        //先序遍历
    void InOrderHelp(const BinAVLTreeNode<ElemType> * r, void ( * visit)(
        const ElemType &)) const;
        //中序遍历
    void PostOrderHelp(const BinAVLTreeNode<ElemType> * r, void ( * visit)(
        const ElemType &)) const;
        //后序遍历
        int HeightHelp(const BinAVLTreeNode<ElemType> * r) const;
                                                    //返回平衡二叉树的高
    int NodeCountHelp(const BinAVLTreeNode<ElemType> * r) const;
                                                    //返回平衡二叉树的节点个数
    BinAVLTreeNode<ElemType> * ParentHelp(const BinAVLTreeNode<ElemType> * r,
        const BinAVLTreeNode<ElemType> * cur) const;    //返回 cur 的双亲
    BinAVLTreeNode<ElemType> * SearchHelp(const KeyType &key,
        BinAVLTreeNode<ElemType> * &f) const;           //查找元素值为 key 的数据元素
    BinAVLTreeNode<ElemType> * SearchHelp(const KeyType &key,
        BinAVLTreeNode <ElemType> * &f, LinkStack<BinAVLTreeNode <ElemType> * >&s);
        //返回指向关键字为 key 的元素的指针,用 f 返回其双亲
    void LeftRotate(BinAVLTreeNode<ElemType> * &subRoot);
```

```
    //对以 subRoot 为根的二叉树做左旋处理,处理之后 subRoot 指向新的树根节点,也就是
    //旋转处理前的右子树的根节点
void RightRotate(BinAVLTreeNode<ElemType> * &subRoot);
    //对以 subRoot 为根的二叉树做右旋处理,处理之后 subRoot 指向新的树根节点,也就是
    //旋转处理前的左子树的根节点
void InsertLeftBalance(BinAVLTreeNode<ElemType> * &subRoot);
    //对以 subRoot 为根的二叉树插入时做左平衡处理,处理后 subRoot 指向新的树根节点
void InsertRightBalance(BinAVLTreeNode<ElemType> * &subRoot);
    //对以 subRoot 为根的二叉树插入时做右平衡处理,处理后 subRoot 指向新的树根节点
void InsertBalance(const ElemType &e, LinkStack<BinAVLTreeNode<ElemType> *
    >&s);                              //从插入节点 e 根据查找路径进行回溯,并做平衡处理
void DeleteLeftBalance(BinAVLTreeNode<ElemType> * &subRoot,
    bool &isShorter);
    //对以 subRoot 为根的二叉树删除时做左平衡处理,处理后 subRoot 指向新的树根节点
void DeleteRightBalance(BinAVLTreeNode<ElemType> * &subRoot,
    bool &isShorter);
    //对以 subRoot 为根的二叉树删除时做右平衡处理,处理后 subRoot 指向新的树根节点
void DeleteBalance(const KeyType &key,
    LinkStack<BinAVLTreeNode<ElemType> * >&s);
    //从删除节点,根据查找路径进行回溯,并做平衡处理
void DeleteHelp(const KeyType &key, BinAVLTreeNode<ElemType> * &p,
    LinkStack<BinAVLTreeNode<ElemType> * >&s);         //删除 p 指向的节点
public:
//平衡二叉树方法声明及重载编译系统默认方法声明
    BinaryAVLTree();                                          //无参数的构造函数模板
    virtual ~BinaryAVLTree();                                 //析构函数模板
    const BinAVLTreeNode<ElemType> * GetRoot() const;        //返回平衡二叉树的根
    bool Empty() const;                                       //判断平衡二叉树是否为空
    bool GetElem(const BinAVLTreeNode<ElemType> * cur, ElemType &e) const;
        //用 e 返回节点数据元素值
    bool SetElem(BinAVLTreeNode<ElemType> * cur, const ElemType &e);
                                                              //将结 cur 的值置为 e
    void InOrder(void ( * visit)(const ElemType &)) const;   //平衡二叉树的中序遍历
    void PreOrder(void ( * visit)(const ElemType &)) const;  //平衡二叉树的先序遍历
    void PostOrder(void ( * visit)(const ElemType &)) const; //平衡二叉树的后序遍历
    void LevelOrder(void ( * visit)(const ElemType &)) const; //平衡二叉树的层次遍历
    int NodeCount() const;                                  //返回平衡二叉树的节点个数
    BinAVLTreeNode<ElemType> * Search(const KeyType &key) const;
                                                        //查找关键字为 key 的数据元素
    bool Insert(const ElemType &e);                         //插入数据元素 e
    bool Delete(const KeyType &key);                        //删除关键字为 key 的数据元素
    const BinAVLTreeNode<ElemType> * LeftChild(const BinAVLTreeNode<ElemType> *
        cur) const;                                   //返回平衡二叉树节点 cur 的左孩子
```

```
    const BinAVLTreeNode<ElemType> * RightChild(const BinAVLTreeNode<ElemType>
        * cur) const;                              //返回平衡二叉树节点 cur 的右孩子
    const BinAVLTreeNode<ElemType> * Parent(const BinAVLTreeNode<ElemType> *
        cur) const;                                //返回平衡二叉树节点 cur 的双亲
    int    Height() const;                         //返回平衡二叉树的高
    BinaryAVLTree(const ElemType &e);              //建立以 e 为根的平衡二叉树
    BinaryAVLTree(const BinaryAVLTree<ElemType, KeyType> &source);
                                                   //复制构造函数模板
    BinaryAVLTree(BinAVLTreeNode<ElemType> * r);   //建立以 r 为根的平衡二叉树
    BinaryAVLTree<ElemType, KeyType> &operator=
  (const BinaryAVLTree<ElemType, KeyType>& source); //重载赋值运算符
  };
```

因为平衡二叉树也是二叉排序树，所以 AVL 树的查找算法与二叉排序树的查找算法相同。平衡二叉树的其他操作，如计算节点的数目、判断二叉树是否为空及树的遍历等都与二叉树的算法相同。然而，平衡二叉树的插入和删除操作与二叉排序树不同。在 AVL 树上插入或删除一个节点后，要求得到的二叉树必须仍为 AVL 树。下面将专门进行讨论。

***3. 平衡二叉树的插入**

要在一棵平衡二叉树中插入一元素，首先需要查找二叉树并找到节点的插入位置。因为平衡二叉树为二叉排序树，要为新元素查找插入位置，可以使用为二叉排序树设计的查找算法来查找二叉树。如果要插入的节点已经存在于平衡二叉树中，则查找到达某一非空子树处结束。因为在一棵二叉排序树中不允许有相同节点出现，在这种情况下，假设要插入的节点不在平衡二叉树中，则查找到达某一空子树处结束，并把节点插入该子树中。在树中插入新节点后，所得的二叉树可能不再是平衡二叉树，需要调整二叉树达到平衡标准，可以通过回溯插入新元素时所经过的路径来实现。这条路径上所有的节点均被访问过，并且平衡因子可能已被改变，或者需要重新构建平衡二叉树。由于需要回溯插入新节点时所经过的路径，因此重定义查找辅助算法，在查找过程中存储所经过的路径，为便于回溯路径方便，使用栈存储路径，具体算法实现如下：

```
template <class ElemType, class KeyType>
BinAVLTreeNode<ElemType> * BinaryAVLTree<ElemType, KeyType>::SearchHelp(
    const KeyType &key,BinAVLTreeNode<ElemType> * &f,
    LinkStack<BinAVLTreeNode<ElemType> * >&s)
//操作结果：返回指向关键字为 key 的元素的指针，用 f 返回其双亲
{
    BinAVLTreeNode<ElemType> * p =root;            //指向当前节点
    f =NULL;                                       //指向 p 的双亲
    while (p !=NULL && p->data !=key)
    {   //查寻关键字为 key 的节点
        if (key <p->data)
        {   //key 更小，在左子树上进行查找
            f =p;
```

```
            s.Push(p);
            p =p->leftChild;
        }
        else
        {   //key 更大,在右子树上进行查找
            f =p;
            s.Push(p);
            p =p->rightChild;
        }
    }
    return p;
}
```

下面通过示例说明插入节点后失去平衡的调整方法。在图中同时标出数据元素值及其节点的平衡因子,将平衡因子标注在数据元素值的上面。

对于图 8.8(a)的平衡二叉树,将 90 插入后如图 8.8(b)所示,这时已失去平衡了,从插入节点 90 向根节点进行搜索,第 1 个失去平衡的节点是 68,这时调整以 68 为根的二叉树,调整后 68 为新根 80 的左孩子,这种调整称为左旋平衡处理(直观地称为节点 68 做一次左旋平衡处理),如图 8.8(c)所示。

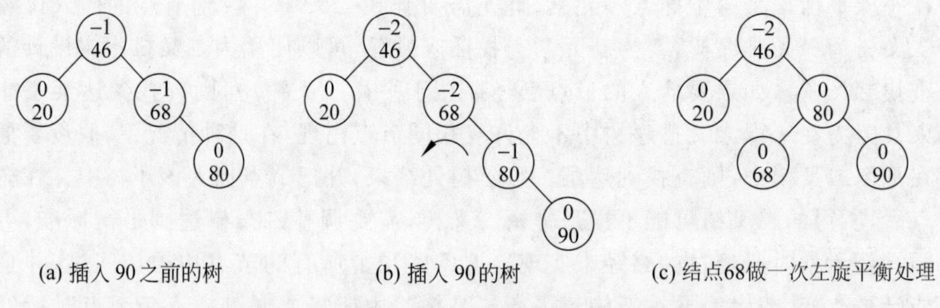

图 8.8　插入 90 并做左旋平衡处理示意图

现在考虑在图 8.9(a)中插入 76 的情况,插入后如图 8.9(b)所示,从节点 76 向根节点进行搜索。第 1 个失去平衡的节点是 68,这种情况要做两次旋转,首先节点 80 做一次右旋平衡处理,如图 8.9(c)所示,然后节点 68 再做一次左旋平衡处理,如图 8.9(d)所示。

从上面的讨论可知,对于插入节点后失去平衡的调整都是做适当的旋转平衡处理,下面分 4 种情况加以讨论。

1) 单左旋转平衡处理

如图 8.10(a)所示,插入节点在 A 的右孩子的右子树上,图中子树 A_L,B_L,B_R 有相同的高度 h,虚线矩形表示有一元素插入在 B_R 中,使子树 B_R 的高度增加 1,以节点 B 为根节点的子树仍为平衡二叉树,但是节点 A 的平衡标准已被破坏。由于这是一棵二叉排序树,可知:

(1) B_L 中所有节点的元素的值均小于节点 B 的元素的值。

(2) B_L 中所有节点的元素的值均大于节点 A 的元素的值。

(3) B_R 中所有节点的元素的值均大于节点 B 的元素的值。

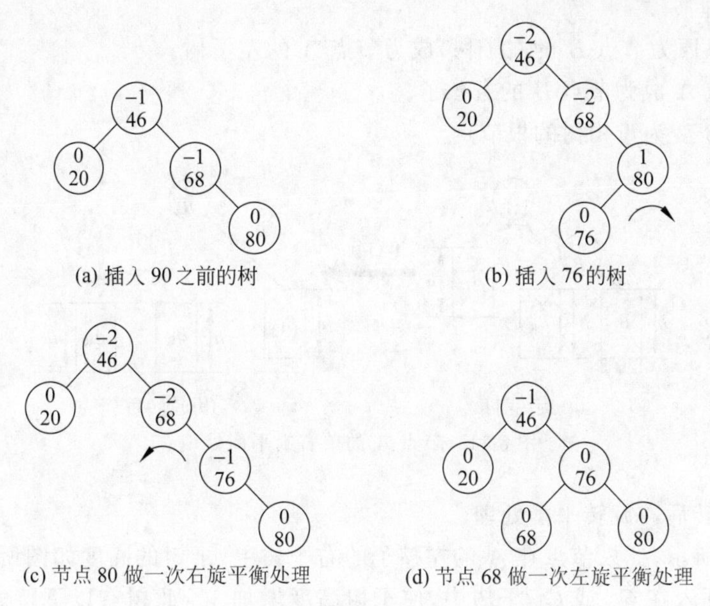

图 8.9 插入 76 并做旋转平衡处理示意图

这是一个单左旋转的示例。在节点 A 做一次左旋转平衡，具体可做如图 8.10(b)所示的左旋平衡处理：

(1) 使 B_L(原为节点 B 的左子树)成为节点 A 的右子树。

(2) 使节点 A 成为节点 B 的左孩子。

(3) 节点 B 变为重构树的根节点。

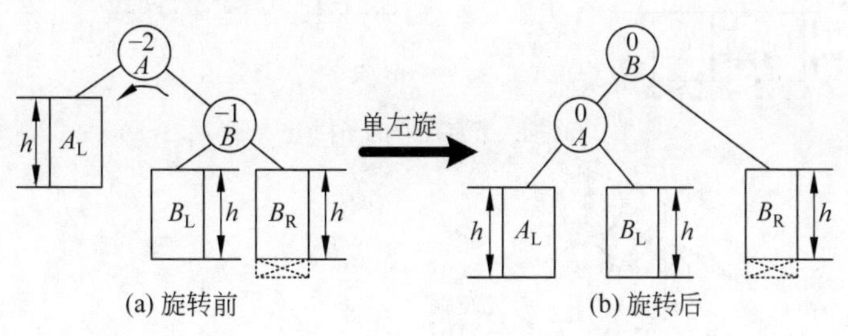

图 8.10 节点 A 的单左旋平衡处理

2) 单右旋转平衡处理

如图 8.11(a)所示，插入节点在 A 的左孩子的左子树上，图中子树 B_L，B_R，A_R 有相同的高度 h，虚线矩形表示有一元素插入在 B_L 中，使子树 B_L 的高度增加 1，以节点 B 为根节点的子树仍为平衡二叉树，但是节点 A 的平衡标准已被破坏。由于这是一棵二叉排序树，可知：

(1) B_L 中所有节点的元素的值均小于节点 B 的元素的值。

(2) B_R 中所有节点的元素的值均大于节点 B 的元素的值。

(3) B_R 中所有节点的元素的值均小于节点 A 的元素的值。

这是一个单右旋转的示例。在节点 A 做一次右旋转平衡，具体可做如图 8.11(b)所示的右旋平衡处理：

(1) 使 B_R(原为节点 B 的右子树)成为节点 A 的左子树。

(2) 使节点 A 成为节点 B 的右孩子。

(3) 节点 B 变为重构树的根节点。

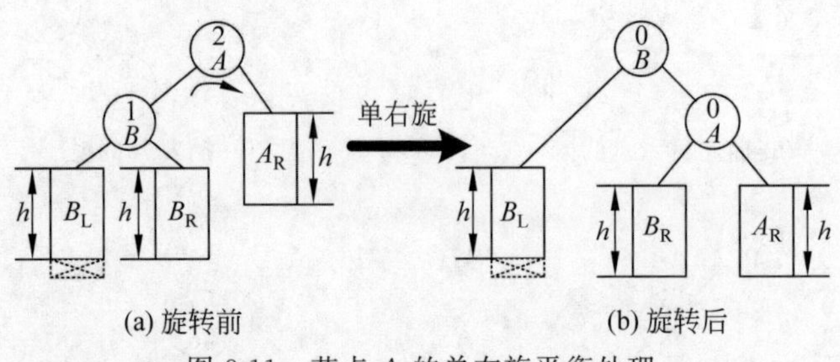

图 8.11　节点 A 的单右旋平衡处理

3) 先左旋转后右旋转平衡处理

如图 8.12 所示，插入节点在 A 的左孩子的右子树上，子树的高度如图所示。虚线矩形表示有一元素插入在 C_L 或 C_R 子树中，使子树高度增加 1。此树有以下特点(做旋转平衡处理前的树)：

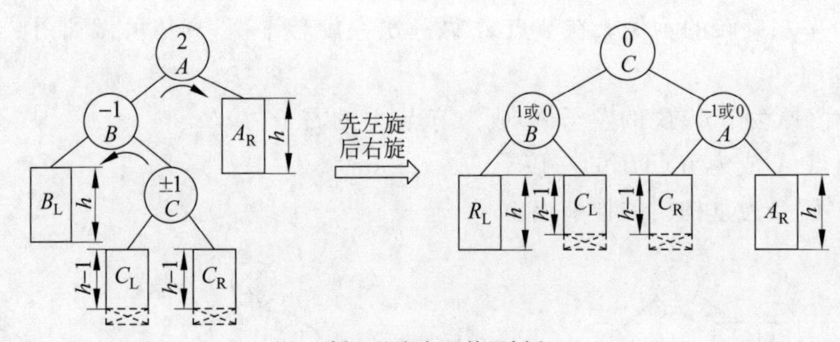

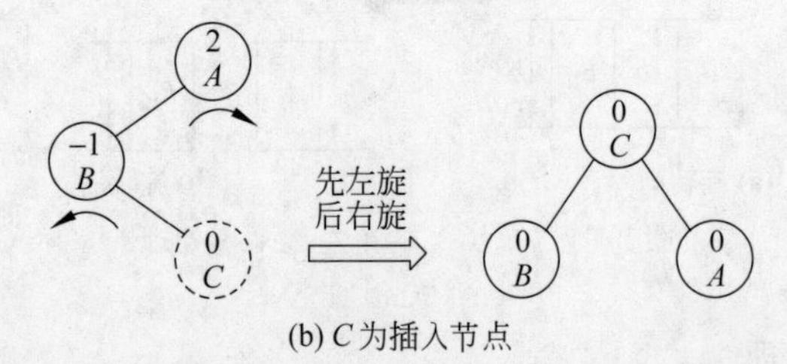

图 8.12　先在节点 B 做左旋后在节点 A 做右旋平衡处理

(1) C_R 中所有节点的元素的值均小于节点 A 的元素的值。

(2) C_R 中所有节点的元素的值均大于节点 C 的元素的值。

(3) C_L 中所有节点的元素的值均小于节点 C 的元素的值。

(4) C_L 中所有的元素的值均大于节点 B 的元素的值。

(5) 插入后，以节点 B 和节点 C 为根节点的子树仍为平衡二叉树。

(6) 平衡标准在树的根节点 A 处被破坏。

这是一个双旋转的示例。首先在节点 B 先做一次左旋转平衡，然后在节点 A 再做一次右旋转平衡处理。

4）先右旋转后左旋转平衡处理

如图 8.13 所示，插入节点在 A 的右孩子的左子树上，子树的高度如图所示。虚线矩形表示有一元素插入在 C_L 或 C_R 子树中，使子树高度增加 1。树有以下特点（做旋转平衡处理前的树）：

（1）C_L 中所有节点的元素的值均大于节点 A 的元素的值。

（2）C_L 中所有节点的元素的值均小于节点 C 的元素的值。

（3）C_R 中所有节点的元素的值均大于节点 C 的元素的值。

（4）C_R 中所有节点的元素的值均小于节点 B 的元素的值。

（5）插入后，以节点 B 和节点 C 为根节点的子树仍为平衡二叉树。

（6）平衡标准在树的根节点 A 处被破坏。

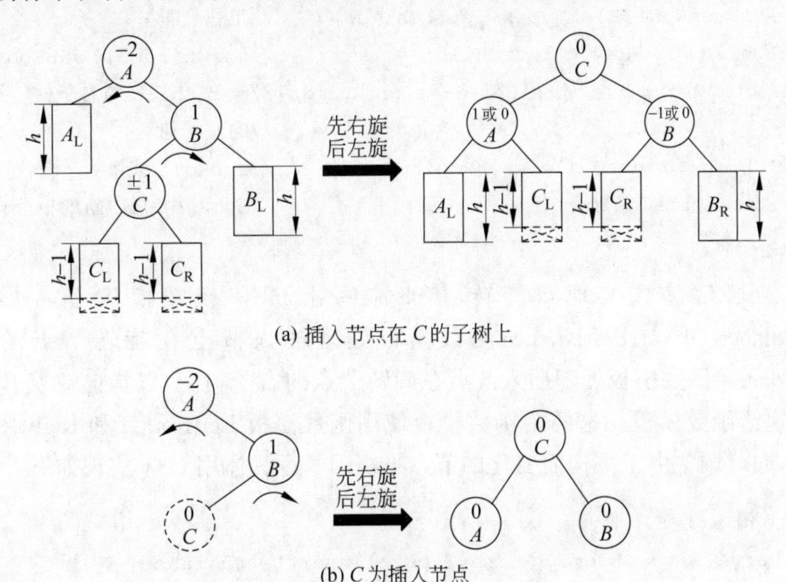

图 8.13　先在节点 B 做右旋后在节点 A 做左旋平衡处理

这也是一个双旋转的示例。首先在节点 B 先做一次右旋转平衡，然后在节点 A 再做一次左旋转平衡处理。

下面的 C++ 函数模板实现了对一个节点的左旋转和右旋转。待旋转节点的指针被作为参数传递给函数模板。

```
template <class ElemType, class KeyType>
void BinaryAVLTree<ElemType, KeyType>::LeftRotate(BinAVLTreeNode<ElemType> *
    &subRoot)
//操作结果：对以 subRoot 为根的二叉树做左旋处理，处理之后 subRoot 指向新的树根节点，也就
//是旋转处理前的右子树的根节点
{
    BinAVLTreeNode<ElemType> * ptrRChild;         //工作变量
    ptrRChild = subRoot->rightChild;              //ptrRChild 指向 subRoot 的右孩子
```

```
    subRoot->rightChild =ptrRChild->leftChild;
                                        //ptrRChild 的左子树链接为 subRoot 的右子树
    ptrRChild->leftChild =subRoot;            //subRoot 链接为 ptrRChild 的左孩子
    subRoot =ptrRChild;                       //subRoot 指向新的根节点
}

template <class ElemType, class KeyType>
void BinaryAVLTree<ElemType, KeyType>::RightRotate(BinAVLTreeNode<ElemType> *
    &subRoot)
//操作结果: 对以 subRoot 为根的二叉树做右旋处理,处理之后 subRoot 指向新的树根节点,也就
//是旋转处理前的左子树的根节点
{
    BinAVLTreeNode<ElemType> * ptrLChild;       //工作变量
    ptrLChild =subRoot->leftChild;              //ptrChild 指向 subRoot 的左孩子
    subRoot->leftChild =ptrLChild->rightChild;  //ptrLChild 的右子树链接为 subRoot
                                                //的左子树
    ptrLChild->rightChild =subRoot;             //subRoot 链接为 ptrLChild 的右孩子
    subRoot =ptrLChild;                         //subRoot 指向新的根节点
}
```

现在已经了解怎样实现双旋转,接下来写出 C++ 函数模板 InsertLeftBalance 和 InsertRightBalance。InsertLeftBalance 函数模板处理插入节点在旋转节点的左子树上, InsertRightBalance 函数模板处理插入节点在旋转节点的右子树上,以指向要旋转节点的指针作为参数传递给函数模板。这两个函数模板使用函数模板 LeftRotate 和 RightRotate 来做旋转平衡处理,同时调整由于重构而变化的节点平衡因子。具体用 C++ 实现如下:

```
template <class ElemType, class KeyType>
void BinaryAVLTree<ElemType, KeyType>::InsertLeftBalance(
    BinAVLTreeNode<ElemType> * &subRoot)
//操作结果: 对以 subRoot 为根的二叉树插入时做左平衡处理,插入节点在 subRoot 的左子树上,
//处理后 subRoot 指向新的树根节点
{
    BinAVLTreeNode<ElemType> * ptrLChild, * ptrLRChild;  //工作变量
    ptrLChild  =subRoot->leftChild;     //ptrLChild 指向 subRoot 左孩子
    switch (ptrLChild->bf)
    {  //根据 subRoot 的左子树的平衡因子做相应的平衡处理
    case LH:                  //插入节点在 subRoot 的左孩子的左子树上,做单右旋处理
        subRoot->bf =ptrLChild->bf =EH;//平衡因子都为 0
        RightRotate(subRoot);           //右旋
        break;
    case RH:                  //插入节点在 subRoot 的左孩子的右子树上,做先左旋后右旋处理
        ptrLRChild =ptrLChild->rightChild;
                                    //ptrLRChild 指向 subRoot 的左孩子的右子树的根
        switch (ptrLRChild->bf)
```

```
        {  //修改 subRoot 及左孩子的平衡因子
        case LH:                   //插入节点在 ptrLRChild 的左子树上
            subRoot->bf =RH;
            ptrLChild->bf =EH;
            break;
        case EH:                   //插入前 ptrLRChild 为空,插入后 trLRChild 指向插入节点
            subRoot->bf =ptrLChild->bf =EH;
            break;
        case RH:                   //插入节点在 ptrLRChild 的右子树上
            subRoot->bf =EH;
            ptrLChild->bf =LH;
            break;
        }
        ptrLRChild->bf =0;
        LeftRotate(subRoot->leftChild);             //对 subRoot 左子树做左旋处理
        RightRotate(subRoot);                       //对 subRoot 做右旋处理
    }
}

template <class ElemType, class KeyType>
void BinaryAVLTree<ElemType, KeyType>::InsertRightBalance(
    BinAVLTreeNode<ElemType> * &subRoot)
//操作结果:对以 subRoot 为根的二叉树插入时做右平衡处理,插入节点在 subRoot 的右子树上,
//处理后 subRoot 指向新的树根节点
{
    BinAVLTreeNode<ElemType> * ptrRChild, * ptrRLChild;     //工作变量
    ptrRChild=subRoot->rightChild;                  //ptrRChild 指向 subRoot 右孩子
    switch (ptrRChild->bf)
    {  //根据 subRoot 的右子树的平衡因子做相应的平衡处理
    case RH:                   //插入节点在 subRoot 的右孩子的右子树上,做单左旋处理
        subRoot->bf =ptrRChild->bf =EH;             //平衡因子都为 0
        LeftRotate(subRoot);                        //左旋
        break;
    case LH:                   //插入节点在 subRoot 的右孩子的左子树上,做先右旋后左旋处理
        ptrRLChild =ptrRChild->leftChild;           //ptrRLChild 指向 subRoot 的右孩子
                                                    //的左子树的根
        switch (ptrRLChild->bf)
        {  //修改 subRoot 及右孩子的平衡因子
        case RH:                                    //插入节点在 ptrRLChild 的右子树上
            subRoot->bf =LH;
            ptrRChild->bf =EH;
            break;
        case EH:                   //插入前 ptrRLChild 为空,插入后 ptrRLChild 指向插入节点
            subRoot->bf =ptrRChild->bf =EH;
```

```
            break;
        case LH:                    //插入节点在 ptrRLChild 的左子树上
            subRoot->bf =EH;
            ptrRChild->bf =RH;
            break;
        }
        ptrRLChild->bf =0;
        RightRotate(subRoot->rightChild);           //对 subRoot 右子树做右旋处理
        LeftRotate(subRoot);                        //对 subRoot 做左旋处理
    }
}
```

在平衡二叉树中插入数据元素 e 的实现步骤如下：

(1) 用待插入数据元素创建一个节点。

(2) 查找树，找到新节点应在树中的位置。

(3) 将新节点插入树中。

(4) 从插入节点回溯至根节点的路径，该路径是为查找新节点在树中的位置而建立的。如有必要，调整节点的平衡因子，或者重构路径上的某一节点。

用函数模板 InsertBalance 实现第(4)步的操作，第(4)步要求我们回溯路径至根节点，而在二叉树中只有从父节点指向孩子节点的指针，故需要存储查找插入位置的路径，为回溯方便起见，在查找插入位置的过程中用栈存储路径。函数模板 InsertBalance 还用到一个布尔型参数 isTaller，向父节点表明子树的高度是否有增长。下面是具体实现：

```
template <class ElemType, class KeyType>
void BinaryAVLTree<ElemType, KeyType>::InsertBalance(const ElemType &e,
    LinkStack<BinAVLTreeNode<ElemType> * >&s)
//操作结果：从插入元素 e 根据查找路径进行回溯，并做平衡处理
{
    bool isTaller =true;
    while (!s.Empty() && isTaller)
    {
        BinAVLTreeNode<ElemType> * ptrCurNode, * ptrParent;
        s.Pop(ptrCurNode);                          //取出待平衡的节点
        if (s.Empty())
        {   //ptrCurNode 已为根节点，ptrParent 为空
            ptrParent =NULL;
        }
        else
        {   //ptrCurNode 不为根节点，取出双亲 ptrParent
            s.Top(ptrParent);
        }

        if (e <ptrCurNode->data)
        {   //e 插入在 ptrCurNode 的左子树上
```

```
    switch (ptrCurNode->bf)
    {   //检查 ptrCurNode 的平衡因子
    case LH:                          //插入后 ptrCurNode->bf=2, 做左平衡处理
        if (ptrParent ==NULL)
        {   //已回溯到根节点
            InsertLeftBalance(ptrCurNode);
            root =ptrCurNode;         //转换后 ptrCurNode 为新根
        }
        else if (ptrParent->leftChild ==ptrCurNode)
        {   //ptrParent 左子树做平衡处理
            InsertLeftBalance(ptrParent->leftChild);
        }
        else
        {   //ptrParent 右子树做平衡处理
            InsertLeftBalance(ptrParent->rightChild);
        }
        isTaller =false;
        break;
    case EH:                          //插入后 ptrCurNode->bf=LH
        ptrCurNode->bf =LH;
        break;
    case RH:                          //插入后 ptrCurNode->bf=EH
        ptrCurNode->bf =EH;
        isTaller =false;
        break;
    }
}
else
{   //e 插入在 ptrCurNode 的右子树上
    switch (ptrCurNode->bf)
    {   //检查 ptrCurNode 的平衡度
    case RH:                         //插入后 ptrCurNode->bf=-2, 做右平衡处理
        if (ptrParent ==NULL)
        {   //已回溯到根节点
            InsertRightBalance(ptrCurNode);
            root =ptrCurNode;        //转换后 ptrCurNode 为新根
        }
        else if (ptrParent->leftChild ==ptrCurNode)
        {   //ptrParent 左子树做平衡处理
            InsertRightBalance(ptrParent->leftChild);
        }
        else
        {   //ptrParent 右子树做平衡处理
            InsertRightBalance(ptrParent->rightChild);
        }
```

```
                isTaller =false;
                break;
            case EH:                         //插入后 ptrCurNode->bf=RH
                ptrCurNode->bf =RH;
                break;
            case LH:                         //插入后 ptrCurNode->bf=EH
                ptrCurNode->bf =EH;
                isTaller =false;
                break;
            }
        }
    }
}
```

下面的函数模板 Insert 创建了一个节点，存储节点中的 e，并且调用函数模板 InsertBalance 将新的元素插入平衡二叉树。

```
template <class ElemType, class KeyType>
bool BinaryAVLTree<ElemType, KeyType>::Insert(const ElemType &e)
//操作结果：插入数据元素 e
{
    BinAVLTreeNode<ElemType> * f;
    LinkStack<BinAVLTreeNode<ElemType> * >s;
    if (SearchHelp(e, f, s) ==NULL)
    {   //查找失败，插入成功
        BinAVLTreeNode<ElemType> * p;                  //插入的新节点
        p =new BinAVLTreeNode<ElemType>(e);          //生成插入节点
        p->bf =0;
        if (Empty())
        {   //空二叉树，新节点为根节点
            root =p;
        }
        else if (e <f->data)
        {   //e 更小，插入节点为 f 的左孩子
            f->leftChild =p;
        }
        else
        {   //e 更大，插入节点为 f 的右孩子
            f->rightChild =p;
        }

        InsertBalance(e, s);                           //插入节点后做平衡处理
        return true;
    }
    else
    {   //查找成功，插入失败
```

```
        return false;
    }
}
```

**4. 平衡二叉树的删除

平衡二叉树的删除操作与插入操作类似，也需要做旋转平衡处理，下面只做简单分析，对于详细的旋转细节，读者可仿照插入操作的旋转过程进行分析。

要删除平衡二叉树的某一元素，首先需查找到包含该元素的节点，这时将遇到下面的4种情况之一：

(1) 要删除的节点为叶节点。

(2) 要删除的节点拥有一个左孩子，但没有右孩子，即其右子树为空。

(3) 要删除的节点拥有一个右孩子，但没有左孩子，即其左子树为空。

(4) 要删除的节点拥有一个左孩子和一个右孩子。

前3种情况比第4种情况好处理。下面首先讨论第4种情况。

假设要删除的节点为 a，它有一个左孩子和一个右孩子。类似于二叉排序树中的删除操作，我们可以先将第4种情况简化为前面3种情况。找出 a 在中序遍历中的直接前驱 b，然后将 b 的数据复制给 a，则现在要删除的节点为 b，显然 b 没有右子树。

要删除节点，需调整其父节点的一个指针。节点删除后，得到的树可能不再是一个平衡二叉树。这里需要从删除节点的父节点回溯至根节点。对于该路径上的每一节点，有可能只需要改变其平衡因子，也有可能需要在某一特定节点做旋转平衡处理。下面的步骤描述了在回溯至根节点的路径上对节点的操作，类似于插入操作，可使用一个布尔型变量 isShorter 来指示子树的高度是否减小。设 p 为回溯至根节点的路径上的某一节点。下面来观察 p 的当前平衡因子。

(1) 如果 p 的当前平衡因子为 EH(等高)，则根据其左子树或右子树是否被减短将 p 的当前平衡因子做相应的改变。变量 isShorter 被设置为 false，如图 8.14 所示。

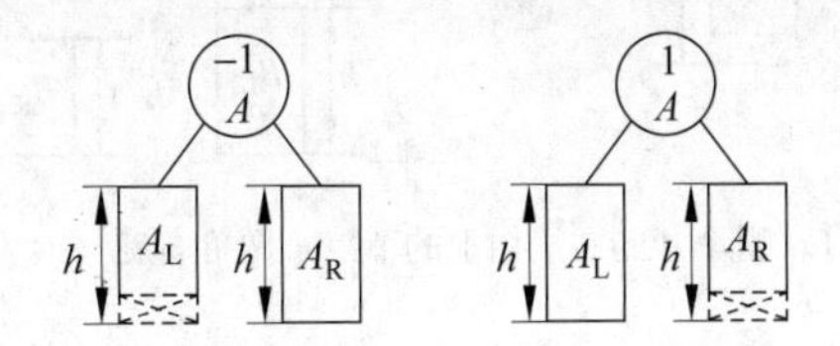

(a) 删除左子树节点　　(b) 删除右子树节点

图 8.14　A 平衡因子为 EH(等高)，删除子树的节点

(2) 假设 p 的当前平衡因子不为 EH(不等高)且 p 的较高的子树被减短，则 p 的当前平衡因子被改变成 EH(等高)，变量 isShorter 被设置为 true，如图 8.15 所示。

(3) 假设 p 的当前平衡因子不为 EH(不等高)且 p 的较短的子树被减短，再进一步假设 q 指向 p 的较高的子树的根节点。

① 如果 q 的平衡因子为 EH(等高)，则需要在 p 处进行一次单旋转，isShorter 被设置为 false，如图 8.16 所示。

② 如果 q 的平衡因子等于 p 的平衡因子，则需要在 p 处进行一次单旋转，isShorter 被设置为 true，如图 8.17 所示。

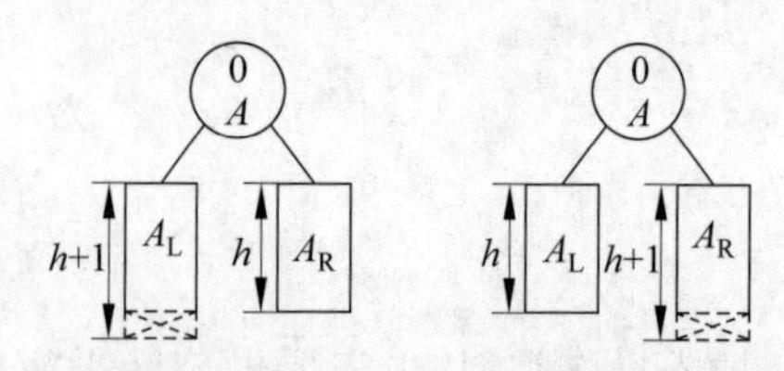

(a) 删除左子树节点　　(b) 删除右子树节点

图 8.15　A 平衡因子不为 EH(不等高),删除较高子树的节点

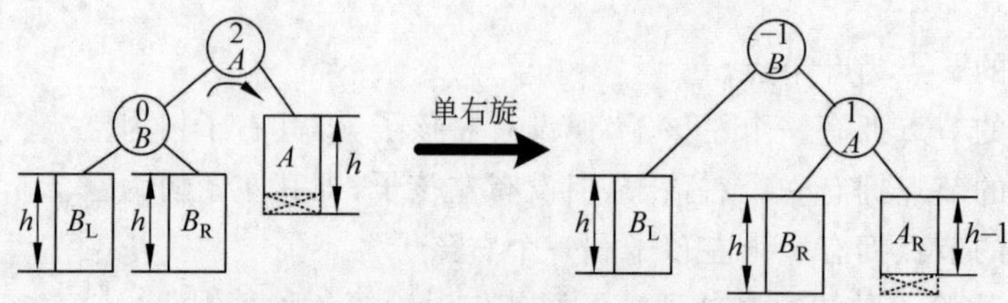

(a) 删除 A 的右子树上的节点，做单右旋

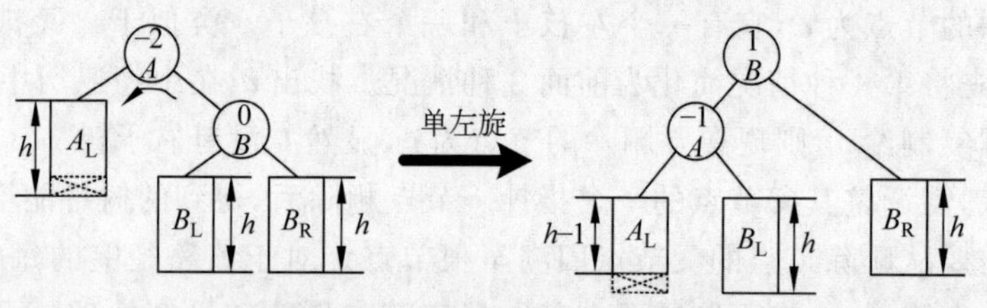

(b) 删除A的左子树上的节点，做单左旋

图 8.16　B 平衡因子为 EH(等高),删除 A 的较低子树的节点

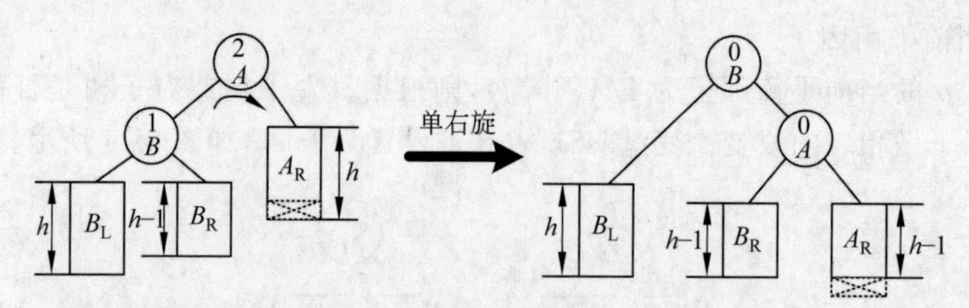

(a) 删除 A 的右子树上的节点，做单右旋

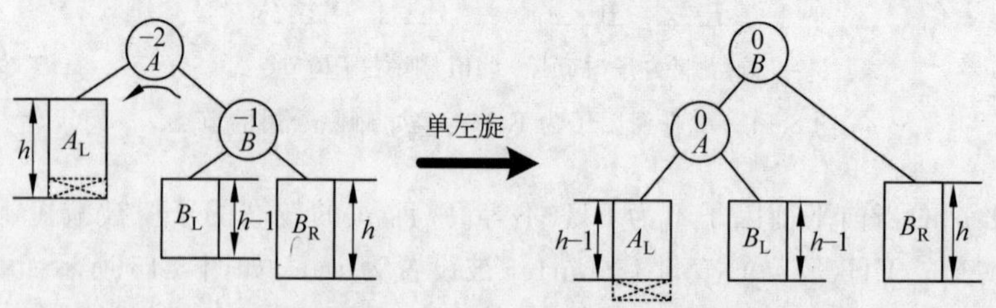

(b) 删除 A 的左子树上的节点，做单左旋

图 8.17　A 与 B 的平衡因子相同,删除 A 的较低子树的节点

③ 假设 p 和 q 的平衡因子互为相反数,则需要进行一次双旋转,也就是在 q 处进行一次单旋转,再在 p 处进行一次单旋转。调整其平衡因子,并将 isShorter 设置为 true。删除 p 的右子树上节点的情况如图 8.18 所示,删除 p 的左子树上节点的情况如图 8.19 所示。

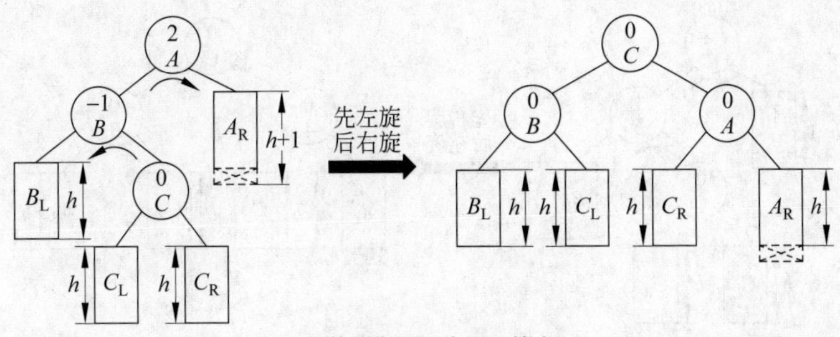

(a) C的平衡因子为EH(等高)

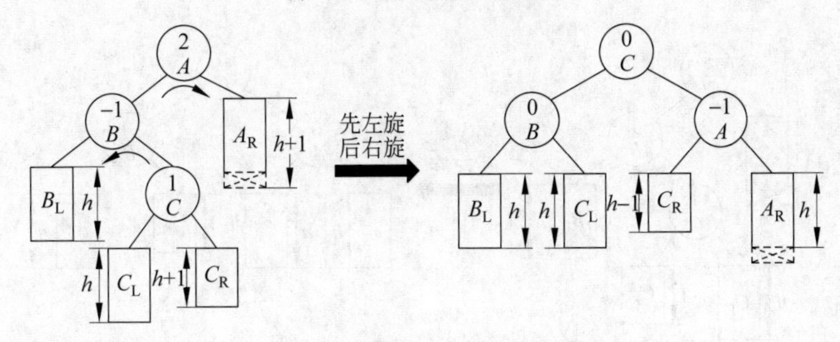

(b) C的平衡因子为LH(左高)

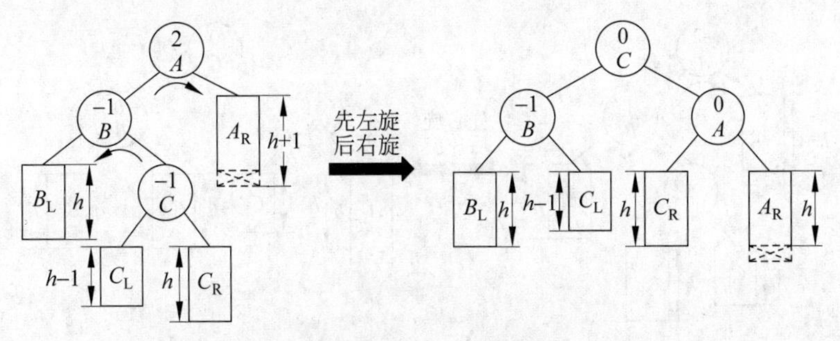

(c) C的平衡因子为RH(右高)

图 8.18 A 与 B 的平衡因子是相反数,删除 A 的右子树的节点

下面是用C++实现的删除操作及相关辅助函数模板:

```
template <class ElemType, class KeyType>
void BinaryAVLTree<ElemType, KeyType>::DeleteLeftBalance(
    BinAVLTreeNode<ElemType> * &
subRoot, bool &isShorter)
//操作结果:对以 subRoot 为根的二叉树删除时做左平衡处理,删除 subRoot 的左子树上的节点,
//处理后 subRoot 指向新的树根节点
{
    BinAVLTreeNode<ElemType> * ptrRChild, * ptrRLChild;    //工作变量
    ptrRChild =subRoot->rightChild;                      //ptrRChild 指向 subRoot 右孩子
    switch (ptrRChild->bf)
    {   //根据 subRoot 的右子树的平衡因子做相应的平衡处理
    case RH:                                             //右高,做单左旋转
```

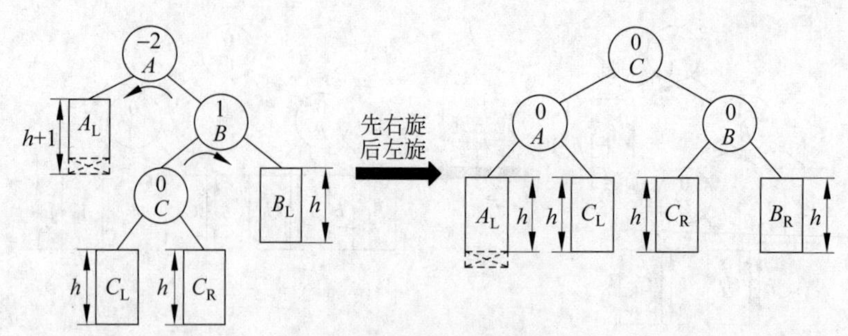

(a) C的平衡因子为EH(等高)

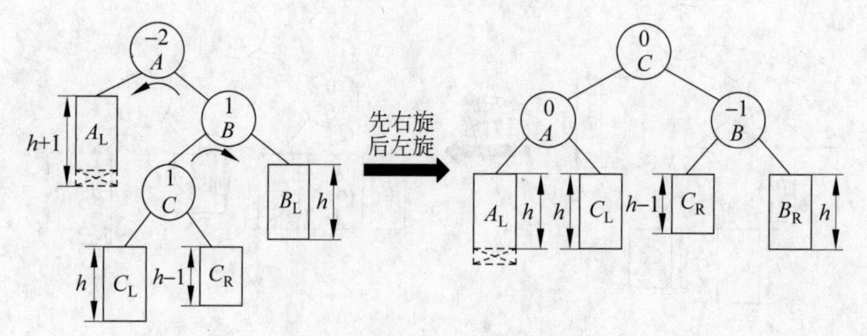

(b) C的平衡因子为LH(左高)

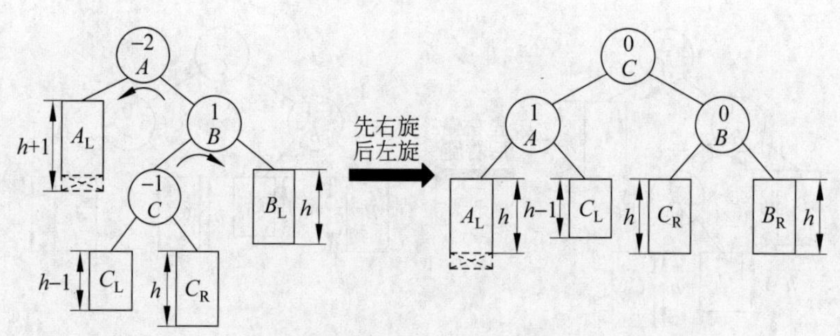

(c) C的平衡因子为RH(右高)

图 8.19 A 与 B 的平衡因子是相反数,删除 A 的左子树的节点

```
        subRoot->bf =ptrRChild->bf =EH;          //平衡因子都为 0
        LeftRotate(subRoot);                     //左旋
        isShorter =true;
        break;
    case EH:                                     //等高,做单左旋转
        subRoot->bf =RH;
        ptrRChild->bf =LH;
        LeftRotate(subRoot);                     //左旋
        isShorter =false;
        break;
    case LH:                                     //左高,先右旋后左旋
        ptrRLChild =ptrRChild->leftChild;        //ptrRLChild 指向 subRoot 的右孩
                                                 //子的左子树的根
        switch (ptrRLChild->bf)
```

```
        {   //修改 subRoot 及右孩子的平衡因子
        case LH:
            subRoot->bf =EH;
            ptrRChild->bf =RH;
            break;
        case EH:
            subRoot->bf =ptrRChild->bf =EH;
            break;
        case RH:
            subRoot->bf =LH;
            ptrRChild->bf =EH;
            break;
        }
        isShorter =true;
        ptrRLChild->bf =0;
        RightRotate(subRoot->rightChild);         //对 subRoot 右子树做右旋处理
        LeftRotate(subRoot);                      //对 subRoot 做左旋处理
    }
}

template <class ElemType, class KeyType>
void BinaryAVLTree<ElemType, KeyType>::DeleteRightBalance(
    BinAVLTreeNode<ElemType> * &subRoot, bool &isShorter)
//操作结果: 对以 subRoot 为根的二叉树删除时做右平衡处理, 删除 subRoot 的右子树上的节点,
//处理后 subRoot 指向新的树根节点
{
    BinAVLTreeNode<ElemType> * ptrLChild, * ptrLRChild;
    ptrLChild  =subRoot->leftChild;                  //ptrLChild 指向 subRoot 左孩子
    switch (ptrLChild->bf)
    {   //根据 subRoot 的左子树的平衡因子做相应的平衡处理
    case LH:                                         //左高,做单右旋转
        subRoot->bf =ptrLChild->bf =EH;              //平衡因子都为 0
        RightRotate(subRoot);                        //右旋
        isShorter =true;
        break;
    case EH:                                         //等高,做单右旋转
        subRoot->bf =LH;
        ptrLChild->bf =RH;
        RightRotate(subRoot);                        //右旋
        isShorter =false;
        break;
    case RH:                                         //右高,先左旋后右旋
        ptrLRChild =ptrLChild->rightChild;           //ptrLRChild 指向 subRoot 的左孩
                                                     //子的右子树的根
```

```
        switch (ptrLRChild->bf)
        {   //修改 subRoot 及左孩子的平衡因子
        case LH:
            subRoot->bf =RH;
            ptrLChild->bf =EH;
            break;
        case EH:
            subRoot->bf =ptrLChild->bf =EH;
            break;
        case RH:
            subRoot->bf =EH;
            ptrLChild->bf =LH;
            break;
        }
        isShorter =true;
        ptrLRChild->bf =0;
        LeftRotate(subRoot->leftChild);                //对 subRoot 左子树做左旋处理
        RightRotate(subRoot);                          //对 subRoot 做右旋处理
    }
}

template <class ElemType, class KeyType>
void BinaryAVLTree<ElemType, KeyType>::DeleteBalance(const KeyType &key,
    LinkStack<BinAVLTreeNode<ElemType> * >&s)
//操作结果:从删除节点根据查找路径进行回溯,并做平衡处理
{
    bool isShorter =true;
    while (!s.Empty() && isShorter)
    {
        BinAVLTreeNode<ElemType> * ptrCurNode, * ptrParent;
        s.Pop(ptrCurNode);                             //取出待平衡的节点
        if (s.Empty())
        {   //ptrCurNode 已为根节点,ptrParent 为空
            ptrParent =NULL;
        }
        else
        {   //ptrCurNode 不是根节点,取出双亲 ptrParent
            s.Top(ptrParent);
        }

        if (key <ptrCurNode->data)
        {   //删除 ptrCurNode 的左子树上的节点
            switch (ptrCurNode->bf)
            {   //检查 ptrCurNode 的平衡度
            case LH:                                   //左高
```

```
            ptrCurNode->bf =EH;
            break;
        case EH:                                    //等高
            ptrCurNode->bf =RH;
            isShorter =false;
            break;
        case RH:                                    //右高
            if (ptrParent ==NULL)
            {   //已回溯到根节点
                DeleteLeftBalance(ptrCurNode, isShorter);
                root =ptrCurNode;                   //转换后 ptrCurNode 为新根
            }
            else if (ptrParent->leftChild ==ptrCurNode)
            {   //ptrParent 左子树做平衡处理
                DeleteLeftBalance(ptrParent->leftChild, isShorter);
            }
            else
            {   //ptrParent 右子树做平衡处理
                DeleteLeftBalance(ptrParent->rightChild, isShorter);
            }
            break;
        }
    }
    else
    {   //删除 ptrCurNode 的右子树上的节点
        switch (ptrCurNode->bf)
        {   //检查 ptrCurNode 的平衡度
        case RH:                                    //右高
            ptrCurNode->bf =EH;
            break;
        case EH:                                    //等高
            ptrCurNode->bf =LH;
            isShorter =false;
            break;
        case LH:                                    //左高
            if (ptrParent ==NULL)
            {   //已回溯到根节点
                DeleteLeftBalance(ptrCurNode, isShorter);
                root =ptrCurNode;                   //转换后 ptrCurNode 为新根
            }
            else if (ptrParent->leftChild ==ptrCurNode)
            {   //ptrParent 左子树做平衡处理
                DeleteLeftBalance(ptrParent->leftChild, isShorter);
            }
            else
```

```
                {   //ptrParent 右子树做平衡处理
                    DeleteLeftBalance(ptrParent->rightChild, isShorter);
                }
                break;
            }
        }
    }
}

template <class ElemType, class KeyType>
void BinaryAVLTree<ElemType, KeyType>::DeleteHelp(const KeyType &key,
    BinAVLTreeNode<ElemType> * &p, LinkStack<BinAVLTreeNode<ElemType> * >&s)
//操作结果: 删除 p 指向的节点
{
    BinAVLTreeNode<ElemType> * temPtr, * temF;   //临时变量
    if (p->leftChild ==NULL && p->rightChild ==NULL)
    {   //p 为叶节点
        delete p;
        p =NULL;
        DeleteBalance(key, s);
    }
    else if (p->leftChild ==NULL)
    {   //p 只有左子树为空
        temPtr =p;
        p =p->rightChild;
        delete temPtr;
        DeleteBalance(key, s);
    }
    else if (p->rightChild ==NULL)
    {   //p 只有右子树非空
        temPtr =p;
        p =p->leftChild;
        delete temPtr;
        DeleteBalance(key, s);
    }
    else
    {   //p 左右子树非空
        temF =p;
        s.Push(temF);
        temPtr =p->leftChild;
        while (temPtr->rightChild !=NULL)
        {   //查找 p 在中序序列中直接前驱 temPtr 及其双亲 temF,temPtr 无右子树为空
            temF =temPtr;
            s.Push(temF);
            temPtr =temPtr->rightChild;
```

```
		}
		p->data = temPtr->data;	//将 temPtr 指向节点的元素值赋值给 p 指向节点的元素值

		//删除 temPtr 指向的节点
		if (temF->rightChild == temPtr)
		{	//删除 temF 的右孩子
			DeleteHelp(key, temF->rightChild, s);
		}
		else
		{	//删除 temF 的左孩子
			DeleteHelp(key, temF->leftChild, s);
		}
	}
}

template <class ElemType, class KeyType>
bool BinaryAVLTree<ElemType, KeyType>::Delete(const KeyType &key)
//操作结果：删除关键字为 key 的节点
{
	BinAVLTreeNode<ElemType> *p, *f;
	LinkStack<BinAVLTreeNode<ElemType> * >s;
	p = SearchHelp(key, f, s);
	if ( p == NULL)
	{	//查找失败，删除失败
		return false;
	}
	else
	{	//查找成功，插入成功
		if (f == NULL)
		{	//被删除节点为根节点
			DeleteHelp(key, root, s);
		}
		else if (key < f->data)
		{	//key 更小，删除 f 的左孩子
			DeleteHelp(key, f->leftChild, s);
		}
		else
		{	//key 更大，删除 f 的右孩子
			DeleteHelp(key, f->rightChild, s);
		}
		return true;
	}
}
```

**5. 平衡二叉树的性能分析

对于所有高度为 h 的平衡二叉树，令 T_h 为一棵深度为 h 的平衡二叉树且 T_h 拥有最少的节点，设 T_h 的节点个数为 N_h，也就是节点个数为 N_h 的平衡二叉树的最大深度为 h；设 T_{hl} 为 T_h 的左子树，T_{hr} 为 T_h 的右子树，T_{hl} 的节点个数为 N_{hl}，T_{hr} 的节点个数为 N_{hr}，则

$$N_h = N_{hl} + N_{hr} + 1 \tag{8.7}$$

因为 T_h 是高度为 h 且拥有最少节点的平衡二叉树，从而可推出 T_h 的其中一个子树的高度为 $h-1$，而另一子树的高度为 $h-2$。为不失一般性，假设 T_{hl} 的高度为 $h-1$，T_{hr} 的高度为 $h-2$。从 T_h 的定义可知，T_{hl} 是高度为 $h-1$ 的平衡二叉树且在所有高度为 $h-l$ 的平衡二叉树中，T_{hl} 拥有最少的节点数量。相似地，T_{hr} 是高度为 $h-2$ 的平衡二叉树且在所有高度为 $h-2$ 的平衡二叉树中，T_{hr} 拥有最小的节点个数，T_{hl} 的通式为 T_{h-1}，T_{hr} 的通式为 T_{h-2}，T_{h-1} 的节点个数为 N_{h-1}，T_{h-2} 的节点个数为 N_{h-2}，由式(8.7)得

$$N_h = N_{h-1} + N_{h-2} + 1 \tag{8.8}$$

显然有 $N_0=0, N_1=1, N_2=2, \cdots\cdots$ 令 $F_{h+2}=N_h+1$，由式(8.8)可得

$$F_2=1, F_3=2, F_3=3, \cdots, F_{h+2}=F_{h+1}+F_h$$

若设 $F_0=0, F_1=1$，显然 F_h 为 Fibonacci(斐波那契)数列，由 11.2.2 节可知 $F_n=\frac{1}{\sqrt{5}}\left[\left(\frac{1+\sqrt{5}}{2}\right)^n-\left(\frac{1-\sqrt{5}}{2}\right)^n\right]$，可知 F_h 约等于$\frac{\varphi^h}{\sqrt{5}}\left(其中\ \varphi=\frac{1+\sqrt{5}}{2}\right)$，则 N_h 约等于$\frac{\varphi^{h+2}}{\sqrt{5}}-1$，可解得 h 约等于$\log_\varphi(\sqrt{5}(N_h+1))-2$，也就是含有 n 个节点的平衡二叉树的最大深度约为 $\log_\varphi(\sqrt{5}(n+1))-2$，因此在平衡二叉树上进行查找的时间复杂度为 $O(\text{lb}n)$。

*8.3.3 B 树和 B$^+$ 树

1. B 树

B 树的研究通常归功于 R. Bayer 和 E. McCreight。他们在 1972 年的论文中描述了 B 树。到 1979 年，B 树几乎已经代替了 8.4 节要介绍的哈希方法以外的所有大型文件访问方法。对于需要完成插入、删除和关键字范围检索等操作的应用程序，B 树或 B 树的一些变体是标准的文件组织方法。对基于磁盘的检索树结构进行实现时遇到的所有问题都涉及 B 树。

(1) B 树总是树高平衡的，所有的叶节点都在同一层。

(2) 进行更新和检索操作时，只影响一些磁盘块，因此性能很好。

(3) B 树把相关的记录(即关键字含有类似的值)放在同一磁盘块中，有利于利用访问局部性原理进行操作。

(4) B 树保证了树中内部节点的孩子个数最小，也就保证了关键字个数最少。这样在检索和更新操作期间减少了磁盘读写次数。

一棵 m 阶 B 树可定义为具有以下特性的 m 树：

(1) 根是一个叶节点或者至少有两个孩子。

(2) 除了根以外的每个分支节点有$\left\lceil \frac{m}{2} \right\rceil \sim m$ 个孩子。

(3) 所有叶节点在树状结构的同一层并且不含任何信息(可看成是外部节点或查找失败的节点),因此 m 阶 B 树的结构总是树高平衡的。

图 8.20 为一棵 4 阶 B 树,其深度为 4。

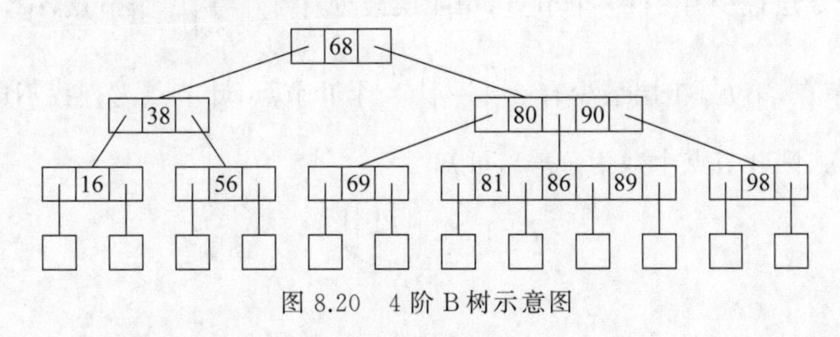

图 8.20　4 阶 B 树示意图

B 树检索是一个交替的两步过程,从 B 树的根节点开始。

(1) 在当前节点中对关键字进行二分法查找。如果查找到关键字,就返回相关记录;如果当前节点是叶节点,就报告检索失败。

(2) 否则,沿着某个分支重复这一过程。

例如,考虑在图 8.20 所示的 4 阶 B 树中查找关键字值为 98 的记录。先查找根节点,然后进入第二个(右边的)分支。检查完第二层的节点后,再进入第三个分支,来到下一层,从而到达包含关键字值为 98 的节点。

m 阶 B 树插入操作的第一步是找到最下层的分支节点,如果节点的孩子个数小于 m,那么就直接插入关键字,如果节点的孩子个数等于 m,那么就把这个节点分裂成两个节点,并且把中间的关键字提升到父节点。如果父节点也已经满了,就再分裂父节点并且再次提升中间的关键字。插入过程应保证所有节点至少半满。例如,当一个 4 阶 B 树的内部节点已满时,将会有 5 个孩子。这个节点会分裂成为两个节点,每个节点包含两个关键字,这样就能继续保持 B 树的特性。

m 阶 B 树的删除操作的第一步是找到包含指定关键字的节点,并从中删除之。如果节点为最下层的分支节点且其中的孩子个数大于$\left\lceil \frac{m}{2} \right\rceil$,则删除完成,否则要进行合并或从相邻兄弟中借一个关键字。如果所删除的关键字 K_i 所在节点不是最下层的分支节点,则在此关键字右邻子树中最左边的最下层分支节点中的最小关键字 K_j 替换 K_i,然后再删除相应节点中的 K_j。

性质:设 m 阶 B 树的关键字个数为 n,则叶节点个数为 $n+1$。

证明:采用数学归纳法证明。

当 $n=1$ 时,m 阶 B 树只有一个根结与两个叶节点,节点成立。

设 $0<n<k$ 时节点成立,当 $n=k$ 时,设根节点有 p 个孩子,根节点有 $p-1$ 个关键字,根节点的子树为 $\text{SubT}_1,\text{SubT}_2,\cdots,\text{SubT}_p$,假定 SubT_i 的关键字个数为 n_i,由于根有 $p-1$ 个关键字,所以有

$$n_1+n_2+\cdots+n_p+p-1=k \tag{8.9}$$

由归纳假设可知,SubT_i 的叶节点个数为 $n_i+1(i=1,2,\cdots,p)$,所以由式(8.9)可知总

的叶节点个数为

$$(n_1+1)+(n_2+1)+\cdots+(n_p+1)=n_1+n_2+\cdots+n_p+p=k+1$$

结论成立，所以性质成立。

设B树叶节点的层次数为$h+1$，由B树定义可知，第一层最少有1个节点，第2层最少有2个节点，第3层最少有$2\left\lceil\frac{m}{2}\right\rceil$个节点，第4层最少有$2\left(\left\lceil\frac{m}{2}\right\rceil\right)^2$个节点，…，第$h$层最少有$2\left(\left\lceil\frac{m}{2}\right\rceil\right)^{h-2}$个节点，第$h+1$层最少有$2\left(\left\lceil\frac{m}{2}\right\rceil\right)^{h-1}$个叶节点，叶节点为查找不成功的节点，设关键字个数为n，则叶节点个数为$n+1$，可知

$$n+1\geqslant 2\left(\left\lceil\frac{m}{2}\right\rceil\right)^{h-1}$$

可得

$$h\leqslant \log_{\lceil\frac{m}{2}\rceil}\left(\frac{n+1}{2}\right)+1$$

可知在有n个关键字的m阶B树上进行查找时，从树根到关键字所在节点的路径的节点个数最大为$\log_{\lceil\frac{m}{2}\rceil}\left(\frac{n+1}{2}\right)+1$，设$n=100000000000$，$m=1000$，则路径上节点个数最多为$\log_{\lceil\frac{1000}{2}\rceil}\left(\frac{100000000000+1}{2}\right)+1\approx 4.964$，也就是查找路径上的节点个数最多为4。

2. B$^+$树

B$^+$树是B树的一种变形，比B树具有更广泛的应用，m阶B$^+$树有如下特征：

(1) 每个节点的关键字个数与孩子个数相等，所有非最下层的分支节点的关键字都是对应子树上的最大关键字，最下层分支节点包含了全部关键字。

(2) 除了根节点以外，每个分支节点有$\left\lceil\frac{m}{2}\right\rceil\sim m$个孩子。

(3) 所有叶节点在树状结构的同一层并且不含任何信息(可看成是外部节点或查找失败的节点)，因此树状结构总是树高平衡的。

图8.21为一棵4阶B$^+$树，其深度为4。

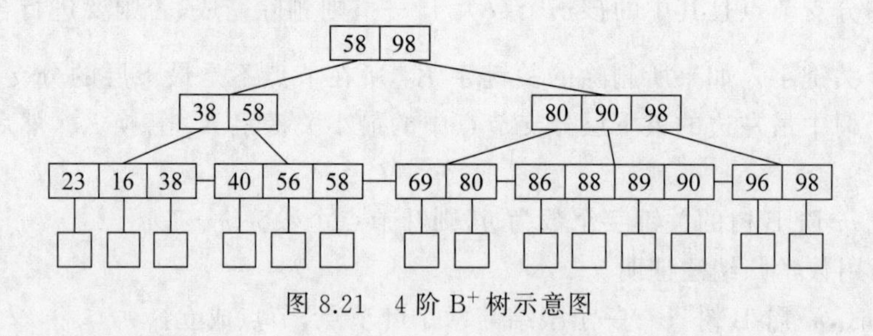

图8.21　4阶B$^+$树示意图

在B$^+$树上进行查找时，要从根节点查找到最下层分支节点为止，也可在最下层分支节点从左到右进行顺序查找，插入与删除都在最下层分支节点处进行，其他地方都与B树相应操作类似。

8.4 哈 希 表

8.4.1 哈希表的概念

在哈希算法中,数据借助一张哈希表(Hash table)进行组织。人们对关键字 key 应用一个叫作哈希函数(Hash function)的函数 $H(\text{key})$,来确定具有此关键字 key 的特定数据元素是否在表中,即计算 $H(\text{key})$的值。$H(\text{key})$给出关键字原为 key 的数据元素在哈希表中的位置。设哈希表 ht 的大小为 m,$0 \leqslant H(\text{key}) < m$。为了确定关键字值为 key 的数据元素是否在表中,只需要在哈希表中查看数据元素 ht[H(key)]。

哈希函数 $H()$将关键字 key 对应为一个整数,满足 $0 \leqslant H(\text{key}) < m$。两个关键字 key1 和 key2,如果 key1≠key2,$H(\text{key1}) = H(\text{key2})$,也就是不同关键字有相同的哈希地址,这种现象称为冲突,key1 与 key2 称为同义词。

在选择哈希函数时,应考虑的主要因素如下:

(1) 选择一个易于计算的哈希函数。

(2) 尽量减少冲突发生的次数。

8.4.2 构造哈希函数的方法

有多种构造哈希函数的方法,下面介绍一些常见的方法。

1. 平方取中法

在这种方法中,计算哈希函数 $H()$的方法是先计算关键字的平方,然后用结果的中间几位来获得元素的地址。因为一个平方数的中间几位通常依赖于所有的各位,所以即使一些位的数字是相同的,不同的关键字值也很可能会产生不同的哈希地址。

2. 除留余数法

在这种方法中,用关键字 key 除以不大于哈希表大小的数 p 的一个余数,此余数表示 key 在 ht 中的地址,也就是

$$H(\text{key}) = \text{key} \ \% \ p$$

为减少冲突,在一般情况下,p 最好为素数或不包含小于 20 的素数因子的合数。

3. 随机数法

取关键字的随机函数值为它的哈希地址,也就是

$$H(\text{key}) = \text{Random}(\text{key})$$

其中,Random()为伪随机函数,其取值为 $0 \sim m-1$。

8.4.3 处理冲突的方法

选择的哈希函数不仅要易于计算,更重要的是要尽量减少冲突的次数。实际应用中,除特殊情况,冲突是不可避免的。因此,哈希算法必须包含处理冲突的算法。冲突解决技术可以分为两类:开放定址法和链地址法。在开放定址法中,数据存储在哈希表中;在链地址法中,数据存储在链表中,哈希表是指向链表的指针数组。

1. 开放定址法

设哈希地址为 $0 \sim m-1$,冲突是指关键字 key 得到的地址为 h 的位置上已存放有数据

元素,处理冲突的方法就是为此关键字寻找另一个空的哈希地址,处理冲突的过程可能得到一个地址序列:

$$h_1, h_2, \cdots, h_k$$

也就是在处理冲突时,得到另一个哈希地址 h_1,如果 h_1 还有冲突,则求下一个哈希地址 h_2,以此类推,直到 h_k 不发生冲突为止。

开放定址法的一般形式为

$$h_i = [H(\text{key}) + d_i] \ \% \ m, 1 \leqslant i \leqslant m-1$$

其中,$H(\text{key})$为哈希函数,m 为表长,d_i 为增量序列,d_i 有两种常见的取法:

(1) $d_i = i$,也就是 $d_i = 1, 2, \cdots, m-1$,这种取法称为线性探测法。

(2) $d_i =$ 随机数,这种取法称为随机探测法。

例如取哈希函数为 $H(\text{key}) = \text{key} \ \% \ 7$,在长度为 7 的哈希表中已存储有关键字分别为 16,24,11 的数据元素,现用线性探测法插入关键字为 17 的数据元素,哈希值 $h = H(17) = 3$,产生冲突,取下一个哈希地址 $h_1 = (H(17)+1) \ \% \ 7 = 4$,还有冲突,再取下一个哈希地址 $h_2 = (H(17)+2) \ \% \ 7 = 5$,ht[5]为空,将关键字为 17 的数据元素插入在 ht[5]中,显然在查找关键字为 17 的元素时要比较 3 次,如图 8.22 所示。

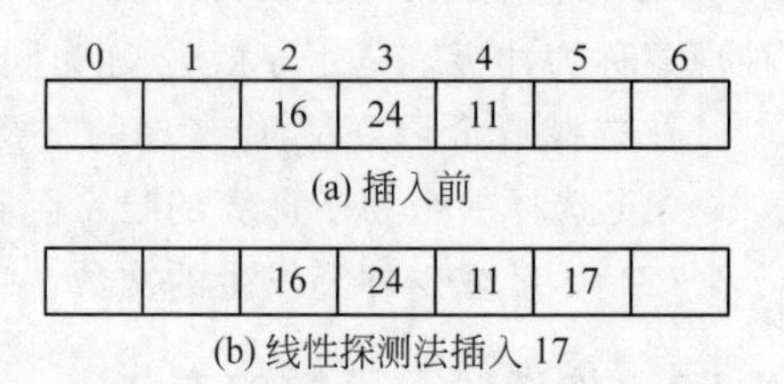

图 8.22 在哈希表中插入元素 17 示意图

例 8.1 已知哈希表地址空间是 0~8,哈希函数是 $H(k) = k \ \% \ 7$,采用线性探测法处理冲突,将序列{100, 20, 21, 35, 3, 78, 99, 10}中的数据依次存入哈希表中,列出插入时的比较次数,并求出在等概率下的平均查找长度。

仿照前面的分析可得哈希地址与查找各关键字的比较次数如表 8.1 所示。

表 8.1 哈希地址与各关键字的比较次数

哈希地址	0	1	2	3	4	5	6	7	8
关键字	21	35	100	3	78	99	20	10	
比较次数	1	2	1	1	4	5	1	5	

$$\text{平均查找长度} = \frac{4 \times 1 + 1 \times 2 + 1 \times 4 + 2 \times 5}{8} = 2.5$$

2. 链地址法

哈希表 ht 是一个指针数组,对于每个 h,$0 \leqslant h < m$,ht[h]是指向链表的一个指针。对数据元素中的每个关键字 key,首先计算 $h = H(\text{key})$,然后将含此关键字的数据元素插入到 ht[h]指向的链表中,所以对于不相同的关键字 key1 和 key2,如果 $H(\text{key1}) = H(\text{key2})$,带有关键字 key1 和 key2 的数据元素将被插入相同的链表,使得冲突的处理更为快捷和高效。

从使用链地址法的哈希表的结构可以看出,数据元素的插入和删除比较简单。在一般情况下,创建短链表可以使查找长度缩短。

例 8.2 已知哈希表地址空间是 0..6,哈希函数与例 8.1 的哈希函数相同,现在采用链地址法处理冲突,试构造{100,20,21,35,3,78,99,10}中数据构成的哈希表并求平均查找长度。

哈希表如图 8.23 所示。

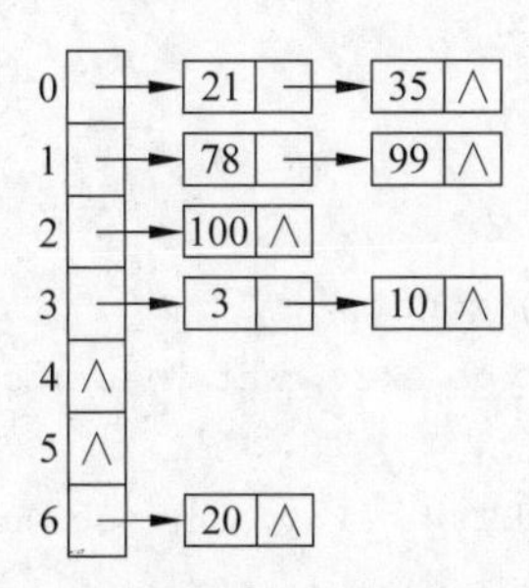

图 8.23　链地址法处理冲突的哈希表

$$平均查找长度=\frac{5\times 1+3\times 2}{8}=1.375$$

*8.4.4　哈希表的实现

每种哈希表的构造以及处理冲突的方法都可构造一个类来实现哈希表,哈希表一般具有如下基本操作。

1) void Traverse(void (*visit)(const ElemType &)) const

初始条件:哈希表已存在。

操作结果:依次对哈希表的每个元素调用函数(*visit)。

2) bool Search(const KeyType &key, ElemType &*e*) const

初始条件:哈希表已存在。

操作结果:查寻关键字为 key 的元素。

3) bool Insert(const ElemType &*e*)

初始条件:哈希表已存在。

操作结果:插入数据元素 *e*。

4) bool Delete(const KeyType &key)

初始条件:哈希表已存在。

操作结果:删除关键字为 key 的数据元素。

下面实现用除留余数法构造哈希表,用线性探测法处理冲突的哈希表,其他哈希表的实现可作为练习加以实现。

为了表示 ht[*h*]是否为空,在数据元素结构中增加数组 empty。empty[*i*]值为 true 表示 ht[*i*]为空元素,empty[*i*]值为 false 表示 ht[*i*]为非空元素,其中 $i=0,1,\cdots,m-1$。具体 C++ 实现如下:

```
//哈希表类模板
template <class ElemType, class KeyType>
class HashTable
{
protected:
//数据成员
```

```
    ElemType * ht;                                        //哈希表
    bool * empty;                                         //空元素
    int m;                                                //哈希表容量
    int p;                                                //除留余数法的除数

//辅助函数模板
    int H(const KeyType &key) const;                      //哈希函数模板
    int Collision(const KeyType &key, int index) const;
                                                          //处理冲突的函数模板
    bool SearchHelp(const KeyType &key, int &position) const;
                                                          //查找关键字为 key 的元素的位置

public:
//二叉树方法声明及重载编译系统默认方法声明
    HashTable(int size, int divisor);                     //构造函数模板
    virtual ~HashTable();                                 //析构函数模板
    void Traverse(void ( * visit)(const ElemType &)) const;
                                                          //遍历哈希表
    bool Search(const KeyType &key, ElemType &e) const ;
                                                          //查找关键字为 key 的元素的值
    bool Insert(const ElemType &e);                       //插入元素 e
    bool Delete(const KeyType &key);                      //删除关键字为 key 的元素
    HashTable(const HashTable<ElemType, KeyType> &source);
                                                          //复制构造函数模板
    HashTable<ElemType, KeyType> &operator=
        (const HashTable<ElemType, KeyType> &source);
                                                          //重载赋值运算符
};

//哈希表类模板的实现部分
template <class ElemType, class KeyType>
int HashTable<ElemType, KeyType>::H(const KeyType &key) const
//操作结果: 返回哈希地址
{
    return key %p;
}

template <class ElemType, class KeyType>
int HashTable<ElemType, KeyType>::Collision(const KeyType &key, int index) const
//操作结果: 返回第 index 次冲突的探查地址
{
    return (H(key) +index) %m;
}

template <class ElemType, class KeyType>
```

```
HashTable<ElemType, KeyType>::HashTable(int size, int divisor)
//操作结果: 以 size 为哈希表容量, divisor 为除留余数法的除数构造一个空的哈希表
{
    m =size;                                        //赋值哈希表容量
    p =divisor;                                     //赋值除数
    ht =new ElemType[m];                            //分配存储空间
    empty =new bool[m];                             //分配存储空间

    for (int temPos =0; temPos <m; temPos++)
    {   //将所有元素置空
        empty[temPos] =true;
    }
}

template <class ElemType, class KeyType>
HashTable<ElemType, KeyType>::~HashTable()
//操作结果: 销毁哈希表
{
    delete []ht;                                    //释放 ht
    delete []empty;                                 //释放 empty
}

template <class ElemType, class KeyType>
void HashTable<ElemType, KeyType>::Traverse(void (*visit)(const ElemType
    &)) const
//操作结果: 依次对哈希表的每个元素调用函数(*visit)
{
    for (int temPos =0; temPos <m; temPos++)
    {   //对哈希表的每个元素调用函数(*visit)
        if (!empty[temPos])
        {   //数据元素非空
            (*visit)(ht[temPos]);
        }
    }
}

template <class ElemType, class KeyType>
bool HashTable < ElemType, KeyType >:: SearchHelp ( const KeyType &key, int
&position) const
//操作结果: 查寻关键字为 key 的元素的位置,如果查找成功,返回 true,并用 position 指示待查
//数据元素在哈希表的位置,否则返回 false
{
    int count =0;                                   //冲突次数
    position =H(key);                               //哈希表地址
```

```
    while (count <m &&                                  //冲突次数应小于 m
        !empty[position] &&                             //元素 ht[position]非空
        ht[position] !=key)                             //关键字值不等
    {
        position =Collision(key, ++count);              //求得下一个探查地址
    }

    if (count >=m || empty[position])
    {   //查找失败
        return false;
    }
    else
    {   //查找成功
        return true;
    }
}

template <class ElemType, class KeyType>
bool HashTable<ElemType, KeyType>::Search(const KeyType &key, ElemType &e) const
//操作结果: 查寻关键字为 key 的元素的值,如果查找成功,返回 true,并用 e 返回元素的值,
//否则返回 false
{
    int temPos;                                         //元素的位置
    if (SearchHelp(key, temPos))
    {   //查找成功
        e =ht[temPos];                                  //用 e 返回元素值
        return true;                                    //返回 true
    }
    else
    {   //查找失败
        return false;                                   //返回 false
    }
}

template <class ElemType, class KeyType>
bool HashTable<ElemType, KeyType>::Insert(const ElemType &e)
//操作结果: 在哈希表中插入数据元素 e,插入成功返回 true,否则返回 false
{
    int temPos;                                         //插入位置
    if (!SearchHelp(e, temPos) && empty[temPos])
    {   //插入成功
        ht[temPos] =e;                                  //数据元素
        empty[temPos] =false;                           //表示非空
        return true;
    }
```

```
    else
    {   //插入失败
        return false;
    }
}

template <class ElemType, class KeyType>
bool HashTable<ElemType, KeyType>::Delete(const KeyType &key)
//操作结果:删除关键字为 key 的数据元素,删除成功返回 true,否则返回 false
{
    int temPos;                                          //数据元素位置
    if (SearchHelp(key, temPos))
    {   //删除成功
        empty[temPos] =true;                             //表示元素为空
        return true;
    }
    else
    {   //删除失败
        return false;
    }
}

template <class ElemType, class KeyType>
HashTable<ElemType, KeyType>::HashTable(const HashTable<ElemType, KeyType>
    &source)
//操作结果:由哈希表 source 构造新哈希表——复制构造函数模板
{
    m =source.m;                                         //哈希表容量
    p =source.p;                                         //除留余数法的除数
    ht =new ElemType[m];                                 //分配存储空间
    empty =new bool[m];                                  //分配存储空间

    for (int temPos =0; temPos <m; temPos++)
    {   //复制数据元素
        ht[temPos] =source.ht[temPos];                   //复制元素
        empty[temPos] =source.empty[temPos];             //复制元素是否为空值
    }
}

template <class ElemType, class KeyType>
HashTable<ElemType, KeyType>&HashTable<ElemType, KeyType>::
operator=(const HashTable<ElemType, KeyType>&source)
//操作结果:将哈希表 source 赋值给当前哈希表——重载赋值运算符
{
    if (&source !=this)
```

```
    {
        delete []ht;                                    //释放当前哈希表存储空间
        m =source.m;                                    //哈希表容量
        p =source.p;                                    //除留余数法的除数
        ht =new ElemType[m];                            //分配存储空间
        empty =new bool[m];                             //分配存储空间

        for (int temPos =0; temPos <m; temPos++)
        {   //复制数据元素
            ht[temPos] =source.ht[temPos];          //复制元素
            empty[temPos] =source.empty[temPos]; //复制元素是否为空值
        }
    }
    return * this;
}
```

**8.5 实例研究：查找 3 个数组的最小共同元素

有 3 个数组 $x[\,]$、$y[\,]$与 $z[\,]$，各有 xNum、yNum 与 zNum 个元素，而且三者都已经从小到大依序排列。要求找出最小的共同元素在 3 个数组中的出现位置，若没有共同元素，则显示合适的信息。

因为 3 个数组 $x[\,]$、$y[\,]$和 $z[\,]$已经排好序，充分利用这个条件可以开发出效率很高的程序。

假设从头开始到达 $x[\mathrm{xPos}]$、$y[\mathrm{yPos}]$和 $z[\mathrm{zPos}]$时，这 3 个元素并不完全相同(可能其中有两个相同，也可能完全不同)，那么为了要找出是否有三者一样的元素时，下面对各种情况进行分析。

(1) 如果 $x[\mathrm{xPos}]<y[\mathrm{yPos}]$，因为 $y[\mathrm{yPos}]$比较大，所以在 $x[\mathrm{xPos}]$中如果要有与 $y[\mathrm{yPos}]$相等的元素，那就一定排在 $x[\mathrm{xPos}]$后面，因此自然的做法就是将 xPos 加 1，移到 $x[\mathrm{xPos}]$的下一个元素。

(2) 如果 $x[\mathrm{xPos}]\geqslant y[\mathrm{yPos}]$，但 $y[\mathrm{yPos}]<z[\mathrm{zPos}]$，由第一个条件，$x[\mathrm{xPos}]$可能等于 $y[\mathrm{yPos}]$，但由第二个条件可知 $y[\mathrm{yPos}]$比 $z[\mathrm{zPos}]$小，又假设在 $x[\mathrm{xPos}]$、$y[\mathrm{yPos}]$与 $z[\mathrm{zPos}]$之前没有相等的元素，所以如果有三者都相同的元素时，一定就排在 $y[\mathrm{yPos}]$后面，因此将 yPos 加 1，移到 $y[\mathrm{yPos}]$的下一个元素。

(3) 如果 $x[\mathrm{xPos}]\geqslant y[\mathrm{yPos}]$，且 $y[\mathrm{yPos}]\geqslant z[\mathrm{zPos}]$，但是 $z[\mathrm{zPos}]<x[\mathrm{xPos}]$，这就失去了三者相等的机会，只能将 zPos 加上 1。

如果上面条件都不成立，只能是 $x[\mathrm{xPos}]\geqslant y[\mathrm{yPos}]$，$y[\mathrm{yPos}]\geqslant z[\mathrm{zPos}]$且 $z[\mathrm{zPos}]\geqslant x[\mathrm{xPos}]$，这时三者相等，换句话说，就找到了 3 个相同的元素了。

下面是具体算法实现：

```
//文件路径名:search3\search3.h
template <class ElemType>
```

```
bool Search(ElemType x[], ElemType y[], ElemType z[], int xNum, int yNum, int zNum,
    int &xPos, int &yPos, int &zPos)
//初始条件: 3个数组 x[],y[],z[]各有 xNum,yNum,zNum个元素
//操作结果: 找出最小的共同元素在三个数组中的出现位置 xPos,yPos,zPos
{
    xPos = yPos = zPos = 0;                             //初始位置
    while (xPos < xNum && yPos < yNum && zPos < zNum)
    {   //循环查找最小共同元素的位置
        if (x[xPos] < y[yPos]) xPos++;                  //最小共同元素位置在原 xPos之后
        else if (y[yPos] < z[zPos]) yPos++;             //最小共同元素位置在原 yPos之后
        else if (z[zPos] < x[xPos]) zPos++;             //最小共同元素位置在原 zPos之后
        else return true;                               //查找成功
    }
    return false;                                       //查找失败
}
```

8.6 深入学习导读

本章的大部分时间复杂度的指导思路来源于严蔚敏、吴伟民编著《数据结构(C语言版)》[12]。

查找3个数组的最小共同元素参考了冼镜光编著的《C语言名题精选百则技巧篇》[21]。

8.7 习　　题

1. 标出如图8.24所示的二叉排序树中各节点的平衡因子。

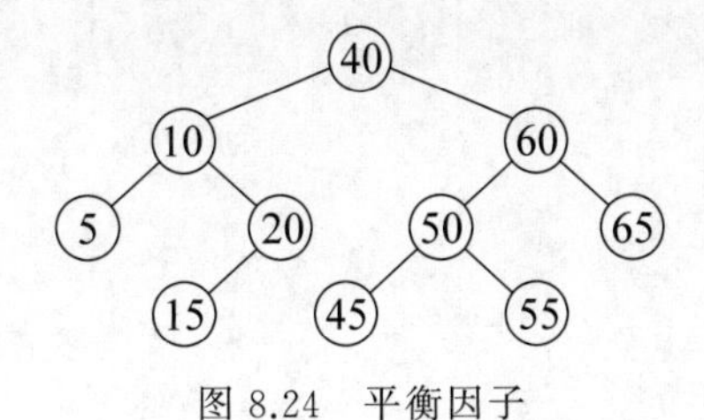

图8.24　平衡因子

2. 已知序列{4,1,6,1,3,8,2,},试构造二叉排序树。

3. 有关键字序列{13,20,6,10,15,17},哈希函数为$H(\text{key})=\text{key}\%7$,表长为8,采用线性探测法处理冲突,试构造哈希表。

4. 有关键字序列{7,23,6,9,17,19,21,22,5},哈希函数为$H(\text{key})=\text{key}\%5$,采用链地址法处理冲突,试构造哈希表。

5. 设哈希函数$H(k)=k\ \%\ 7$,哈希表的地址空间为0～6,对关键字序列{32,13,49,55,22,38,22},按线性探测法处理冲突构造哈希表,并指出查找各关键字要进行比较的次数。

6. 已知关键字序列{12,26,38,89,56},试构造平衡二叉树。

*7. 画出对长度为10的有序表进行折半查找的判定树，并求其等概率时查找成功的平均查找长度。

8. 试写一递归算法，从大到小输出二叉排序树中所有的关键字值不小于key的元素值。

*9. 试编程判断一个二叉排序树是否为平衡二叉树。

**10. 设节点个数为n的判定树深度为$H(n)$，用数学归纳法证明$H(n)$是关于n的不减函数。

第9章 排　序

9.1 概　述

排序(sorting)就是将元素(或记录)的任意序列,重新排序成按关键字进行有序的序列,它在程序设计中有着重要的应用。

从第8章可以看出,对于有序的顺序表采用折半查找法比无序的顺序表采用顺序查找法效率高得多,本章将研究各种排序算法。

设有一组元素序列

$$(e_0, e_1, \cdots, e_{n-1})$$

对应的关键字分别为

$$(\mathrm{key}_0, \mathrm{key}_1, \cdots, \mathrm{key}_{n-1})$$

排序问题就是将这些记录重新排成新序列

$$(e_{s0}, e_{s1}, \cdots, e_{sn-1})$$

使得

$$\mathrm{key}_{s0} \leqslant \mathrm{key}_{s1} \leqslant \cdots \leqslant \mathrm{key}_{sn-1}$$

也就是说排序就是重排元素,使其按关键字有序。

如果元素关键字没有重复出现,则按任何排序方法排序后得到的序列是唯一的;对于可以重复出现的关键字,则排序结果可能不唯一。假如对于任意 $\mathrm{key}_i = \mathrm{key}_j (0 \leqslant i < j \leqslant n-1)$,则排序前元素 e_i 在 e_j 的前面,如果排序后元素 e_i 还在 e_j 的前面,这样的排序方法称为是稳定的排序方法;反之,排序后元素 e_i 有可能在 e_j 的后面,则称所用的排序方法是不稳定的排序方法。

按照排序过程中所涉及的存储器,可将排序分为如下两类。

(1) 内部排序。在进行内部排序时,将待排序的元素全部存入计算机的内存中,在排序过程中不需要访问外存。

(2) 外部排序。在进行外部排序时,待排序的元素不用全部装入内存,只需在排序过程中不断访问外存。

本章主要讲内部排序,对外部排序只做简单介绍。

对于内部排序,按排序过程中所依据的不同原则,可分为以下4种。

(1) 插入排序;

(2) 交换排序;

(3) 选择排序;

(4) 归并排序。

按内部排序过程中所需的工作量大小,可分为如下3类:

(1) 简单排序方法,其时间复杂度为 $O(n^2)$;

(2) 先进排序方法(也称为高级排序方法),其时间复杂度为 $O(n\mathrm{lb}n)$;

(3) 基数排序方法,其时间复杂度为 $O(dn)$。

对于排序表,假设每个元素都与一个关键字相关并且记录都可按关键字进行比较,可以使用类类型转换函数自动将类类型转换为关键字类型,从而实现对元素的比较自动转换为关键字的比较。

9.2 插入排序

9.2.1 直接插入排序

直接插入排序(straight insertion sort)是一种简单的排序算法,其基本思想是将第 1 个元素看成是一个有序子序列,再依次从第 2 个元素起逐个插入这个有序的子序列中。一般情况下,在第 i 趟,可将 elem[i]插入由 elem[0] ～ elem[$i-1$]构成的有序子序列中。

例如,已知待排序的一组元素序列如下:

{18, 8, 56, 9, 68, $\underline{8}$}

首先可假设有序子序列中只包含一个元素,也就是{18},将 8 插入有序子序列中,由于 8<18,显然插入后的有序子序列如下:

{ 8, 18}

然后再将 56 插入上述有序子序列中,由于 18<56,可知插入后的新有序子序列如下:

{8, 18, 56}

这个过程不断继续,直到有序子序列的元素个数与原序列元素个数相等。

下面是用 C++ 编写的算法实现,其中形参 1 的数组 elem 中存放了 n 个元素。

```
template <class ElemType>
void StraightInsertSort(ElemType elem[], int n)
//操作结果:对数组 elem 做直接插入排序
{
    for ( int i =1; i <n; i++)
    {   //第 i 趟直接插入排序
        ElemType e =elem[i];                          //暂存 elem[i]
        int j;                                        //临时变量
        for (j =i -1; j >=0 && e <elem[j]; j--)
        {   //将比 e 大的元素都后移
            elem[j +1] =elem[j];                      //后移
        }
        elem[j +1] =e;                                //j+1 为插入位置
    }
}
```

对于关键字序列{18, 8, 56, 9, 68, $\underline{8}$}各趟插入排序过程如图 9.1 所示。

现在考虑第 i 趟插入排序 InsertSort,当 elem[i]比它前面的元素小时,就向后移动此元素,直到遇到一个比它小或相等的元素时为此。

插入排序算法由嵌套的两个 for 循环组成,外层 for 循环执行 $n-1$ 次,内层 for 循环比较复杂,循环次数依赖于第 i 个元素前的元素中比 elem[i]大的元素个数,在最坏情况下,

原始序列	(18) 8 56 9 68 $\underline{8}$
第 1 趟结果	(8 18) 56 9 68 $\underline{8}$
第 2 趟结果	(8 18 56) 9 68 $\underline{8}$
第 3 趟结果	(8 9 18 56) 68 $\underline{8}$
第 4 趟结果	(8 9 18 56 68) $\underline{8}$
第 5 趟结果	(8 $\underline{8}$ 9 18 56 68)

图 9.1 直接插入排序示意图

每个元素都必须移动到数组的最前面,如果原数组元素是逆序的就会发生这种情况,这时第 1 趟循环 1 次,第 2 趟循环 2 次,以此类推,总循环次数为

$$\sum_{i=1}^{n-1} i = \frac{n(n-1)}{2} = O(n^2)$$

在最好情况下,数组元素已按关键字递增有序,这时每个内层 for 循环刚进入就退出了,只比较一次,不移动记录,总的比较次数为 $n-1$,可知这时的时间复杂度为 $O(n)$。

如果待排序的元素各不相等,并且是随机的,也就是排序的元素可能出现的各种序列的概率是相同的,可以证明直接插入排序的平均时间复杂度为 $O(n^2)$。有兴趣的读者可作为练习加以证明。

9.2.2 Shell 排序

Shell(谢尔)排序是对插入排序的一种改进。从 9.2.1 节对插入排序的分析可知,其最坏情况下时间复杂度为 $O(n^2)$,最好情况下时间复杂度为 $O(n)$。如果待排序元素按关键字基本有序时,插入排序的效率将大大提高,显然当元素个数 n 较少时效率也较高。Shell 排序正是从这两方面出发对插入排序进行改进而得到的一种效率较高的排序方法。

Shell 排序的基本思想是先将整个待排序的元素序列分割成若干子序列,分别对各子序列进行直接插入排序,等整个序列中的元素“基本有序”时,再对全体元素进行一次直接插入排序。

例如,对于关键字序列{18, 8, 15, 9, 5, 3, $\underline{8}$, 16},首先将此序列分成 4 个子序列(18, 5)、(8, 3)、(15, $\underline{8}$)、(9, 16),分别对每个子序进行排序,可得序列:

(5, 3, $\underline{8}$, 9, 18, 8, 15, 16)

然后再分为两个子序列(5, $\underline{8}$, 18, 15)和(3, 9, 8, 16),分别对两个子序列进行排序可得序列:

(5, 3, $\underline{8}$, 8, 15, 9, 18, 16)

最后对整个序列进行排序可得如下有序序列:

(3, 5, $\underline{8}$, 8, 9, 15, 16, 18)

整个排序过程如图 9.2 所示。

Shell 排序的一种可能的实现方式是第 1 趟将序列分成 $n/2$ 个长度至多为 2 的子序列,这时子序列中相邻两个元素的下标相差 $n/2$,称增量为 $n/2$;第 2 趟将序列分成 $n/4$ 个长度最多为 4 的子序列,这时子序列中相邻两个元素的下标相差 $n/4$,增量为 $n/4$;其他各趟以

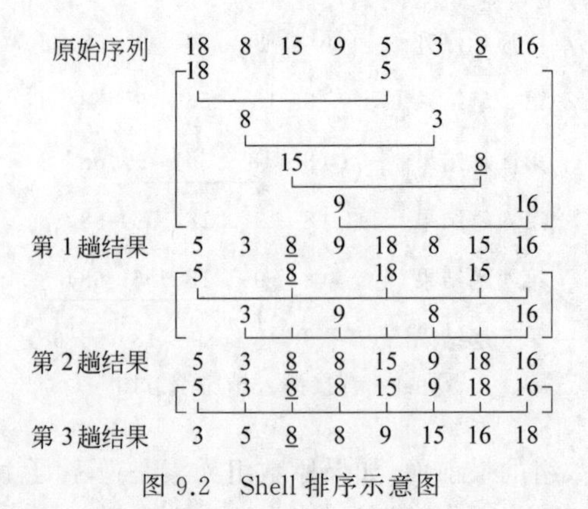

图 9.2　Shell 排序示意图

此类推,直到增量为1时为止。

对于一般的 Shell 排序算法,设增量序列为 inc[0]>inc[1]>inc[2]>…>inc[t-1]=1。下面是用 C++ 实现的 Shell 排序算法。

```
template <class ElemType>
void ShellInsert(ElemType elem[], int n, int incr)
//操作结果: 对数组 elem 做一趟增量为 incr 的 Shell 排序,对插入排序做出的修改是子序列中
//前后相邻记录的增量为 incr,而不是 1
{
    for ( int i =incr ; i <n; i++)
    {   //第 i-incr+1 趟插入排序
        ElemType e =elem[i];                                //暂存 elem[i]
        int j;                                              //临时变量
        for (j =i -incr; j >=0 && e <elem[j]; j -=incr)
        {   //将子序列中比 e 大的元素都后移
            elem[j +incr] =elem[j];                         //后移
        }
        elem[j +incr] =e;                                   //j+incr 为插入位置
    }
}

template <class ElemType>
void ShellSort(ElemType elem[], int n, int inc[], int t)
//操作结果: 按增量序列 inc[0 .. t -1 ]对数组 elem 做 Shell 排序
{
    for ( int k =0 ; k <t; k++)
    {   //第 k+1 趟 Shell 排序
        ShellInsert(elem, n, inc[k]);
    }
}
```

分析 Shell 排序是一个复杂的问题,它的时间复杂度是"增量"序列的函数,到现在为止还未得到数学上的解决,有人指出,当增量序列为 inc[k]$=2^{t-k+1}-1$ 时 Shell 排序的时间复

杂度为 $O(n^{1.5})$。

9.3 交换排序

本节讨论借助于“交换”排序的一类方法，其中最简单的一种是冒泡排序，而最先进的一种是快速排序，下面分别加以讨论。

9.3.1 冒泡排序

冒泡排序(bubble sort)一般作为计算机科学的一些入门课程(如C语言程序设计)中的例题加以介绍，实际应用并不太多。这是因为冒泡排序并没有特殊的价值是一种相对速度较慢的排序，且没有插入排序易懂，但冒泡排序是快速排序的基础，本节将介绍冒泡排序。

冒泡排序的基本思想是，将序列中的第1个元素与第2个元素进行比较，如前者大于后者，则两个元素交换位置，否则不交换；再将第2个元素与第3个元素比较，若前者大于后者，两个元素交换位置，否则不交换；以此类推，直到第 $n-1$ 个元素与第 n 个元素比较，若前者大于后者，两个元素交换位置，否则不交换。经过如此一趟排序，使得 n 个元素中最大者被安置在第 n 个位置上。此后，再对前 $n-1$ 个元素进行同样过程，使得该 $n-1$ 个元素的最大者被安置在整个序列的第 $n-1$ 个位置上；然后再对前 $n-2$ 个元素重复上述过程……直到对前2个元素重复上述过程为止。

初始序列	第1趟结果	第2趟结果	第3趟结果	第4趟结果	第5趟结果	第6趟结果	第7趟结果
18	8	8	8	5	4	4	1
8	15	9	5	3	5	1	**4**
15	9	5	3	8	1	**5**	
9	5	3	$\underline{8}$	1	**8**		
5	3	$\underline{8}$	1	**$\underline{8}$**			
3	$\underline{8}$	1	**9**				
$\underline{8}$	1	**15**					
1	**18**						

图 9.3　冒泡排序示意图

图9.3是对关键字序列(18, 8, 15, 9, 5, 3, $\underline{8}$, 1)进行冒泡排序的实例，从图中可以看出，在冒泡排序的过程中，关键字较小的元素像水中的气泡在逐趟向上浮，关键字较大的元素像石块一样向下沉，并且每一趟都有一起最大的“石块”沉到水底。

下面是冒泡排序算法：

```
template <class ElemType>
void BubbleSort(ElemType elem[], int n)
//操作结果:在数组 elem 中用冒泡排序进行排序
{
    for (int i =1; i <n; i++)
    {   //第 i 趟冒泡排序
        for (int j =0; j <n -i; j++)
        {   //比较 elem[j]与 elem[j +1]
            if (elem[j] >elem[j +1])
            {   //如出现逆序,则交换 elem[j]和 elem[j +1]
                ElemType temp =elem[j]; elem[j] =elem[j +1]; elem[j +1] =temp;
            }
        }
    }
}
```

冒泡排序的外层 for 的循环次数为 $n-1$，内层 for 循环的循环次数为 i，可知内层的总比较次数为

$$\sum_{i=n-1}^{1} i = \frac{n(n-1)}{2} = O(n^2)$$

所以冒泡排序的最好、最坏和平均情况下的时间复杂度是相同的。

9.3.2 快速排序

一般都认为快速排序(quick sort)平均时间最短，有着广泛的应用，典型应用是 UNIX 系统库函数例程中的 qsort()函数，但有趣的是在初始序列有序的情况下，快速排序的时间性能最差。

快速排序的基本思想是先任选序列中的一个元素(通常选取第一个元素)作为支点(pivot)，以它和所有剩余元素进行比较，将所有较它小的元素都排在它前面，将所有较它大的元素都排在它之后；经过一趟排序后，可按此元素所在位置为界，将序列划分为两个部分，再对这两个部分重复上述过程直至每一部分中只剩一个元素为止。

假设待排序的序列为(elem[low],elem[low+1],…,elem[high])，首先任选取序列中的一个元素(通常可选第一个元素)作为支点，再将所有比 pivot 小的元素排序 pivot 的左边，将所有比 pivot 大的元素排序 pivot 的右边，设由此得到的支点的位置是 i，则以 i 作为分界线，将原序列作一次如下的划分：

(elem[low],elem[low+1],…,elem[$i-1$]) elem[i] (elem[$i+1$], elem[$i+2$],…, elem[high])

这样划分后得到两个子序列(elem[low], elem[low +1], …, elem[$i-1$])和(elem[$i+1$], elem[$i+2$], …, elem[high])并且支点 elem[i](也就是 pivot)已被放到正确的位置上，然后再分别对(elem[low], elem[low+1], …, elem[$i-1$])和(elem[$i+1$], elem[$i+2$], …, elem[high])子序列进行划分，直到每个子序列的长度都为 1 时为止。

一趟快速排序的具体方法是，设支点是 elem[low]，首先从 high 所指位置开始向左搜索到第一个小于 elem[low]的元素（此元素仍假记为 elem[high]）为止，然后交换 elem[low]和elem[high]，这时支点为 elem[high]，再从 low 所指位置开始向右搜索到第一个大于 elem[high]的元素(此元素仍假设为 elem[low])为止，然后交换 elem[low]和 elem[high]，这时支点为 elem[low]；重复这两步直到 low=high 时为止，这时支点的位置为 low。

下面是快速排序算法的 C++ 具体实现。

```
template <class ElemType>
int Partition(ElemType elem[], int low, int high)
//操作结果:交换 elem[low .. high]中的元素,使支点移动到适当位置,要求在支点之前的元素
//不大于支点,在支点之后的元素不小于支点,并返回支点的位置
{
    while (low <high)
    {
        while (low <high && elem[high] >=elem[low])
        {   //elem[low]为支点,使 high 右边的元素不小于 elem[low]
```

```
            high--;
        }
        ElemType temp =elem[low]; elem[low] =elem[high]; elem[high] =temp;
            //交换 elem[low]与 elem[high]

        while (low <high && elem[low] <=elem[high])
        {   //elem[high]为支点,使 low 左边的元素不大于 elem[high]
            low++;
        }
        temp =elem[low]; elem[low] =elem[high]; elem[high] =temp;
                                                  //交换 elem[low]与 elem[high]
    }
    return low;                                   //返回支点位置
}

template <class ElemType>
void QuickSortHelp(ElemType elem[], int low, int high)
//操作结果:对数组 elem[low .. high]中的记录进行快速排序
{
    if (low <high)
    {   //子序列 elem[low .. high]长度大于 1
        int pivotLoc =Partition(elem, low, high); //进行一趟划分
        QuickSortHelp(elem, low, pivotLoc -1);    //对子表 elem[low, pivotLoc -1]
                                                  //递归排序
        QuickSortHelp(elem, pivotLoc +1, high);   //对子表 elem[pivotLoc +1,
                                                  //high]递归排序
    }
}

template <class ElemType>
void QuickSort(ElemType elem[], int n)
//操作结果:对数组 elem 进行快速排序
{
    QuickSortHelp(elem, 0, n -1);
}
```

图 9.4(a)是对关键字序列(49, 38, 66, 97, $\underline{38}$,68)第 1 趟快速划分的过程,图 9.4(b)是排序全过程。

下面分析快速排序的时间性能,设 $T(n)$表示对具有 n 个元素的序列进行快速排序的时间,$T_{\text{pass}}(n)$表示能具有 n 个元素的序列做一趟划分的时间,设对具有 n 个元素的序列划分后支点左侧有 $k-1$ 个元素,而支点右侧有 $n-k$ 个元素,则有如下关系:

$$T(n)=T_{\text{pass}}(n)+T(k-1)+T(n-k)$$

从 Partition 函数模板可知,$T_{\text{pass}}(n)$与 n 成正比,设 $T_{\text{pass}}(n)=cn$,$T(0)=b$,设待排序

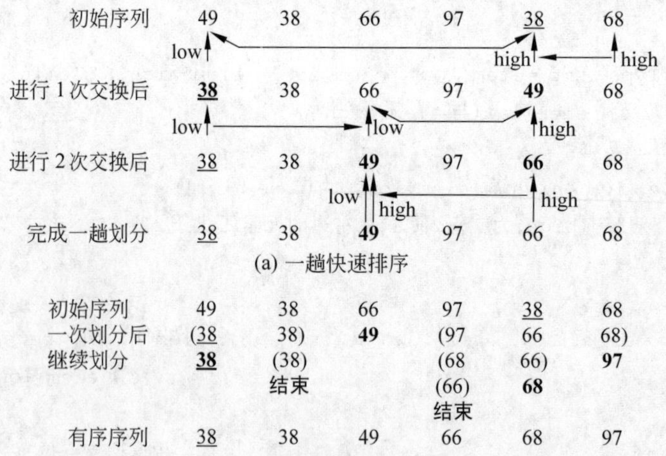

初始序列	49	38	66	97	<u>38</u>	68
	low				high	high
进行1次交换后	**<u>38</u>**	38	66	97	**49**	68
	low		low		high	
进行2次交换后	<u>38</u>	38	**49**	97	**66**	68
			low high		high	
完成一趟划分	<u>38</u>	38	**49**	97	66	68

(a) 一趟快速排序

初始序列	49	38	66	97	<u>38</u>	68
一次划分后	(<u>38</u>	38)	**49**	(97	66	68)
继续划分	**<u>38</u>**	(38)		(68	66)	**97**
		结束		(66)	**68**	
				结束		
有序序列	<u>38</u>	38	49	66	68	97

(b) 排序全过程

图 9.4　快速排序示意图

的序列中元素是随机排列的,也就是 k 取值为 $1\sim n$ 中任何值的概率相同,所以快速排序所需的平均时间为

$$T_{\text{average}}(n)=cn+\frac{1}{n}\sum_{k=1}^{n}[T_{\text{average}}(k-1)+T_{\text{average}}(n-k)]=cn+\frac{2}{n}\sum_{k=0}^{n-1}T_{\text{average}}(k)$$

由此可得

$$T_{\text{average}}(n)=cn+\frac{2}{n}\sum_{k=0}^{n-1}T_{\text{average}}(k)$$

$$T_{\text{average}}(n-1)=c(n-1)+\frac{2}{n-1}\sum_{k=0}^{n-2}T_{\text{average}}(k)$$

由上面两个关系式可推得

$$\begin{aligned}T_{\text{average}}(n)&=\frac{n+1}{n}T_{\text{average}}(n-1)+\frac{2n-1}{n}c\\&<\frac{n+1}{n}T_{\text{average}}(n-1)+2c\\&<\frac{n+1}{n-1}T_{\text{average}}(n-2)+2(n+1)\left(\frac{1}{n}+\frac{1}{n+1}\right)c\\&\vdots\\&<\frac{n+1}{2}T_{\text{average}}(1)+2(n+1)\left(\frac{1}{3}+\cdots+\frac{1}{n+1}\right)c\\&<(n+1)b+2(n+1)\left(\frac{1}{2}+\frac{1}{3}+\cdots+\frac{1}{n+1}\right)c\end{aligned}$$

所以可得

$$T_{\text{average}}(n)<(n+1)b+2(n+1)(H(n+1)-1)c,\quad n>1 \tag{9.1}$$

类似地可得

$$T_{\text{average}}(n)>(n+1)b+(n+1)[H(n+1)-1]c,\quad n>1 \tag{9.2}$$

其中，$H(n)$是调和级数

$$H(n)=\sum_{i=1}^{n}\frac{1}{i}$$

调和级数具有以下性质(参见附录A)

$$\ln(n)<H(n)<1+\ln(n)$$

由式(9.1)和式(9.2)可得

$$(n+1)b+(n+1)[\ln(n+1)-1]c<T_{\text{average}}(n)<(n+1)b+2(n+1)\ln(n+1)c$$

可知 $T_{\text{average}}(n)=O(n\text{lb}n)$。

快速排序被公认为在所有同数量级 $O(n\text{lb}n)$的排序方法中平均时间性能最好，但如果原序列有序时，快速排序将退化为冒泡排序，其时间复杂度为 $O(n^2)$。

9.4 选择排序

选择排序的基本思想是每一趟在 $n-i\ (i=0,1,\cdots,n-1)$ 个元素(elem[i]，elem[$i+1$]，…，elem[$n-1$])中选择最小元素作为有序序列中第 i 个元素。下面介绍两种常见的选择排序。

9.4.1 简单选择排序

简单选择排序(simple selection sort)的第 i 趟是从(elem[i]，elem[$i+1$]，…，elem[$n-1$])选择第 i 小的元素，并将此元素放到 elem[i]处，也就是说简单选择排序是从未排序的序列中选择最小元素，接着是次小的，以此类推，为寻找下一个最小元素，需检索数组整个未排序部分，但只需一次交换即可将待排序元素放到正确位置上。

下面是用 C++ 编写的简单选择排序算法。

```
template <class ElemType>
void SimpleSelectionSort(ElemType elem[], int n)
//操作结果:对数组 elem 作简单选择排序
{
    for ( int i =0; i <n -1; i++)
    {   //第 i 趟简单选择排序
        int minPos =i;                                  //记录 elem[i .. n -1]中最小元素下标
        for (int j =i +1; j <n; j++)
        {
            if (elem[j] <elem[minPos])
            {   //用 lowIndex 存储当前寻到的最小元素下标
                minPos =j;
            }
        }
        if (i !=minPos)
        {   //交换 elem[i]与 elem[minPos]
            ElemType temp =elem[i]; elem[i] =elem[minPos]; elem[minPos] =temp;
        }
```

```
    }
}
```

例如，对于关键字序列(49, 38, 66, 97, <u>49</u>,26)，各趟简单选择排序过程如图 9.5 所示。

原始序列	**49**	38	66	97	<u>49</u>	**26**
第 0 趟结果	26	(**38**	66	97	<u>49</u>	49)
第 1 趟结果	26	38	(**66**	97	**<u>49</u>**	49)
第 2 趟结果	26	38	<u>49</u>	(**97**	66	**49**)
第 3 趟结果	26	38	<u>49</u>	49	(**66**	**97**)
第 3 趟结果	26	38	<u>49</u>	49	66	(97)

图 9.5　简单选择排序示意图

简单选择排序的外层 for 循环共循环 $n-1$ 次，内层 for 循环 $n-1-i$ 次，可知总比较次数为

$$\sum_{i=0}^{n-2}(n-1-i)=\frac{n(n-1)}{2}=O(n^2)$$

从而可知时间复杂度为 $T(n)=O(n^2)$。

9.4.2　堆排序

堆排序(heap sort)是一种基于选择排序的先进排序方法，只需要一个元素的辅助存储空间，下面先介绍堆的概念。

对于有 n 个元素的序列(elem[0], elem[1], …, elem[$n-1$])，当且仅当满足如下条件时，称为堆：

$$\begin{cases}\text{elem}[i]\leqslant\text{elem}[2i+1]\\\text{elem}[i]\leqslant\text{elem}[2i+2]\end{cases}$$

或

$$\begin{cases}\text{elem}[i]\geqslant\text{elem}[2i+1]\\\text{elem}[i]\geqslant\text{elem}[2i+2]\end{cases},\quad i=0,1,2,\cdots,(n-2)/2$$

上面第一组关系定义的堆称为小顶堆，第二组关系定义的堆称为大顶堆，如将序列对应的数组看成是完全二叉树，则堆的定义表明完全二叉树所有非终端节点的值均不大于(或不小于)其左右孩子的值，如(elem[0], elem[1], …, elem[$n-1$])是堆，则堆顶元素 elem[0] 的值最小(或最大)，例如下面的两个序列为堆，对应的完全二叉树如图 9.6 所示。

(98, 56, 68, 36, 55, 18)

(16, 26, 38, 36, 55, 68)

下面只讨论大顶堆，对于小顶堆完全类似，此处从略。

对于大顶堆，堆顶元素最大，在输出堆顶元素后，如果能使剩下的 $n-1$ 个元素重新构建成一个堆，则可得到次大的元素，如此继续可得到一个有序序列，这种排序方法称为堆排序。

实现堆排序需要实现如下的算法：

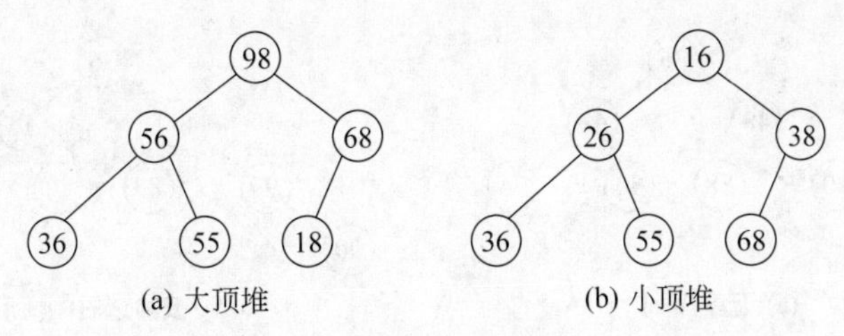

图 9.6　堆示意图

(1) 将一个无序序列构建成一个堆。

(2) 在输出堆顶元素后，调整剩余元素成为一个新的堆。

下面先讨论在输出堆顶元素后，调整剩余元素成为一个新的堆的算法实现。图 9.7(a)是一个堆，设输出堆顶元素后，以堆中最后一个元素代替，如图 9.7(b)，这时根节点的左右子树是大顶堆，需自上而下进行调整。首先用堆顶元素与其最大的左右孩子之值进行比较，由于最大孩子为左孩子，左孩子之值 90 大于双亲的值 36，将 36 和 90 进行交换，由 36 代替 90 后破坏了左子树的堆特性，需进行调整，直至叶节点或遇到调整后仍是堆时为止，调整后如图 9.7(c)所示。重复上面过程，交换 90 和 76 后如图 9.7(d)所示。

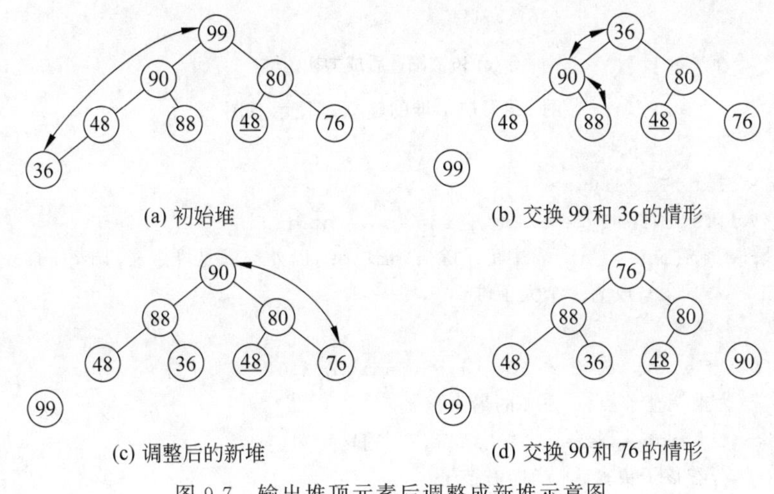

图 9.7　输出堆顶元素后调整成新堆示意图

一般称上述从上至下进行调整的过程为筛选，从一个无序序列建立初始堆的过程实际上就是不断“筛选”的过程，如将此序列看成是一个完全二叉树，最后一个非终端节点下标是$(n-2)/2$，可从第$(n-2)/2$个元素开始进行筛选，例如，图 9.8(a)表示一个无序序列：

$$(36,\ 48,\ \underline{48},\ 90,\ 88,\ 80,\ 76,\ 99)$$

从下标为 3 的元素 90 开始，由于 90＜99，所以交换 90 与 99，交换后如图 9.8(b)所示；再“筛选”下标为 2 的元素 $\underline{48}$，由于 $\underline{48}$＜80，所以交换 $\underline{48}$ 与 80，交换后如图 9.8(c)所示；接着“筛选”下标为 1 的元素 48，由于 48＜99，则交换 48 和 99，又由于 48＜90，所以再交换 48 与 90，交换后如图 9.8(d)所示；最后筛选下标为 0 的元素 36，依次与 99、90 和 48 交换，交换后如图 9.8(e)所示，这时已建成了初始堆。

用 C++ 实现的堆排序算法如下：

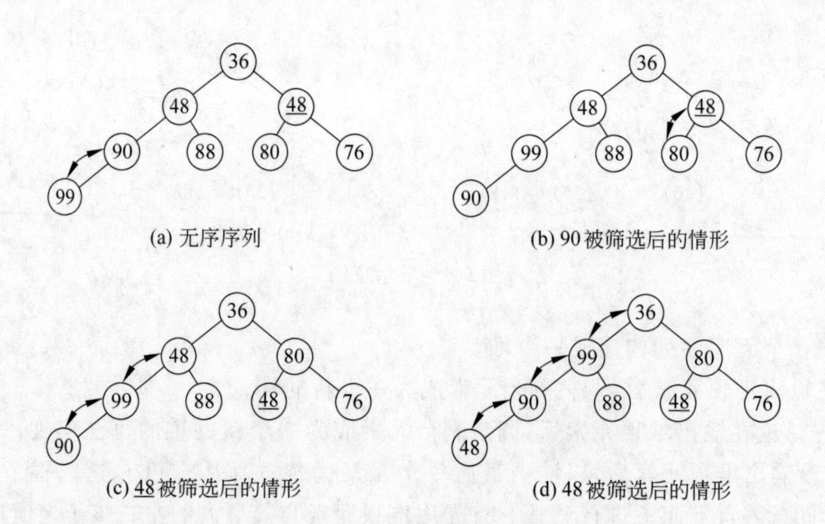

(a) 无序序列　　(b) 90 被筛选后的情形

(c) 48 被筛选后的情形　　(d) 48 被筛选后的情形

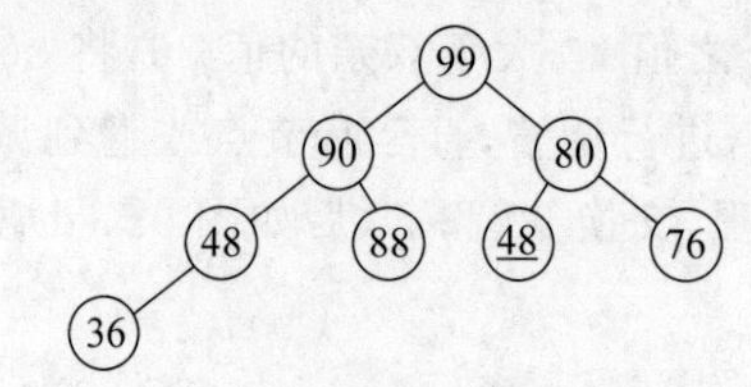

(e) 36 被筛选后成为初始堆

图 9.8　初始堆的建立过程示意图

```
template <class ElemType>
void SiftAdjust(ElemType elem[], int low, int high)
//操作结果:elem[low .. high]中记录除 elem[low]以外都满足堆定义,调整 elem[low]使其
//elem[low .. high]成为一个大顶堆
{
    for (int f =low, i =2 * low +1; i <=high; i =2 * i +1)
    {   //f 为被调整节点,i 为 f 的最大孩子
        if (i <high && elem[i] <elem[i +1])
        {   //右孩子更大, i 指向右孩子
            i++;
        }
        if (elem[f] >=elem[i])
        {   //已成为大顶堆
            break;
        }
        ElemType temp =elem[f]; elem[f] =elem[i]; elem[i] =temp;
                                                    //交换 elem[f]与 elem[i]
        f =i;                                       //成为新的调整节点
    }
}

template <class ElemType>
```

```
void HeapSort(ElemType elem[], int n)
//操作结果:对数组 elem 进行堆排序
{
    int i;
    for (i = (n - 2) / 2; i >= 0; --i)
    {   //将 elem[0 .. n - 1]调整成大顶堆
        SiftAdjust(elem, i, n - 1);
    };

    for (i = n - 1; i > 0; --i)
    {   //第 n - i 趟堆排序
        ElemType temp = elem[0]; elem[0] = elem[i]; elem[i] = temp;
            //将堆顶元素和当前未经排序的子序列 elem[0 .. i]中最后一个元素交换
        SiftAdjust(elem, 0, i - 1);                    //将 elem[0 .. i - 1]重新调整为大顶堆
    }
}
```

对于深度为 k 的堆,筛选算法中元素的比较次数最多为 $2(k-1)$次,在建立含 n 个记录、深度为 h 的堆时,由于第 i 层最多有 2^{i-1}个节点,所以总共进行的比较次数最多为

$$\sum_{i=h-1}^{1} 2^{i-1} \times 2(h-i) = \sum_{i=h-1}^{1} 2^{i}(h-i) = \sum_{i=1}^{h-1} 2^{h-i} i \tag{9.3}$$

对于深度为 h 的完全二叉树,如节点数为 n,则有 $2^{h-1} \leqslant n$,所以 $2^{h} \leqslant 2n$,进而有

$$\sum_{i=1}^{h-1} 2^{h-i} i = 2^{h} \sum_{i=1}^{h-1} 2^{-i} i \leqslant n \sum_{i=1}^{h-1} \frac{i}{2^{i-1}} \tag{9.4}$$

设 $f(x) = \sum_{i=1}^{h-1} i x^{i-1}$,所以有

$$\int_{t=0}^{x} f(t)\mathrm{d}t = \sum_{i=1}^{h-1} \int_{t=0}^{x} i t^{i-1} \mathrm{d}t = \sum_{i=1}^{h-1} x^{i} = \frac{x(1-x^{h-1})}{1-x}$$

从而得

$$f(x) = \frac{(1-hx^{h-1})(1-x) + x(1-x^{h-1})}{(1-x)^{2}}$$

所以有

$$\sum_{i=1}^{h-1} \frac{i}{2^{i-1}} = f\left(\frac{1}{2}\right) = \frac{\frac{1}{2}\left(1-\frac{h}{2^{h-1}}\right) + \frac{1}{2}\left(1-\frac{1}{2^{h-1}}\right)}{\left(\frac{1}{2}\right)^{2}} = 4\left(1-\frac{h}{2^{h}}-\frac{1}{2^{h}}\right) < 4 \tag{9.5}$$

由式(9.3)~式(9.5)可知总共进行的关键字比较次数最多为

$$\sum_{i=h-1}^{1} 2^{i-1} \times 2(h-i) \leqslant n \sum_{i=1}^{h-1} \frac{i}{2^{i-1}} < 4n \tag{9.6}$$

由于 k 个节点的完全二叉树的深度为$\lfloor \mathrm{lb}k \rfloor+1$,调整新堆调用 SiftAdjust()函数 $n-1$ 次,调整时节点个数分别为 $n-1, n-2, \cdots, 1$,相应完全二叉树的深度分别为$\lfloor \mathrm{lb}(n-1) \rfloor+1$, $\lfloor \mathrm{lb}(n-2) \rfloor+1, \cdots, \lfloor \mathrm{lb}1 \rfloor+1$,调用 SiftAdjust()函数进行调整的比较元素次数分别为 $2\lfloor \mathrm{lb}(n-1) \rfloor, 2\lfloor \mathrm{lb}(n-2) \rfloor, 2\lfloor \mathrm{lb}1 \rfloor$,所以总共进行的比较次数最大为

$$\sum_{k=n-1}^{1} 2\lfloor \mathrm{lb}k \rfloor < 2n\lfloor \mathrm{lb}n \rfloor \tag{9.7}$$

由式(9.6)与式(9.7)可知，在最坏情况下的时间复杂度为 $O(n\mathrm{lb}n)$，相对快速排序在最坏情况下时间复杂度为 $O(n^2)$，这是最大的优势，而且只占用一个用于交换元素的临时存储空间，也比快速排序递归算法在实现时用栈更节约存储空间。

9.5 归并排序

归并排序(merge sort)是一种简单易懂的先进排序方法，这里的归并是指将两个有序子序列合并为一个新的有序子序列，设初始序列中有 n 个元素，归并排序的基本思想是，将序列看成 n 个有序的子序列，每个序列的长度为 1，然后两两归并，得到 $\left\lceil \frac{n}{2} \right\rceil$ 个长度为 2 或 1 的有序子序列，然后两两归并……这样重复下去，直到得到一个长度为 n 的有序子序列，这种排序方法称为 2-路归并排序，如果每次将 3 个有序子序列合并为一个新的有序序列，则称为 3-路归并排序，以此类推。对于内部排序来讲，2-路归并排序就能完全满足需要，只有外部排序才需要多路归并，本节只讨论 2-路归并排序。图 9.9 是 2-路归并排序的一个示例。

初始序列	(44)	(38)	(56)	(30)	(88)	(80)	(<u>38</u>)
第 1 趟归并后	(38	44)	(30	56)	(80	88)	(<u>38</u>)
第 2 趟归并后	(30	38	44	56)	(<u>38</u>	80	88)
第 3 趟归并后	(30	38	<u>38</u>	44	56	80	88)

图 9.9　2-路归并排序示意图

用 C++ 实现的 2-路归并排序算法如下：

```
template <class ElemType>
void SimpleMerge(ElemType elem[], int low, int mid, int high)
//操作结果:将有序子序列 elem[low .. mid]和 elem[mid +1 .. midhigh]归并为新的
//有序序列 elem[low .. high]
{
    ElemType * temElem =new ElemType[high +1];                //定义临时数组

    int i, j, k;                                              //临时变量
    for (i =low, j =mid +1, k =low; i <=mid && j <=high; k++)
    {   //i 为归并时 elem[low .. mid]当前元素的下标,j 为归并时 elem[mid +1 .. high]当
        //前元素的下标,k 为 temElem 中当前元素的下标
        if (elem[i] <=elem[j])
        {   //elem[i]较小,先归并
            temElem[k] =elem[i];
            i++;
        }
```

```
        else
        {   //elem[j]较小,先归并
            temElem[k] =elem[j];
            j++;
        }
    }

    for (; i <=mid; i++, k++)
    {   //归并 elem[low .. mid]中剩余元素
        temElem[k] =elem[i];
    }

    for (; j <=high; j++, k++)
    {   //归并 elem[mid +1 .. high]中剩余元素
        temElem[k] =elem[j];
    }

    for (i =low; i <=high; i++)
    {   //将 temElem[low .. high]复制到 elem[low .. high]
        elem[i] =temElem[i];
    }

    delete []temElem;                                   //释放 temElem 所占用空间
}

template <class ElemType>
void SimpleMergeSortHelp(ElemType elem[], int low, int high)
//操作结果:对子序列 elem[low .. high]进行简单归并排序
{
    if (low <high)
    {
        int mid =(low +high) / 2;       //将 elem[low .. high]平分为 elem[low .. mid]
                                        //和 elem[mid +1 .. high]
        SimpleMergeSortHelp(elem, low, mid);        //对 elem[low .. mid]进行简单归并
                                                    //排序
        SimpleMergeSortHelp(elem, mid +1, high);    //对 elem[mid +1 .. high]进行简单
                                                    //归并排序
        SimpleMerge(elem, low, mid, high);          //对 elem[low .. mid]和 elem
                                                    //[mid +1 .. high]进行归并

    }
}

template <class ElemType>
void SimpleMergeSort(ElemType elem[], int n)
//操作结果:对数组 elem 进行简单归并排序
```

```
{
    SimpleMergeSortHelp(elem, 0, n -1);
}
```

对上面的归并排序,在每次归并时都要为临时数组分配存储空间,归并结束后还需释放空间,要花费不少时间。为进一步提高运行速度,可在主归并函数 MergeSort()中统一为临时数组分配存储空间与释放空间,具体实现如下:

```
template <class ElemType>
void Merge(ElemType elem[], ElemType temElem[], int low, int mid, int high)
//操作结果:将有序子序列 elem[low .. mid]和 elem[mid +1 .. midhigh]归并为新的
//有序序列 elem[low .. high]
{

    int i, j, k;                                          //临时变量
    for (i =low, j =mid +1, k =low; i <=mid && j <=high; k++)
    {   //i 为归并时 elem[low .. mid]当前元素的下标,j 为归并时 elem[mid +1 .. high]当
        //前元素的下标,k 为 temElem 中当前元素的下标
        if (elem[i] <=elem[j])
        {   //elem[i]较小,先归并
            temElem[k] =elem[i];
            i++;
        }
        else
        {   //elem[j]较小,先归并
            temElem[k] =elem[j];
            j++;
        }
    }

    for (; i <=mid; i++, k++)
    {   //归并 elem[low .. mid]中剩余元素
        temElem[k] =elem[i];
    }

    for (; j <=high; j++, k++)
    {   //归并 elem[mid +1 .. high]中剩余元素
        temElem[k] =elem[j];
    }

    for (i =low; i <=high; i++)
    {   //将 temElem[low .. high]复制到 elem[low .. high]
        elem[i] =temElem[i];
    }
}
```

```
template <class ElemType>
void MergeSortHelp(ElemType elem[], ElemType temElem[], int low, int high)
//操作结果:对子序列 elem[low .. high]进行归并排序
{
    if (low <high)
    {
        int mid =(low +high) / 2;
                    //将 elem[low .. high]平分为 elem[low .. mid]和 elem[mid +1 .. high]
        MergeSortHelp(elem, temElem, low, mid);   //对 elem[low .. mid]进行归并排序
        MergeSortHelp(elem, temElem, mid +1, high);    //对 elem[mid +1 .. high]进
                                                      //行归并排序
        Merge(elem, temElem, low, mid, high);         //对 elem[low .. mid]和 elem
                                                      //[mid +1 .. high]进行归并
    }
}

template <class ElemType>
void MergeSort(ElemType elem[], int n)
//操作结果:对数组 elem 进行归并排序
{
    ElemType * temElem =new ElemType[n];              //定义临时数组
    MergeSortHelp(elem, temElem, 0, n -1);
    delete []temElem;                                 //释放 temElem 所占用空间
}
```

由于将有序子序列 elem[low .. mid]和 elem[mid + 1 .. high]归并为有序子序列 elem[low .. high]需时间 $O(\text{high}-\text{low}+1)$,可知进行一趟归并需时间 $O(n)$,设

$$2^{h-1} < n \leqslant 2^h \tag{9.8}$$

在进行第 1 趟归并后,将得到 $n_1=\left\lceil\frac{n}{2}\right\rceil$个长度为 2 或更短的有序子序列,其中 n_1 满足

$$2^{h-2} < n_1 \leqslant 2^{h-1} \tag{9.9}$$

在进行第 2 趟归并后,将得到 $n_2=\left\lceil\frac{n_1}{2}\right\rceil$个长度为 4 或更短的有序子序列,其中 n_2 满足

$$2^{h-3} < n_2 \leqslant 2^{h-2} \tag{9.10}$$

这样继续下去,在进行第 h 趟归并后,将得到 $n_h=\left\lceil\frac{n_{h-1}}{2}\right\rceil$个长度为 2^h 或更短的有序子序列,其中 n_h 满足

$$2^{h-(h+1)} < n_h \leqslant 2^{h-h} \tag{9.11}$$

由式(9.11)可知$\frac{1}{2}<n_h\leqslant 1$,所以 $n_h=1$,也就是归并趟数为 h,对式(9.8)各项取以 2 为底的对数可得

$$h-1 < \text{lb}n \leqslant h \tag{9.12}$$

由式(9.12)得

$$h = \lceil \mathrm{lb}n \rceil \tag{9.13}$$

这样,时间复杂度为 $O(n\lceil \mathrm{lb}n \rceil) = O(n\mathrm{lb}n)$。归并排序的时间代价并不依赖于待排序数组的初始情况,也就是归并排序的最好、平均和最坏情形的时间复杂度都为 $O(n\mathrm{lb}n)$,这一点比快速排序好,并且归并排序还是稳定的,当然公认为在平均情况下,还是快速排序最快(常数因子更小)。

*9.6 基数排序

基数排序(radix sorting)是一种全新的排序方法,其实现的关键是不需要进行元素的关键字之间的比较,而是一种借助多关键字排序思想的排序方法。

9.6.1 多关键字排序

假设在有 n 个元素的序列

$$\{\mathrm{elem}_0, \mathrm{elem}_1, \cdots, \mathrm{elem}_{n-1}\}$$

中,元素 elem_i 含有 d 个关键字($K_i^0, K_i^1, \cdots, K_i^{d-1}$),其中 K_i^0 称为最主位关键字,K_i^{d-1} 称为最次位关键字,如果对任意两个元素 elem_i 和 elem_j($0 \leqslant i < j \leqslant n-1$)都满足

$$(K_i^0, K_i^1, \cdots, K_i^{d-1}) \leqslant (K_j^0, K_j^1, \cdots, K_j^{d-1})$$

则称序列按关键字($K^0, K^1, \cdots, K^{d-1}$)有序。

多关键字序列的排序最常见的方法是最低位优先(least significant first,LSF)法,先对最低位 K^{d-1} 进行排序,再对高 1 位关键字 K^{d-2} 进行排序,以此类推,直到对 K^0 进行排序为止。这种排序可以不比较关键字的大小,而是通过分配和收集来实现。下面通过扑克牌排序来说明这种思想。

每张扑克牌有两个关键字(花色,面值),假设有如下次序关系:

花色:♥<♣<♠<♦;

面值:2<3<4<5<6<7<8<9<10<J<Q<K<A。

也就是可以将扑克牌排序如下:

♥2 < ♥3 < ♥4 < … < ♥A <
♣2 < ♣3 < ♣4 < … < ♣A <
♠2 < ♠3 < ♠4 < … < ♠A <
♦2 < ♦3 < ♦4 < … < ♦A

对扑克牌的排序可采用如下的分配和收集来进行。

第 1 趟分配:按扑克牌的面值分配成不同面值的 13 堆。

第 1 趟收集:将这 13 堆扑克牌按面值自小至大收集起来(3 收集在 2 的上面,4 收集在 3 的上面,……,A 收集在 K 的上面)。

第 2 趟分配:按扑克牌的花色分配成不同花色的 4 堆。

第 2 趟收集:将这 4 堆扑克牌按花色自小至大收集起来(♣收集在♥的上面,♠收集在♣的上面,♦收集在♠的上面)。

这样,经过两趟分配和收集后便可得到如上次序关系的扑克牌。

9.6.2 基数排序

基数排序的本质是借助于分配和收集算法对单关键字进行排序。基数排序是将关键字 K_i 在逻辑上看成是 d 个关键字($K_i^0,K_i^1,\cdots,K_i^{d-1}$),如 $K_i^j(0\leqslant j\leqslant d-1)$有 radix 种值,称 radix 为基数。例如关键字是整数,并且关键字取值范围是 $0\leqslant j\leqslant 99$,则可认为关键字 K 由两个关键字(K^0,K^1)组成,其中 K^0 是十位数,K^1 是个位数,并且每位关键字可取 10 个值,即基数 radix=10。在算法实现时可将数据按关键字分配到线性链表中,然后再对所得的线性链表进行收集。

例如,对如下的关键字序列:

(27, 91, 01, 97, 17, 23, 72, 25, 05, 67, 84, 07, 21, 31)

进行第 1 趟分配与收集如图 9.10 所示。

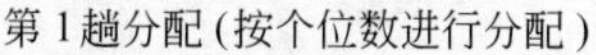

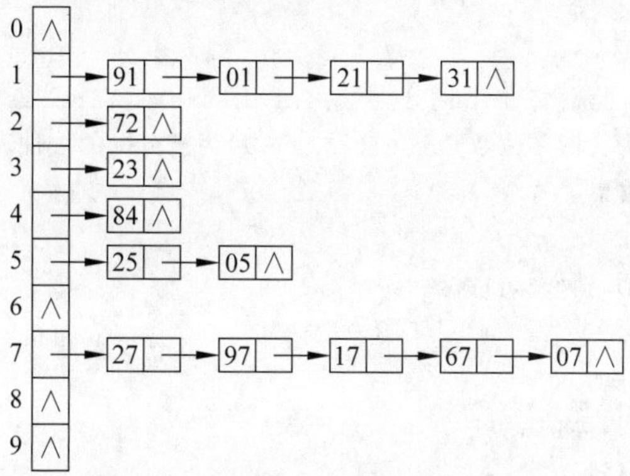

第1趟收集结果: 91, 01, 21, 31, 72, 23, 84, 25, 05, 27, 97, 17, 67, 07

图 9.10 第 1 趟分配与收集

进行第 2 趟分配与收集如图 9.11 所示。

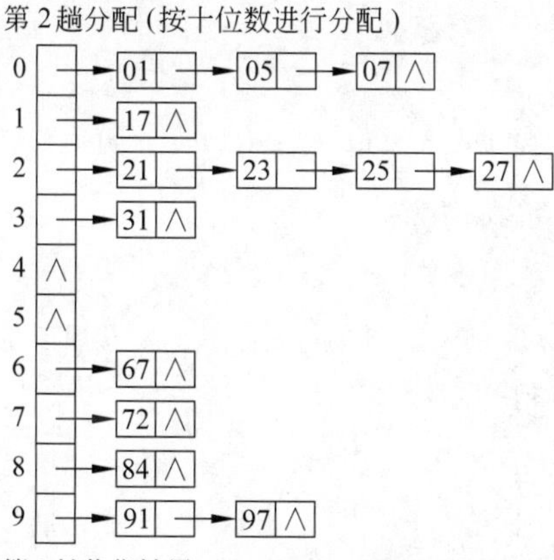

第2趟收集结果: 01, 05, 07, 17, 21, 23, 25, 27, 31, 67, 72, 84, 91, 97

图 9.11 第 2 趟分配与收集

用 C++ 实现的基数排序算法如下：

```
template <class ElemType>
void Distribute(ElemType elem[], int n, int r, int d, int i,
   LinkList<ElemType>list[])
//初始条件：r为基数,d为关键字位数,list[0 .. r -1]为被分配的线性表数组
//操作结果：进行第 i 趟分配
{
   for (int power =(int)pow((double)r, i -1), j =0; j <n; j++)
   {  //进行第 i 趟分配
      int index =(elem[j] / power) %r;
      list[index].Insert(list[index].Length() +1, elem[j]);
   }
}

template <class ElemType>
void Colect(ElemType elem[], int n, int r, int d, int i, LinkList<ElemType>list[])
//初始条件：r为基数,d为关键字位数,list[0 .. r -1]为被分配的线性表数组
//操作结果：进行第 i 趟收集
{
   for (int k =0, j =0; j <r; j++)
   {  //进行第 i 趟分配
      ElemType temElem;
      while (!list[j].Empty())
      {  //收集 list[j]
         list[j].Delete(1, temElem);
         elem[k++] =temElem;
      }
   }
}

template <class ElemType>
void RadixSort(ElemType elem[], int n, int r, int d)
//初始条件：r为基数,d为关键字位数
//操作结果：对 elem 进行基数排序
{
   LinkList<ElemType> * list;                    //用于存储被分配的线性表数组
   list =new LinkList<ElemType>[r];
   for (int i =1; i <=d; i++)
   {  //第 i 趟分配与收集
      Distribute(elem, n, r, d, i, list);        //分配
      Colect(elem, n, r, d, i, list);            //收集
   }
   delete []list;
}
```

设数组长度为 n，基数为 r，关键字位数为 d，则每趟分配的时间为 $O(n)$，每趟收集的时间为 $O(n+r)$，共需进行 d 趟分配与收集，可知总的时间代价为 $O(d(2n+r))$。基数排序是稳定的排序方法，适合于 d 和 r 较小的数组。

*9.7 各种内部排序方法讨论

综合本章前面关于内部排序的讨论，大致可得到表 9.1 所示的结果。

表 9.1 各种排序方法性能

<table>
<tr><th rowspan="2">排序分类</th><th rowspan="2">排序名称</th><th colspan="2">时间复杂度</th><th rowspan="2">辅助空间</th><th rowspan="2">稳定性</th></tr>
<tr><th>平均时间</th><th>最坏时间</th></tr>
<tr><td rowspan="3">简单排序</td><td>直接插入排序</td><td colspan="2" rowspan="3">$O(n^2)$</td><td rowspan="3">$O(1)$</td><td rowspan="2">稳定</td></tr>
<tr><td>冒泡排序</td></tr>
<tr><td>简单选择排序</td><td rowspan="3">不稳定</td></tr>
<tr><td rowspan="3">先进排序</td><td>快速排序</td><td>$O(n\mathrm{lb}n)$</td><td>$O(n^2)$</td><td>$O(\mathrm{lb}n)$</td></tr>
<tr><td>堆排序</td><td rowspan="2">$O(n\mathrm{lb}n)$</td><td rowspan="2">$O(n\mathrm{lb}n)$</td><td>$O(1)$</td></tr>
<tr><td>归并排序</td><td>$O(n)$</td><td>稳定</td></tr>
<tr><td rowspan="2">其他排序</td><td>Shell 排序</td><td colspan="2">由增量序列确定</td><td>$O(1)$</td><td>不稳定</td></tr>
<tr><td>基数排序</td><td colspan="2">$O(d(2n+r))$</td><td>$O(n+r)$</td><td>稳定</td></tr>
</table>

从表 9.1 中可以得到如下结论。

(1) 就时间性能而言，一般认为快速排序最佳，但快速排序在最坏情况下的时间性能不如堆排序和归并排序。对于基数排序，对于 n 值很大而关键字较小的序列，基数排序的速度最快。本章在各种内部排序的算法实现中，主要考虑到算法的可读性，没有对算法进行优化，可能实际运行时间比优化后慢得多，读者可作为练习，对各种排序方法进行优化。

(2) 就稳定性而言，一般简单排序算法是稳定的，先进排序方法不稳定，但也有例外，如归并排序就是稳定的，还有就是所有选择排序方法都是不稳定的，比如，对序列{16, $\underline{16}$, 8}，选出最小元素 8，交换 8 与 16 得{8, $\underline{16}$, 16}，可以发现按选择原理进行的排序方法都是不稳定的。

实际上，在本章讨论的所有排序方法中，没有一种是绝对最优的，在实用应用时，可根据不同情况适当选用。

下面讨论基于比较的内部排序算法可能达到的在最坏情况下的最快速度。从表 9.1 可知，基于比较的排序算法的时间复杂度可能为 $O(n^2)$ 或 $O(n\mathrm{lb}n)$，通过下面的讨论可以发现，不能找到一种基于比较的排序方法，它在最坏情况下的时间复杂度低于 $O(n\mathrm{lb}n)$。

基于比较的排序算法都可以构造出一棵类似于图 9.12 所示的判定树，来描述这类排序方法的过程。

图 9.12 是表示 3 个元素 e_1、e_2 和 e_3 进行直接插入排序算法排序过程的判定树，树中非终端节点表示两个元素间的一次比较，左、右子树分别表示这次比较所得的两种结果。3 个

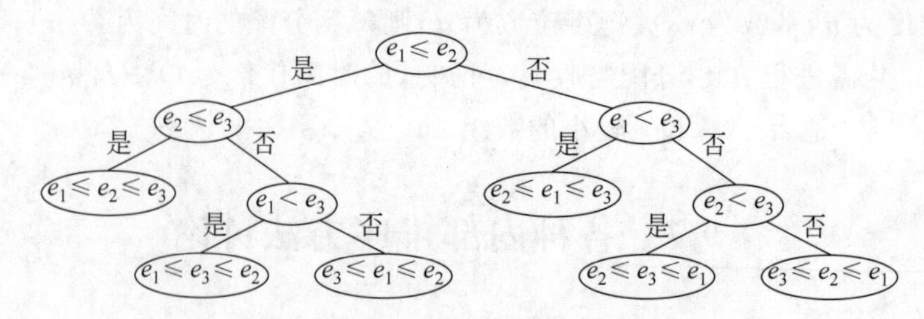

图 9.12　描述基于比较的排序算法的判定树示例

元素$\{e_1, e_2, e_3\}$之间存储 6 种关系：

(1) $e_1 \leqslant e_2 \leqslant e_3$；

(2) $e_1 \leqslant e_3 \leqslant e_2$；

(3) $e_3 \leqslant e_1 \leqslant e_2$；

(4) $e_2 \leqslant e_1 \leqslant e_3$；

(5) $e_2 \leqslant e_3 \leqslant e_1$；

(6) $e_3 \leqslant e_2 \leqslant e_1$。

也就是这 3 个元素排序可能得到 6 个结果：

(1) $\{e_1, e_2, e_3\}$；

(2) $\{e_1, e_3, e_2\}$；

(3) $\{e_3, e_1, e_2\}$；

(4) $\{e_2, e_1, e_3\}$；

(5) $\{e_2, e_3, e_1\}$；

(6) $\{e_3, e_2, e_1\}$。

图 9.12 所示的判定树的 6 个终端节点刚好对应这 6 个可能的结果，对每一个初始序列经排序达到有序所需进行的"比较"次数，恰为从树根节点到和该序列相应的叶节点的路径长度。图 9.12 的判定树的深度为 4，所示对 3 个记录进行直接插入排序至少要进行 3 次比较。

对于含 n 个元素的情况，由于含 n 个元素的序列可能出现的初始状态有 $n!$ 种，可知描述 n 个元素排序过程的判定树有 $n!$ 个叶节点。对于高为 h 的二叉树，度为 2 的节点个数 n_2 最多组前 $h-1$ 层的节点，最大个数为 $2^{h-1}-1$，由二叉树的性质可知叶节点个数 $n_0=n_2+1$，所以叶节点个数 $n_0 \leqslant 2^{h-1}$，以 2 为底取对数得 $h \geqslant \mathrm{lb}(n_0)+1$，由于描述含 n 个元素的判定树具有 $n!$ 个叶节点，所以判定树的高度至少为 $\mathrm{lb}(n!)+1$，这就是说，描述 n 个元素排序的判定树上必定存在一条长度至少为 $\mathrm{lb}(n!)$ 的路径。由此可知，任何一个基于比较进行排序的算法，在最坏情况下所需进行的比较次数至少为 $\mathrm{lb}(n!)$，对 n 为奇数与偶数分别进行讨论可知当 $n>1$ 时有如下关系：

$$(n/2)^{n/2} < n! < n^n \tag{9.14}$$

对式(9.14)各项以 2 为底取对数得

$$\frac{n}{2}(\mathrm{lb}n - 1) < \mathrm{lb}(n!) < n\ \mathrm{lb}n \tag{9.15}$$

由式(9.15)可知，任何一个基于比较进行排序的算法，在最坏情况下所需进行的比较次数至少为 $O(n\mathrm{lb}n)$，也就是最坏时间复杂度最少为 $O(n\mathrm{lb}n)$。

*9.8 外部排序

前面介绍的内部排序方法的特点是在排序过程中所有数据都在内存中,但是当要排序的元素非常多,以致内存中不能一次进行处理时,只能将它们以文件的形式存放于外存中。排序时将一部分元素调入内存进行处理,在排序过程中不断地在内存和外存之间传送数据,这样的排序方法称为外部排序。

9.8.1 外部排序基础

数据在磁盘上一般以块的形式进行存储,块也称为页面,是磁盘存储的基本单位,操作系统都是以块为单位访问磁盘的,下面先简单介绍磁盘的结构。

磁盘通常由若干张盘片组成,盘片容量大、速度快。盘片实际上是一个磁性圆片,在盘面上有许多称为磁道的圆圈,每张磁片有两个面,磁盘中半径相同的磁道都在同一圆柱面上,称为柱面。读写头都安装在移动臂上,移动臂可作径向移动,使读写头移动到指定柱面上,将所有磁片装在一个称为主轴的轴上进行高速旋转,当磁道在读写磁头上通过时,便可以进行数据的读写,如图 9.13 所示。

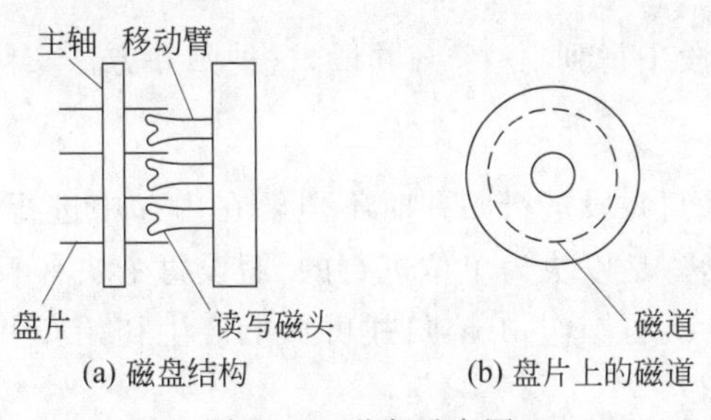

图 9.13 磁盘示意图

磁盘的信息地址标注方法如下：

(柱面号,盘面号,块号)

柱面号用于确定读写头的径向运动,块号用于确定信息在磁道上的位置,盘面号用于确定具体的读写头。为访问一块信息,首先将移动臂作径向移动寻找柱面,实际上也就是寻找磁道,简称为寻道,然后再等候所要访问信息所在的块旋转到磁头的上面,最后开始读写信息。在磁盘上读写一块信息所需要的时间由如下 3 部分组成：

$$T_{io} = T_{seek} + T_{latency} + T_{trans} \tag{9.16}$$

其中参数含义如下：

T_{seek} 为寻道时间,也就是磁头做径向运动的时间；

$T_{latency}$ 为等待时间,也就是等待信息块旋转到磁头上面的时间；

T_{trans} 为传输时间,也就是传输信息的时间。

现在的磁盘旋转速度越来越快,读写时间主要花费在寻道上,所以在磁盘上存储的信息应将相关数据存储到同一柱面或邻近柱面上,这样磁头在读写时可减少磁头作径向移动的时间。

9.8.2　外部排序的方法

外部排序一般由如下两步构成。

（1）将外存上所含的 n 个元素依次读入内存并使用内部排序方法进行排序，将排序后的有序子文件重新写入外存中，一般称这些子文件为归并段。

（2）对归并段进行逐趟归并，使归并段的长度由小变大，直到整个文件有序为止。

假设文件有 90000 个元素，先通过 9 次内部排序得到 9 个初始归并段 $R_0 \sim R_8$，每个归并段长度为 10000 个元素，再对归并段进行归并，如图 9.14 所示。

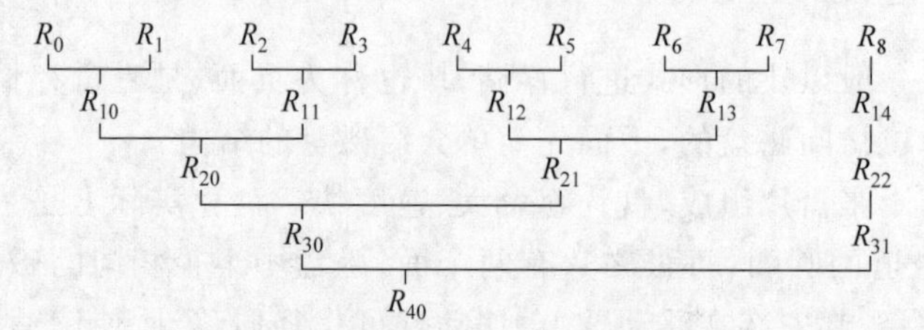

图 9.14　2-路归并过程示意图

从图 9.4 可以看出，由 9 个初始归并段进行两两归并到 5 个有序文件，共进行 4 趟归并，每一趟是从 k 个归并段中得到 $\left\lceil \frac{k}{2} \right\rceil$ 个归并段，这种归并方法实际上就是在归并排序中所讲的 2-路归并排序。

在外部排序中将两个归并段进行归并时不但要在内存中进行归并，而且还要进行外存的读写操作。对外存的读写是以块为单位进行的，假设每个块有 500 个元素，则每趟归并需进行 180 次读操作和 180 次写操作，4 趟归并再加上产生初始归并段时所进行读写块的总次数为 4×360＋360＝1800。

在一般情况下，外部排序所需时间如下：

$$T_{es} = mT_{is} + dT_{io} + snT_{mg} \tag{9.17}$$

其中参数含义如下：

m 是初始归并段个数；

T_{is} 是产生每个初始归并段进行内部排序的时间；

d 是外存块的读写次数；

T_{io} 是对每个外存块的读写时间；

s 是归并趟数；

n 是元素个数；

T_{mg} 是进行归并时每归并出一个元素的时间。

对于上例中的 90000 个元素进行 2-路归并外部排序所需时间为

$$T_{es} = 9T_{is} + 1800T_{io} + 4 \times 90000T_{mg} = 9T_{is} + 1800T_{io} + 360000T_{mg}$$

如果对上例中的 90000 个元素进行 3-路归并，如图 9.15 所示，共需进行 2 趟归并，外部排序时总的读写块的次数为 2×360＋360＝1080，比 2-路归并排序对外存块的读写次数更少。

对于外部排序所需读写外存块的次数为

R_0 R_1 R_2 R_3 R_4 R_5 R_6 R_7 R_8

R_{10} R_{11} R_{12}

R_{20}

图 9.15　3-路归并过程示意图

$$d = 2s\left\lceil \frac{n}{b} \right\rceil + 2\left\lceil \frac{n}{b} \right\rceil \tag{9.18}$$

其中参数含义如下：

s 为归并趟数；

n 为总元素个数；

b 为每个块的元素个数。

减少归并趟数可减少外存块的读写次数，可仿照 2-路归并排序的归并趟数公式类推出 k-路归并排序对 m 个初始归并段的归并趟数的公式如下：

$$s = \lceil \log_k m \rceil \tag{9.19}$$

可见增加 k 值能减少归并趟数，进而进一步减少外存块的读写次数。

**9.9　实例研究：用堆实现优先队列

大顶堆的任意一个节点的值都大于或等于其任意一个孩子节点存储的值。由于根节点包含大于或等于其孩子节点的值，而其孩子节点又依次大于或等于各自孩子节点的值，所以根节点存储着该树所有节点中的最大值。

小顶堆的每个节点存储的值都小于或等于其孩子节点存储的值。由于根节点包含小于或等于其孩子节点的值，而其孩子节点又依次小于或等于各自孩子节点的值，所以根节点存储了该树所有节点的最小值。

由于堆用完全二叉树实现，所以有关堆的操作效率较高，可用大顶堆实现最大优先队列，用小顶堆实现最小优先队列，下面先讨论最大优先队列，类模板声明如下。

```
//最大优先堆队列类模板
template<class ElemType>
class MaxPriorityHeapQueue
{
protected:
//数据成员
    ElemType * elem;                          //存储堆的数组
    int size;                                 //堆最大元素个数
    int count;                                //堆元素个数

//辅助函数模板
    void SiftAdjust(int low, int high);       //调整 elem[low]使其 elem[low ..
                                              //high]按关键字成为一个大顶堆
    void BuildHeap();                         //建立堆
```

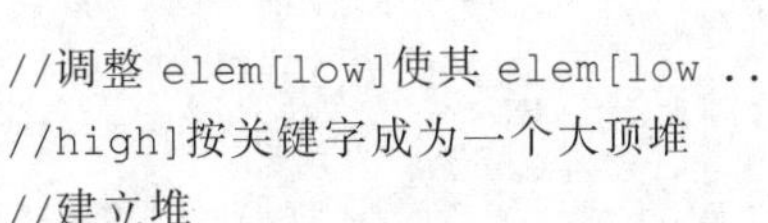

```
public:
//抽象数据类型方法声明及重载编译系统默认方法声明:
    MaxPriorityHeapQueue(int sz =DEFAULT_SIZE);        //构造最大元素个数为 sz 的堆
    MaxPriorityHeapQueue(ElemType e[], int cnt =0, int sz =DEFAULT_SIZE);
        //构造堆元素为 e[0] ...e[cnt -1], 最大元素个为 sz 的堆
    virtual ~MaxPriorityHeapQueue();                    //析构函数
    int Length() const;                                 //求优先队列长度
    bool Empty() const;                                 //判断优先队列是否为空
    void Clear();                                       //将优先队列清空
    void Traverse(void ( * visit)(const ElemType &)) ; //遍历优先队列
    bool OutQueue(ElemType &e);                         //出队操作
    bool GetHead(ElemType &e) const;                    //取队头操作
    bool InQueue(const ElemType &e);                    //入队操作
    MaxPriorityHeapQueue(const MaxPriorityHeapQueue<ElemType> &source);
                                                        //复制构造函数模板
    MaxPriorityHeapQueue<ElemType> &operator =(
        const MaxPriorityHeapQueue<ElemType> &source);
        //重载赋值运算符
};
```

一种建立堆的方法就是把元素一个接一个地插入堆中。成员函数模板 InQueue 将新元素 e 插入堆中。如果调用 InQueue 之前堆占用数组的前 count 个位置,调用之后则占用前 count+1 个位置。为此,InQueue 首先将 e 置于堆的末尾位置 count。当然,e 在此时很可能不在正确的位置上,需要将其与双亲节点相比较,以使它移到正确的位置。如果 e 的值小于或等于其双亲节点的值,则它已经处于正确的位置,InQueue 操作结束。如果 e 的值大于其双亲节点的值,则两个元素交换位置。e 与其双亲节点的比较一直持续到 e 到达其正确位置为止。下面是具体实现:

```
template<class ElemType>
bool MaxPriorityHeapQueue<ElemType>::InQueue(const ElemType &e)
//操作结果:插入元素 e,操作成功返回 true,否则返回 false
{
    if (count >=size)
    {   //堆已满, 溢出
        return false;                                   //操作失败
    }
    else
    {   //堆未满, 可插入元素 e
        int curPos =count++;                            //当前位置
        int parent =(curPos -1) / 2;                    //当前的双亲
        elem[curPos] =e;                                //初始时将元素 e 插入在堆的末端
        while (curPos >0 && elem[curPos] >elem[parent])
        {   //elem[curPos]大于双亲, 与双亲交换
            ElemType temElem =elem[curPos]; elem[curPos] =elem[parent];
                elem[parent] =temElem;
```

```
            //交换 elem[curPos]与双亲元素 elem[parent]
        curPos =parent;                                //以双亲作为新当前位置
        parent =(curPos -1) / 2;                       //新当前双亲
    }
    return true;                                       //操作成功
  }
}
```

如果建立堆时全部 n 个值都已知,则可以更高效地建立堆。可以利用它们在一起这个特点来加快建立过程,而不必将值逐个插入堆中。具体实现如下:

```
template<class ElemType>
void MaxPriorityHeapQueue<ElemType>::BuildHeap()
//操作结果:建立大顶堆
{
    for (int i =(count -2) / 2; i >=0; --i)
    {   //将 elem[0 .. count -1]调整成大顶堆
        SiftAdjust(elem, i, count -1);
    };
}

template<class ElemType>
MaxPriorityHeapQueue< ElemType >:: MaxPriorityHeapQueue (ElemType e [], int cnt,
int sz)
//操作结果:构造堆元素为 e[0] ...e[cnt -1], 最大元素个数为 sz 的堆
{
    size =sz;                                   //堆最大元素个数
    elem =new ElemType[sz];                     //为堆分配存储空间
    count =cnt;                                 //堆元素个数
    for (int temPos =0; temPos <cnt; temPos ++)
    {   //将 e[]赋值给 elem[]
        elem[temPos] =e[temPos];
    }
    BuildHeap();                                //建立堆
}
```

类似地,可用小顶堆来实现最小优先队列,具体类模板声明如下:

```
//最小优先堆队列类模板
template<class ElemType>
class MinPriorityHeapQueue
{
protected:
//数据成员
    ElemType * elem;                            //存储堆的数组
    int size;                                   //堆最大元素个数
    int count;                                  //堆元素个数
```

```
//辅助函数模板
    void SiftAdjust(int low, int high);
        //调整 elem[low]使其 elem[low .. high]按关键字成为一个小顶堆
    void BuildHeap();                                          //建立堆

public:
//抽象数据类型方法声明及重载编译系统默认方法声明:
    MinPriorityHeapQueue(int sz =DEFAULT_SIZE);               //构造最大元素个数为 sz 的堆
    MinPriorityHeapQueue(ElemType e[], int cnt =0, int sz =DEFAULT_SIZE);
        //构造堆元素为 e[0] ...e[cnt -1], 最大元素个为 sz 的堆
    virtual ~MinPriorityHeapQueue();                           //析构函数模板
    int Length() const;                                        //求优先队列长度
    bool Empty() const;                                        //判断优先队列是否为空
    void Clear();                                              //将优先队列清空
    void Traverse(void ( * visit) (const ElemType &));         //遍历优先队列
    bool OutQueue(ElemType &e);                                //出队操作
    bool GetHead(ElemType &e) const;                           //取队头操作
    bool InQueue(const ElemType &e);                           //入队操作
    MinPriorityHeapQueue(const MinPriorityHeapQueue<ElemType> &source);
                                                               //复制构造函数模板

    MinPriorityHeapQueue<ElemType> &operator =(
        const MinPriorityHeapQueue<ElemType> &source);
        //重载赋值运算符
};
```

9.10 深入学习导读

本章的排序算法思路来源于 Cliford A. Shaffer 所著的《A Practical Introduction to Data Structures and Algorithm Analysis. Second Edition》[2],该算法实现简单,可读性强,但算法效率较低;严蔚敏、吴伟民编著《数据结构(C 语言版)》[12] 所讲述的排序算法效率更高,但算法实现可读性要差些。

用堆实现优先队列参考了 Cliford A. Shaffer 所著的《A Practical Introduction to Data Structures and Algorithm Analysis. Second Edition》[2]。

9.11 习　　题

1. 用直接插入排序法,对序列 48,36,68,98,66,12,26,<u>48</u> 从小到大进行排序,试写出每趟排序的结果。

2. 有序列(38,19,65,13,97,49,41,95,1,73),采用冒泡排序方法由小到大进行排序,请写出每趟的结果。

3. 有一组值 25,84,21,47,15,27,68,35,20,现采用快速排序方法进行排序(用第一个

关键字作为分划元素)，试写出每趟的结果。

4. 在执行某个排序算法的过程中，出现了排序码朝着最终排序序列相反的方向移动，从而认为此排序算法是不稳定的，这种说法正确吗？为什么？

5. 判别以下序列是否为堆，如果不是，则将其调整为堆。

(1) (100,86,48,73,35,39,42,57,66,21)；

(2) (12,70,33,65,24,56,48,92,86,<u>33</u>)。

6. 如果在 2^{30} 个记录中找出两个最小的记录，采用什么样的排序方法所需的关键字比较次数最少？共计多少？

7. 以带头节点的单链表为存储结构实现简单选择排序，排序的结果是单链表按元素的值升序排序，试编写实现算法。

*8. 编写算法，对 n 个取整数值的序列进行整理，使所有负值的元素排在值为非负值的元素之前，要求：

(1) 采用顺序存储结构，至多使用一个记录的辅助存储空间；

(2) 算法的时间复杂度为 $O(n)$。

**9. 荷兰国旗问题：设有一个仅由红、白、蓝 3 种颜色的条块组成的条块序列。试编写一个时间复杂度为 $O(n)$ 的算法，使得这些条块按红、白、蓝的顺序排好，即排成荷兰国旗图案。

**10. 按如下所述方法实现非递归的归并排序：假设序列中有 k 个长度小于 L 的有序子序列。利用过程 merge 对它们进行两两归并，得到 $\left\lceil \frac{k}{2} \right\rceil$ 个长度小于 $2L$ 的有序子序列，称为一趟归并排序。反复调用一趟归并排序过程，使有序子序列的长度自 $L=l$ 开始成倍地增加，直至使整个序列成为一个有序序列。试对序列实现上述归并排序的算法。

**11. 若序列的所有的值为 $1\sim m$ 的整数中很多值是相同的，则可按如下方法进行排序：另设数组 number[$1+m$]且令 number[i]统计取整数 i 的元素个数，然后按 number 重新计算值为 i 的元素在排好序的序列中的起始位置，这样再重排序列。试编写算法，实现上述排序方法。

**12. 设待排序元素个数为 n，并且各个元素互不相等，如待排序的元素是随机的，也就是排序的元素可能出现的各种排序的概率是相同的，试证直接插入排序的平均时间复杂度为 $O(n^2)$。

*第 10 章　文　件

当软件需要存储、处理大量的数据时,由于数据量太大,不能同时将它们存储到主存中。这时,就需要把全部数据放入硬盘,每次有选择地读出其中一部分数据进行处理。

本章介绍在基于磁盘的应用程序开发中,与算法和数据结构设计有关的一些基础知识。

10.1　主存储器和辅助存储器

一般说来,计算机存储设备分为主存储器(primary memory 或 main memory)和辅助存储器(secondary storage 或 peripheral storage)。主存储器通常指随机访问存储器(random access memory,RAM),辅助存储器指硬盘、U 盘和光盘这样的设备。

辅助存储器价格低,具有很长时间的存储能力,但是访问时间更长。为了减少磁盘访问次数,可适当安排信息的存放位置,当需要访问辅助存储器中的数据时,能以尽可能少的访问次数得到所需数据,力求一次就访问到所需信息。对于在辅助存储器中存储的数据结构,称为文件结构(file structure),文件结构的组织应当使磁盘访问次数最少。还可合理组织信息,如果不难做到的话,准确地猜测出以后需要的数据并且把它们取出来使每次磁盘访问都能得到更多的数据,从而减少将来的访问需要;从磁盘中读取几百个连续字节数据与读取一个字节数据所需的时间没有太大的差别。

10.2　各种常用文件结构

文件是大量记录的集合。习惯上称存储在主存储器(内存储器)中的记录集合为表,称存储在二级存储器(辅助存储器)中的记录集合为文件。

10.2.1　顺序文件

顺序文件(sequential file)的记录是按照文件的逻辑顺序依次存入存储介质的,也就是说,顺序文件中物理记录的顺序和逻辑记录的顺序是一样的。如果次序相继的两个物理记录在存储介质上的存储位置是相邻的,则称**连续文件**;如果物理记录之间的次序由指针链接表示,则称**串联文件**。

顺序文件的主要特点如下:

(1) 存取第 i 个记录,必须先搜索在它之前的 $i-1$ 个记录。

(2) 插入新的记录时只能加在文件的末尾。

(3) 顺序文件的优点是连续存取的速度快,因此主要用于只进行顺序存取、批量修改的情况。

10.2.2 索引文件

索引文件由**索引表**和**主文件**两部分构成,索引表是指示逻辑记录与物理记录之间对应关系的表,表中的每一项都称为索引项。不论主文件是否按关键字有序,索引表中的索引项总是按关键字顺序排列。若主文件中的记录也按关键字顺序排列,则称**索引顺序**文件。若主文件中记录不按关键字顺序排列,则称**索引非顺序**文件。

索引表由程序自动生成。在记录输入建立主文件的同时建立一个索引表,表中的索引项自动按关键字进行排序。

例如,对应于表 10.1 的主文件,其索引表如表 10.2 所示。

表 10.1 主文件

地址	编号	姓名	年龄	体重
addr1	1018	李倩	29	51
addr2	1010	王佳	56	49
addr3	1011	李明	38	61
addr 4	1020	刘刚	39	71
addr 5	1019	文冠杰	58	68
addr 6	1016	游文豪	46	66

表 10.2 索引表

编号(关键字)	物理地址
1010	addr2
1011	addr3
1016	addr6
1018	addr1
1019	addr5
1020	addr4

说明:对于定长记录,物理地址也可用物理记录号代替。

索引文件的检索过程应分两步进行:首先,查找索引表,若索引表上存在该记录,则根据索引项的指示读取外存上该记录;否则说明外存上不存在该记录,也就不需要访问外存。由于索引项所占存储空间的大小比记录小得多,因此可将索引表一次性地读入内存,由此在索引文件中进行检索只访问外存两次,即一次读索引表,一次读记录。并且由于索引表是有序的,查找索引表时可用折半查找法。

当记录数目很大时,索引表也很大,以致一个物理块容纳不下。在这种情况下查阅索引仍要多次访问外存。为此,可对索引表建立一个索引,称为查找表。若查找表中项目还很多,则要建立更高一级的查找表。

如果数据文件中记录不按关键字顺序排列,则必须对每个记录建立一个索引项,如此建立的索引表称之为**稠密索引**,它的特点是可以在索引表中进行“预查找”,即从索引表便可确定待查记录是否存在。如果数据文件中的记录按关键字顺序有序,则可对一组记录建立一个索引项,这种索引表称之为**非稠密索引**,它不能进行“预查找”,但索引表占用的存储空间少。

10.2.3 哈希文件

哈希文件又称直接存取文件,其特点是由记录的关键字值直接得到记录在外存上的存储地址。类似于构造一个哈希表,根据文件中关键字的特点设计一种哈希函数和处理冲突的方法,然后将记录哈希到外存储设备上,因此又称散列文件。

与哈希表不同,外存上的文件记录通常是成组存放的。若干个记录组成一个存储单位,在哈希文件中,这个存储单位称为桶(bucket)。假若一个桶能存放 m 个记录,这就是说,m 个同义词的记录可以存放在同一地址的桶中,而当第 $m+1$ 个同义词出现时才发生溢出。处理溢出也可采用哈希表中处理冲突的各种方法,但对哈希文件,主要采用链地址法。

当发生溢出时,需要将第 $m+1$ 个同义词存放到另一个桶中,通常称此桶为溢出桶,相对地,称存放前 m 个同义词的桶为基桶。溢出桶和基桶大小相同,相互之间用指针相链接。当在基桶中没有找到待查记录时,就顺指针所指到溢出桶中进行查找。例如,某一文件有 18 个记录,其关键字分别为 278,109,063,930,589,184,505,269,008,083,164,215,337,810,620,110,384,362。桶的容量为 3,基桶数为 7。用除留余数法作哈希函数 $H(\text{key})=\text{key}\ \%\ 7$。由此得到的直接存取文件如图 10.1 所示。

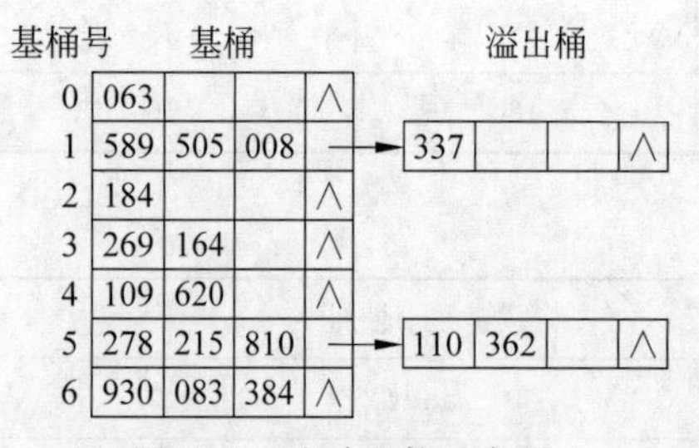

图 10.1　哈希文件示意图

在哈希文件中进行查找时,首先根据给定值求得哈希地址(即基桶号),将基桶的记录读入内存进行顺序查找,若找到关键字等于给定值的记录,则检索成功,否则,若基桶内没有填满记录或其指针的值为空,则文件内没有待查记录,否则根据指针的值的指示将溢出桶的记录读入内存继续进行顺序查找,直至检索成功或不成功为止。

10.3 实例研究

10.3.1 VSAM 文件

VSAM 是 Virtual Storage Access Method(**虚拟存储存取方法**)的缩写。它由三部分组成:**数据集**、**顺序集**和**索引集**。数据集为主文件,而顺序集和索引集构成主文件的索引部分,顺序集和索引集构成一棵 B^+ 树。其中顺序集中包含了主文件的全部索引项,索引集中的节点可看成是文件索引的高层索引,其结构如图 10.2 所示。

数据集由若干控制区间组成,每个控制区间内含一个或多个记录,当含多个记录时,同一控制区间内的记录按关键字自小至大有序排列。在 VSAM 文件中,顺序集中一个节点连

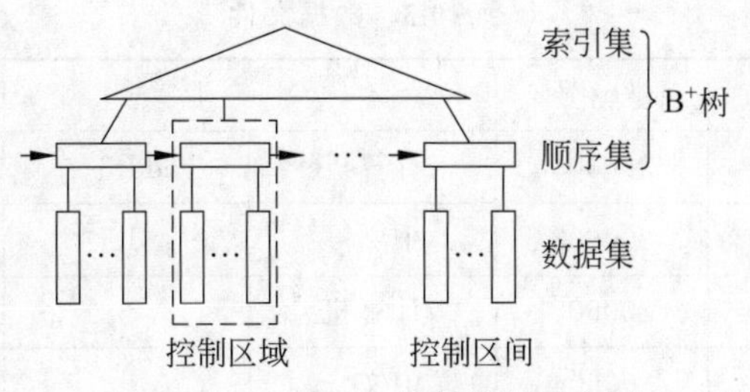

图 10.2　VSAM 文件的结构示意图

同对应的所有控制区间形成一个整体，称为控制区域，控制区间是用户进行一次存取的逻辑单位。

VSAM 文件中没有溢出区，解决插入的办法是在初建文件时留有适当空间，每个控制区间内的记录数不足额定数。插入记录时，首先由查找结果确定插入的控制区间，当控制区间中的记录数超过文件规定的大小时，要“分裂”控制区间，修改顺序集中相应的索引项。必要时，还需要分裂控制区域，分裂顺序集中的节点（即 B^+ 树的叶节点）。通常情况下，由于控制区域较大，实际上很少发生分裂。在 VSAM 文件中删除一个记录时，必须“真实地”实现删除，因此要在控制区间内“移动”记录，一般情况下，不需要修改索引项，仅当控制区间中记录均被全部删除之后，才需要修改顺序集中相应的索引项。

VSAM 文件通常被作为大型索引顺序文件的标准组织方式。优点是能动态地分配和释放空间，不需要重组文件，能较快地实现记录的检索；其缺点是占有较多的存储空间，一般只能保持约 75%的存储空间利用率。

10.3.2　多关键字文件

本节中，关键字泛指能识别不同记录的数据项，当文件的记录中包含多个关键字时，通常选择一个能唯一确定记录的一个关键字称为主关键字，其他关键字称为次关键字，次关键字可能会重复出现，不能唯一确定记录，也就是对应每个次关键字的记录可能有多个，文件的组织方式应同时考虑如何便于进行次关键字或多关键字组合的查询，称这类文件为多关键字文件。下面介绍两种多关键字文件的组织方式：倒排文件和多重表文件。

1. 多重表文件

多重表文件（multilist file）的特点是，记录按主关键字并建立索引（称为主关键字索引，简称主索引）；对每一个次关键字项建立次关键字索引（称为次索引），所有具有同一次关键字的记录构成一个链表。主索引为稠密索引，次索引为非稠密索引。每个索引项包括次关键字、头指针和链表长度。

例如，表 10.3 为多关键字文件示例，其中“学号”为主关键字，其索引如表 10.4 所示，“专业”与“已修学分”为次索引，将相同的次关键字的记录链接在同一个链表中，表 10.5 为次关键字“专业”索引，表 10.6 为次关键字“已修学分”索引。已有这些次关键字索引，很容易实现次关键字的查找，例如，要查找已修学分在 161 之下的学生，只要在“已修学分”次关键字索引，找到 0～160 这一项，然后从它的索引表头指针出发，查出此链表中所有记录即可。又如，要查找计算机专业的学生，只要在“专业”次关键字索引中找到“计算机”这一项，然后从它的索引表头指针出发，查出此链表中所有记录即可。

表 10.3　数据文件

物理地址	姓　名	学　号	专　　业		已 修 学 分	
addr1	王铭	200606	计算机	addr3	180	addr2
addr2	李青	200603	中文	addr4	190	addr6
addr3	刘倩	200605	计算机	∧	156	addr4
addr4	吴靖	200604	中文	∧	120	addr5
addr5	章敏	200602	数学	addr6	130	∧
addr6	薛晓松	200601	数学	∧	189	∧

表 10.4　“学号”主索引

学号(主关键字)	物 理 地 址
200601	addr6
200602	addr5
200603	addr2
200604	addr4
200605	addr3
200606	addr1

表 10.5　“专业”次索引

专业(次关键字)	头　指　针	长　　度
计算机	addr1	2
数学	addr5	2
中文	addr2	2

表 10.6　“已修学分”次索引

已修学分(次关键字)	头　指　针	长　　度
0～160	addr3	3
161～300	addr1	3

多重表文件易于实现,也易于修改。插入一个新记录是容易的,此时可将记录插在数据文件,在次索引的链表中插入在链表的表头,但是要删去一个记录却很烦琐,需在每个次关键字的链表中删去该记录。

2. 倒排文件

在倒排文件中,为每个需要进行检索的次关键字建立一个倒排表,倒排表中具有相同次码的记录构成一个顺序表。当按次关键字进行检索时,首先从相应的次关键字倒排表中得到记录的物理记录号。

例如，表 10.7 为表 10.3 中的“专业”倒排表，表 10.8 为表 10.3 中的“已修学分”倒排表。

表 10.7 “专业”倒排表

专业(次关键字)	物理记录地址
计算机	addr1,addr3
数学	addr5,addr6
中文	addr2,addr4

表 10.8 “已修学分”倒排表

已修学分(次关键字)	物理记录地址
0～160	addr3,addr4,addr5
161～300	addr1,addr2,addr 6

在插入和删除记录时，倒排表要做相应的修改。在同一索引表中，不同的关键字对应的倒排表的长度也可能不等。

说明：在倒排表中可以存储记录的主关键字值而不存储物理记录地址。

10.4 深入学习导读

本章主要讲解最常见的文件结构，读者可参考 Cliford A. Shaffer 所著的《A Practical Introduction to Data Structures and Algorithm Analysis. Second Edition》[2] 与严蔚敏、吴伟民编著的《数据结构(C 语言版)》[12]。

10.5 习 题

1. 解释名词：顺序文件、哈希文件、索引文件、倒排文件。
2. 简单比较文件的多重表和倒排表组织方式各有什么优缺点。
3. 假设某文件有 21 个记录，其记录关键字为{7,23,1,18,4,24,56,184,27,63,35,109,15,26,83,215,19,8,16,33,75}。构造一个哈希文件，桶的大小为 $m=3$，基桶数为 7，试画出构造好的哈希文件。

第11章　算法设计与分析

为求解问题设计好的算法就像是一门艺术。万千世界中仍然存在很多行之有效的方法等待人们去研究和探索。一般情况下，为了获得较好的性能，必须对算法进行调整。如果在算法调整之后性能仍无法达到要求，则需另辟蹊径。

11.1　算法设计

算法是问题求解过程的精确描述，一个算法由有限条可完全机械执行的、有确定结果的指令组成。指令正确地描述了要完成的任务和它们被执行的顺序。计算机按算法描述的顺序执行指令，能在有限的步骤内终止后给出问题的解或终止后指出问题对输入的数据无解。

通常情况下，求解一个问题可能会有多种算法，选择算法的主要依据是正确性、可靠性、简单性和易理解性，其次是所需要的存储空间和执行速度等因素。

11.1.1　递归算法

能直接或间接调用自身的算法称为递归算法，能直接或间接调用自身的函数称为递归函数。在算法设计中，使用递归技术往往能使函数的定义和算法的描述简捷并且便于理解。下面就来研究几个实例。

例 11.1　Hanoi 塔问题。传说在古代印度的贝拿勒圣庙里，安装着 3 根插至黄铜板上的宝石针，印度主神梵天在其中一根针上按从下到上、由大到小的顺序放置了 64 个圆盘，称为梵塔，然后要僧侣轮流值班把这些圆盘移到另一根针上，移动时必须遵守如下规则：

(1) 每次只能移动一个圆盘；

(2) 任何时候大圆盘不能压在小圆盘之上；

(3) 盘片只允许套在 3 根针中的某一根上。

这位印度主神号称，当这 64 个圆盘全部移到另一根针上时，世界将在一声霹雳中毁灭，故 Hanoi 塔问题又称“世界末日”问题。图 11.1 为 3 阶 Hanoi 塔的初始情况。

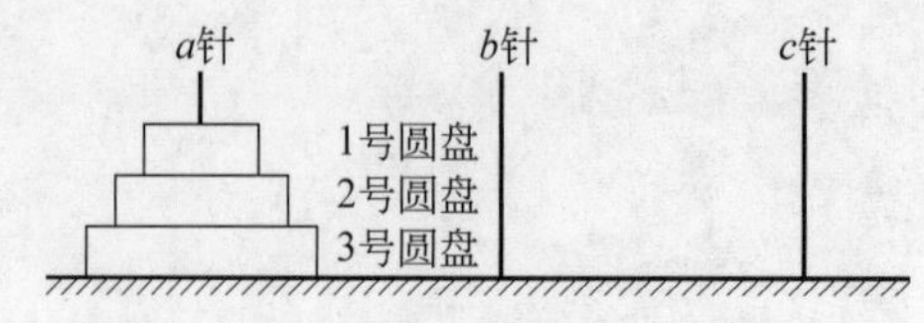

图 11.1　3 阶 Hanoi 塔问题的初始状态

对于 n 阶 Hanoi 塔问题 Hanoi(n,a,b,c)，当 $n=0$ 时，没圆盘可供移动，什么也不做；当 $n=1$ 时，可直接将 1 号圆盘从 a 针移动到 c 针上；当 $n=2$ 时，可先将 1 号圆盘移动到 b

针,再将 2 号圆盘移动到 c 针,最后将 1 号盘子移动到 c 针;对于一般 $n>0$ 的一般情况可采用如下策略进行移动。

(1) 将 $1 \sim n-1$ 号圆盘从 a 针移动至 b 针,可递归求解 Hanoi($n-1,a,c,b$)。

(2) 将 n 号圆盘从 a 针移动至 c 针。

(3) 将 $1 \sim n-1$ 号圆盘从 b 针移动至 c 针,可递归求解 Hanoi($n-1,b,a,c$)。

具体实现如下:

```
//文件路径名:s11_1\hanoi.h
void Hanoi(unsigned n,char a,char b,char c)
//操作结果:将 a 针上直径由小到大,自上而下编辑为 1~n 的圆盘按规则移到 c 针
//上,b 针作辅助针
{
    if (n >0)
    {   //递归条件成立
        Hanoi(n -1, a, c, b);          //将 a 针上编号为 1~n-1 的圆盘移到 b 针,c 作辅助针
        cout <<"编号为" <<n <<"的圆盘从" <<a <<"针移到" <<c <<"针" <<endl;
            //将编号为 n 的圆盘从 a 针移到 c 针
        Hanoi(n -1, b, a, c);          //将 b 针上编号为 1~n-1 的圆盘移到 c 针,a 作辅助针
    }
}
```

一般递归具有如下形式:

```
if (<递归结束条件>)
{   //递归结束条件成立,结束递归部分
    递归结束部分;
}
else
{   //递归结束条件不成立,继续进行递归调用
    递归调用部分;
}
```

或

```
if (<递归调用条件>)
{   //递归调用条件成立,继续进行递归调用
    递归调用部分;
}
[else
{   //递归调用条件不成立,结束递归部分
    递归结束部分;
}]
```

说明:上面中括号中的部分是可省略的部分,也就是当递归调用条件不成立时,结束递归,没有递归结束部分的情况。只要掌握上面的递归调用一般形式,大部分递归程序都容易理解与掌握。

例 11.2 Fibonacci 数列递归算法。

无穷数列 0，1，1，2，3，5，8，13，……，称为 Fibonacci 数列，可以迭代定义如下：

$$f(n)=\begin{cases}0, & n=0\\1, & n=1\\f(n-1)+f(n-2), & n>1\end{cases}$$

上面的定义说明当 $n>1$ 时，数列的第 n 项是它的前面两项之和，用两个较小的自变量的函数值来得到一个较大的自变量的函数值，需要两个初值 $f(0)$ 与 $f(1)$，可用递归函数实现如下：

```
//文件路径名:s11_2\fibonacci.h
unsigned Fibonacci(unsigned n)
//操作结果：返回 Fibonacci 数列的第 n 项
{
    if (n ==0)
    {   //递归结束条件成立
        return 0;                                   //终止递归调用
    }
    else if (n ==1)
    {   //递归结束条件成立
        return 1;                                   //终止递归调用
    }
    else
    {   //递归结束条件不成立
        return Fibonacci(n -1) +Fibonacci(n -2);    //递归调用
    }
}
```

11.1.2 分治算法

分治算法与软件设计的模块化方法类似。为了解决一个大的问题，将一个规模为 n 的问题分解为规模较小的子问题，这些子问题一般和原问题相似。分别求解这些子问题，最后将各个子问题的解合并得到原问题的解。子问题通常与原问题相似，可以递归地使用分治策略来解决。下面通过实例说明分治算法的应用。

例 11.3 采用分治算法求最大值。

采用分治算法求数组 elem[low..high]的最大值问题，设 mid＝(low ＋ high) / 2，可转化为求左半区间 elem[low..mid]的最大值 maxLeft，右半区间 elem[mid ＋ 1..high]的最大值 maxRight，然后再由 maxLeft 与 maxRight 求数组 elem[low..high]的最大值。

具体实现如下：

```
//文件路径名:s11_3\max.h
template <class ElemType>
ElemType MaxHelp(ElemType elem[], int low, int high)
//操作结果：返回 elem[low..high]中的最大值
```

```
{
    int mid = (low + high) / 2, maxLeft, maxRight, max; //定时临时变量
    if (low < high)
    {   //区间有多个元素
        maxLeft = MaxHelp(elem, low, mid);              //左半区间 elem[low..mid]的最大值
        maxRight = MaxHelp(elem, mid + 1, high);        //右半区间 elem[mid + 1..high]的最
                                                        //大值
        max = maxLeft < maxRight ? maxRight : maxLeft;  //整个区间 elem[low..high]的最
                                                        //大值
    }
    else
    {   //区间中最多只有一个元素
        max = elem[low];                                //最大值
    }
    return max;                                         //返回最大值
}

template <class ElemType>
ElemType Max(ElemType elem[], int n)
//操作结果: 返回数组 elem 中的最大值
{
    return MaxHelp(elem, 0, n - 1);                     //返回最大值
}
```

*11.1.3 动态规划算法

动态规划与分治法相似,都是将待求解问题分解成若干个子问题,先求解这些子问题,然后从子问题的解得到原问题的解。不同的是,适合于用动态规划法求解的问题,经分解得到的子问题一般不是互相独立的,动态规划算法的特点是保存已解决的子问题的答案,由上一个子问题的答案求下一个子问题的答案,最终求得整个问题的答案。

例 11.4 采用动态规划算法求最大值。

采用动态规划算法求数组 elem[0..$n-1$]的最大值问题,可分解为如下子问题:

子问题 1:elem[0..0]的最大值。

子问题 2:elem[0..1]的最大值。

⋮

子问题 $n-1$:elem[0..$n-1$]的最大值。

设子问题 i 的最大值为 maxi,则子问题 $i+1$ 的最大值为 maxi 与 elem[i]的最大值。

具体实现如下:

```
//文件路径名:s11_4\max.h
template <class ElemType>
ElemType Max(ElemType elem[], int n)
//操作结果: 返回数组 elem 中的最大值
```

```
{
    ElemType max =elem[0];                          //max 为子问题 1:elem[0..0]的最大值
    for (int i =1; i <n; i++)
    {   //求子问题 i+1:elem[0..i]的最大值
        if (max <elem[i]) max =elem[i];             //max 为子问题 i+1:elem[0..i]的最大值
    }
    return max;                                     //返回最大值
}
```

* 11.1.4　贪婪算法

贪婪算法就是做出在当前看来最好的选择。贪婪算法不从整体最优上加以考虑,它所做出的选择是局部最优选择。当然需要验证或证明贪婪算法得到的最终结果也是整体最优的。

贪婪算法通过一系列选择来得到一个问题的解。所做的每一个选择都是当前状态下某种意义的最好选择,希望通过每次所做的贪婪选择导致最终结果是问题的一个最优解。这种启发式的策略并不能保证总能奏效,但在许多情况下确能达到预期的目的。

例 11.5　有 1 元、5 元、10 元及 100 元纸币各 c_0、c_1、c_2、c_3 张,现在要求用这些纸币来支付 a 元,求最少需要多少张纸币?假定本问题至少存在一种支付方案。

纸币支付问题是最贴近生活的一种简单问题,可采用贪婪算法如下:

(1) 首先,尽可能多地使用 100 元纸币进行支付;

(2) 剩余部分尽可能多地使用 10 元纸币进行支付;

(3) 剩余部分尽可能多地使用 5 元纸币进行支付;

(4) 最后剩余部分用 1 元纸币进行支付。

具体实现如下:

```
//文件路径名:s11_5\paper_currency_payment.h

int Payment(int base[], int c[], int n, int a)
//操作结果: base 存储各种纸币(例如 base[0]=1,base[1]=5,base[2]=10,base[5]=100),c
//存储各纸币的张数, n 为纸币种数,用这些纸币来支付 a 元,求最少需要多少张纸币
{
    int answer =0;                                  //answer 表示成功支付最少需要的纸币数
    int tem;                                        //tem 表示临时变量

    for (int i =n -1; i >=0; i--)
    {   //最先支付大面值纸币
        tem =(a / base[i] <c[i]) ?a / base[i] : c[i];      //base[i]元纸币张数
        a =a -tem * base[i];                               //剩余部分
        answer =answer +tem;                               //累加求和
    }

    return answer;                                  //返回成功支付最少需要的纸币数
}
```

*11.1.5 回溯法

回溯法可以系统地搜索一个问题的所有解。包含问题的所有解的解空间一般组织成树，也可以组织成图结构，按照先根遍历策略（解空间为树）或深度优先策略（解空间为图），从根节点出发搜索解空间树或从某节点出发搜索解空间图。算法搜索至解空间树（或图）的任一节点时，总是先判断该节点是否肯定不包含问题的解。如果肯定不包含，则跳过对该节点的系统搜索，逐层向其祖先节点回溯。否则，继续按先根遍历策略或深度优先策略进行搜索。回溯法用来求问题的所有解时，要回溯到根（或起始节点），且根节点的所有子树（或从起始节点出发的所有路径）都已被搜索通才结束。

递归函数的实现的一般形式如下：

```
void BackTrack (int i, int n)
//操作结果:假设已求得满足约束条件的部分解(x1, x2,…, xi-1),从 xi 起继续搜索,直到求得整个
//解(x1, x2, …, xn)。
{
    if  (i >n)
    {   //已求得解
        输出当前解;
    }
    else
    {   //回溯求解
        for (xi =start(i, n); xi <=end(i, n); xi++)
        {
            修改解的第 i 个元素为 xi;
            if ((x1, x2, …, xi)满足约束条件)
            {   //继续求下一个部分解
                    BackTrack (i +1, n);
            }
            恢复解未修改前的状况;                            //回溯求新的解
        }
    }
}
```

其中，形式参数 i 表示递归深度，n 用来控制递归深度。当 $i>n$ 时，算法已搜索到一个解节点。此时输出当前解，算法的 for 循环中 start(i,n)和 end(i,n)分别表示在当前扩展节点处未搜索过的孩子节点（解空间为树）或邻接点（解空间为图）的起始编号和终止编号。

例 11.6 迷宫问题。迷宫问题就是找出从入口经过迷宫到达出口的所有解。迷宫如图 11.2 所示，图中阴影的单元格是不能通行的，只能从一个空白的单元格走到另一个与它相邻的空白单元格（上、下、左、右相邻），但不能重复路线。

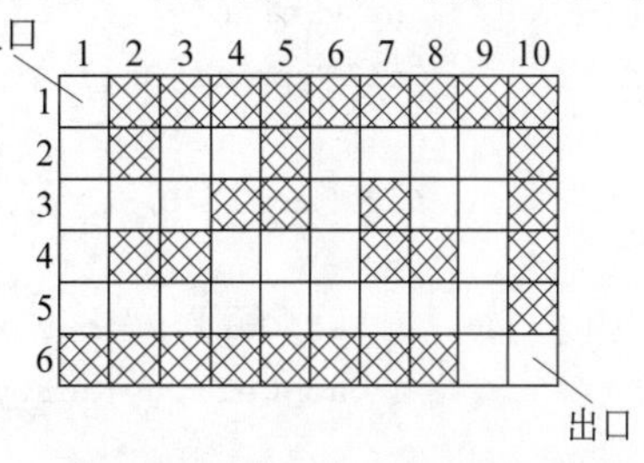

图 11.2 迷宫示意图

设当前单元格的坐标是(x,y)，则相邻的单元格（上、下、左、右相邻）坐标分别为$(x,y-1)$，$(x,y+1)$，$(x-1,y)$，$(x+1,y)$，可写为$(x+\text{xShift}[i],y+\text{yShift}[i])$，其中$i=0,1,2,3$。当前单元格到达不了出口时，可试探下一相邻的空白单元格，直到当前单元格是出口为止，这是属于回溯算法的典型应用，参照回溯算法的典型形式编写程序如下：

```
//文件路径名:s11_6\maze.h
struct CellType                                              //迷宫单元格
{
    int x, y;                                                //单元格的坐标
};

void OutSolution(const LinkList<CellType> &mazePath); //输出迷宫问题的解
void BackTrack (Matrix < bool > &maze, int w, int h, const CellType &out, const
CellType &cur, LinkList<CellType> &mazePath);                //试探求解下一位置

void MazeSolution(Matrix<bool> &maze, int w, int h, const CellType &entry,
    const CellType &out)
//操作结果: 求解迷宫问题
{
    LinkList<CellType>mazePath;                              //迷宫路线
    mazePath.Insert(mazePath.Length() +1, entry);            //将入口存入路径,作为路径的
                                                               起始点
    BackTrack(maze, w, h, out, entry, mazePath);             //用递归求解迷宫问题
}

void BackTrack (Matrix < bool > &maze, int w, int h, const CellType &out, const
CellType &cur, LinkList<CellType> &mazePath)
//操作结果: 试探求解下一位置
{
    if (cur.x ==out.x && cur.y ==out.y)
    {   //已达到出口,输出解
        OutSolution(mazePath);
    }
    else
    {
        int xShift[4] ={0, 0, -1, 1};                        //相邻位置相对于当前位置的 x 坐标
        int yShift[4] ={-1, 1, 0, 0};                        //相邻位置相对于当前位置的 y 坐标
        CellType adjCell;                                    //当前位置的相邻位置

        for (int i =0; i <4; i++)
        {
            adjCell.x =cur.x +xShift[i];                     //当前位置的相邻位置的 x 相对坐标
            adjCell.y =cur.y +yShift[i];                     //当前位置的相邻位置的 y 相对坐标

            if (adjCell.x >=1 && adjCell.x <=w && adjCell.y >=1 && adjCell.y <=h
```

```
                && maze(adjCell.y, adjCell.x))
            {   //相邻位置在迷宫内,并且为空白
                mazePath.Insert(mazePath.Length() +1, adjCell);
                                                        //将相邻位置存入路径中
                maze(adjCell.y, adjCell.x) =false;      //经过相邻位置,阻止重复通行
                BackTrack(maze, w, h, out, adjCell, mazePath);
                                                        //对相邻位置进行递归
                mazePath.Delete(mazePath.Length(), adjCell);
                                                        //从路径中去掉 adjCell
                maze(adjCell.y, adjCell.x) =true;       //恢复相邻位置为空白
            }
        }
    }
}

void OutSolution(const LinkList<CellType> &mazePath)
//操作结果: 输出迷宫问题的解
{
    cout <<"路径:";
    for (int pos =1; pos <=mazePath.Length(); pos++)
    {   //依次取出路径上的单元格
        CellType curCell;                                   //路径上的当前单元格
        mazePath.GetElem(pos, curCell);                     //取出路径上的当前单元格
        cout <<"(" <<curCell.x <<"," <<curCell.y <<") ";  //输出当前单元格
    }
    cout <<endl;
}
```

**11.1.6 分支限界法

分支限界法与回溯法类似,也是一种在问题的解空间上搜索问题解的算法。一般情况下,回溯法的求解目标是找出解空间中满足约束条件的所有解,而分支限界法的求解目标则是找出满足约束条件的一个解或者在满足约束条件的解中找出使某一目标函数值达到极大或极小的解,即某种意义下的最优解。

由于求解目标的不同,分支限界法与回溯法在解空间上的搜索方式也不相同。回溯法以先根遍历方式或深度优先方式搜索解空间,而分支限界法则以层次遍历或广度优先方式搜索解空间。分支限界法的搜索策略是,在搜索当前节点时,先将所有的孩子节点(分支)或未访问的邻接点存放在队列中,当前节点访问完后,从列队中取出下一个要访问的节点。

例 11.7 迷宫问题。采用广度优先方式搜索解空间的思路,用队列存储将被访问的节点,在搜索过程中,只要遇到出口就停止搜索,输出解即可。

为了得到迷宫问题的解,在得到可访问节点后,将当前正在访问的节点作为从入口到出口路径中所得到可访问节点的前驱存储在矩阵 mazePath 中,这样从出口回溯到入口就可

得到迷宫问题的解，具体算法如下：

```
//文件路径名:s11_7\maze.h

struct CellType                                 //迷宫单元格
{
    int x, y;                                   //单元格的坐标
};

void ShowSolution(Matrix<CellType>&mazePath, const CellType &entry, const
    CellType &out);                             //显示迷宫问题的解

void MazeSolution(Matrix<bool>&maze, int w, int h, const CellType &entry,
    const CellType &out)
//操作结果:求解迷宫问题
{
    Matrix<CellType>mazePath(h, w);             //迷宫路线
    LinkQueue<CellType>cellQueue;               //单元格队列
    CellType NullCell ={0, 0};                  //空单元格
    mazePath(entry.y, entry.x) =NullCell;       //将入口存入路径,作为路径的起始点,前驱
                                                //为空
    cellQueue.InQueue(entry);                   //入口进队
    while (!cellQueue.Empty())
    {   //InQueue非空,可继续求迷宫出口
        CellType curCell;                       //当前单元格
        cellQueue.OutQueue(curCell);            //取出当前单元格
        if (curCell.x ==out.x && curCell.y ==out.y)
        {   //已达到出口,显示解
            ShowSolution(mazePath, entry, out);
            return;
        }
        else
        {
            int xShift[4] ={0, 0, -1, 1};       //相邻位置相对于当前位置的x相对坐标
            int yShift[4] ={-1, 1, 0, 0};       //相邻位置相对于当前位置的y相对坐标
            CellType adjCell;                   //当前位置的相邻位置
            for (int i =0; i <4; i++)
            {
                adjCell.x =curCell.x +xShift[i];    //当前位置的相邻位置的x坐标
                adjCell.y =curCell.y +yShift[i];    //当前位置的相邻位置的y坐标
                if (adjCell.x >=1 && adjCell.x <=w && adjCell.y >=1 && adjCell.y <=h
                    && maze(adjCell.y, adjCell.x))
                {   //相邻位置在迷宫内,并且为空白
                    mazePath(adjCell.y, adjCell.x) =curCell;
                        //在路径上adjCell是curCell的下一个位置
                    maze(adjCell.y, adjCell.x) =false;  //经过相邻位置,阻止重复通行
```

```
                    cellQueue.InQueue(adjCell);          //adjCell 进队
                }
            }
        }
    }
}

void ShowSolution (Matrix < CellType > &mazePath, const CellType &entry, const
CellType &out)
//操作结果: 显示迷宫问题的解
{
    LinkStack<CellType>cellStack;                       //存入从出口到入口的路径上的单元格
    CellType curCell =out;                                       //路径上的当前单元格
    cellStack.Push(curCell);                                     //入栈
    CellType preCell =mazePath(curCell.y, curCell.x);  //路径上 curCell 的上一个单
                                                                 //元格
    while (preCell.x !=entry.x || preCell.y !=entry.y)
    {   //当前单元格在路径上的上一个单元格不是入口
        curCell =preCell;                               //curCell 在路径上向后退一个单元格
        preCell =mazePath(curCell.y, curCell.x);   //路径上 curCell 的上一个单元格
        cellStack.Push(curCell);                        //入栈
    }
    cellStack.Push(entry);                              //入栈

    cout <<"路径:";
    while (!cellStack.Empty())
    {   //从入口到出口输出路径
        cellStack.Pop(curCell);                         //出栈
        cout <<"(" <<curCell.x <<","<<curCell.y <<") ";
    }
    cout <<endl;
}
```

11.2 算法分析

算法是计算机应用的核心。计算机系统软件的设计和为解决计算机的各种应用项目所做的设计都可归为算法设计。前面已讨论了各种典型的算法设计方法,本节主要分析这些算法的时间需求,将介绍递归分析和生成函数分析技术。

11.2.1 递归分析

递归函数包含递归结束部分和递归调用部分,递归结束部分可以直接解决而不需要再次进行递归调用,递归调用部分则包含对算法的一次或者多次递归调用。一般设 $T(n)$表示规模为 n 的基本操作的运行次数,不断通过迭代将 $T(n)$转换为递归结束部分,在递归结

束时可直接写出 $T(n)$的值，下面通过实例说明递归分析。

例 11.8 分析例 11.1 中的 Hanoi 塔问题移动圆盘的次数。

设 $T(n)$表示 n 个圆盘的 Hanoi 塔问题移动圆盘的次数，显然 $T(0)=0$，对于 $n>0$ 的一般情况采用如下策略：

(1) 将 $1\sim n-1$ 号圆盘从 a 针移动至 b 针，可递归求解 Hanoi$(n-1,a,c,b)$；

(2) 将 n 号圆盘从 a 针移动至 c 针；

(3) 将 $1\sim n-1$ 号圆盘从 b 针移动至 c 针，可递归求解 Hanoi$(n-1,b,a,c)$。

在策略(1)与(3)中需要移动圆盘次数 $T(n-1)$，策略(2)需要移动一次圆盘。可得如下的关系：

$$T(n)=2T(n-1)+1$$

展开上式可得

$$\begin{aligned}T(n)&=2T(n-1)+1\\&=2[2T(n-2)+1]+1\\&=2^2T(n-2)+1+2\\&\cdots\\&=2^nT(n-n)+1+2+\cdots+2^{n-1}\\&=2^n-1\end{aligned}$$

可见移动圆盘次数是 n 的指数函数，随 n 的增长，比较次数增长非常快，因此在运行 Hanoi 塔算法的程序时，n 值不能太大，否则程序可能要几年时间或更长时间才运行结束(大家可在 $n=64$ 时运行程序试试)。

**11.2.2 利用生成函数进行分析

利用生成函数进行算法分析的主要目的是求出数列$\{a_0,a_1,\cdots,a_n,\cdots\}$中诸项的值的具体表达式，此序列是度量某种性能的参数，本节将用生成函数来表示整个数列。

定义：设$\{a_0,a_1,\cdots,a_n,\cdots\}$是一个数列，如下幂级数

$$G(x)=a_0+a_1x+\cdots+a_nx^n+\cdots=\sum_{n=0}^{\infty}a_nx^n$$

称为数列$\{a_0,a_1,\cdots,a_n,\cdots\}$的生成函数。

为方便起见，一般将数列$\{a_0,a_1,\cdots,a_n,\cdots\}$简记为$\{a_n\}$。

如果数列$\{a_n\}$的通项 a_n 采用递归定义，为求出存在的 a_n 的非递归表示，生成函数是很有用的。由数列$\{a_n\}$的生成函数可以求得数列的通项。首先假设对 x 的某些值，数列的生成函数是收敛的，并能求得生成函数的解析表达式。然后将生成函数重新展开成 x 的幂级数，那么展开式中 a_nx^n 项的系数就是原数列的通项 a_n 的解析表达式。

例 11.9 求例 11.2 中的 Fibonacci 数列通项的表达式。

Fibonacci 数列为 0, 1, 1, 2, 3, 5, 8, 13, ……设通项为 a_n，则有如下关系式：

$$a_n=a_{n-1}+a_{n-2}\text{，其中 }n>1,a_0=0,a_1=1$$

数列$\{a_n\}$的生成函数为

$$G(x)=a_0+a_1x+a_2x^2+a_3x^3+\cdots \tag{11-1}$$

则有

$$xG(x)=a_0x+a_1x^2+a_2x^3+a_3x^4+\cdots \tag{11-2}$$

$$x^2G(x)=a_0x^2+a_1x^3+a_2x^4+a_3x^5+\cdots \tag{11-3}$$

由式(11-1)～式(11-3)得

$$(1-x-x^2)G(x)=a_0+(a_1-a_0)x+(a_2-a_1-a_0)x^2+(a_3-a_2-a_1)x^3+\cdots=x$$

所以有

$$G(x)=\frac{x}{1-x-x^2}$$

方程 $1-x-x^2=0$ 的根为 $x_1=\frac{-1+\sqrt{5}}{2}$，$x_2=\frac{-1-\sqrt{5}}{2}$，可知

$$1-x-x^2=-(x-x_1)(x-x_2)$$

设

$$G(x)=\frac{x}{1-x-x^2}=\frac{x}{(x-x_1)(x-x_2)}=\frac{c_1}{x-x_1}+\frac{c_2}{x-x_2}$$

其中，c_1 与 c_2 是两个待定数，则有

$$-x=c_1(x-x_2)+c_2(x-x_1)$$

可得如下的方程

$$\begin{cases}c_1+c_2=-1\\x_2c_1+x_1c_2=0\end{cases}$$

解得

$$c_1=\frac{x_1}{x_2-x_1}=\frac{\frac{-1+\sqrt{5}}{2}}{\frac{-1-\sqrt{5}}{2}-\frac{-1+\sqrt{5}}{2}}=\frac{1-\sqrt{5}}{2\sqrt{5}}$$

$$c_2=\frac{x_2}{x_1-x_2}=\frac{\frac{-1-\sqrt{5}}{2}}{\frac{-1+\sqrt{5}}{2}-\frac{-1-\sqrt{5}}{2}}=\frac{-1-\sqrt{5}}{2\sqrt{5}}$$

由于

$$\frac{c_1}{x-x_1}=-\frac{c_1}{x_1}\cdot\frac{1}{1-\frac{x}{x_1}}=-\frac{c_1}{x_1}\sum_{n=0}^{\infty}\left(\frac{x}{x_1}\right)^n=\frac{1}{\sqrt{5}}\sum_{n=0}^{\infty}\left(\frac{1+\sqrt{5}}{2}\right)^n x^n$$

$$\frac{c_2}{x-x_2}=-\frac{c_2}{x_2}\cdot\frac{1}{1-\frac{x}{x_2}}=-\frac{c_2}{x_2}\sum_{n=0}^{\infty}\left(\frac{x}{x_2}\right)^n=-\frac{1}{\sqrt{5}}\sum_{n=0}^{\infty}\left(\frac{1-\sqrt{5}}{2}\right)^n x^n$$

所以有

$$G(x)=\frac{1}{\sqrt{5}}\sum_{n=0}^{\infty}\left[\left(\frac{1+\sqrt{5}}{2}\right)^n-\left(\frac{1-\sqrt{5}}{2}\right)^n\right]x^n=\sum_{n=0}^{\infty}a_nx^n$$

可得

$$a_n=\frac{1}{\sqrt{5}}\left[\left(\frac{1+\sqrt{5}}{2}\right)^n-\left(\frac{1-\sqrt{5}}{2}\right)^n\right]$$

**11.3　实例研究：图着色问题

给定一个无向连通图 g 和 m 种不同的颜色。用这些颜色为图 g 的各顶点着色，每个顶点着一种颜色。试问是否有使得 g 中任何一条边的两个顶点着有不同颜色的着色法。这个问题就是一个图的 m 可着色判定问题。若一个图最少需要 m 种颜色才能使图中任何一条边连接的两个顶点着有不同颜色，则称这个数 m 为该图的色数。求一个图的色数 m 的问题称为图的 m 可着色优化问题。

给定了一个图 g 和 m 种颜色，如果这个图是 m 可着色的，则要找出所有不同的着色法。要解决这个问题，除了用回溯法外，目前还没有什么更好的方法。下面根据回溯法的递归描述框架 BackTrack 来设计找一个图的 m 着色法的算法。设图的顶点个数为 n，算法中用 $0,1,\cdots,m-1$ 来表示 m 种不同的颜色，顶点 v_i 所着的颜色用 $x[i]$来表示。因此问题的解可以表示为数组 $x[\,]$。问题的解空间可表示为一棵高度为 $n+l$ 的 m 叉树。解空间树的第 i 层($1\leqslant i\leqslant n$)中每个节点都有 m 个孩子，每个孩子相应于 $x[i-1]$的 m 个可能的着色之一。第 $n+1$ 层节点均为叶节点。图 11.3 是 $n=3$ 和 $m=3$ 时问题的解空间树。

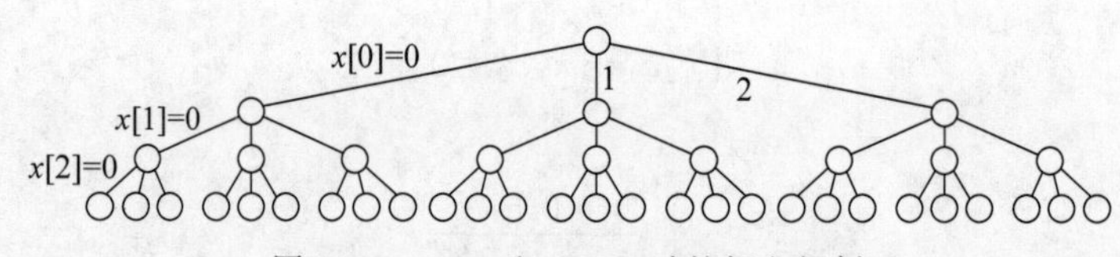

图 11.3　$n=3$ 和 $m=3$ 时的解空间树

在下面所给出的图的 m 可着色问题的回溯法描述中，递归函数 BackTrack()实现对整个解空间的回溯搜索。BackTrack(i)搜索解空间中第 $i+1$ 层节点，当 $i\geqslant n$ 时，表示算法已搜索至一个叶节点，得到一个新的 m 着色方案。

当 $i<n$ 时，当前节点是解空间中的一个内部节点。该节点相应于 $x[i]=0,1,\cdots,m-1$ 共 m 个孩子节点。对当前节点的每一个孩子节点，当与所有邻接点没有着相同颜色时，以先根遍历方式递归地对可行子树进行搜索，或剪去不可行子树。

图的 m 可着色问题的回溯法可描述如下：

```
//文件路径名:graph_color\graph_color.h

template <class ElemType>
void BackTrack(const AdjMatrixUndirGraph<ElemType> &g, int i, int m, int x[]);
    //对图 g 用 m 种颜色进行着色
void ShowSolution(int n, int x[]);                    //显示一组解

template <class ElemType>
void GraphColor(const AdjMatrixUndirGraph<ElemType> &g, int m)
//操作结果: 用回溯法对图 g 用 m 种颜色进行着色
{
```

```
    int n =g.GetVexNum();                           //图顶点个数
    int * x =new int[n];                            //着色的解
    for (int i =0; i <n; i++)
    {   //初始化 x
        x[i] =-1;                                   //-1 表示还没有进行着色
    }
    BackTrack(g, 0, m, x);                          //用回溯法递归对图 g 用 m 种颜色进行着色
    delete []x;                                     //释放空间
}

template <class ElemType>
void BackTrack(const AdjMatrixUndirGraph<ElemType>&g, int i, int m, int x[])
//初始条件: 顶点 V0, V1, …, Vi-1 已着色
//操作结果: 用回溯法对顶点 Vi 用 m 种颜色进行着色
{
    if (i >=g.GetVexNum())
    {   //所有顶点已着色
        ShowSolution(g.GetVexNum(), x);             //已得到一组解,显示一组解
    }
    else
    {   //对顶点 Vi 进行着色
        for (int j =0; j <m; j++)
        {   //用 m 种颜色对顶点 Vi 进行着色
            x[i] =j;                                //着色 j
            int k;
            for (k =g.FirstAdjVex(i); k !=-1; k =g.NextAdjVex(i, k))
            {   //Vi 的邻接点 Vk
                if (x[i] ==x[k])
                {   //Vi 与 Vk 着有相同的颜色
                    break;
                }
            }
            if (k ==-1)
            {   //表示 Vi 与所有邻接点都没有着相同的颜色
                BackTrack(g, i +1, m, x);           //试探为顶点 Vi+1 进行着色
            }
        }
    }
}

void ShowSolution(int n, int x[])
//操作结果: 显示一组解
{
    int static num =0;                              //num 表示当前已求得解的个数
```

```
        cout <<"第" <<++num <<"个解:";
        for(int i =0; i <n; i++)
        {   //输出解
            cout <<x[i] <<"  ";
        }
        cout <<endl;
}
```

11.4 深入学习导读

王晓东编著的《计算机算法设计与分析（第2版）》[11]，Anany Levitin 著，潘彦译的《算法设计与分析基础(第2版）》[9]（《Introduction to the Design and Analysis of Algorithms Second Edition》）和 Sartaj Sahni 著，汪诗林、孙晓东译的《数据结构、算法与应用：C++语言描述》[6]（ADTs, Data Structures, Algorithms, and Application in C++）都对各种算法设计方法进行系统的介绍，是本书算法设计的主要参考书。

冼镜光编著的《C语言名题精选百则技巧篇》[21]提供了大量的算法设计实例。

耿素云、屈婉玲、王捍贫编著的《离散数学教程》[25]与 Robert Sedgewick，Philippe Flajolet 著，冯学武、斐伟东等译的《算法分析导论》[10]（An Introduction to the Algorithms）都详细介绍了生成函数理论，并且也对递归（递推）分析技术进行深入的讲解。

11.5 习　　题

1. 设 n 与 m 是正整数，m^n 就是将 m 连乘 n 次，这是一个很没有效率的方法。试采用递归算法来降低乘法次数。

2. 试采用分治策略求数组中元素的最大值。

*3. 最优装载：有一批集装箱要装上一艘载重量为 totalW 的轮船。其中集装箱 i 的重量为 w_i。最优装载问题要求在装载体积不受限制的情况下，应如何装载才能将尽可能多的集装箱装上轮船。要求采用按集装箱按其重量从小到大贪婪算法，要求证明算法的正确性。

*4. 找零钱问题：假设某个国家有 $a_1, a_2, \cdots, a_k$ 种不同面额的货币（不妨假设最小面额为1元），不失一般性，设 $a_1 < a_2 < \cdots < a_k$，现有钱数 n，要怎样将 n 兑换成 $a_1, a_2, \cdots, a_k$ 这些钞票，使得所用钞票数最少。

提示：用 money[]存储兑换的钞票数，money[j]就是兑换 j 元所用的最少钞票数，显然

$$\text{money}[0]=0,\quad \text{money}[1]=1$$

对于兑换 i 元：

$$\text{money}[i]=1+\min\{\text{money}[i-a[i]] \mid i \geqslant a[i] \text{且} i=1,2,\cdots,k\}$$

这样，让 $i=2,3,\cdots,n$ 即可求得所用的最少钞票数，依据求 money[i]的过程，容易得到每一种钞票所用的张数。

5. 武士巡游问题：在西洋棋中的武士（Knight）与象棋的马相似，走的都是L形的路，试

编写一个算法，由一个表示棋盘的大小值 n，及起点的坐标，找出一条从起点起可以让武士棋走完 $n \times n$ 格而不重复的路径。

***6. 最优载重量问题：有一批集装箱要装上一艘载重量为 totalW 的轮船。其中集装箱 i 的重量为 w_i。最优载重量问题要求在装载体积不受限制的情况下，应如何装载才能使装载的集装箱的总重量最重？试采用分支定界法求解。

参考文献

[1] KRUSE R L，RYBA A J. Data Structures and Program Design in C++[M]. 北京：高等教育出版社，2002.

[2] SHAFFER C A. A Practical Introduction to Data Structures and Algorithm Analysis[M]. 2 版. 北京：电子工业出版社，2002.

[3] DROZDEK A. 数据结构与算法(C++版)[M]. 郑岩，战晓苏，译. 3 版. 北京：清华大学出版社，2006.

[4] MALIK D S. 数据结构(C++版)[M]. 王海涛，丁炎炎，译. 北京：清华大学出版社，2004.

[5] NYHOFF L. 数据结构与算法分析——C++语言描述[M]. 黄达明，等译. 2 版. 北京：清华大学出版社，2006.

[6] SAHNI S. 数据结构、算法与应用：C++语言描述[M]. 汪诗林，孙晓东，译. 北京：机械工业出版社，2000.

[7] BRUNO R P. 数据结构与算法——面向对象的 C++设计模式[M]. 胡广斌，王崧，惠民，等译. 北京：电子工业出版社，2003.

[8] LANGSAM Y，AUGENSTEIN M J，TENENBAUM A M. 数据结构 C 和 C++语言描述[M]. 李化，潇东，译. 2 版. 北京：清华大学出版社，2004.

[9] LEVITIN A. 算法设计与分析基础[M]. 潘彦，译. 2 版. 北京：清华大学出版社，2007.

[10] SEDGEWICK R，FLAJOLET P. 算法分析导论[M]. 冯学武，斐伟东，等译. 北京：机械工业出版社，2006.

[11] 王晓东. 计算机算法设计与分析[M]. 2 版. 北京：电子工业出版社，2006.

[12] 严蔚敏，吴伟民. 数据结构(C 语言版)[M]. 北京：清华大学出版社，2003.

[13] 殷人昆，陶永雷，谢若阳，等. 数据结构(用面向对象方法与 C++描述)[M]. 北京：清华大学出版社，2002.

[14] 金远平. 数据结构(C++描述)[M]. 北京：清华大学出版社，2005.

[15] 齐德昱. 数据结构与算法[M]. 北京：清华大学出版社，2003.

[16] SAVITCH W. C++面向对象程序设计——基础、数据结构与编程思想[M]. 周靖，译. 4 版. 北京：清华大学出版社，2004.

[17] OVERLAND B. C++语言命令详解[M]. 董梁，李君成，李自更，等译. 2 版. 北京：电子工业出版社，2003.

[18] STEVENS A I. C++大学自学教程[M]. 林瑶，蒋晓红，彭卫宁，等译. 7 版. 北京：电子工业出版社，2004.

[19] 李涛，游洪跃，陈良银，等. C++：面向对象程序设计[M]. 北京：高等教育出版社，2005.

[20] 陈良银，游洪跃，李旭伟. C 语言程序设计(C99 版)[M]. 北京：清华大学出版社，2006.

[21] 冼镜光. C 语言名题精选百则技巧篇[M]. 北京：机械工业出版，2005.

[22] 张筑生. 数据分析新讲 第一册[M]. 北京：北京大学出版社，2004.

[23] 张筑生. 数据分析新讲 第二册[M]. 北京：北京大学出版社，2004.

[24] 张筑生. 数据分析新讲 第三册[M]. 北京：北京大学出版社，2004.

[25] 耿素云，屈婉玲，王捍贫. 离散数学教程[M]. 北京：北京大学出版社，2004.

[26] 王栋. 数学手册[M]. 北京：科学技术文献出版社，2007.

[27] COOK S A. The complexity of theorem-proving procedures[C]//In Proceedings of the Third Annual ACM Symposium on the Theory of Computing. [S. l.]：[s. n.]，1971：151-158.

[28] LEVIN L A. Universal sorting problems[J]. Problemy Peredachi Informatsii，vol. 9，no. 3，1973：115-116.

附录A 调和级数

$1 \sim n$ 的倒数之和称为调和级数,记为 $H(n)$,也就是

$$H(n) = \sum_{i=1}^{n} \frac{1}{i} \tag{A.1}$$

下面将指导出 $H(n)$ 的一个性质,首先来分析定积分 $\int_1^n \frac{1}{x} \mathrm{d}x = \ln n$,当 $i < x < i+1$ 时,$\frac{1}{x} < \frac{1}{i}$,所以有

$$\ln n = \int_1^n \frac{1}{x} \mathrm{d}x = \sum_{i=1}^{n-1} \int_i^{i+1} \frac{1}{x} \mathrm{d}x < \sum_{i=1}^{n-1} \int_i^{i+1} \frac{1}{i} \mathrm{d}x < \sum_{i=1}^{n-1} \frac{1}{i} = H(n) - \frac{1}{n}$$

可得

$$\ln n < H(n) \tag{A.2}$$

同样,当 $i < x < i+1$ 时,$\frac{1}{x} > \frac{1}{i+1}$,所以有

$$\ln n = \int_1^n \frac{1}{x} \mathrm{d}x = \sum_{i=1}^{n-1} \int_i^{i+1} \frac{1}{x} \mathrm{d}x > \sum_{i=1}^{n-1} \int_i^{i+1} \frac{1}{i+1} \mathrm{d}x > \sum_{i=1}^{n-1} \frac{1}{i+1} = H(n) - 1$$

可得

$$H(n) < \ln n + 1 \tag{A.3}$$

由式(A.1)与式(A.2)可得

$$\ln n < H(n) < \ln n + 1 \tag{A.4}$$

附录B 泊松分布

设随机变量 X 的所有可能取的值为 0,1,2,…,并且取各个值的概率如下:

$$p_k = P\{X=k\} = \frac{\lambda^k e^{-\lambda}}{k!}, \quad k=0,1,2,\cdots \tag{B.1}$$

其中,$\lambda>0$ 是常数,则称 X 服从参数为 λ 的泊松分布,记为 $X \sim \pi(\lambda)$,泊松分布的期望值为

$$\sum_{k=0}^{\infty} P\{X=k\} \cdot k = \sum_{k=0}^{\infty} \frac{\lambda^k e^{-\lambda}}{k!} \cdot k = \lambda e^{-\lambda} \sum_{k=1}^{\infty} \frac{\lambda^{k-1}}{(k-1)!} = \lambda$$

设 $s_0=0, s_k=\sum_{i=0}^{k-1} p_i, k=1,2,3,\cdots$,下面构造一个服从泊松分布的随机函数 GetPoissionRand(double expectValue),由于在 C++ 中随机函数 rand()均匀分布于 0,1,2,…,RAND_MAX 上,rand()/(RAND_MAX+1)在[0,1)上均匀分布,在图 A.1 中,rand()/(RAND_MAX+1)的值在$[s_{k-1}, s_k)$上的概率为 $p_{k-1}, k=1,2,3,\cdots$

图 A.1 泊松分布示意图

构造服从泊松分布的随机函数方法如下:

当 x=*rand*()/(*RAND_MAX*+1)的值在$[s_{k-1}, s_k)$上时,k=1,2,3,…,返回数 k−1。具体实现如下:

```
static int GetPoissionRand(double expectValue)
//操作结果:生成期望值为 expectValue 的泊松随机数
{
    double x = rand() / (double)(RAND_MAX + 1);   //x 均匀分布于[0, 1)
    int k = 0;
    double p = exp(-expectValue);                 //pk 为泊松分布值
    double s = 0;                                 //sk 用于求和 p0+p1+...+pk-1

    while (s <= x)
    {   //当 sk <= x 时循环, 循环结束后 sk-1 <= x < sk
        s += p;                                   //求和
        k++;
        p = p * expectValue / k;                  //求下一项 pk
    }
    return k - 1;                        //k-1 的值服从期望值为 expectValue 的泊松分布
}
```

说明:在模拟事件编程中经常会遇到泊松分布的应用,在课程设计中会遇到泊松分布的应用项目(如电话客户服务模拟),因此本书专门在附录中介绍泊松分布,以便读者在实际应用使用。

附录 C　配套软件包文件索引

本书开发的软件包主要是针对所学的数据结构，在习题中经常使用这些软件包。下表列出本书的所有软件包，包括软件包名称、涉及的头文件、测试程序所在的文件夹和在课本中出现的章节号。

名　称	头　文　件	测试程序文件夹	课本章节
顺序表	sq_list.h	test_sq_list	2.2 节
简单线性链表	simple_lk_list.h node.h	test_simple_lk_list	2.3.1 节
简单循环链表	simple_circ_lk_list.h node.h	test_simple_circ_lk_list	2.3.2 节
简单双向链表	simple_dbl_lk_list.h dbl_node.h	test_ simple_dbl_lk_list	2.3.3 节
线性链表	lk_list.h node.h	test_lk_list	2.3.4 节
循环链表	circ_lk_list.h node.h	test_circ_lk_list	
双向链表	dbl_lk_list.h dbl_node.h	test_ dbl_lk_list	
顺序栈	sq_stack.h	test_sq_stack	3.1.2 节
链式栈	lk_stack.h node.h	test_lk_stack	3.1.3 节
链队列	lk_queue.h node.h	test_lk_queue	3.2.2 节
循环队列	circ_queue.h	test_circ_queue	3.2.3 节
最小优先链队列	min_priority_lk_queue.h lk_queue.h node.h	test_ min_priority_lk_queue	3.3 节
最大优先链队列	max_priority_lk_queue.h lk_queue.h node.h	test_ max_priority_lk_queue	
最小优先循环队列	min_priority_circ_queue.h circ_queue.h	test_ min_priority_circ_queue	
最大优先循环队列	max_priority_circ_queue.h circ_queue.h	test_ max_priority_circ_queue	
串	char_string.h lk_list.h node.h	test_char _string	4.2 节

续表

名　　称	头 文 件	测试程序文件夹	课本章节
KMP 算法	kmp_match.h char_string.h lk_list.h node.h	test_kmp_match	4.3.3 节
数组	array.h	test_array	5.1.3 节
矩阵	matrix.h	test_matrix	5.2.1 节
三对角矩阵	tri_diagonal_matrix.h	test_tri_diagonal_matrix	5.2.2 节
下三角矩阵	lower_triangular_matrix.h	test_lower_triangular_matrix	
对称矩阵	symmetry_matrix.h	test_symmetry_matrix	
稀疏矩阵三元组顺序表	tri_sparse_matrix.h triple.h	test_tri_sparse_matrix	5.2.3 节
稀疏矩阵十字链表	cro_sparse_matrix.h cro_node.h triple.h	test_cro_sparse_matrix	
引用数法广义表	ref_gen_list.h ref_gen_node.h	test_ref_gen_list	5.3.2 节
使用空间法广义表	gen_list.h use_space_list.h gen_node.h node.h base.h	test_use_space_gen_list	
顺序存储二叉树	sq_binary_tree.h sq_bin_tree_node.h lk_queue.h node.h	test_sq_binary_tree	6.2.3 节
二叉链表二叉树	binary_tree.h bin_tree_node.h lk_queue.h node.h	test_binary_tree	
三叉链表二叉树	tri_lk_binary_tree.h tri_lk_bin_tree_node.h lk_queue.h node.h	test_tri_lk_binary_tree	
先序线索二叉树	pre_thread_binary_tree.h thread_bin_tree_node.h binary_tree.h bin_tree_node.h lk_queue.h node.h	test_pre_thread_binary_tree	6.4.2 节

续表

名　称	头　文　件	测试程序文件夹	课本章节
中序线索二叉树	in_thread_binary_tree.h thread_bin_tree_node.h binary_tree.h bin_tree_node.h lk_queue.h node.h	test_in_thread_binary_tree	6.4.2 节
后序线索二叉树	post_thread_binary_tree.h post_thread_bin_tree_node.h tri_lk_binary_tree.h tri_lk_bin_tree_node.h lk_queue.h node.h	test_post_thread_binary_tree	
双亲表示树	parent_tree.h parent_tree_node.h lk_queue.h node.h	test_ parent_tree	6.5.1 节
孩子双亲表示树	child_parent_tree.h child_parent_tree_node.h lk_list.h lk_queue.h node.h	test_child_parent_tree	
孩子兄弟表示树	child_sibling_tree.h child_sibling _tree_node.h lk_queue.h node.h	test_child_sibling_tree	
双亲表示森林	parent_forest.h parent_tree_node.h lk_queue.h node.h	test_parent_forest	6.5.3 节
孩子双亲表示森林	child_parent_forest.h child_parent_tree_node.h lk_list.h lk_queue.h node.h	test_child_parent_forest	
孩子兄弟表示森林	child_sibling_forest.h child_ sibling _tree_node.h lk_queue.h node.h	test_child_sibling_forest	
哈夫曼树	huffman_tree.h huffman_tree_node.h char_string.h lk_list.h node.h	test_huffman_tree	6.6.4 节

续表

名　称	头　文　件	测试程序文件夹	课本章节
简单等价类	simple_equivalence.h	test_simple_equivalence	6.8 节
等价类	equivalence.h	test_equivalence	
邻接矩阵有向图	adj_matrix_dir_graph.h lk_queue.h node.h	test_adj_matrix_dir_graph	7.2.1 节
邻接矩阵无向图	adj_matrix_undir_graph.h lk_queue.h node.h	test_adj_matrix_undir_graph	
邻接矩阵有向网	adj_matrix_dir_network.h lk_queue.h node.h	test_adj_matrix_dir_network	
邻接矩阵无向网	adj_matrix_undir_network.h lk_queue.h node.h	test_adj_matrix_undir_network	
邻接表有向图	adj_list_dir_graph.h adj_list_graph_vex_node.h lk_list.h lk_queue.h node.h	test_adj_list_ dir_graph	7.2.2 节
邻接表无向图	adj_list_undir_graph.h adj_list_graph_vex_node.h lk_list.h lk_queue.h node.h	test_adj_list_undir_graph	
邻接表有向网	adj_list_dir_network.h adj_list_network_edge.h adj_list_network_vex_node.h lk_list.h lk_queue.h node.h	test_adj_list_ dir_network	
邻接表无向网	adj_list_undir_network.h adj_list_network_edge.h adj_list_network_vex_node.h lk_list.h lk_queue.h node.h	test_adj_list_un dir_network	
Prim 算法	prim.h adj_matrix_undir_network.h lk_queue.h node.h	test_prim	7.4.1 节

续表

名　称	头 文 件	测试程序文件夹	课本章节
Kruskal 算法	kruskal.h adj_list_undir_network.h adj_list_network_edge.h adj_list_network_vex_node.h lk_list.h lk_queue.h node.h	test_kruskal	7.4.2 节
拓扑排序算法	top_sort.h adj_list_dir_graph.h adj_list_graph_vex_node.h lk_list.h lk_queue.h lk_stack.h node.h	test_top_sort	7.5.1 节
关键路径算法	critical_path.h adj_list_dir_network.h adj_list_network_edge.h adj_list_network_vex_node.h lk_list.h lk_queue.h lk_stack.h node.h	test_critical_path	7.5.2 节
最 短 路 径 Dijkstra 算法	shortest_path_dij.h adj_matrix_dir_network.h lk_queue.h node.h	test_shortest_path_dij	7.6.1 节
最短路径 Floyd 算法	shortest_path_floyd.h adj_list_dir_network.h adj_list_network_edge.h adj_list_network_vex_node.h lk_list.h lk_queue.h node.h	test_shortest_path_floyd	7.6.2 节
顺序查找算法	sq_search.h	test_sq_search	8.2.1 节
折半查找算法	bin_search.h	test_bin_search	8.2.2 节
二叉排序树	binary_sort_tree.h bin_tree_node.h lk_queue.h node.h	test_binary_sort_tree	8.3.1 节
平衡二叉树	binary_avl_tree.h bin_avl_tree_node.h lk_queue.h lk_stack.h node.h	test_binary_avl_tree	8.3.2 节

续表

名　称	头 文 件	测试程序文件夹	课本章节
哈希表	hash_table.h	test_hash_table	8.4.4 节
直接插入排序算法	straight_insert_sort.h	test_straight_insert_sort	9.2.1 节
Shell(谢尔)排序算法	shell_sort.h	test_shell_sort	9.2.2 节
冒泡排序算法	bubble_sort.h	test_bubble_sort	9.3.1 节
快速排序算法	quick_sort.h	test_quick_sort	9.3.2 节
简单选择排序算法	simple_selection_sort.h	test_simple_selection_sort	9.4.1 节
堆排序算法	heap_sort.h	test_heap_sort	9.4.2 节
简单归并排序算法	simple_merge_sort.h	test_ simple_merge_sort	9.5 节
归并排序算法	merge_sort.h	test_merge_sort	
基数排序算法	radix_sort.h lk_list.h node.h	test_radix_sort	9.6 节
最小优先堆队列	min_priority_heap_queue.h	test_min_priority_heap_queue	9.9 节
最大优先堆队列	max_priority_heap_queue.h	test_max_priority_heap_queue	
泊松分布	poisson_distribution.h	test_poisson_distribution	附录 B

附录 D　主流 C++ 开发环境的使用方法

本书的所有程序都在 Visual C++ 6.0、Visual C++ 2017、Dev-C++ v5.11 和 CodeBlocks v16.01 开发环境中进行了严格测试,可能有部分读者对这几个编译器还不太熟悉,读者可选择感兴趣的开发环境进行学习。为更容易理解,下面以一个具体的有关圆的类模板的实例讲解操作步骤,有多种方式进行操作,下面的操作步骤仅供参考。

操作步骤具体如下:

第 1 步:建立项目 circle,对于 Dev-C++ v5.11,不能自动建立目标文件夹,所以应先手动方式建文件夹 circle,在 Dev-C++ v5.11 中建立一个项目后会动产生一个默认的 main.cpp 文件,可先用"移除文件"方法删除此文件。

第 2 步:建立头文件 circle.h,声明及实现圆类模板。具体内容如下:

```
#ifndef __CIRCLE_H__                                          //如果没有定义__CIRCLE_H__
#define __CIRCLE_H__                                          //那么定义__CIRCLE_H__

#include <iostream>                                           //编译预处理命令
using namespace std;                                          //使用命名空间 std

const int DEFAULT_RADIUS =10;                                 //默认的圆半径
const double PI =3.1415926;                                   //圆周率常数

//圆类模板
template<class ElemType>
class Circle
{
private:
//数据成员
    ElemType radius;                                          //圆半径

public:
//公有函数
    Circle(ElemType r =DEFAULT_RADIUS): radius(r) {}         //构造函数模板
    void SetRadius(ElemType r =DEFAULT_RADIUS) { radius =r; }     //设置圆半径
    void Show() const;                                        //显示圆有关信息
};

//圆类模板的实现部分
template<class ElemType>
void Circle<ElemType>::Show() const                           //显示圆有关信息
{
```

```
    cout <<"半径:" <<radius <<"  ";                    //显示半径
    cout <<"周长:" <<2 * PI * radius <<"  ";           //显示周长
    cout <<"面积:" <<PI * radius * radius <<endl;      //显示面积
}

#endif
```

第 3 步：建立源程序文件 main.cpp,实现 main()函数,具体代码如下：

```
#include "circle.h"                                  //圆类模板

int main()                                           //主函数 main()
{
    Circle<double>c;                                 //圆对象
    c.Show();                                        //显示圆有关信息
    c.SetRadius(4);                                  //设置圆半径
    c.Show();                                        //显示圆有关信息

    return 0;                                        //返回值 0, 返回操作系统
}
```

第 4 步：编译及运行程序。

图 书 资 源 支 持

感谢您一直以来对清华版图书的支持和爱护。为了配合本书的使用，本书提供配套的资源，有需求的读者请扫描下方的“书圈”微信公众号二维码，在图书专区下载，也可以拨打电话或发送电子邮件咨询。

如果您在使用本书的过程中遇到了什么问题，或者有相关图书出版计划，也请您发邮件告诉我们，以便我们更好地为您服务。

书圈

我们的联系方式：

地　　址：北京市海淀区双清路学研大厦 A 座 701

邮　　编：100084

电　　话：010-83470236　010-83470237

资源下载：http://www.tup.com.cn

客服邮箱：2301891038@qq.com

QQ：2301891038（请写明您的单位和姓名）

扫一扫，获取最新目录

课 程 直 播

用微信扫一扫右边的二维码，即可关注清华大学出版社公众号“书圈”。